国家自然科学基金面上项目(41272135,41972120)
国家油气重大专项(2008ZX 05007–004)
中国石油天然气股份有限公司重大专项(2017E–1401)

四川盆地二叠纪沉积环境及古生态

张廷山　杨　巍　陈晓慧　梁　兴　等　著

科学出版社
北　京

内 容 简 介

本书从地层学、沉积学及古生态学等角度，深入分析区内各类岩石的特征及成因，结合区域地质构造背景对二叠纪沉积环境及演化进行阐述，在此基础之上结合古环境研究，深入探讨四川盆地二叠纪不同时期的生态环境，以期为区域科学研究以及矿产勘探工作提供基础地质资料。

本书可作为高等院校沉积学、地层学及古生态学师生的教学参考书，也可供地质研究院所及从事相关领域研究的科研工作者参考。

图书在版编目(CIP)数据

四川盆地二叠纪沉积环境及古生态/张廷山等著. — 北京：科学出版社，2021.10
ISBN 978-7-03-067043-4

Ⅰ.①四…　Ⅱ.①张…　Ⅲ.①四川盆地-二叠纪-沉积环境-古生态学-研究　Ⅳ.①P588.2

中国版本图书馆 CIP 数据核字(2020)第 244897 号

责任编辑：罗　莉／责任校对：彭　映
责任印制：罗　科／封面设计：墨创文化

科学出版社出版
北京东黄城根北街16号
邮政编码：100717
http://www.sciencep.com

四川煤田地质制图印刷厂印刷
科学出版社发行　各地新华书店经销
*

2021年10月第 一 版　　开本：787×1092 1/16
2021年10月第一次印刷　　印张：27 1/4
字数：600 000

定价：368.00 元
(如有印装质量问题，我社负责调换)

四川盆地二叠纪沉积环境及古生态

作者名单

张廷山　杨　魏　陈晓慧　梁　兴

刘志成　祝海华　舒红林　张　朝

饶大骞　张介辉

前　言

四川盆地位于扬子板块西北部，大致以广元—奉节—叙永—雅安 4 点的连线为界，并被龙门山、米仓山、大巴山、武陵山、大娄山以及大凉山所围限，整体呈北东-南西方向展布，貌似菱形，面积约为 $19×10^4km^2$，是多期构造变形叠加和改造形成的叠合盆地。现今盆地内部大部分地区海拔为 200～750m，其中龙泉山及华蓥山呈北东向 25°～30° 绵延于盆地内部，将现今盆地大致分为西部平原、中部丘陵、东部平行岭谷 3 部分。西部平原为第四纪冲积、洪积平原，位于龙泉山以西，面积约为 9500km²，海拔为 450～750m；中部丘陵区位于龙泉山与华蓥山之间区域，海拔为 200～600m，多发育台阶状方山丘陵；华蓥山以东为平行岭谷区，由数个北东—南西走向条形向斜谷地与背斜山地组成，后者包括华蓥山、铜锣山、明月山、铁峰山、黄草山等，海拔多在 1000m 左右，而条形山地之间谷地较为宽阔，一般可达 10～30km，海拔仅 300～500m。现今四川盆地由于其内部广布侏罗系、白垩系等中生代紫红-砖红色碎屑岩地层，因此又称为"红色盆地"。盆地周缘沉积地层受系列逆冲推覆构造强烈改造，震旦系—新生界均不同程度地出露地表。

四川盆地二叠系是国内地质勘探与开发较早的层系之一，尤其是新中国成立之后，地矿及石油等部门先后在四川盆地南部及中-东部地区进行二叠系油气勘探，并获得工业气流，已经查明二叠系煤、天然气资源丰富，是四川盆地能源矿产勘探开发的重要层系。

沉积古地理分析和古生态研究在矿产资源预测和勘探工作中长期占有重要指导作用。迄今为止，已有众多单位和学者对四川盆地二叠系做过大量的研究工作，也发表了诸多论文，然而区内二叠系沉积充填过程及古生态环境等控制因素仍存在诸多疑问。一方面，归结于盆地内各区块勘探任务不同，工作量投入不均衡，导致对四川盆地的原型盆地格局特征认识存在局限；另一方面，虽然近年来国内外碳酸盐岩沉积环境、古生态研究取得了诸多进展，但古环境重建依靠可靠的地层格架，良好的系统分类和全面的生态背景资料，受控于盆地内部区块二叠系的埋藏深度等复杂地质条件，关于二叠系地层保存、缺失及具体分布规律的认识尚存在诸多缺陷，使得区内二叠系基础地质研究工作难以深入开展。

本书是基于作者及其学术科研团队多年对四川盆地研究的认识，特别是四川盆地二叠系沉积环境和古生态研究成果，从地层学、沉积学及古生态学等角度入手，深入分析区内各类岩石的特征及成因，结合区域地质构造背景对二叠纪沉积环境及演化进行了阐述，在此基础之上结合古环境研究，深入探讨四川盆地二叠纪不同时期的生态环境，以期为区域科学研究以及矿产勘探工作提供基础地质资料。本书在成稿工作中得到李世鑫、肖强、曾建理等的大力协助，在此表示感谢。

目　　录

第 1 章　研究历史沿革

二叠纪是地质历史时期最重要的关键时段之一。该时期南方冈瓦纳大陆和北方劳亚大陆逐渐靠近并发生碰撞拼合，不仅形成了古-中生代之交的 Pangaea 大陆，同时也发生了系列全球性的重大生物演化与环境剧变事件。特别地，四川盆地二叠纪发生过大规模的火山活动以及构造抬升，先后形成了诸多矿产资源，其开发历史悠久，明清时期在川南地区已有二叠系煤层的成功利用，有力推动了当时社会生产力的发展。

近代以来，受制于国内现代地质学起步较晚、地质教育与研究机构匮乏等多重因素，四川盆地二叠系地质研究和矿产资源开发工作曾长期停滞不前。19 世纪至 20 世纪初，仅少量国外学者，如德国的李希霍芬(F.Von.Richthofen)沿嘉陵江进行过局部的地质调查。直到 1913 年民国中央地质调查所成立之后，四川盆地及邻区区域地质调查才正式拉开序幕。中央地质调查所、中央研究院地质研究所(1928 年)及资源委员会矿产勘测处(1940年)等研究机构和地方高校为国内培养和输送了最早具备科学素养的地质科技人才，而这些地质科技人才是四川盆地早期区域地质调查的见证人。

1929 年起，由丁文江组织的中央地质调查所"川广铁路沿线地质考察"兵分多路，对四川盆地及邻区开展历时两年的地质考察工作(乐森㻅，1929)。其中，赵亚曾和黄汲清一路自陕西越秦岭入四川，其间赵亚曾只身一人对四川峨眉山及彭州地区展开地质调查，绘制了峨眉山及彭州白水河大比例尺地质图，并针对峨眉山地区二叠系进行了详细描述，认为峨眉山二叠系阳新石灰岩厚度超过 400m，富含多种蜒类有孔虫、非蜒有孔虫及珊瑚化石，上覆峨眉山玄武岩，其下可能与寒武系洗象池群不整合接触(图 1-1)，开创了近代四川盆地二叠系研究的先河。然而当年 11 月赵亚曾从川南至昭通闸心场时被土匪抢劫，为保护已获得的沿途考察地质矿产资料和图件不幸遇难，黄汲清通过整理其野外资料，于1930~1932 年陆续发表了《秦岭山及四川地质志》(与赵亚曾合著)、《中国南部二叠纪珊瑚化石》《中国南部之二叠纪地层》等 6 部专著，其中《中国南部之二叠纪地层》是首部基于四川盆地及邻区二叠系地层发育及展布调查总结的专著，同时也是中国地质学史上第一部断代地层专著。

同时期谭锡畴和李春昱对四川盆地展开了为期两年的大规模区域地质调查，并对大巴山及其地质构造进行最初的研究，作 1∶20 万路线地质图 30 余幅，不仅为后期中央地质调查所 1∶100 万地质图的绘制提供了资料基础，而且两人合著的《四川峨眉山地质》《四川石油概论》《四川盐业概论》等都属于四川盆地地质研究的开创性文献。

20 世纪 30 年代中后期，随着抗日战争全面爆发，地质调查所与部分高校纷纷西迁至四川。为适应抗战形势，1938 年四川地质调查所成立，大量的地质调查在四川相继开展，地质调查所的侯德封等(1939)、盛莘夫(1940)、李悦言(1941)、赵家骧(1942)等相继报道

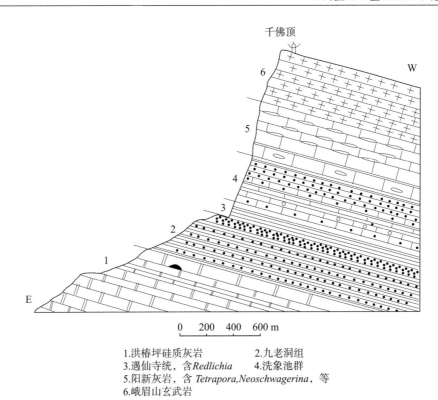

1.洪椿坪硅质灰岩　　　　　　2.九老洞组
3.遇仙寺统，含 *Redlichia*　　4.洗象池群
5.阳新灰岩，含 *Tetrapora,Neoschwagerina*，等
6.峨眉山玄武岩

图 1-1　峨眉山东麓理想剖面图手稿(据赵亚曾，1929；修改)

了四川盆地各地区的二叠系地层剖面及矿产资源，初步厘定了二叠系内地层的接触关系和化石分布。其中，地层工作以黄汲清和曾鼎乾对川东华蓥山工作最为细致(曾鼎乾，1984)，通过系统地层研究，黄汲清等将华蓥山地区二叠系自下而上厘定为阎王沟系、栖霞石灰岩、茅口石灰岩、龙潭煤系以及长兴石灰岩。二叠系底部与下伏志留系地层呈不整合接触，茅口石灰岩(属于阳新统)与上覆龙潭煤系(属于乐平统)呈不整合接触，长兴石灰岩与上覆三叠系地层呈不整合接触。同时期地方高校，如重庆大学朱森等(1939)、刘祖彝等(1939)等重点研究了四川盆地内二叠系乐平煤系(属于乐平统)的分布及其构造-沉积控制因素。除此之外，四川油矿探勘处也在川南威远等地布置了少量钻井，并且在区域上的二叠系露头上发现了少量的油气苗，这些地质认识为中华人民共和国成立后四川盆地二叠系及其矿产赋存的系统认识提供宝贵的经验并奠定了坚实的基础。

　　新中国成立之后，四川盆地二叠系的地质研究工作进入了新的发展阶段，随着地矿、冶金、石油、煤炭、化工以及成都地质学院(成都理工大学)、四川石油学院(西南石油大学)等地质院校和科研单位相继设立和建设，特别是 20 世纪 60 年代以来系统的地质普查和详查，区域地球物理、地球化学、区域水文地质调查工作，基本查明了四川盆地内部二叠系地层展布以及区域构造-沉积演化规律。二叠系广泛出露于盆地周缘地区，在盆地内华蓥山及川东南高陡背斜核部有零星出露，盆地内埋深普遍为 1500~3000m，拗陷区可达5000m 以上，与下伏石炭系、泥盆系、志留系或更老的地层呈超覆不整合接触(童崇光，1992)。早二叠世四川盆地主体为剥蚀区，自中二叠世开始，随着海侵的扩大，四川盆地由滨岸沼泽环境向浅海碳酸盐台地(缓坡)过渡，受拉张造成断块差异升降活动，晚二叠世四川盆地北东部为陆表海分布区，沉积环境差异明显，表现为北东向和北西向两组台-盆环境，其中礁滩相沉积特征明显(郭正吾等，1996)。四川盆地南部主要为沼泽相和滨海湖泊相沉积，为稳定的成煤环境提供了基础条件。

二叠系为四川盆地重要的区域性产气层系。二叠系规模性天然气勘探开采始于 20 世纪 50 年代初，最初由四川石油管理局在圣灯山气田隆 10 井首先钻遇二叠系，并获得工业气流，其后陆续在川南中二叠统(裂缝-岩溶型气藏)、川东—川中上二叠统(生物礁滩型气藏)中钻获工业气流，不仅为四川盆地二叠系油气藏提供了重要依据，而且随着能源矿产勘探工作的不断推进，也解决了四川盆地及邻区二叠系的大批基础地质问题。前期勘探发现多为裂缝型、裂缝-孔隙型气藏，21 世纪初，通过调整油气勘探思路，以上二叠统—三叠系礁滩构造-岩性复合圈闭获得重大突破，相继发现了普光、元坝以及罗家寨、龙岗等大中型气田(马永生等，2005；李鹭光，2011)，展示了巨大的勘探潜力。气藏的规模主要受控于礁滩相储层的分布，而礁滩相储层的分布与规模明显受沉积环境的控制。

第2章 地层单位与地层系统

地层是具有某种共同特征或属性的岩石体，能以明显界面或经研究后推论的某种解释性界面与相邻的岩层和岩体区分。由于构成地壳的岩层、岩体的特征和属性存在许多不同，因此，地层划分也存在显著的差异性。深入认识地层单元和建立地层格架，一方面可精细描绘古地理演化的动态过程和控制机理；另一方面可揭示区域内不同环境的化石组合特点，为古生态环境演化提供重要依据。

2.1 年代地层单位与地层系统

国内二叠系研究最早始于 1882 年李希霍芬的研究笔记。其后黄汲清(1932)率先提出了华南地区二叠系划分的奠基性方案，他依据华南二叠系蜓类和珊瑚化石类群，将国内二叠系划分为 3 个统，自下而上分别为船山统、阳新统和乐平统，其中船山统以具 *Pseudoschwagerina* 化石为特征。但是受制于当时国内二叠系"二分"主流观念的影响，即将华南船山统或马平组整体归为晚石炭世沉积(杨敬之等，1979)，二叠系"三分"方案一直未能得到学术界的推行。直至 20 世纪 80 年代末，随着全球年代地层系统统一对比的深入开展和界线层型剖面的确定，逐步澄清了国内二叠系各类地层单位的名称和含义。1991 年在国际二叠系专题论会提出了二叠系"三分"的倾向性意见，之后在加拿大召开的第 14 届国际石炭、二叠系会议(1999 年)上正式通过了二叠系"三分"方案。国际二叠系自下而上划分方案如下：下统(乌拉尔统)分为阿瑟尔阶、萨克马尔阶、亚丁斯克阶、空谷阶；中统(瓜德鲁普统)分为罗德阶、沃德阶、卡匹敦阶；上统(乐平统)分为吴家坪阶、长兴阶。为与国际地层对比，金玉玕等(1999)将我国二叠系自下而上划分为 3 个统，分别为船山统、阳新统(栖霞亚统、茅口亚统)和乐平统，内部分为 8 个阶：紫松阶、隆林阶、罗甸阶、祥播阶、孤峰阶、冷坞阶、吴家坪阶和长兴阶。2000 年 5 月召开的第三届全国地层会议通过了由第二届全国地层委员会主持编制的《中国区域年代地层(地质年代)表》，根据新修订的《中国地层指南》，中国年代地层单位不再细分"亚界""亚系"与"亚统"，二叠系一为"三分"，内部包含 8 个阶。

受地矿、油田等生产部门地层划分传统，四川盆地二叠系长期分为上下两部分，其中二叠系底界相当于梁山组底部层位。下二叠统分为栖霞阶(梁山组与栖霞组)与茅口阶(茅口组)，上二叠统分为吴家坪阶(峨眉山玄武岩组、吴家坪组/龙潭组)和长兴阶(长兴组/大隆组)。随着近年来国际二叠系"三分"方案的恢复，原先"二分"方案已经不能适应科学研究和生产的需要，且新二叠系划分方案中年代地层、生物地层、磁性地层及同位素划分标准与原先二叠系划分方案存在明显冲突。因此，四川盆地二叠系适用"三分"方案对基础地质研究和后续矿产、油气资源研究十分重要（表 2-1）。

表 2-1　四川盆地二叠系地层划分综合简表

二叠系划分（国际标准）		地质年龄（Ma）	二叠系划分（国内标准）		四川盆地二叠系划分	
					生物地层(蜓带)	岩石地层
乐平统	长兴阶	252.2±0.5	乐平统（上二叠统）	长兴阶	*Palaeofusulina*	长兴组
		254.2±0.1				
	吴家坪阶	259.9±0.4		吴家坪阶	*Codonofusiella*	吴家坪组
瓜德鲁普统	卡匹敦阶	265.1±0.4	阳新统（中二叠统）	冷坞阶	*Yabeina*	茅口组
	沃德阶	268.8±0.5		孤峰阶	*Neoschwagerina*	
	罗德阶	272.3±0.5		祥播阶	*Cancellina*	栖霞组
乌拉尔统	空谷阶	279.3±0.6		罗甸阶	*Misellina*	梁山组
	亚丁斯克阶	290.1±0.1	船山统（下二叠统）	隆林阶		
	萨克马尔阶	295.5±0.4		紫松阶		
	阿瑟尔阶	298.9±0.2				

新的划分方案综合考虑了年代地层、四川盆地海相生物化石组合以及华南地区岩石地层单元等划分标准，其中生物以蜓和牙形刺作为厘定二叠系内部的标准化石。

2.1.1　乐平统（上二叠统）

乐平统最早作为岩石地层单位提出，命名地位于江西乐平附近，代表华南长兴组之下的含煤地层。其后黄汲清（1932）将茅口组灰岩之上的二叠系地层序列正式划归为乐平统，盛金章（1962）通过二叠系进一步厘定，将乐平统作为华南地区上二叠统地层单位。由于晚二叠世全球海平面处于低水位阶段，冈瓦纳及劳亚大陆广阔的陆棚地区暴露或停止沉积，而同时期华南地区普遍为一套海相地层序列，保存了高分异度的海洋生物群演变记录，因此，乐平统及其所属的吴家坪阶和长兴阶已经正式成为上二叠统的国际标准年代地层单位。

1. 长兴阶

长兴阶命名地位于浙江长兴煤山地区，由赵金科等（1978）正式提议将长兴阶作为国际二叠系最高年代地层单位，并以煤山 D 剖面作为长兴阶层型剖面。目前，长兴阶以牙形

刺 *Clarkina wangi* 带之底为界，同时以 *Palaeofusulina* 的高级分子及假提罗菊石科的首现为标志，垂向上长兴阶自下而上可以划分出 *Clarkina wangi* 带、*Clarkina.subcarinata* 带、*Clarkina changxingnesis* 带、*Clarkina yini* 带、*Clarkina meishanensis* 带、*Clarkina zhejiangensis- Hindeodus changxingensis* 组合带（Yuan et al.，2014）。

四川盆地长兴阶分布广泛，在绵阳—南充—重庆一线及以东地区主要为长兴组和大隆组沉积。其中，长兴组主要由灰色-灰黑色颗粒灰岩、泥粒岩、粒泥岩组成，富含蜓类 *Paleaofusulina*、*Reichelina*、*Gallowaiinella* 以及珊瑚、海绵等多门类化石，地貌高点区生物礁、滩发育，厚度一般为 100~300m；大隆组分布于川北广元—旺苍、开江—梁平以及川东北城口—鄂西等深水相区，岩性以黑色薄层硅质岩、碳质泥岩和泥晶灰岩为主，含菊石 *Pseudotirolites*、*Pseudogastrioceras* 等，厚度普遍为数米至数十米。盆地西南部地区（成都—内江—泸州一线以西）相变为龙潭组与宣威组上部（旧称乐平组、兴文组、沙湾组等），以海陆交互相含煤地层及陆相地层为主，以富含 *Gigantopteris* 热带植物群为特征，地层穿时性强，对比性较差。

2. 吴家坪阶

吴家坪阶最初命名地位于陕西汉中南郑吴家坪村。经盛金章（1962）以及芮琳等（1984）对生物地层进行了详细研究确定，吴家坪阶底部以蜓类 *Codonofusiella* 带及牙形刺 *Clarkina postbitteri* 的首现为标志（金玉玕等，1999）。目前，广西来宾蓬莱滩剖面为吴家坪阶的全球层型，吴家坪阶内部还包含 3 个牙形刺带 *Clarkina postbitteri* 带、*C.dukouensis* 带和 *C.asymmetric* 带及 1 个 *Roadoceras-Doulingoceras* 菊石带。

四川盆地内吴家坪阶地层分布广泛，岩石类型多样，区内自南西向北东可划分为峨眉山玄武岩、宣威组下部、龙潭组以及吴家坪组。其中，峨眉山玄武岩主要分布于区内西缘地区，主要由气孔/斑状玄武岩组成，底部常见碳质页岩及透镜状煤层；宣威组下部（旧称筇连组）为黄绿-紫红色砂泥岩，见玄武岩与页岩互层；龙潭组以黑色-灰绿色粉砂质泥页岩夹灰岩为主，间夹煤线，化石以植物化石与海相化石共生为特征，厚度为 150~200m；吴家坪组主要位于德阳—遂宁—广安—重庆一线以东地区，以灰-深灰色厚层块状灰岩为主，富含硅质结核，夹少量白云岩，同时含有丰富的 *Codonofusiella* 动物群，底部为铝土质黏土岩或斑脱岩（王坡页岩段），与下伏茅口组呈不整合接触，厚度一般为 150~200m。

2.1.2 阳新统（中二叠统）

中二叠统最初由黄汲清命名（1932）。相当于国际二叠纪年代地层系统中的空谷阶和瓜德鲁普统。自上而下分为冷坞阶、孤峰阶、祥播阶以及罗甸阶。

1. 冷坞阶

冷坞阶最初代表与浙江桐庐冷坞组同期的地层。目前经厘定后此阶包含相当于 *Yabeina* 延限带的地层，其底界改定在牙形刺 *Jinogondolella postserrata* 带之底，相当于

Yabeina 带出现的层位，广西来宾蓬莱滩剖面和铁桥剖面可作冷坞阶对比的标准。在该剖面上牙形刺自下而上分为 *J.postserrata* 带、*J.altudaensis* 带、*J.prexunhanensis* 带、*J.xuanhanensis* 带、*J.granti* 带；蟆类包括 *Yabeina* 带和 *Metadolioeina multivoluta* 带。冷坞阶相当于国际年代地层系统的卡匹敦阶。

2. 孤峰阶

孤峰阶最初由盛金章等命名，以贵州紫云猴场作为层型。该阶地层内蟆类以 *Neoschwagerina* 为主，可进一步分为 *Neoschwagerina craticulifera* 带和 *N.magaritae* 带。牙形刺化石以 *Jinogondolella nankingensis* 首现为界，但由于至今尚未确定此种始现层位，以致与国际罗德阶称谓尚待确定(金玉玕等，1999)。

四川盆地内茅口组对应孤峰阶与冷坞阶地层，全部为海相沉积。岩性以灰白色-深灰色颗粒灰岩、粒泥岩和泥粒岩为主，局部夹钙质页岩或泥质灰岩，构成发育"眼皮-眼球状"或瘤状构造，层间含有呈结核状或条带状产出的硅质层或薄层硅质灰岩，夹有较多的白云岩或豹斑状白云质灰岩，与上覆地层龙潭组或吴家坪组普遍为平行不整合接触，界线清楚。盆地茅口组顶部常有缺失，地层厚度一般为 100～500m。

3. 祥播阶

祥播阶最初由范嘉松等(1990)命名，代表相当于 *Cancellina* 带的地层。底界以贵州紫云猴场剖面 *Cancellina* 原始分子的首现为标志。该阶包括 *Cancellina* elliptica、*C.Liuzhiensis* 和 *Neoschwagerina* simplex 延限亚带。

4. 罗甸阶

罗甸阶由盛金章等提出，等同于原栖霞阶地层。四川盆地内以 *Misellina* 原始分子的首现为特征。相当于国际年代地层系统的空谷阶下部。

四川盆地内栖霞组对应祥播阶与罗甸阶上部地层，全部为海相沉积，岩性主要为灰色-深灰色粒泥岩和泥粒岩，燧石结核或条带普遍发育，主要化石有蟆类：*Misellina claudiae*、*Nankinella*、*Parafusulina*、*Cancellina*、*Schwagerina*，珊瑚：*Wentzellophyllum*、*Hayasakaia*，腕足：*Linoproductus*、*Orthotichia*。栖霞组底部发育常"眼皮-眼球状"灰岩，与下伏梁山组分界清楚。栖霞组地层厚度一般为 50～150m，川西南地区白云岩发育，局部地区厚度可达 300m。

梁山组曾被称为栖霞底煤系或铜矿溪层，在四川盆地内以两类岩性组合为主，一种主要由暗色钙质页岩、铝土质泥岩夹煤层组成旋回，另一种由石英砂岩及煤层夹薄层碳酸盐岩构成旋回，厚度一般不超过 20m。梁山组与上覆栖霞组呈整合接触，与下伏地层以假整合、不整合接触超覆于寒武系—石炭系地层之上。由于该套地层化石较为单一，长期以来未能很好地约束梁山组沉积时代，存在下石炭统、上石炭统、下二叠统、中二叠统等多种划分方案。近年大多数学者倾向于将四川盆地梁山组划分至中二叠统底部，时代大致对应罗甸阶底部。值得注意的是，陈阳等(2018)通过 Ru-Sr 同位素测年对渝东南地区梁山组层位进行测定认为该地区梁山组的时代应归属于罗德阶。

2.1.3   船山统（下二叠统）

船山统由黄汲清于 1932 年提出，包括紫松阶与隆林阶地层，四川盆地内该套地层普遍缺失或未沉积。李国辉等（2005）认为，川西龙门山地区尚残存有少量紫松阶下部地层，厚度小于 20m。

2.2   岩石地层单位与地层系统

2.2.1   梁山组

梁山组最早由赵亚曾、黄汲清（1931）命名于今陕西汉中南郑梁山，原称梁山层，相当于川南铜矿溪层（熊永先，1940），或川中华蓥山地区阎王沟系（曾鼎乾，1984），普遍为一套海陆交互相含煤地层。四川盆地梁山组主要分布于川东北、川中及川西南地区，岩性以海陆交互相暗色页岩、碳质页岩、灰白色黏土岩为主，夹粉砂岩及煤层，偶夹少量灰岩透镜体，普遍含植物及少量腕足、双壳类等生物化石。盆地内部梁山组沉积具自北东向南西依次超覆的特征，梁山组整体分布于中二叠统罗甸阶底部。该组底界为一区域性平行不整合面，在盆地其他地区多超覆于志留系不同层位之上，上覆栖霞组碳酸盐岩沉积，顶界划分标志清楚，野外极易区分。

根据岩性特征，四川盆地梁山组主要可分为两类岩性组合，具体如下：

（1）序列 1：底部为含植物化石的黏土层、中部为碳质页岩夹煤层（线）、上部由灰黑色钙质页岩、薄层硅质岩构成组合，在泸州、威远、都江堰等地，序列上部仍可见薄层泥质灰岩或泥质白云岩夹层。该序列总体代表了四川盆地梁山期的主要沉积面貌，为潮坪-沼泽环境。

（2）序列 2：底部为砾岩或砾状砂岩，下部为石英粉-细砂岩，向上由粉砂岩或页岩与煤层构成多套沉积旋回组合序列，其中少数页岩中见腕足类化石。该序列主要分布于四川盆地西南及东南部少数地区，为滨岸滩坝相沉积。

四川盆地梁山组厚度整体较薄，平均厚度仅为 8.5m。区内梁山组地层分布明显地表现出多个沉积中心特征，如川北旺苍王家沟剖面（厚度达 27.12m）、川西大邑大飞水剖面、川东 J38 井地等。盆地南部梁山组相对较薄，如盆地南缘的古宋石梁子和古蔺三道水地区，梁山组全部由碳质页岩组成，平均厚度仅为 1m 左右。

2.2.2   栖霞组

栖霞组最初由李希霍芬命名于南京栖霞山，命名时称栖霞灰岩，为一套海相碳酸盐岩地层。栖霞组在四川盆地分布广泛，且全部为海相碳酸盐岩沉积，岩性总体由深灰色薄-厚层泥晶灰岩夹燧石条带、生屑灰岩以及少量白云岩组成。时代主要相当于祥播阶或空谷阶上部。区内栖霞组与上覆茅口组均为整合接触，其中栖霞组顶部主要为中-厚层生屑灰岩，茅口组底部普遍为黑灰色薄-中层泥晶灰岩、泥晶生屑灰岩。

受古地理格局控制影响，四川盆地栖霞组岩性具有较为较明显的地区差异，传统上可分为两种相型。

(1) 白栖霞：主要分布于川西北米仓山以及川西龙门山北段，以浅灰色块状灰岩、晶粒白云岩为主，底部夹少量页岩；其余地区该组颜色普遍较深。

(2) 黑栖霞：下部为深灰色中-厚层泥晶生屑灰岩、生屑泥晶灰岩，其中页岩或硅质条带发育，上部为浅灰色生屑灰岩，含燧石条带或结核。

四川盆地栖霞组普遍厚几十米至 300 余米，一般厚 100～200m，且自南西向北东方向栖霞组地层增厚趋势明显。其中，川西广元、江油、安州、绵竹、大邑地区，栖霞组厚 100～150m；川中遂宁、资阳及川南内江、泸州、宜宾地区，栖霞组厚度相对较薄，一般为 100m 左右；川东至川东北，栖霞组一般厚 125～200m，川东北的 MC2 井，栖霞组厚达 312.5m。

2.2.3　茅口组

茅口组最初由乐森璕(1929)命名于贵州省郎岱茅口河岸一带，原称茅口灰岩，为浅灰色-黑色灰岩，含珊瑚 *Hayasakaia elegantula*。四川盆地茅口组岩性较为稳定，普遍为浅灰-灰色薄-厚层泥晶灰岩、泥晶生屑灰岩，由于其颜色相对栖霞组较浅，生产部门亦常称其为白茅口。主要时代相当于茅口阶和冷坞阶。区内茅口组沉积期受东吴运动影响，自西向东遭受不同程度的剥蚀，川西地区，茅口组与上覆峨眉山玄武岩组呈不整合接触；川中-川南地区茅口组与上覆龙潭组泥页岩呈不整合接触；川东北地区与上覆吴家坪组底部页岩(王坡页岩段)呈不整合接触，分界明显。

区内茅口组下部一般为深灰色薄层泥质泥晶灰岩、生屑泥晶灰岩夹黑色钙质页岩，顶部夹硅质岩薄层，普遍具"眼球状"或"豆荚状"构造，层面波状起伏明显。上部可大致分为两种类型：川中及川东地区普遍为灰白色中-厚层含燧石泥晶生屑灰岩，含𥱊类 *Neoschwagerina*、*Verbeekina*、*Chusenella* 等；向川东北巫山、宣汉以及万源以北地区，上部岩性逐渐过渡为薄层硅质岩、硅质页岩夹泥晶灰岩透镜体，产菊石 *Altudoceras*、*Paraceltites*、*Shouchangoceras* 等(四川省地质矿产局，1991)。

四川盆地茅口组广泛分布，一般为 100～300m。在盆地西南、南的雅安—乐山—宜宾一带最厚，平均厚度超过 300m，最厚可达 400m；向东至川东北宣汉渡口地区，茅口组厚度仅为 80 多米，相对较薄；盆地西北缘的广元、江油、安州、绵竹地区，茅口组一般厚 100 多米。总体上，自南西向北东方向，茅口组厚度呈减薄趋势，但地层完备性则表现为自南西向北东方向逐渐趋于完整(四川省地质矿产局，1991)。

2.2.4　峨眉山玄武岩组

峨眉山玄武岩组最初由赵亚曾(1929)命名于峨眉山，原称峨眉山玄武岩，指一套灰、绿等色致密、斑状、杏仁状钙碱性玄武岩，夹少量苦橄岩、凝灰质砂岩、泥岩、煤线及硅质岩，偶见植物化石。该组与下伏茅口组及上覆宣威组或龙潭组均为平行不整合接触。主要分布于盆地西部地区，厚度为 200～1000m，由西向东明显减薄。沿华蓥山断裂带可见零至数十米的玄武岩，但分布不连续，常夹于砂页岩及灰岩中。

该组产植物 *Gigantopteris*，可见极少量螳类 *Neomisellina*、*Neoschwagerina*、*Yabeina* 等。

2.2.5 龙潭组

龙潭组由黄汲清等于 1948 年引入四川，为黄灰-灰黑色细砂岩、粉砂岩、粉砂质碳质页岩，夹灰岩、泥质灰岩及煤层，含植物、腕足类化石，为典型的海陆交互相地层。由于该组在四川盆地南部与陆相宣威组过渡，因此在过渡带常常又有筠连组、兴文组等称谓，前者总体面貌与宣威组接近，后者与龙潭组接近。

四川盆地中部广泛分布龙潭组，层位较稳定，以灰黄色泥岩、粉砂岩及砂岩组成不等厚互层，程度不等夹有煤层、泥晶灰岩及泥灰岩层，其灰岩含量及单层厚度由西向东增加，向吴家坪组过渡；向西层间砂、泥岩增多，灰岩减少，向宣威组过渡。该组厚度为 80～180m，具有西薄东厚的趋势。龙潭组底部常有铝土、黄铁矿等富集，在四川盆地西部成都—雅安一带，龙潭组下部为紫灰-灰色铁质黏土岩夹厚层含燧石灰岩；川南威远地区为灰绿色凝灰质砂岩与黑色泥岩互层，重庆—叙永一带以灰-深灰色粉砂质黏土岩为主，夹玄武岩屑粉砂岩，均与下伏茅口组界线清楚，与上覆吴家坪组多以大套灰岩出现划分地层界线。

本组含多门类化石，产螳 *Codonofusiella*，腕足 *Oldhamina*、*Dictyoclostus* 等，植物 *Gigantopteris* 等。

2.2.6 吴家坪组

吴家坪组由卢衍豪 1956 年命名于陕西汉中南郑梁山吴家坪，广泛分布于四川盆地中部与东部，岩性稳定，以灰-深灰色泥晶灰岩为主，富含燧石结核，并夹有硅质层和钙、硅质页岩，碳质页岩及煤线，该组在四川盆地东部厚 70～200m 不等。底部常发育一套深灰-灰黄色泥岩、碳质页岩夹煤线及铝土矿层，厚 2～10m 不等，称为王坡页岩或吴家坪组底煤系，其底界与下伏茅口组灰岩呈不整合接触。

本组上覆地层为长兴组，以螳类 *Palaeofusulina* 大量出现为特征。在四川盆地东部地区，通常以大套燧石结核灰岩消失，薄层泥灰岩或泥晶灰岩出现作为两者的界线。

本组含有多门类化石，常见有螳类 *Codonofusiella*、*Reichelina*，腕足类 *Dictyoclostus*、*Waagenites*，以及少量菊石、珊瑚及藻类，底部煤系可见植物 *Gigantopteris*。

2.2.7 宣威组

宣威组由谢家荣 1941 年命名于云南宣威，原称宣威煤系，在四川盆地常用名称包括乐平组、沙湾组等，其含义与宣威组基本相同。该组为一套以砂岩为主的陆相含煤地层，主要分布于四川盆地西缘，岩性较稳定，均以灰-黄绿色泥岩、粉砂岩为主，夹有多套煤层及煤线，底部时有赤铁矿及少量玄武岩，上部偶夹少量薄层泥晶灰岩。

本组西薄东厚，西部汉源一带仅厚数米，至川南珙县、筠连一带厚度可达 160m 左右，与下伏玄武岩呈整合或平行不整合接触，易于判别，但与上覆三叠系东川组岩性自然过渡，颜色由黄绿色向紫红色过渡，划分有一定困难，亦有学者将黄绿色-紫红色砂泥岩过渡段称为卡以头组，目前主要以含 *Gigantopteris* 等植物碎屑层的消失作为地层划分依据。

该组产 *Gigantopteris*、*Lepidodendron*、*Lobatannularia*、*Sphenophyllum*、*Lepidostrobophyllum* 等。东部偶见双壳类、腕足类等化石。

2.2.8 大隆组

大隆组最初由张文佑等 1938 年命名于广西来宾合山。在四川盆地以灰色薄层硅质岩、硅质页岩为特色，夹硅质灰岩及砂泥岩，含以菊石类为主的浮游生物化石，厚 5～50m，与下伏长兴组生屑灰岩、吴家坪组含燧石结核灰岩及上覆大冶组灰黄色薄层泥灰岩均为整合接触。

本组野外露头广泛分布于广元、旺苍、城口、巫溪一线，钻井揭示地下主要分布于开江—梁平海槽及城口—鄂西海槽一带，常见有䗴类 *Codonofusiella*、*Palaeofusulina*，菊石 *Pseudotirolites*、*Pseudogastrioceras*，以及放射虫等。

2.2.9 长兴组

长兴组最初由葛利普 1931 年命名于浙江长兴，该组在四川盆地中东部最为发育，下部主要为灰-深灰色厚层泥晶灰岩，颗粒灰岩夹少量暗色钙质页岩，中上部为灰-灰白色中厚层颗粒泥晶灰岩或礁灰岩或白云质灰岩，厚数十米至 200m 不等。该组在叙永、古蔺等盆地南部地区夹有凝灰质页岩，在广元一带，燧石含量较高。长兴组与下伏吴家坪组呈整合接触；与大隆组在同一剖面构成下上关系，但区域上却呈现互为消长的相变关系。在广元朝天、旺苍、万源以及奉节以北，为大隆组分布区，向南逐渐相变为长兴组。

第3章 构造-沉积特征及演化

3.1 区域地质构造特征及演化

3.1.1 构造分区

根据物探和卫星解译像片,四川盆地周缘及内部基底断裂十分发育,其中后者存在潜伏深断裂。现今的四川盆地总体是由系列的逆冲推覆构造以及内部复杂构造变形的沉积盆地所组成(图 3-1)。由于印支运动以来多期构造变形作用的叠加,四川盆地地质构造具有平面分带和垂向分层特征(王学军等,2015)。

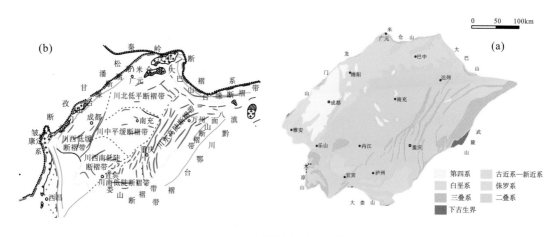

图 3-1 四川盆地构造地质特征
(a)四川盆地构造分区;(b)四川盆地地质图

根据盆地构造变形特征,四川盆地可划分为大巴山—米仓山—龙门山山前构造变形带、川中平缓构造区、川东断褶构造区以及川南断褶构造区[图 3-1(b)]。

1. 龙门山造山带

龙门山造山带位于川西南—川西北地区,总体呈北东向展布,北与南秦岭造山带相交,西以茂县—汶川断裂带与松潘(若尔盖)陆块为界,断裂带以西地层变质程度相对较深,同时发育巨厚三叠系复理石,为韧性构造变形带,东以广元—大邑—雅安断裂带与川中平缓构造区为界，之间发育与造山带平行展布的安县^①—灌县^②断裂带。在茂县—汶川断裂带和安县—灌县断裂带之间为龙门山造山带的主体，前震旦系、震旦系—三叠系等均有出露，并以基底冲断构造、叠瓦逆冲构造和平缓逆冲推覆构造为特征。在安县—灌县断裂带与广元—大邑—雅安断裂带之间形成山前构造带，是龙门山造山带向盆地方向逆冲推覆的前锋带，隐伏于侏罗系之下。

2. 汉南—米仓山隆起

盆地北部与南秦岭造山带之间为近东西向展布的汉南—米仓山隆起，出露地层为前震旦系、震旦系—三叠系等不同时代的地层，形成了近东西向的背、向斜构造，侏罗系向隆起区超覆减薄。地震剖面显示具有隆起向盆地内的叠瓦逆冲推覆和双重构造特征，并隐伏于上三叠统之下。汉南—米仓山隆起在构造走向上受到了龙门山造山带的改造和叠加。

3. 大巴山构造带

大巴山构造带为秦岭造山带安康断裂以南向南西方向凸出的弧形构造带。以城口—房县断裂带为界，划分为北大巴山逆冲构造带和南大巴山山前冲断褶皱带。北大巴山逆冲构造带是南秦岭造山带的组成部分，出露元古宙和早古生代火山碎屑岩及深水沉积岩，局部残留上三叠统—侏罗系，角度不整合于志留系之上。南大巴山山前冲断褶皱带以镇巴断裂带为界，东北为山前冲断带，西南为山前断褶带。山前冲断带为一组北东倾的弧形逆冲叠瓦断裂，卷入地层为震旦系、寒武系、志留系、泥盆系、石炭系、二叠系和中下三叠统海相碳酸盐岩及碎屑岩。山前断褶带由一系列的线性褶皱构造组成，卷入的最老地层为寒武系，最新地层为下、中侏罗统。北西段走向为北北西向，背斜相对紧闭而向斜相对开阔，中东段背、向斜同等紧闭或者向斜相对紧闭而背斜相对开阔，自北西向南东，走向由北西向逐渐转为近东西向，并与川东北东向褶皱构造叠加，东部受神农架隆起的控制，形成穹窿构造。该区存在寒武系泥页岩、志留系泥岩和中下三叠统膏盐岩层等多个塑性滑脱层，山前断褶带存在深浅层不协调褶皱构造，深部下古生界变形较弱，上古生界到侏罗系滑脱褶皱强烈，主滑脱层为志留系泥岩和中、下三叠统膏盐岩层。山前冲断带北与汉南—米仓山隆起垂向叠加相交，形成盆-穹构造，止于汉南隆起南缘的白沔峡断裂。

4. 川中平缓构造区

川中平缓构造区位于四川盆地的中部，是盆地内构造变形最为微弱的地区，以褶皱构造变形为主要特征，根据褶皱、断裂构造的展布特征，以德阳—南充和盐亭—营山为界自南而北可划分为 3 个构造变形区，南部中江—仁寿以西为北北东向展布的线状断背斜构造，断裂主要东倾，为龙门山山前冲断带的反向冲断-褶皱构造。中江—仁寿以东地区发育北东向、北东东向的雁列展布的宽缓背、向斜构造。中部德阳—南充和盐亭—营山之间发育了北西西向、近东西向的背、向斜构造，盐亭—营山以北的地区构造变形复杂，西部为北东向的宽缓背、向斜构造，东部主要表现为北西向、北东向两组背、向斜构造叠加。

---

① 安县：现为四川省绵阳市安州区。
② 灌县：现为四川都江堰市。

5. 川东断褶构造区

川东断褶构造区西与华蓥山深断裂带相邻，东以向南东凸出的七曜山深断裂带与渝鄂湘黔古生界盖层褶皱区相接，是雪峰山造山带西北构造变形系统的组成部分，北与南大巴山山前冲断褶皱带相交。该区发育系列呈北东东—北东—北北东向展布的高陡窄背斜和宽向斜构造，平面构造线组合形态呈现北部向东收敛、翘倾，三叠系广泛出露，中-南部在开江—华蓥山一带平行展布，华蓥山背斜高部位通常出露二叠系或三叠系碳酸盐岩，背斜核部一般都发育同方向的逆冲断层，多数背斜西翼比东翼稍陡，断层东倾，背斜核部角度为 60°～70°，核部地层出现直立或倒转。在方斗山和七曜山背斜，褶皱构造较西部复杂，形成了歪斜、倒转背斜带。向斜则主要为大面积分布的侏罗系碎屑岩，产状平缓，一般小于 30°，近背斜地层突然变陡。该区背斜狭长，向斜宽缓，两者之间的宽度比例在 1：3 左右。

6. 川南断褶构造区

川南断褶构造区位于华蓥山深断裂带以南，中梁山深断裂带以西，南界为娄山深断裂带伴生的东西向断褶带。构成帚状展布的中-低缓断褶构造区(图 3-1)。区内断褶构造发育程度较川东断褶构造区低。背斜与向斜相间呈北北东向展布，构成向北收敛向南帚状展布的格局。以华蓥山为主体向南西—北东向的断褶构造幅度逐渐降低，自狭长背斜逐渐变为低缓的穹丘状构造，泸州地区以南形成三排东西向的高点呈串珠状展布的背斜带，是受大娄山深断裂带向北压缩而形成的断褶带。区内三叠系出露逐渐减少，侏罗系分布广泛。

综上所述，四川盆地整体表现为周缘造山带向盆地的逆冲推覆，在盆地周缘形成了复杂而有规律的断褶构造。在盆地内部，受周边构造变形的影响以及盆地基底构造的控制，形成了南北分区，东西分带的褶皱、断裂构造。

3.1.2 区域地质构造演化

地史时期复杂的构造环境，造就了四川盆地构造变形在垂向上具有明显的差异性，导致盆地地层垂向构造变形差异的因素有两种：一是由于震旦纪、早古生代、晚古生代—中三叠世、晚三叠世—侏罗纪和白垩纪盆地的多期成盆、消亡和多期改造形成了纵向上的多期不整合和上、下盆地结构的差异，这种特征主要以不整合面为界，上、下构造层变形存在差异；二是盆地沉积过程中形成了下寒武统泥岩、志留系泥岩、中寒武统膏岩、中下三叠统膏岩、上三叠统下部煤系、侏罗系下部煤系等多套塑性层，对盆地地层的构造变形起到调节作用。垂向构造变形在纵向上表现为以塑性地层为变形调节层，上部地层变形比较明显、强烈，向下逐渐减弱，以至消失。在川东构造变形区，背斜深部的核部都发育了铲式逆冲断层，断层面向深部逐渐延伸到统一的塑性层中。

四川盆地地层垂向构造变形具有明显的差异性，与扬子板块的构造演化多期次性表现一致。根据四川盆地地层充填特征和构造变形特征，盆地的构造演化阶段可大致分为以下阶段。

1. 前寒武系盆地构造演化

中元古代晚期，以晋宁运动为代表的区域造山运动直接造成了中元古代昆阳群变形、变质作用和峨山花岗岩侵入，同时由于伴生的强烈变质作用和岩浆侵入作用使扬子板块开始固结形成统一基底。早震旦世中晚期的澄江运动引发了剧烈的岩浆喷出和侵入活动，并影响至盆地的西部和川中腹地，使其前震旦系基底趋于复杂化。

新元古代晚期，随着扬子板块周缘的裂解，四川盆地内部开始接受沉积并不整合于前震旦系地层之上，其具有填平补齐的特征。震旦系末期，以整体隆升和沉降为特征的桐湾运动开始，多幕次的事件不仅导致了灯影组内部地层均受到了不同程度的抬升剥蚀，而且也造成了盆地范围震旦系与寒武系之间的不整合接触。

2. 寒武纪—志留纪盆地构造演化

早古生代早期，四川盆地基底整体向南东方向倾伏，盆地内部构造动力学机制由挤压向拉张应力转化，但西部川滇、北部米仓山地区仍存在局部隆起，如龙门山地区见奥陶系宝塔组灰岩或志留系泥岩、泥盆系砂岩直接覆盖于下寒武统泥岩之上，米仓山地区存在下奥陶统砂岩直接不整合在中寒武统碳酸盐岩之上。奥陶纪中—晚期，盆地中部川中古隆起形成，志留系(含奥陶系五峰组)自东向西超覆于奥陶系、寒武系之上。志留纪末，随着华南板块与冈瓦纳大陆之间的聚合碰撞，大陆边缘增生，加里东运动晚期造山幕-广西运动开始，其导致中上扬子地区大面积隆升、剥蚀，包括盆地内部的川中古隆起区寒武系—奥陶系、志留系均遭受了强烈剥蚀。

3. 泥盆纪—早三叠世盆地构造演化

加里东运动以后，随着华南板块从冈瓦纳大陆北缘裂解开始，上扬子地区构造阶段以伸展拉张作用为主(海西旋回)，其中四川盆地主要受北西向基底断裂构造控制，同生断裂的活动呈幕式节奏与火山活动及海平面升降对应，具有多期次发育阶段的特征。以东吴运动为例，东吴运动是李四光于 1931 年发现并命名的，原指南京、镇江地区下二叠统栖霞组与上二叠统龙潭组之间发生的角度不整合，认为这是"显著的造山运动"。1939 年李四光又提出东吴运动"是远东华力西运动中最强烈的一幕"，目前，大部分学者认同东吴运动是扬子区二叠纪时期的一次重要运动，其发生的时间位于晚二叠世早期至中期，在该区东吴运动主要为地壳的升降运动，并伴随着龙门山南段火山爆发而结束。而关于其形成演化机理，随着近年来峨眉地幔柱理论研究的进展和完善，越来越多的学者认识到峨眉地幔柱上升造成的间歇式地壳快速差异抬升直接控制并影响了上扬子区晚古生代的构造-沉积格局(何斌等，2003，2005；朱传庆等，2010)。其中，峨眉地幔柱穹窿状水下隆起控制了四川盆地中二叠世古地理演化过程(张廷山等，2011)。中二叠世末期峨眉地幔柱强烈的隆升作用不仅导致峨眉大火成岩省的形成，而且也造成了华南地区广泛的海退事件，使茅口阶与吴家坪阶之间非连续沉积，不整合面的底界发现底砾岩。东吴运动导致四川盆地中二叠世稳定碳酸盐台地发展阶段的结束，区域发生显著的岩相分异。晚二叠世盆地内部广泛的裂陷作用则可能与火山喷发后的地壳沉降导致的断块差异沉降作用有关，远离大火成岩省的华蓥山地区露头剖面以及四川盆地东北部梁向 1 井、雷 2 井、雷 9 井等上二叠统底部发现的火山岩就是良好佐证。在张性拉张背景下，四川盆地内部同生断裂活动明显，区内差异升降运动形成了特有的堑垒构造格局，其中深水地堑地区(如开江-梁平海槽及城口-鄂西海槽等)主要受北西向基底断裂控制，因构造部位、应力场位置等差异而在展布形态、规模等方面表现出不同的特征。

4. 中三叠世—晚三叠世盆地构造演化

中三叠世末开始，随着扬子板块与华北板块之间闭合和碰撞，印支运动开始，自此四川盆地构造应力从张裂转向压扭活动，具体表现为盆地周边龙门山等地区开始隆升，盆地内向内陆湖盆转化，沿华蓥山深断裂带，泸州—开江古隆起开始形成，地层遭受了强烈的剥蚀。

5. 侏罗纪—新近纪盆地构造演化

侏罗纪开始，随着四川盆地周缘龙门山、南秦岭和雪峰山等造山带或逆冲推覆带的形成，四川盆地成为大型陆内拗陷盆地。晚白垩世以来，盆地周边向盆地内部快速挤压断褶，盆地大规模隆升并逐渐构成了现今的构造格局。

3.2　盆地充填演化过程

野外露头及钻井剖面揭示，现今的四川盆地是在古生代海相沉积盆地的基础上发展而来的陆相盆地。自震旦系至第四系厚逾 13000m 的沉积地层中，震旦系—中三叠统主要为海相沉积地层，以碳酸盐岩为主，厚 4100～7000m；上三叠统—第四系主要为陆相沉积地层，厚 3500～6000m。在震旦系与下伏中新元古界基底岩系之间，泥盆系与下伏志留系地层之间，上三叠统与下伏中三叠统地层之间，侏罗系与下伏上三叠统地层之间，白垩系与下伏上侏罗统地层之间，古近系与下伏白垩系地层之间，新近系与下伏古近系地层之间，第四系与下伏新近系地层之间形成了 8 个区域性不整合。其中，新近系零星分布于盆地边缘大邑、峨眉山等地，第四系主要分布于成都—德阳第四纪冲积平原区。

3.2.1　前寒武纪盆地演化

震旦纪时，随着扬子板块周缘的裂解，扬子板块内部沉积了砂岩、泥页岩等不整合于前震旦系之上的地层。随着板块内构造环境的稳定，沉积了灯影组白云岩。根据周边露头、钻井和地震资料，早震旦世是盆地发育初期，沉积具有填平补齐的作用。在盆地北部的米仓山地区见灯影组一、二段直接不整合在变质岩或变质花岗岩之上，普遍缺失下震旦统，南江杨坝地区见厚 20 余米的下震旦统陡山沱组砂岩、含砾砂岩，上震旦统为藻白云岩、泥晶白云岩、角砾状白云岩，厚度为 800 余米。在大巴山前见震旦系向北东方向超覆减薄。在灌县杂岩体周缘出露的震旦系为一套厚度在 1km 以上的泥页岩、砂泥岩、夹硅质条带白云岩、含藻白云岩等。湖北宜昌地区见 160 余米的下震旦统，为灰黑色页岩夹泥质白云岩、晶粒白云岩，与南华系冰碛砾岩呈假整合接触。从整体上分析，下震旦统陡山沱组在盆地内具有西厚东薄的总趋势，西部碎屑岩沉积多，东部以白云岩建造为主。灯影组沉积期盆地整体被海水浸没，盆地整体格局与早震旦世基本一致，基底整体西倾，西部水体相对较深，东南部水体较浅，灯影组二段在高石梯一带存在礁滩相沉积。震旦纪末，扬子板块发生一次构造运动，导致盆地的消亡和大面积的隆升剥蚀。

3.2.2 寒武纪—志留纪盆地演化

寒武纪—奥陶纪，随着 Rodinia 超大陆的进一步解体，扬子板块的基底整体向南东方向倾伏，西部川滇、北部米仓山地区存在隆起，中部为平缓的台地，东部为斜坡，雪峰山及其周缘地区分布有一套暗色泥岩及石煤。寒武系残余厚度整体是东、南厚，厚度为1000～1600m，西、北薄，厚度为 0～1000m。寒武系下统划分为筇竹寺组(牛蹄塘组、明心寺组)、金顶山组(沧浪铺组)、清虚洞组，中统划分为高台组(陡坡寺组)、石冷水组(西王庙组)，上寒武统为娄山关组。早寒武世是盆地泥页岩最为发育的时期，地层自西部的乐山到东部的麻江碎屑岩沉积逐渐变细，厚度变大。整体为一套台地型碳酸盐岩—陆棚型碎屑岩沉积。米仓山地区存在下奥陶统砂岩直接不整合在中寒武统碳酸盐岩之上，龙门山地区见奥陶系宝塔组灰岩或志留系泥岩、泥盆系砂岩直接不整合在下寒武统泥岩之上，显示了寒武纪中晚期在这些地区的隆升与剥蚀作用。

奥陶系厚度较寒武系小，厚度延展趋势与寒武系一致，自西向东厚度增大，泥页岩成分增加。在川中古隆起高部位剥蚀殆尽，西部厚度一般小于200m，东部厚度为300～600m。下统为桐梓组(南津关组、分乡组)、红花园组和大湾组(湄潭组)，中统为牯牛潭组(庙坡组)、十字铺租和宝塔组，上统为临湘组(涧草沟组)和五峰组。下统和中统主要为一套碳酸盐台地-混积陆棚沉积建造，东南厚，西北薄，地层厚度在数十米到 700m 之间。上统五峰组与志留系连续沉积，为黑色页岩夹硅质岩、生屑灰岩、藻灰岩、粉砂岩，富含笔石。奥陶纪中晚期，盆地发生一次较为强烈的构造事件，在盆地中部形成了川中古隆起，志留系(含奥陶系五峰组)自东向西超覆于奥陶系、寒武系之上，在龙门山地区见志留系泥页岩不整合于寒武系之上。

志留纪末，随着加里东运动构造幕的增强，板块之间的俯冲、碰撞，大陆边缘增生，盆地发生了早古生代最为强烈的构造抬升事件，导致中上扬子地区大面积隆升、剥蚀，川中古隆起区的寒武系—奥陶系、志留系遭受了强烈的剥蚀，其他地区志留系则以碎屑岩沉积为主。

总体而言，四川盆地下古生界主要属海相沉积，纵向沉积演化特点为滨岸→碳酸盐台地→台地边缘礁滩→斜坡→深水陆棚→混积陆棚→碎屑滨岸。早古生代物源区以北西缘为主，主要来自康滇、汶茂地区以及汉南隆起等。碳酸盐台地边缘主要向南东方向迁移，台地范围扩大。

3.2.3 泥盆纪—中三叠世盆地演化

受川中古隆起发育影响，四川盆地上古生界与下古生界之间存在区域不整合面。泥盆纪，四川盆地主体部位处于整体隆升剥蚀状态，泥盆系主要分布于四川盆地边缘，盆地内部大面积缺失。盆地西南缘龙门山地区泥盆系发育比较齐全，底部与下伏志留系为假整合接触和低角度不整合接触，为一套碎屑岩、生物碎屑灰岩和白云岩组合，属陆棚—局限台地沉积。川东地区普遍缺失中下泥盆统，上泥盆统与下伏志留系呈假整合接触，为一套滨海相石英砂岩、泥岩夹泥质白云岩、灰岩沉积。石炭纪沉积较泥盆纪扩大，主要分布于现今盆地边缘和东北地区，西部龙门山地区为下石炭统马角坝组、总长沟组和上石炭统黄龙组，底部为棕红色赤铁矿层，向上为灰岩夹鲕粒灰岩、生屑灰岩、白云岩夹紫红色泥岩，主要为开阔台地相沉积，与泥盆系为整合或超覆不整合接触。盆地东北部在广安、达州以东、涪陵以北地区，局限分布，称为上石炭统黄龙组，为潮坪沉积的白云岩、白云质灰岩沉积，超覆不整合于志留系泥页岩之上。黄龙组大部分地区保存不完整，上部被中二叠统梁山组煤系不整合超覆。扬子南部以碳酸盐岩为主，夹砂泥岩、煤层或煤线、页岩。

二叠系梁山组沉积期，扬子板块整体沉降，其前期的隆起剥蚀区全被淹没，广泛的海侵使中二叠统覆盖于石炭系、志留系、奥陶系、寒武系之上。盆地早期沉积的梁山组为海陆交互相碎屑岩含煤沉积，厚度较小，一般为几米至几十米，大部分地区缺失。随后的海侵使扬子地区成为碳酸盐台地，形成中二叠统栖霞组和茅口组沉积。该时期，中-上扬子的北缘以及龙门山地区为裂陷槽，发育碳酸盐缓坡沉积，局部发育生物礁滩，盆地内厚度变化不大，为300~400m，自西向东水体逐渐加深。茅口组沉积末期，区内发生一次重要的构造事件，称为东吴运动，导致盆地内1~1.5Ma的构造隆升，盆地内普遍遭受剥蚀，沿开江—泸州形成了向南东倾伏的隆升剥蚀区，开江一带茅口组二段剥蚀暴露残存，向南茅口组四段局部残存，三段大面积出露，四段分布于宜宾—自贡—成都—江油地区和东部的重庆—涪陵及以东地区。晚二叠世早期(吴家坪期)，由于峨眉山地幔柱隆升至地表，发生大规模的岩浆溢出，致使盆地西缘广泛分布玄武岩，整体表现为西南陆，东北部为海的构造格局，海侵主要来自盆地较低的东南和北部，盆地东南万州—涪陵为海相碳酸盐岩建造，向西至重庆主城一带逐渐夹泥页岩，泸州一带沉积一套以泥页岩为主的含煤地层。盆地北部海侵来自秦岭海槽，海水相对较深，沉积了一套硅质灰岩夹硅质层。晚二叠世晚期(长兴期)，在巴中—安康—黄石以北为被动陆源沉积，向盆地内延伸若干个北西—南东向展布的深水裂陷海槽，如开江—梁平海槽和城口—鄂西海槽等。部分学者认为，伸展构造环境形成的台内裂陷槽与峨眉山玄武岩喷发可能在时间上具有一致性或继承性。

早-中三叠世，四川盆地自下而上沉积了飞仙关组(夜郎组、大冶组)、嘉陵江组(茅草铺组)、雷口坡组(巴东组)、天井山组。飞仙关组沉积期，上扬子地区基本延续了二叠纪晚期的构造格局，整体呈现为西高东低的古地貌形态。盆地中东部以碳酸盐岩夹泥页岩为特征(大冶组)，盆地西部以碎屑岩夹少量石灰岩、泥灰岩为特征(飞仙关组、夜郎组)，盆地北部的开江—梁平海槽等深水陆棚逐渐变浅并消失。嘉陵江组在区内广泛分布，厚度、岩性比较稳定，主要为灰-深灰色薄-中层泥晶石灰岩，其次为泥晶白云岩、亮晶鲕粒砂屑石灰岩以及膏盐和膏溶角砾岩，总厚134~930m。雷口坡组在盆地内以含膏碳酸盐岩沉积为特征，与嘉陵江组呈整合接触，由灰岩、白云岩夹膏岩、盐岩、膏溶角砾岩及砂岩和泥岩组成，地层厚度变化较大，南部、东部遭受不同程度的剥蚀，在泸州地区剥蚀殆尽，南充地区厚达1000m。广安以北、龙门山及峨眉山一带发育较全，龙门山一带以白云岩、白云质灰岩为特征，向东至重庆万州则相变为紫红色泥岩和泥灰岩(巴东组)。

中三叠世末，由于扬子板块与华北板块之间碰撞，秦岭洋自东向西闭合，四川盆地发生了重要的构造事件，导致盆地消亡、隆升和剥蚀，盆地北部的米仓山—汉南隆起在该时期已经初具规模，盆地内泸州—开江古隆起形成，地层遭受了强烈的剥蚀。

3.2.4 晚三叠世—早白垩世盆地演化

扬子板块与华北板块闭合、碰撞过程中，扬子板块与松潘—甘孜地块之间发生裂离，扬子板块向西倾伏，晚三叠世早期，川西地区形成残留海盆，龙门山前缘马鞍塘、黄莲桥、汉旺、金河一线及其以西地区，形成以碳酸盐岩为主体的台地沉积，称为马鞍塘组和小塘子组(相当于须家河组一段)。马鞍塘组自西向东由现今的龙门山造山带至川西拗陷与其下伏天井山组及雷口坡组四段呈平行不整合接触，标志着四川盆地晚古生代以海相碳酸盐台地沉积为主体的沉积构造格局的终结和前陆盆地碎屑岩系充填沉积阶段的开始，为印支运动早幕的沉积响应。其上覆地层小塘子组具有自西向东减薄的特征。晚三叠世中期(须家河组二段沉积期)，海水已经全面退出该区，龙门山隆升为盆地沉积的物源区。从须家河组二段到六段，盆地沉降中心由绵竹—中江向盆地中部南充方向迁移，反映了前陆盆地发展由龙门山造山带向盆地挤压推进的过程。晚三叠世末期，松潘—甘孜地块逆冲于上扬子板块之上，龙门山前陆冲断带形成，结束了晚三叠世前陆盆地的演化历史。

侏罗纪，随着盆地周缘龙门山、南秦岭和雪峰山等造山带或逆冲推覆带的形成，四川盆地成为大型陆内拗陷盆地。川东地区厚度较薄，盆地中西部沉积厚度普遍较大，普遍在1800m 以上，龙门山山前和米仓山—大巴山山前厚度都在 2500m 之上。在龙门山前的安州西部、江油西部、武都东北部和广元西部，普遍见下侏罗统白天坝组或中侏罗统千佛岩组不整合于下三叠统碳酸盐岩和中二叠统之上，安州西南部见沙溪庙组不整合于下三叠统和上二叠统之上，并将断层覆盖，说明侏罗系沉积期，龙门山造山带前被侏罗系超覆。

早白垩世与晚侏罗世相比，盆地沉积范围大幅缩小，下白垩统主要残存于川西、川北及川南的拗陷区，龙门山前主要为冲积扇沉积，剑阁地区最厚超过 2000m。北大巴山南麓早白垩世沉积厚度巨大，总体为 1142～1172m，沉积物总体偏细，说明早白垩世北大巴山一带构造活动相对稳定。盆地东南部为广阔的河流—冲积平原—湖泊，盆地中西部自贡、成都、梓潼、巴中一带发育了滨-浅湖相沉积，可见该时期主要表现为龙门山构造带的隆升，并控制了山前粗碎屑岩沉积和山前拗陷带的形成。

综上所述，晚三叠世受到龙门山造山带向盆地逆冲挤压，盆地基底向西倾伏。侏罗纪受周缘造山带的共同作用，盆地的沉积中心在龙门山和米仓山—大巴山山前，侏罗纪末期的构造事件导致四川大型内陆湖盆地消亡。早白垩世显示了盆地沉积向龙门山山前的迁移萎缩。

3.2.5 晚白垩世—新生代盆地演化

四川盆地在晚白垩世—新生代表现为快速隆升，晚白垩世—古近纪为差异隆升阶段，晚白垩世的沉积区迁移至盆地西南部乐山、宜宾一带，为棕红色、紫红色含泥粉砂岩及蓝灰色、灰黑色薄层泥灰岩，含石膏及钙芒硝，局部为砾岩夹砂岩透镜体，厚 1000～3000m，盆地大部分地区处于隆升状态。新近纪，盆地整体隆升，隆升幅度超过 4200m，这与青藏高原相对变形向外扩展效应增强有关。

如图 3-2 所示，总体而言，四川盆地早古生代主要受到扬子板块与华南板块的裂离与聚合作用控制，盆地沉积相带主要受北东向构造的控制，盆地基底主要向南东方向倾伏；二叠纪，受扬子板块与华北板块之间的伸展、裂离作用，以及康滇古陆不断隆升和峨眉山玄武岩浆喷发作用的影响，四川盆地主要受北西向构造的控制；晚三叠世，受龙门山造山带向盆地的逆冲作用影响，形成了前陆盆地；侏罗纪—早白垩世，受盆地周缘造山带向盆地的挤压作用，形成内陆拗陷盆地；晚白垩世—第四纪，受喜马拉雅构造活动影响，盆地大规模隆升、消亡。早期表现为海相的非汇水盆地，晚三叠世后表现为陆内汇水盆地。

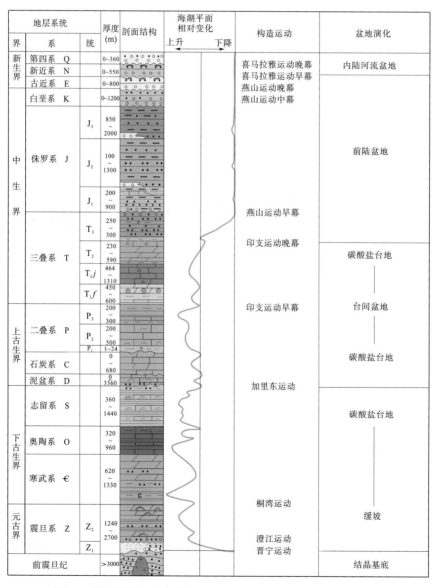

图 3-2　四川盆地沉积充填序列(四川省地质矿产局，1991，修改)

第4章 沉积环境与沉积相

沉积环境由发生沉积作用的，具有独特物理、化学和生物特征的环境条件组成，是沉积物在沉积过程中的客观体现。而沉积相概念属于解释性术语，狭义的沉积相指沉积环境中沉积岩(物)的特征，是沉积环境的物质表现(陈建强，2004)。在沉积环境及其沉积作用的了解和资料积累之上对沉积相的高度概括即为沉积模式。

四川盆地二叠系沉积岩主要由碎屑岩、碳酸盐岩等岩石类型组成，其沉积环境可划分为陆地环境、海陆过渡环境及海洋环境，每种环境又可分为各种亚环境甚至微环境(表4-1、图4-1)。

表 4-1 四川盆地二叠纪沉积环境划分

环境		亚环境
陆地		冲(洪)积扇、曲流河
海陆过渡环境	三角洲	前三角洲
		三角洲前缘
		三角洲平原
海洋环境	滨岸	潮坪
		潟湖-障壁岛
		海滩
	浅海	开阔台地
		局限台地
		台地边缘
		斜坡
		浅缓坡
		深缓坡
		深水陆棚(海槽)

黑色碳质页岩含钙质粉砂岩透镜体，大隆组，巫溪红池坝

灰色厚层泥晶生屑灰岩，茅口组，巫溪大河

灰白色块状亮晶砂屑灰岩，发育不规则
斑状白云石化，茅口组，广元上寺

深灰色薄-中层生屑泥晶灰岩与灰褐色
硅质岩不等厚互层，茅口组，广元上寺

深灰色薄层生屑泥晶灰岩与灰黑色钙质
泥岩不等厚互层，栖霞组，华蓥溪口

浅灰色厚层粉晶海百合灰岩，吴家坪组，
宣汉渡口

灰色薄-中层泥质粉砂岩夹煤线，龙潭组，
晴隆砂锅厂

灰白色海绵礁灰岩，长兴组，利川见天坝

图4-1　四川盆地及邻区二叠系代表岩石类型

4.1　陆地环境及沉积相

陆地环境沉积条件复杂，沉积物多样。陆相沉积以碎屑岩为主，而碳酸盐岩相对较少。由于大陆沉积区距离物源区较近，沉积物的相变较快，故岩石中不稳定组分较多。由于多数大陆沉积是在自由氧流通的条件下生成的，因而沉积物常呈红色。其中，所含生物化石多为植物或广盐度生物。

中二叠世末期，扬子陆块西缘发生了大规模的峨眉山玄武岩浆喷发，形成了南西高，北东低，西陡东缓的古地貌格局，盆地整体接受西部陆源碎屑物质供给，沉积一套冲积平原碎屑岩，包括冲积扇相与河流相沉积。冲积扇紧邻剥蚀区发育，岩石以砾岩和含砾砂岩为主，砾岩中砾石大部分为玄武岩砾石，磨圆度一般不好。冲积扇向东逐渐过渡为河流沉积，以辫状河和曲流河为主，辫状河主要发育心滩沉积；曲流河一般发育河床、堤岸和漫滩。河流相岩石类型以灰绿色中-厚层凝灰质砂岩、凝灰质粉砂岩以及灰色块状泥岩为主，组成下粗上细的正粒序结构，砂岩多呈次棱角状—次圆状。河流沉积底部发育冲刷面，见泥砾，发育平行层理、槽状交错层理等。常见碳屑及植物化石，基本不含海相化石，岩层在横向上很不稳定，快速变薄、尖灭。

中二叠世末期，川黔滇部分地区因地壳抬升为陆地，茅口组在各地遭受不同程度的风化剥蚀。乐平组(龙潭组)下段最底部沉积为侵蚀面上发育的沼泽产物。随后，四川盆地西部地区发生了大规模的玄武岩喷发，在茅口组灰岩风化夷平面上堆积了玄武岩楔状层。在此之后，构造运动由上升逐渐转化为下降，从而开始了晚二叠世海相沉积。

晚二叠世中-晚期，受海侵作用影响，在川南筠连—叙永一带，沉积环境由冲积平原向潟湖-潮坪相演化，沉积一套河漫及潟湖-潮坪相含煤碎屑岩建造，岩性以粉砂岩、砂质泥岩、泥岩和黏土质泥岩为主，含煤性良好，赋存多层可采煤层。

4.2　海陆过渡环境及沉积相

海陆过渡相是指位于正常浪基面以上的介于海洋和陆地之间的水体相对较浅的滨岸沉积环境及沉积岩(物)，其陆源物质供给充分，同时又受海洋作用影响较大。包括三角洲相、潟湖-海湾相和潮坪相。

三角洲相由陆向海依次展布三角洲平原、三角洲前缘和前三角洲 3 个亚相。三角洲平原为三角洲的陆上部分，岩石类型主要为浅灰-灰色及灰绿色中-厚层凝灰质细-中砂岩、粉砂岩、浅灰色及灰色铝土质泥岩等，夹碳质泥岩及煤层，水平层理及小型波状交错层理发育，含植物化石，见黄铁矿，表明三角洲平原上存在安静、还原条件的沼泽环境。三角洲前缘位于三角洲平原外侧向海方向，处于海平面以下，三角洲前缘席状砂发育，岩石类型以灰色凝灰质粉砂岩为主，夹细砂岩，见小型波状交错层理，化石含量少。前三角洲位于三角洲前缘向海一侧，岩石类型以灰-灰黑色铝土质泥岩为主，水平层理发育，含腕足类、双壳类等生物化石。垂向上三角洲相大致组成下细上粗的反旋回沉积层序，层序上部三角洲平原上分支河道为下粗上细的间断性正韵律，顶部出现碳质泥岩及煤层的沼泽沉积。

潟湖-海湾环境水体能量较低，岩石类型以灰色、浅灰色薄层铝土质泥岩、黑色碳质页岩等为主，夹浅灰色、灰绿色粉砂岩、煤层等，含少量灰岩透镜体，有机质含量较高，水平层理发育，含体小壳薄的腕足类、双壳类等生物化石，见黄铁矿晶体，反映为相对闭塞的沉积环境。潟湖边缘有大量的植物生长，可形成泥炭沉积。

潮坪沉积以陆源碎屑为主，分为潮上带、潮间带和潮下带，与潟湖-海湾环境共同构成向上变浅的垂向层序。潮上带位于平均高潮线与最大高潮线之间，为低能环境，其上发育泥炭沼泽，常被植物覆盖。岩石类型以灰黑色薄层碳质页岩、碳质泥岩、泥岩为主，夹煤层，发育水平纹层，含植物化石，见少量的海相腕足类化石。潮间带位于平均高潮线与平均低潮线之间，能量中等，黑灰色薄层粉砂岩与铝土质泥岩呈韵律性互层，并以粉砂岩为主，脉状、波状及透镜状层理等发育，可见少量海相生物化石，生物扰动强烈。潮下带位于平均低潮线以下，为高能环境，岩石类型以灰色薄层粉-细砂岩为主，夹石灰岩薄层，具羽状交错层理，底栖生物发育。

东吴运动后，四川盆地晚二叠世自西向东由陆地作用占主导的三角洲环境过渡到以海洋作用为主的潮坪-浅海环境。海陆过渡环境生物群通常混生明显，以丰富的广盐度生物，如双壳类和腹足类繁盛为特征。黔西北和川东南为滨岸沼泽和滨岸平原相交替的环境，其中发育了典型的海陆交互相的含煤建造。古蔺—古宋一带可能由于泸州和黔中隆起的影响，煤系中的典型海相灰岩缺失，主要属滨海平原和过渡带相交替的环境。而筠连—珙县地区则属近海山前平原，总的地势由西南向东北倾斜，海侵范围局限在古宋以东。此时，古宋以西地区形成了以湖泊相和闭水沼泽相为主的陆相砂泥岩沉积。但由于地壳脉状沉降速度较快，地形分异较大，基底不平，难以形成稳定的沼泽。加之地表水流情况复杂，水动力较强，沉积物特别是碎屑岩的厚度和相变也比较频繁，因此旋回发育也差(图4-2)。

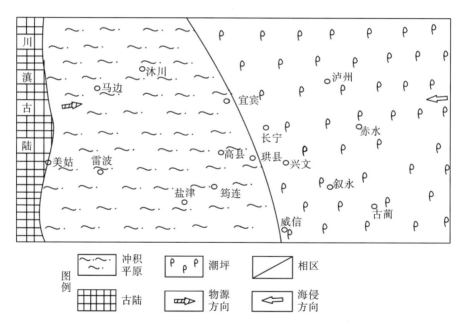

图4-2　川南晚二叠世早期(吴家坪期)沉积相分布示意图

东吴运动引起的四川盆地整体抬升，在黔西北—川南、川北局部地区曾出现短暂的陆地环境，发育古风化壳，随后的再次海侵形成沼泽成煤环境，但由于海侵迅速，成煤时间较短，煤系地层厚度较薄且厚度不均，仅在川北旺苍王家沟见几十厘米厚的劣质煤线，往东至南江桥亭、杨坝一带仅为0.5m厚的钙质铝土质泥岩，煤系地层消失。

晚二叠世长兴期，随着海侵增大，海岸线逐渐向西推进。古宋以东完全被海水淹没，以西地区则发展为潮坪与滨海浅滩相交替的环境。此时，地形趋于平坦。地壳缓慢的脉状沉降对海水进退影响很大。从而形成了旋回的对称性和完整性都较好的潮坪的含煤沉积。在沉降速度相对减慢的构造稳定阶段，形成了有价值的煤层(图 4-3)。

地层 (统)	地层 (组)	地层 (段)	厚度(m)	岩性	标志层	岩性描述	沉积相 (微相)	沉积相 (亚相)	沉积相 (相)
下三叠统	飞仙关组				C605	本段岩性有粉砂岩、砂质泥岩、泥质粉砂岩、粉砂质泥岩、细砂岩。粉砂岩，深灰色，含钙质，见水平及块状层理。下部粒度较上部粗，但上部胶结疏松。上部夹煤条带，下部产植物化石并见少量动物化石。砂质泥岩，深灰色，水平层理，底部夹数层不稳定煤线。含丰富的植物茎叶化石和碳屑。泥质粉砂岩，水平层理为主，有些呈块状，不显层理，夹数层菱铁质粉砂岩，底部产少量完整的小个体腕足类化石，种属较单一。粉砂质泥岩，灰、灰白色，透镜状、波状层理，含有少量菱铁质薄层，岩层层面分布植物碎屑、碎片。顶部有两层钙质细砂岩，代表潟湖环境，浅灰色，含黄铁矿结核，分选较差。细砂岩一般发育波状或小型交错层理　见植物化石碎片。本段发育九层煤，煤层厚约1m，煤层一般呈半暗型或暗淡型。中上部发育深灰色生物碎屑泥灰岩，含蜓、腹足等化石，全区分布稳定，为标志层	沼泽	潮坪-潟湖	障壁海岸
	长兴组		50		C604b		潟湖潮坪		
					C604a		沼泽		
					C603		潟湖		
					C602b		潮坪潟湖		
					C602a		沼泽决口扇		
					C601		分流河道		
							沼泽		
							分流河道		
					C503		沼泽		
					C502		天然堤		
							沼泽		
							分流河道		
							天然堤		
上二叠统	长兴组	上段	100		C409	本段岩性有泥岩、黏土岩、粉砂岩以及细砂岩，泥岩呈灰色，薄层，块状，层理不清。粉砂岩呈灰色，夹长石，分选磨圆差，层理不清，见菱铁矿结核长石。黏土呈灰色，层理不清。细砂岩呈灰黑色，含长石，分选磨圆差，见波状层理，植物碎片化石。本段发育6层煤，顶部煤层较厚，中下部煤层均较薄	沼泽	三角洲平原	三角洲
					C407		天然堤潟湖		
					C406a		沼泽		
					C406c		天然堤潟湖		
					C406		分流河道		
							沼泽		
							分流河道		
					C401		沼泽		
	龙潭组	下段	150			本段发育泥岩、粉砂岩、泥质粉砂岩以及中、细砂岩。颜色为浅灰色，发育波状及水平层理，夹条带状、透镜状菱铁矿，并具有豆状及鲕粒状结构。粉砂岩，块状为主，见水平、波状层理。泥质粉砂岩，钙、铁质胶结，水平及微波状层理。中、细砂岩，分选性中等，含泥砾、脉状、小型交错及平行、低角度交错层理，具冲刷现象。薄粉砂岩夹层中产较为完整的植物叶、茎化石。中部夹菱铁矿，具少量鲕粒结构，产丰富的植物化石碎片及植物茎。上部夹菱铁质粉砂岩，底部为薄层砂质泥岩，水平层理，含植物茎及碎片及少量叶化石。灰绿色泥岩与鲕状黏土岩互层，夹薄层灰色细砂岩，砾石(直径为0.27~3.20mm)，成分以玄武岩为主，次为长石及少量灰色、石英、黑云母，砾石多呈次圆状，具定向排列，见波状层理。绿灰色中细粒长石砂岩及中细粒砂岩，夹黏土岩及薄煤层。砂岩分选、磨圆差，以长石为主，次为玄武岩，见波状层理，植物化石碎片，见冲刷面	决口扇		
							天然堤		
							沼泽		
					C303		分流间湾		
					C302		沼泽		
							天然堤		
					C301		沼泽		
							天然堤		
							分流河道		
							潮坪		
					C202		沼泽		
							潟湖		
				200			分流河道		
					C103c		沼泽		
					C103b		沼泽	潮坪-潟湖	障壁海岸
					C103a		潮坪		
					C101c		潟湖		
	峨眉山玄武岩组				C101b		沼泽		
					C101a				

砂质泥岩　泥质灰岩　粉砂岩　细砂岩　中砂岩　泥质粉砂岩　煤层　泥岩　钙质粉砂岩　火山角砾岩　玄武岩

图4-3　川南晚二叠世晚期(长兴期)沉积相分布示意图

4.3 海洋环境及沉积相

海洋环境的理化特征与大陆环境差别较大，一般来说，海洋环境中控制生物分布和沉积物堆积样式的界面主要包括：①高潮线和低潮线(控制生物分布)；②透光带底界面(控制光合自养型生物分布)；③浪基面(底流和波浪造成侵蚀作用和胶结作用的底界)；④风暴浪基面；⑥含氧界面(强烈限制海底生物)。其中，高潮线和低潮线、浪基面、风暴浪基面是滨-浅海环境划分的基本界面。不同沉积环境沉积作用具有明显区别。

4.3.1 海滩环境

海滩(滨岸)介于高潮线和正常浪基面之间，是潮汐和波浪强烈作用的近岸水域，可进一步分为临滨带、前滨带、后滨带，这里主要介绍后两者。

1. 后滨沉积

后滨沉积是指位于最高海平面以上的滨岸平原环境，是前滨带近期上升超出高潮线的平坦地带，只有特大高潮和强烈的风暴浪才能淹没。川北地区上二叠统吴家坪组底部岩性以铁质、铝土质泥岩、钙质泥岩和泥岩为主，水平层理发育，见少量植物碎片，为晚二叠世海侵初期形成的超覆沉积，其特征如图 4-4 所示。

岩性剖面	岩石颜色	岩性描述	古生物	亚相
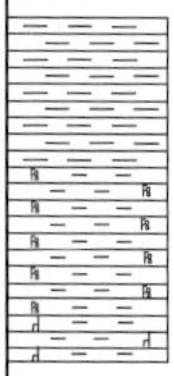	褐黄色 褐红色 灰黄色	铁质、铝土质泥岩、钙质泥岩和泥岩	少量植物	后滨

图 4-4 广元上寺剖面吴家坪组底部沉积特征

2. 前滨沉积

前滨带又被称为潮间带，构成滨岸的主体，主要由丰富的碎屑物质组成，以石英最为常见，成分成熟度高，代表高能环境。前滨沉积与后滨沉积特征区别明显，后者在平坦的滨岸地区往往海水排汇不畅，终年潮湿，主要堆积泥质物质，可间歇性受到海水的影响，总体水动力条件较弱，形成一套以黑色碳质泥岩和煤层为主的沉积物，局部夹风暴带来的透镜体砂和粉砂。可见较多的碳化植物碎片和植物根茎化石，水平层理和生物扰动构造发育，含有少量完整的腕足类；黄铁矿常见，局部呈结核状。

川西北广元朝天以东地区的中二叠统梁山组为中二叠世早期海侵的产物。岩性主要为灰褐色碳质页岩、泥质粉砂岩、碳质粉砂岩、细粒石英砂岩等。在旺苍王家沟及福庆剖面，梁山组还发育厚层石英砂岩。广泛发育前滨与后滨沉积，以广元旺苍福庆剖面为例 (图 4-5)，中二叠统梁山组的底部主要为后滨沉积，岩性主要为碳质粉砂岩和泥质粉砂岩；中部则发育前滨沉积，以细粒石英砂岩为主，局部可见小型交错层理；向上则过渡为后滨沉积，岩性变为碳质页岩、碳质粉砂岩等，局部发育黄铁矿。

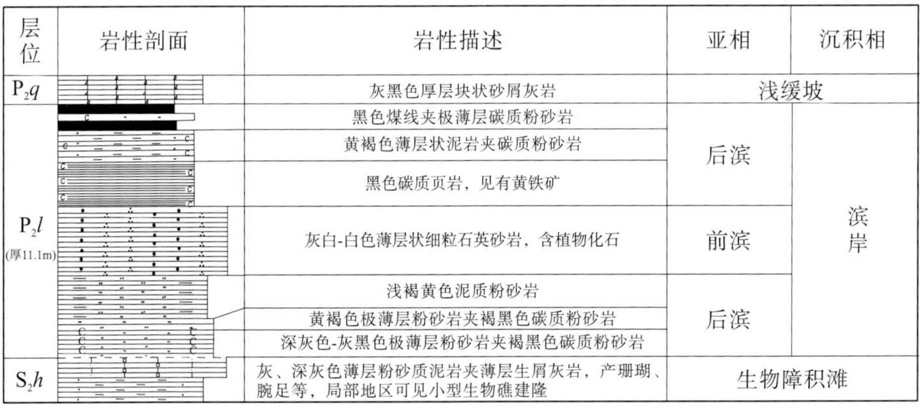

层位	岩性剖面	岩性描述	亚相	沉积相
P_2q		灰黑色厚层块状砂屑灰岩	浅缓坡	
P_2l (厚11.1m)		黑色煤线夹极薄层碳质粉砂岩	后滨	滨岸
		黄褐色薄层状泥岩夹碳质粉砂岩		
		黑色碳质页岩，见有黄铁矿		
		灰白-白色薄层状细粒石英砂岩，含植物化石	前滨	
		浅褐黄色泥质粉砂岩	后滨	
		黄褐色极薄层粉砂岩夹褐黑色碳质粉砂岩		
		深灰色-灰黑色极薄层粉砂岩夹褐黑色碳质粉砂岩		
S_2h		灰、深灰色薄层粉砂质泥岩夹薄层生屑灰岩，产珊瑚、腕足等，局部地区可见小型生物礁建隆	生物障积滩	

图 4-5　旺苍福庆二叠系梁山组沉积特征

4.3.2　浅海环境

浅海带位于正常浪基面到水深 200m 的区域。由于浅海带主要位于浪基面之下，通常波浪和海流作用不强，沉积颗粒细小，主要为碎屑或碳酸盐岩沉积。根据浅海海底地貌的差异，可将四川盆地二叠纪浅海环境分为碳酸盐缓坡及碳酸盐台地两类。

1. 碳酸盐缓坡

碳酸盐缓坡的概念最早由 Ahr (1973) 提出，他认为碳酸盐缓坡和碳酸盐陆棚是两种不同类型的碳酸盐沉积。Wilson (1975) 进一步明确了碳酸盐缓坡的含义，并指出由于沉积作用，碳酸盐缓坡可以转变为碳酸盐台地。Read (1985) 将碳酸盐缓坡分为均匀倾斜缓坡和远端变陡缓坡。

目前碳酸盐缓坡已被广大地质研究者所接受，并明确了其概念，即"碳酸盐缓坡是一个向下倾斜的 (倾角一般小于 1°或 1m/1km) 范围广阔的碳酸盐沉积环境，坡度没有明显转折，具有宽缓的相带分布，高能带不在与盆地毗邻地带，而在靠临滨附近，与盆地常呈宽缓过渡关系 (均匀倾斜缓坡)，有时与盆地接触处有变陡现象 (远端变陡缓坡)，除近滨附近外，沉积主要发生在晴天浪底之下，风暴浪底之上，总体上属于开阔海低能环境" (张帆等，1993)。

碳酸盐缓坡最典型的特征表现为浅水碳酸盐台地向深水盆地过渡区缺乏边缘陡坡相带，因此不发育大规模的重力流沉积，而是从潮下的缓坡到盆地为广阔的细粒沉积堆积区，以沉积深灰色薄层状泥晶灰岩为主,局部出现硅质岩,而有强烈进积作用的潮缘地区则为高能的浅滩和生物礁发育区。缓坡坡度虽缓,但受风暴、地震等因素影响,仍然可能发生重力滑塌作用,只是规模、频率比陡斜坡小得多。缓坡上常见的构造是变形层理,岩石中偶尔也发育碳酸盐岩碎屑流、浊积岩。在碳酸盐缓坡沉积环境中,根据水体深度和水动力条件等特征,可将其分为浅缓坡、深缓坡、盆地3个相。按沉积特征,又可进一步分为若干亚相。四川盆地二叠系栖霞组、茅口组广泛发育碳酸盐缓坡沉积。

1)浅缓坡相

浅缓坡是指缓坡上位于临(近)滨地带,介于海平面至正常浪基面之间,受波浪和潮汐作用强烈的浅水区域,即潮下—潮间高能带,又常称为潮缘带。浅缓坡向陆一侧过渡为滨岸环境,向海一侧渐变为深缓坡。浅缓坡相由陆向海方向进一步分为潮坪、潟湖和生物滩(礁)等亚相。

(1)潮坪。

潮坪是指具有明显周期性潮汐活动(潮差一般大于2m),但无强波浪作用的平缓倾斜的滨岸地带。潮坪的主体位于平均高潮线和平均低潮线之间的潮间带地区,亦称潮间坪。

该环境陆源物质供应较为充分,主要形成了一套碳酸盐岩夹细粒碎屑岩的旋回性沉积。潮坪环境由陆向海,依次发育平均高潮线附近的潮上泥质、白云质沉积→平均高潮线—平均低潮线之间的内颗粒(以生屑为主)沉积→平均低潮线之下的泥质、灰质沉积。

广元上寺剖面的茅口组可以观察到潮坪亚相沉积。岩性为灰色厚-中厚层含生屑泥晶灰岩夹灰黑色、黑色碳质条带,含有孔虫等生屑。碳质条带代表潮下低能沉积环境;(含)生屑泥晶灰岩形成的水体能量相对较高,属于潮间下部高能带。其特征如图4-6所示。

岩性剖面	岩石颜色	岩性描述	古生物	亚相	沉积相
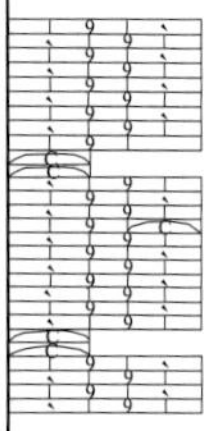	浅灰色 黑色 浅灰色 灰黑色	灰色厚-中厚层含生屑泥晶灰岩夹碳质条带	有孔虫、腕足、海百合	潮坪	浅缓坡

图4-6　广元上寺剖面茅口组潮坪亚相特征

(2)生屑滩。

生屑滩位于平均浪基面附近的海底高能带,该沉积环境中水体循环好、能量相对较强,易于生屑等各种颗粒的形成和堆积。此类浅滩的剖面结构与开阔台地中的浅滩基本一致。

该相带主要分布在研究区的栖霞组及茅口组中,发育中-厚层状的生屑石灰岩,以及被不同程度白云石化的生屑灰岩(如豹斑灰岩)。含有大量的狭盐生物碎屑,如腕足、苔薜虫、海百合、海胆、蜓、有孔虫和海绵碎片等，腹足和双壳也很丰富。其特征如图 4-7 所示。

岩性剖面	岩石颜色	岩性描述	古生物	亚相	沉积相
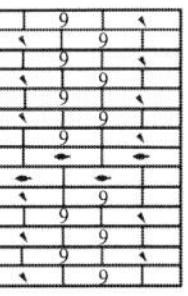	灰色	中厚-厚层亮晶生屑灰岩，其沥青气味，中部含燧石条带	新希瓦格蜓、腕足、海百合、有孔虫、藻类	生屑滩	浅缓坡

图 4-7　广元朝天剖面栖霞组生屑滩亚相特征

2)深缓坡相

深缓坡是介于平均浪基面至最大风暴浪基面之间的环境，除间歇性受到风暴的影响外，总体水体较深、能量较低，主要形成了大套深灰、灰黑色中-厚层状的泥晶灰岩，（含）生屑泥晶灰岩。生物化石及碎屑相对丰富。灰岩呈瘤状，特征非常明显。瘤状石灰岩的瘤体大小不等，约为 5cm×5cm，瘤体间常夹灰褐色薄层泥质条带。富含近顺层分布的硅质条带或硅质结核，特别是在南江桥亭栖霞组剖面，大量的燧石团块镶嵌于厚-中厚层(含生屑)泥晶灰岩，许多燧石团块由于后期溶蚀作用脱落，使泥晶灰岩露头层间呈蜂窝状。在露头剖面尚可见到水平层理、块状层理、风暴成因的"眼球"状或似"眼球"状构造和丘状层理，褐灰色泥质常见，表明该相带形成于较深水地区，能量总体较低，地层记录了风暴作用改造的事件过程。

深缓坡相在川北茅口组中常见。典型剖面是旺苍王家沟剖面茅口组，其特征如图 4-8 所示。

岩性剖面	岩石颜色	岩性描述	古生物	沉积相
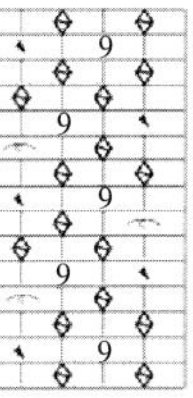	灰色 灰黑色	深灰、灰黑色中-厚层泥晶灰岩，（含）生屑泥晶灰岩，灰岩呈瘤状，夹灰褐色薄层泥质条带	腕足、海百合、有孔虫	深缓坡

图 4-8　旺苍王家沟剖面茅口组深缓坡相特征

（1）深缓坡内带。

深缓坡内带是指深缓坡的内侧，靠近浅缓坡一侧的沉积区域。沉积水体比深缓坡外带要浅，水动力要强，在纵向上往往为深缓坡的中上部，常常在地貌隆起部位发育灰泥丘等沉积体。川北元坝井区吴家坪组地层常为深缓坡相沉积。

（2）深缓坡外带。

深缓坡外带是指深缓坡的外围沉积区域，靠近盆地的沉积区域。沉积水体比深缓坡内带更深，水体更安静，在纵向上为深缓坡的中下部。生物丘不发育，岩性主要为深灰色泥晶灰岩、生屑泥晶灰岩，所含生屑较少，生屑一般较为破碎，零星分布。往往伴生大量燧石结核及条带，层间发育大量泥质条带。深缓坡外带主要分布于川北元坝井区一线往东至南江桥亭一带吴家坪组中（图4-9）。

岩性剖面	岩石颜色	岩性描述	古生物	亚相
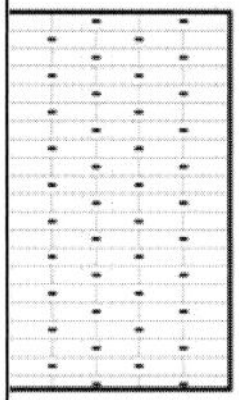	灰-深灰色	灰-深灰泥晶灰岩，发育大量燧石团块，团块顺层分布，且溶蚀后燧石脱落，形成大量溶洞，燧石团块约占60%~80%，镜下局部可见大量白云石晶体	少量腕足、介壳及海绵骨针等，生屑含量较少，且破碎严重	深缓坡外带

图4-9 南江桥亭剖面吴家坪组深缓坡外带相特征

2. 碳酸盐台地

碳酸盐台地最初是在对巴哈马台地的现代碳酸盐沉积研究中，指地形平坦的浅水碳酸盐沉积环境。后来，Read（1985）用来泛指所有浅水（水深一般在风暴浪基面之上）碳酸盐沉积环境。

随着对碳酸盐台地研究的深入，对其有了更加明确的认识。碳酸盐台地沉积体系是指具有近于水平的顶和边缘倾斜（从几度到60°或更大）的台缘斜坡的大型碳酸盐沉积体系。台地内属浅水碳酸盐沉积，台地边缘为波浪搅动带的礁滩灰岩沉积，台缘斜坡为角砾灰岩、粒泥灰岩、滑塌灰岩、钙屑浊积岩等沉积，进入深水陆棚为远滨泥晶灰岩，浮游生屑灰岩、页岩夹稀少远源细粒钙屑浊积岩等沉积。通常由同斜碳酸盐缓坡、远端变陡碳酸盐缓坡和镶边台地3个演化阶段组成，不同的演化阶段，具有不同的相带组合特征。碳酸盐台地沉积体系因在高能带向海一侧存在明显变陡的斜坡，即高能带位于离岸较远的台地边缘，而不是近滨岸一侧，因而和缓坡沉积具有明显的沉积差异。

四川盆地长兴期碳酸盐台地体系由陆向海总体划分为开阔台地、台地边缘生物礁滩、斜坡和海槽（深水陆棚）4个相带（图4-10，图4-11），局限台地可能发育于开阔台地向陆方向，或台地边缘后侧。

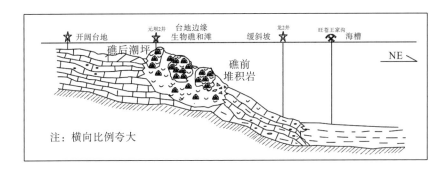

图 4-10　四川盆地西北部长兴期碳酸盐台地沉积相带分布

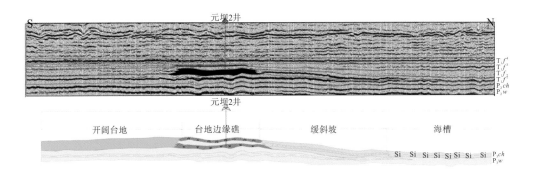

图 4-11　川西北地区元坝 2 井地震测线长兴组地质解释模型(据中石化勘探南方公司内部资料)

1)台地边缘礁滩

在四川盆地西北部元坝井区,长兴组中上部层位垂向上发育台地边缘生物礁与生屑滩交互叠置(图 4-12),其中生物礁往往由具抗浪作用的海绵、珊瑚,以及腕足、有孔虫等造附礁生物建造组成,黏结现象明显,岩性以黏结灰岩、礁灰岩、生屑灰岩为主,少见白云石化现象,礁体生物体腔孔往往被方解石全充填,又未经白云石化改造,孔隙裂缝不发育;礁体的上部,往往发育厚层-块状亮晶生屑灰岩、针孔状白云岩等,构成生屑滩或浅滩的主体。由于台地边缘滩中针孔状白云岩经历强烈的白云石化改造,孔隙、裂缝极为发育,具有良好的油气储集性能,构成了台地边缘礁滩复合体油气藏的储集主体。

层位	深度 (m)	岩心柱	岩性描述	微相	亚相
长兴组	6580	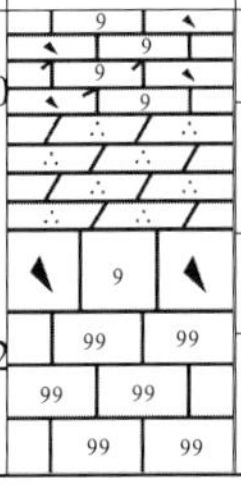	灰色亮晶生屑灰岩,生屑破碎严重,有孔虫、棘屑、腕足等,亮晶胶结。底部可见白云石化现象,逐渐向针孔状白云岩过渡,厚度为0.8m	生屑滩	礁坪
			灰色-灰黄色针孔状白云岩,溶孔极为发育,呈条带状产出,大小不一,孔径一般为1~20mm,最大为100mm,局部被次生的砂糖状白云石晶体充填,粒径一般为1mm左右,充填不完全,且有沥青浸染的痕迹。发育多条裂缝,高角度裂缝,溶孔具顺裂缝发育现象。裂缝中残余有沥青质。厚度为1.1m		
			灰色亮晶生屑灰岩,局部可见少量砂屑,生物化石以蜓为主,大小一般为1~1.5mm,且被沥青浸染而呈黑色纺锤状小颗粒均匀分布于岩心之中,生屑含量在20%左右。厚度为1.0m		
	6582		灰色生物黏结岩,可见苔藓虫化石和海百合化石及大量起黏结作用的纤维海绵和海绵皮壳。生物体腔及生物骨骼大多被亮晶方解石交代而使生物体腔孔不发育,且具白云石化现象。厚度为1.6m	黏结礁	礁核

图 4-12　元坝 2 井长兴组礁滩复合体沉积微相特征图

　　四川盆地西北部除元坝井区外，在广元剑门、北川擂鼓等长兴组露头剖面均有明显的台地边缘礁滩沉积记录。空间上台地边缘礁滩呈带状分布于广元—绵阳一带。近年的油气勘探实践表明，在川西北地区长兴组礁滩复合体具有良好的油气勘探前景，值得引起油气勘探部门的高度关注。

2) 开阔台地相

　　开阔台地是指发育在台地边缘生物礁、浅滩与局限台地之间的广阔浅海，该环境盐度基本正常、水循环良好、水体能量较强，主要由泥晶生屑灰岩、生屑泥晶灰岩和鲕粒泥晶灰岩组成，白云岩较少或不发育，生物碎屑保存较好—较破碎。

　　晚二叠世四川盆地广泛发育开阔台地沉积，主要分布于广元—旺苍海槽、开江—梁平海槽及城口—鄂西海槽边缘靠陆内侧，沉积物以泥晶充填为主，少量亮晶胶结，生物以腕足、介壳、藻屑为主，厚度较薄。

3) 局限台地相

　　局限台地主要发育于开阔台地靠陆一侧，或台地边缘后侧局限地区。该环境水体循环差，相对闭塞，能量较低，主要由含泥泥晶灰岩或泥晶灰岩组成。由于该环境水体含氧量较低，所以沉积物中有机质较富集，且化石保存较少，且属种较为单一。

　　晚二叠世四川盆地局限台地相较为发育，分布于开阔台地或台地边缘礁滩高能地区的后侧，往往发育于海侵体系域沉积早期。

4) 深水斜坡

　　深水斜坡位于台地边缘靠深水盆地一侧，是浅水碳酸盐台地边缘与深水海槽之间的过渡地带。该环境深度变化较大，但相带分布窄陡，通常仅几千米。一般根据坡度和沉积产物特征又可将其进一步分为上斜坡和下斜坡。其中，上斜坡紧邻台地边缘，岩石类型多样，既可发育小型的灰泥丘或生物层，也可以见到大量来自台地和台地边缘的生物碎屑组成的重力流沉积(角砾灰岩)，其中滑塌构造较发育其特征如图 4-13 所示；下斜坡紧邻斜坡脚，该环境大多属于还原环境，水体相对较深，沉积物往往以富含有机质的薄层泥灰岩或钙质泥岩为主，沉积物颗粒较细，可间夹有少量碎屑流、浊流等重力流沉积。四川广元上寺

岩性剖面	岩石颜色	岩性描述	古生物	亚相	沉积相
	深灰色	深灰色中层含生屑泥晶灰岩，发育燧石条带			
	灰色	灰色薄层棘屑灰岩	有孔虫、腕足及大量棘屑	上斜坡	斜坡
	深灰色	深灰色中层含生屑泥晶灰岩，发育燧石条带			

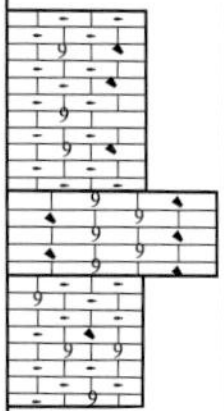

图 4-13　南江桥亭剖面长兴组上斜坡相特征

大隆组剖面岩石类型主要是灰黑色中薄层含泥、碳硅质岩、泥晶灰岩夹薄层硅质页岩、碳质页岩。发育水平层理和韵律层理，局部形成层内揉皱和错动构造。生物化石仅见少量浮游和漂浮生物，如菊石、有孔虫和牙形石等，为典型的下斜坡沉积，其特征如图 4-14 所示。

岩性剖面	岩石颜色	岩性描述	古生物	亚相	沉积相
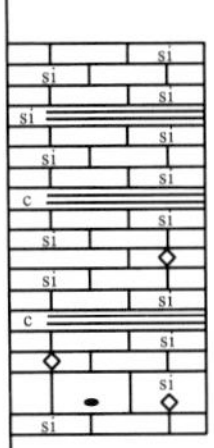	深灰色	灰黑色中薄层含泥、碳硅质岩、泥晶灰岩夹薄层硅质页岩、碳质页岩	菊石	下斜坡	斜坡

图 4-14　广元上寺剖面大隆组下斜坡相特征

斜坡带的坡度变化很大，在开江—梁平海槽西缘，元坝井区—龙岗井区一带至海槽之间存在宽缓的斜坡带。长兴期主要沉积泥晶灰岩、硅质灰岩等岩石组合，为半深水—深水沉积产物。地震剖面显示，该带在下三叠统飞仙关组地震反射同相轴显示出大量向海槽方向倾斜的进积构造，说明该缓斜坡一直持续到早三叠世飞仙关期(图 4-15)。

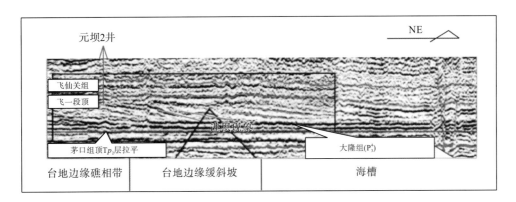

图 4-15　过元坝 2 井地震剖面飞仙关组缓斜坡进积现象

5）海槽

海槽也被称为深水陆棚，是台地斜坡之外向海一侧的较为狭长的深水区，深度一般为200~300m。该环境已处于氧化界面以下的还原状态，海底平静，水动力条件极差，水体停滞，几乎无底栖生物的存在。但广海的浮游和漂浮生物死亡后可完整地沉积于海槽相中。海槽相中形成的产物具有色暗、粒细、水平层理发育和含远洋浮游和漂浮生物化石组合，有时含有少量的火山灰尘，缺乏浅海生物组合。岩性为深灰色薄至中层状含生屑、燧石结核泥晶灰岩，硅质岩、硅质页岩组合，具有颜色深、单层薄、发育水平层理和生物钻孔丰富等特点,硅质岩中往往含有丰富的硅质放射虫和大量完整的菊石化石。该相带在区内主要分布在开江—梁平海槽及城口—鄂西海槽的大隆组中。岩性主要为灰黑、黑色中-薄层状硅质岩、碳质硅质岩、钙质灰岩夹薄层黑色页岩,水平和韵律层理发育。古生物主要为菊石,其次含有放射虫和牙形石,几乎没有底栖生物(图4-16)。

岩性剖面	岩石颜色	岩性描述	古生物	亚相	沉积相
	灰黑色	灰黑色薄层含碳泥硅质岩、硅质灰岩夹碳质页岩、黑色页岩	海绵骨针、放射虫、菊石	硅质海槽	海槽
	深灰色	深灰色薄层含碳泥硅质灰岩			
	深灰-灰黑色	深灰色-灰黑色薄层含碳泥硅质岩、硅质灰岩夹碳质页岩			

图4-16　广元上寺剖面海槽亚相特征

四川盆地中二叠世—晚二叠世经历碳酸盐缓坡—碳酸盐台地沉积体系演化,后者主要形成于晚二叠世。自西南向东北方向依次展布局限台地、开阔台地、台地边缘礁滩、深水斜坡、海槽5个相带。川西北地区上二叠统三维地震解释结果(图4-17)表明,台地边缘礁滩发育程度主要受控于斜坡发育程度,当斜坡坡度较缓时,台地边缘相带较为宽阔,生物礁滩相变较快。

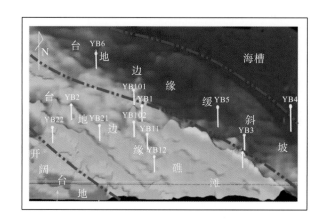

图4-17　元坝井区长兴组台缘礁滩地震解释模式图(据中石化勘探南方公司内部资料)

第5章 四川盆地中二叠世沉积环境
与古生态

5.1 地 层 特 征

四川盆地内中二叠统岩石类型分布较统一，岩相比较稳定，常称为阳新统。自下而上划分为梁山组、栖霞组、茅口组(图 5-1)，其中梁山组以碎屑岩沉积为主，代表中二叠世早期海侵超覆沉积；栖霞组和茅口组主要为碳酸盐岩沉积，出露区多为地貌上的陡坎、陡壁或悬崖峭壁，具较典型的岩溶地貌特征，发育不同规模的溶洞。

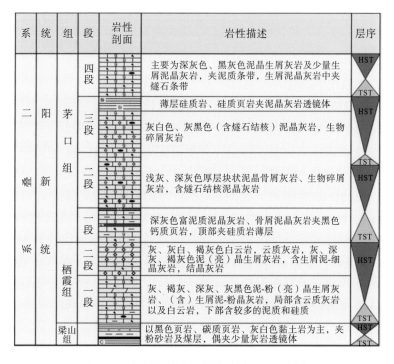

系	统	组	段	岩性剖面	岩性描述	层序
二叠系	阳新统	茅口组	四段		主要为深灰色、黑灰色泥晶生屑灰岩及少量生屑泥晶灰岩，夹泥质条带，生屑泥晶灰岩中夹燧石条带	HST / TST
			三段		薄层硅质岩、硅质页岩夹泥晶灰岩透镜体	HST
					灰白色、灰黑色（含燧石结核）泥晶灰岩，生物碎屑灰岩	
			二段		浅灰、深灰色厚层块状泥晶骨屑灰岩、生物碎屑灰岩，含燧石结核泥晶灰岩	TST / HST
			一段		深灰色富泥质泥晶灰岩、骨屑泥晶灰岩夹黑色钙质页岩，顶部夹硅质岩薄层	TST
		栖霞组	二段		灰、灰白、褐灰色白云岩，云质灰岩，灰、深灰、褐灰色泥（亮）晶生屑灰岩，含生屑泥-细晶灰岩，结晶灰岩	HST
			一段		灰、褐灰、深灰、灰黑色泥-粉（亮）晶生屑灰岩、（含）生屑泥-粉晶灰岩，局部含云质灰岩以及白云岩，下部含较多的泥质和硅质	TST
		梁山组			以黑色页岩、碳质泥岩、灰白色黏土岩为主，夹粉砂岩及煤层，偶夹少量灰岩透镜体	HST / TST

图 5-1 四川盆地中二叠统地层柱状示意图

四川盆地中二叠统普遍以假整合分别超覆于下、中石炭统及泥盆、志留系或更老地层之上；与上覆地层上二叠统为假整合接触。

5.1.1 梁山组地层划分与对比

梁山组整体处于中二叠统罗甸阶底部，通常平行不整合覆于志留系韩家店组或大路寨组黄绿色页岩及回星哨组暗红色粉砂岩、页岩之上，局部可平行不整合覆于石炭系黄龙组灰岩之上；与上覆栖霞组或阳新组灰岩多为整合接触。本组底界为一区域性平行不整合面，在盆地其他地区多超覆于志留系及更老层位之上(黄涵宇等，2017)，如南江桥亭剖面，梁山组岩性为黄色钙质页岩，与其呈假整合接触的下伏地层则为中志留统韩家店组灰绿色泥岩夹薄层生物碎屑灰岩，野外特征极为明显。而其与上覆栖霞组灰岩层呈连续沉积，露头剖面上也易于区别；在石柱冷水溪剖面，梁山组为黑灰-灰黑色含碳质灰质页岩夹深灰色薄层泥灰岩、灰色及浅灰色铝土质页岩，见双壳类化石、介壳碎片，厚20.79m。底部灰色、浅灰色铝土质页岩与下伏泥盆系灰白色厚层细粒石英砂岩呈平行不整合接触；北川通口剖面中梁山组下伏地层为石炭系浅灰-白灰厚层-块状灰岩假整合接触，同时与上覆栖霞组灰-黑灰色中层状燧石泥晶藻屑灰岩夹灰色灰质页岩岩性区别明显，顶界划分标志清楚。

川西南峨眉山、古蔺、古宋一带梁山组为碳质页岩，向东至川东南华蓥山—咸丰一带和大巴山区东段巫溪一带，除碳质页岩外尚有页岩、铝质泥岩和铁质层沉积。东部鄂西新滩及湘西南龙山一带，除铁质仍增重外，沉积物变粗，以石英岩为主夹碳质页岩及煤层，其中含植物及腕足类等化石，包括 *Alethopteris* sp.、*Sigllaria* sp.、*Lepidodendron* sp.、*Cordaites* sp.、*Productus* sp. 等。

川东南地区古蔺梁山组为厚 0.13m 的黑色碳质页岩，底部为厚 2cm 的黏土层，局部夹劣质煤线。向东在华蓥山、南川、武隆、遵义一带，厚度增大至 1.5～6m，主要为铝土质和黏土质泥岩，其中常见植物碎屑，华蓥山梁山组为厚 3.5m 的黄色铝质泥岩，含植物碎屑，仅顶部有极薄的黑色页岩。七曜山、咸丰一带本组增厚达 9m 左右，岩性较杂，除铝质泥岩之外，尚具碳质页岩、泥质粉砂岩和海相泥灰岩夹层，咸丰其底部具有铁质层沉积。巫山—咸丰—印江一线以东，鄂西和湘西南地区沉积物变粗，厚度增大 10m 至数十米，形成以碎屑岩为主的沉积，一般为黄白色、灰色石英粉砂岩夹碳质页岩和多层劣质煤层，石英粉砂岩富集铁质。川北—川东北地区梁山组沉积同盆地内部，巫溪一带为 0.5～2m 厚的暗绿色菱铁矿结核层，夹杂色黏土质页岩。向西至城口广元一带，铁质结核减少，主要为黑色碳质页岩夹泥灰岩条带及煤层。川西北龙门山地区昭化、江油、绵竹一带，本组不发育，很难分出。但在都江堰一带，则甚为发育，为一套厚 20m 左右的黑色碳质页岩。川西南地区，本组岩性单一，除珙县一带为铝质页岩外，全为碳质页岩，厚度一般小于 1m。

基于盆内 120 余口钻井剖面资料、27 条实测露头剖面资料以及部分前人的研究成果，梁山组地层等厚图(图 5-2)清晰展示了梁山组在四川盆地内部的展布特征。

梁山组在四川盆地内地层厚度不稳定，横向变化大，从仅 0.13m 厚可增厚至 34m 及以上，平均厚度约为 8.5m。区域范围内梁山组表现出多个沉降中心的特点，如旺苍王家沟地区、大邑大飞水地区、建 38 井地区等，这些地区梁山组的厚度均远远超过盆地内梁

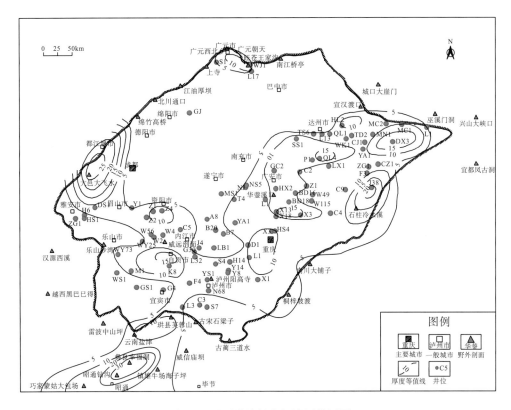

图 5-2 四川盆地梁山组地层等厚图

山组的平均厚度。盆地南部梁山组相对较薄，而又以泸州、宜宾地区最薄；区域内梁山组平均厚度约为 7.4m，且自北向南厚度呈减薄趋势；至盆地南缘的古宋石梁子和古蔺三道水地区，梁山组平均厚度仅为 1m 左右。盆地东部、东北部的广安、垫江、忠县、梁平、万州、开州地区为盆地内梁山组最厚的区域；此区域内梁山组的平均厚度约为 11.5m；此区域向东或东北方向，梁山组厚度逐渐减小；向北至巫溪门洞地区，厚度减小至 0.5m，至城口大崖门地区，厚度减小至 2.1m；向东至湖北省的兴山大峡口地区和宜都凤古洞地区，厚度减小为 0m。盆地东部的重庆地区以及西部的邛崃、大邑地区，梁山组厚度也较厚；重庆地区梁山组平均厚度达 11m 左右；川西邛崃、大邑地区，梁山组最厚可达 29m。

5.1.2 栖霞组地层划分与对比

四川盆地栖霞组为一套海相碳酸盐岩沉积，主要由深灰色薄层至块状灰岩、泥质灰岩夹硅质灰岩组成。下部灰岩色深，含泥较重；上部灰岩色较浅，有时夹白云岩及硅质结核，具眼球状构造。一般厚 100~200m。与上覆茅口组互为消长，由西向东厚度有由薄增厚的趋势(表 5-1)。

表5-1　　四川盆地栖霞组地层厚度变化趋势（南西—北东向）

地层		大深1井	乐山沙湾	威阳25井	川5井	华西1井	相3井	磨深1井	复3井	天东2井	马槽1井	巫溪门洞
栖霞组	栖一	71.5m	43.4m	28m	26.8m	27m	48m	56m	11m	33m	13.5m	19.5m
	栖二	42.5m	23.7m	77m	100.4m	123m	46m	49m	108m	191m	299m	23.7m

　　栖霞组在盆地内自下而上一般均可划分为两段。而以川东南最为清晰，在川东北两段分异则不显著，尤其以城口、巫溪以东地区不易划分，仅见有栖二段出现大量质纯、色略浅褐的群体珊瑚为特征加以划分。岩性变化的特点是川东南区以生物石灰岩及生物碎屑石灰岩发育为特点，包括大巴山区在内，页岩沉积较多，而川西北及川西南区，则页岩减少，而白云质增重，具白云质灰岩和灰质白云岩层沉积，燧石层及燧石结核在川东南地区发育，川西北、川西南区则大量减少，除鄂西一带外，一般均不含燧石（图5-3）。生物群落则以群体珊瑚最为发育，主要属种有 *Hayasakaia*、*Wentzellophyllum*、*Polythecalis*、*Tetraperinus*，其次是蜓类及腕足类。而在大巴山地区该组中蜓类较盆地内发育，如 *Nankinella* sp.、*Pisolina* sp.。川西北龙门山一带，本组生物组合较单一，以蜓类为主，珊瑚、腕足类零星产出。

图5-3　四川盆地栖霞组岩石特征

(a)灰色块状泥晶生屑灰岩与泥灰岩呈疙瘩状接触，燧石团块发育，华蓥溪口；(b)灰色厚层泥晶生屑灰岩夹深灰色泥灰岩，宣汉渡口；(c)灰色中层泥晶生屑灰岩与泥灰岩互层呈"眼皮眼球"状构造，南江杨坝；(d)灰白、灰黄色中、厚层白云岩，广元西北

区域内栖霞组一段自下而上一般可分为 3 部分。在川东南地区以古蔺剖面为代表，其下部为厚层的显微粒状的灰岩，夹较多不规则的泥灰岩，泥灰岩中多燧石结核及泥质的不规则体，具有"眼球"状构造，厚度为 20m；中部则是深灰色、显粒状、块状、质纯灰岩，厚度为 44m；上部岩性同下部，不规则的重结晶灰岩和生物碎屑泥灰岩较多，厚度为 16m。下部在川东南地区最为稳定，一般厚度为 20～30m，在南川、武隆、正安、印江、遵义一带，下部岩性与古蔺相近，一般都为深灰色的灰岩与不规则的泥灰岩、生屑灰岩和生物碎屑灰岩，夹燧石条带或团块，而在华蓥山、咸丰、龙山一带，钙质页岩及燧石层增多，华蓥山剖面主要是由钙质页岩及燧石层组成。石柱、咸丰一带具页岩沉积。川北大巴山地区，三段式划分则不及盆地内明显，岩性变化不大，巫溪一带为黑灰色中层块状泥灰岩、石灰岩夹页岩，下部具波状层理及"眼球"状构造，除西部地区外不含燧石，厚度变化较大，城口一带仅厚 17m，东西两侧增厚，广元一带厚 40～50m，新滩则厚达 70m。川西北龙门山地区，本段自下而上仍可分为 3 部分，下部为深灰色薄至中层状泥灰岩与黑色碳质页岩互层，厚度为 17m；中部为深灰色至棕灰色，厚层块状灰岩、白云质灰岩及白云岩，厚度为 71m；上部为深灰至灰色，中层状白云质灰岩间夹灰质页岩，富含腕足、腹足类，产䗴类，厚度为 6.5m。川西南雷波、珙县一带，只可划分为两段，下部主要为深灰至灰黑色泥灰岩及灰岩，较盆地内减薄，雷波仅厚 4.2m；上部为灰色、浅灰色灰岩、生屑灰岩及白云质灰岩，厚 30～70m。

栖霞组二段岩性、厚度均较稳定，川东南地区以古蔺剖面为代表：浅灰色块状显微至微粒质纯灰岩，下部具生物碎屑灰岩，中部为白云石化的灰岩，产群体珊瑚及䗴类。在区内岩性几乎全由质纯浅色生屑灰岩组成。在大巴山区本段除颜色稍暗外，岩性与川东南区一致，仅除鄂西一带灰岩一般不含燧石，且西部广元一带有白云石化作用，厚度较川东南一带增大，厚度为 30～50m（巫溪—巫山一带较薄，为 11～18m）。川西北广元西北—北川通口—绵竹高桥一带，本段由灰白-浅灰色白云质灰岩及灰岩组成，生物则发育于下部灰岩，以䗴及群体珊瑚为主，上部生物较稀少，主要为有孔虫、䗴类，保存不好。川西南地区岩性特征同川东南地区，但生屑灰岩较少，以灰岩为主，峨眉山一带多为灰质白云岩。

区域内栖霞组与下伏梁山组黑色含煤岩系及上覆茅口组浅灰色块状灰岩均为整合接触。其中，栖霞组沉积的海相碳酸盐岩与下伏的梁山组在岩性上的区别极为显著，下伏梁山组为黑灰色碳质页岩夹煤线，底部含大量的砂质，层理不连续，波状弯曲，时夹泥灰岩扁豆体，富含黄铁矿斑点，底部见腕足、海百合，个体完整，而栖霞组底部常为黑灰、灰黑色中厚层状泥晶有孔虫、绿藻灰岩，泥晶绿藻海绵灰岩，泥晶绿藻珊瑚灰岩。层面平整，颗粒含量同上，生物中腕足屑减少，出现了少量棘皮、海绵、珊瑚、始角藻及海松藻，见黄铁矿交代生物，两组之间的界线十分明显。栖霞组与上覆地层茅口组在岩性上也有很大的不同之处，茅口组底部常常为黑灰色中薄层状泥晶绿藻、有孔虫灰岩，生屑泥-粉晶灰岩与黑色绿藻含灰质泥页岩等互层，而栖霞组顶部岩性为深灰色块状泥晶生屑灰岩，亮晶有孔虫灰岩，厚层状亮晶红藻棘皮屑灰岩，亮晶藻屑灰岩；如在乐山沙湾剖面，茅口组底部为黑灰色中层状含泥泥晶绿藻屑灰岩，层间夹泥灰质条带，波状层理，上部为黑灰色灰质泥岩夹"眼球"状含生屑泥晶灰岩，底部为灰色细粉晶绿藻屑灰岩，上部"眼球"状灰岩由含生屑泥晶灰岩组成，生屑含量少，见少量蠕孔藻，有孔虫少，属种单一，栖霞组顶部的岩性则为浅灰-灰白色块状亮晶绿藻屑灰岩，顶底为亮晶有孔虫-绿藻屑灰岩，中部夹细粉晶棘皮-绿藻屑灰岩和亮晶有孔虫灰岩各一层，复体珊瑚常见，包括早坂珊瑚及米氏珊瑚等，具原地埋藏特征，也可明显区别茅口组与栖霞组。

根据钻井剖面、实测露头剖面资料以及前人的研究成果，对栖霞组进行地层划分与对比，并结合区域地质特征，绘制了栖霞组以及栖一、栖二段地层等厚图（图5-4~图5-6）；同时，在盆地西东和南西—北东两个方向各选取3个剖面，绘制栖霞组地层对比剖面图（附图1~附图6）。

四川盆地栖霞组地层等厚图表明（图5-4），盆地范围内栖霞组广泛分布，厚几十米至300余米，一般厚100~200m。其中，越西白沙沟地区无栖霞组沉积，向北东方向栖霞组地层则逐渐增厚。川东北的马槽2井，栖霞组厚达312.5m，为盆地内最厚。川西的广元、江油、安州、绵竹、大邑地区，栖霞组厚100~150m；遂宁、安岳、资阳、内江、泸州、宜宾地区，栖霞组厚度相对较薄，一般为100m左右；川东至川东北，栖霞组一般厚125~200m，为盆地内最厚的区域；盆地东北缘和西南缘地区一般厚几十米至100m，为盆地内最薄的区域。

四川盆地栖一段及栖二段地层厚度变化规律明显。栖一段，总体表现为盆地西缘薄，东部厚，而东部地区又以东北最厚。盆地西缘广元—江油—安州—绵竹—大邑—雅安—乐山一带，栖一段厚40~77.5m；资阳、自贡、宜宾地区，栖一段厚几十米至100m；东部

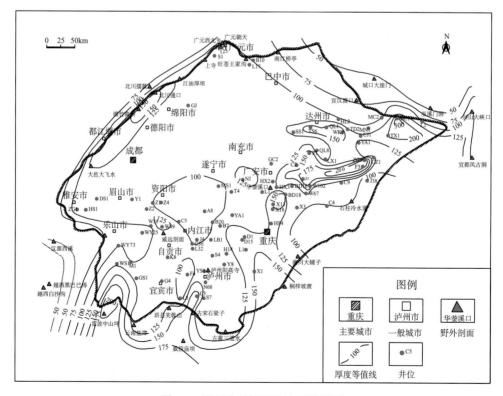

图5-4 四川盆地栖霞组地层等厚图

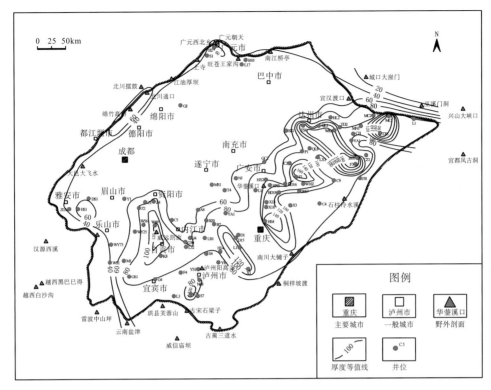

图 5-5　四川盆地栖一段地层等厚图

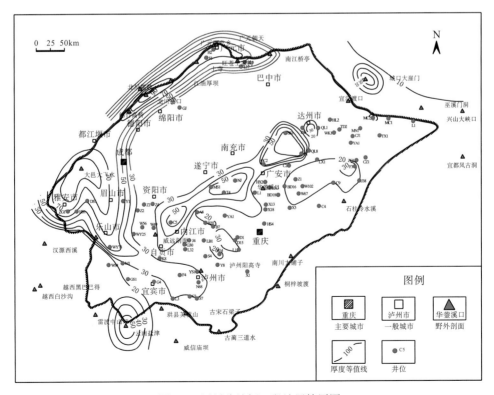

图 5-6　四川盆地栖二段地层等厚图

地区，栖一段一般厚 80～160m，且自南向北，地层厚度呈增厚趋势；川东北的局部地区栖一段相对较厚，如成 2 井、复 3 井、硐西 3 井、马槽 1 井，其厚度均超过 170m。栖二段地层厚度变化规律与栖一段相反，表现为盆地西缘厚，东部薄，中部一般；栖二段，盆地西缘广元—江油—安州—绵竹—大邑—雅安—乐山一带，厚 60～91.6m；盆地中部的自贡—内江—潼南—岳池—渠县一带，厚 30～62.5m；川东地区，一般厚 10m 至二十几米；城口地区相对东部稍厚，其中城口大崖门剖面厚 43.7m。

栖霞组、栖一段厚度呈东厚西薄，栖二段呈东薄西厚的特点，其中尤以汉 1 井—孔 8 井—桐梓坡渡剖面(附图 1，盆地西南缘)和广元西北—川 17 井—宜都凤古洞剖面(附图 3，盆地东北)特征最为明显。汉 1 井—孔 8 井—桐梓坡渡剖面，栖二段厚度从东部到中部变化不大，但川西地区则明显增厚，如汉 1 井。从川南宜宾珙县—华西 2 井—川东北城口大崖门剖面(附图 5)和川南威信庙坝—相 3 井—川东兴山大峡口地层对比剖面(附图 6)可以看出，栖霞组厚度在盆地东北的蒲 1 井、川 17 井、硐西 3 井地区最厚，川中地区趋于稳定，川中向盆地西南地区，略呈增厚趋势。汉 1 井—广元长江沟—广元朝天剖面(附图 4)上，栖霞组和栖一段在汉旺高桥附近最厚，以此向西南和北东方向变薄；栖二段在广元长江沟至河 15 井地区最薄，以此向西南和北东方向变厚。宜宾珙县—华西 2 井—城口大崖门剖面(附图 5)，栖一段在川中潼 4 井附近最薄，以此向南西和北东方向变厚；栖二段厚度无明显变化规律，总体上较薄(为栖一段的一半左右)，在潼 4 井和蒲 1 井地区相对较厚。威信庙坝—相 3 井—兴山大峡口剖面(附图 6)，栖一段在硐 3 井附近最厚，以此向南西和北东方向变薄；栖二段在盆地范围内都较薄，其中在云安 4 井附近最薄，以此向南西和北东方向变厚。

5.1.3 茅口组地层划分与对比

四川盆地茅口组普遍为一套富含蜓类的石灰岩沉积，自下而上可分为 4 个岩性段。但受东吴运动影响，盆地内茅口组遭受了不同程度的剥蚀(表 5-2)。茅口组在大巴山、巫山及川东的南川一带，仅残留下、中段。米仓山、龙门山、华蓥山保存下、中及上段的一部分。珙县一带保存完整。在会东、宁南一带，该组顶部夹数米至 30 余米的玄武岩。厚度变化大，从不足 100m 到 600m 以上，且与栖霞组厚度互为消长。

表 5-2 四川盆地茅口组地层厚度变化趋势(南西—北东向)

地层		周公 1 井	乐山 沙湾	威阳 25 井	川 5 井	华西 1 井	水深 1 井	相 3 井	磨深 1 井	阳深 1 井	天东 2 井	复 3 井	马槽 1 井
茅口组	茅四	120.5m	139.9m	103.8m	52.7m	48.5m							
	茅三	32m	29.7m	20m	49.8m	32.5m	36.2m	38m	22.4m	7.5m			
	茅二	99.5m	82.9m	146.5m	49.2m	149m	113.2m	97.5m	119m	136m	84m	129m	14m
	茅一	92.5m	71.2m	54.5m	47.2m	74m	84.2m	60m	62.8m	58m	95.5m	248m	137.5m

以川东南地区以古蔺剖面为例，茅一段为深灰色中层厚层状灰岩，夹不规则层状生物碎屑泥灰岩，发育有"眼球"状构造，其中灰岩为主的地层岩性较纯，粒度均匀，具生物

碎屑条带，生物群以䗴为主，次为腕足、珊瑚类；而以生物碎屑泥灰岩为主的亚段，灰岩与之呈渐变关系，常含泥，且具有重结晶现象，并具有微细层理，与生物泥灰岩构成发育的"眼球"状构造，生物以腕足类为主，次为珊瑚。区内该段稳定，厚度一般为 100～200m，在华蓥山、南川、咸丰一带，除具生物碎屑泥灰岩外，还具有大套的页岩层，"眼球"状构造则更为发育。大巴山地区岩性基本同川东南地区一致，但厚度较薄（50～80m），下部主要由深灰色-黑灰色页岩、泥灰岩及灰岩组成"眼球"状层，页岩富含碳质，成层不稳定，多为断续状透镜体，灰岩则含泥，成斑块及条带状。上部为深灰色块状厚层状灰岩，含少量泥质，具有"隐眼球"状层理。所含生物也比较丰富，以腕足类为主，于泥质含量较高处富集，䗴类及珊瑚则于上部灰岩中成堆出现。川西北绵竹、都江堰一带在生物、岩性等方面，较川东南地区均有显著改变，表现为岩性变化纯，生物以䗴类为主。在川西南地区本段主要是灰岩和泥灰岩沉积，仅在峨眉山一带具页岩沉积，自下而上可分为 3 个亚段，以雷波地区为例，其下段为黑灰色块状不均至泥质灰岩，中段为灰至深灰色中至厚层状灰岩，层间夹有不规则的泥质岩块，上段则为黑灰色至深灰色中到薄层状泥质生物碎屑灰岩及含泥白云质灰岩互层。峨眉山一带白云质含量增加。生物组合也以腕足类、䗴类为主。

　　茅二段除在都江堰一带遭受剧烈侵蚀外，盆地内一般保存较全。川东南地区以古蔺剖面为代表叙述如下：浅灰色至灰色块状灰岩，下部色较暗，普遍具花斑状泥灰岩及燧石结核，上部色较浅，以浅灰色为主，普遍夹灰黑色页岩，自下而上分为 4 个亚段，其中一、三亚段由浅灰色、灰色块状显微粒灰岩组成。颜色不均，富含生屑。二、四亚段则由深灰色显微粒灰岩夹燧石层组成。生物以䗴类为主，次为珊瑚。区内的岩性一般以浅灰至灰白、深灰色厚层至块状灰岩，生屑灰岩、生物碎屑灰岩为主，常夹有白云质灰岩，具豹斑状结构的特点，在南川、武隆、咸丰、龙山一带增厚达 110～120m，灰岩质变纯，层状增厚。华蓥山、巫山一带减薄至 40～70m，黑灰色生物碎屑灰岩及泥灰岩条带增多。大巴山地区本段则可分为 3 个亚段，上部及下部以燧石为主，夹灰岩透镜体。一般底部随燧石成薄层且规则，与薄层灰岩成间互层，局部有页岩夹层，向上则燧石增多，灰岩呈透镜体包于燧石间构成"眼球"状构造，横向上自东向西燧石含量减少，南江、广元一带呈零星的团状、条带状出现。大巴山地区该段生物较丰富，以珊瑚、腕足类为主，䗴类次之。珊瑚一般出现在中部灰岩和燧石层段的下部，特别是单体珊瑚，部分地区，如城口、新滩等顺层堆积状，有单体珊瑚带之称。而在川西北龙门山地区本段为灰色至浅灰色灰岩，下部成层较薄，为均匀中层状，上部层理隐蔽，而成厚层，绵竹一带下部色较暗，常夹泥质条带，上部质较纯，略带棕灰色。川西南地区本段仍以灰至深灰色厚层及块状灰岩为主，但 MgO 的含量高，雷波一带普遍具白云石化的灰岩。

　　茅三段以富含高级䗴类的浅色、质纯的灰岩为标志，川东南地区以古蔺剖面为代表，浅灰色，块状，质纯灰岩，显微粒结构，局部微粒，常具有斑状碎屑结构，上部 3.9m 的䗴类丰富，形成生屑灰岩。区内本段较为稳定，灰色、浅灰色至灰白色块状灰岩，生屑灰岩，质纯，含少许燧石团块，多重结晶现象，岩溶发育。因侵蚀本段仅在遵义、古蔺、正安以西地区保存较全，余皆受侵蚀，厚度变化较大，一般为 20～30m，咸丰、龙山一带最厚达 60～90m，生物均以䗴类为主。大巴山地区岩性特征同盆地内部，为浅灰色至灰白色块状灰岩，不含或偶含燧石，生物仍以䗴类为主，但在盆地内未发现繁盛的

Neoschwagerina、*Yabeina* 等属群,而产大量的 *Chusenella* 为主的䗴群,伴生有 *Schwagerina*。本段因侵蚀仅在城口、万源以东地区保存,自西向东厚度增大,万源一带厚 20m 左右,巫溪为 42m。川西北龙门山一带因侵蚀,无本段地层。川西南地区岩性同川东南地区,唯有白云石化、重结晶现象增多,厚度减薄,为盆地内最薄的地区,生物群仍以䗴类为主。

茅四段于盆地内大多侵蚀殆尽,保留最多的为盆地北部巫溪门洞及新滩一带,似有相当层位。本段在古蔺为浅灰至灰色中层状显微粒灰岩与燧石层呈不等厚互层,下部夹两层生物碎屑灰岩,生物除䗴类外,还有较多的腕足类。川西南地区保存最多,一般厚 100～150m,主要为深灰至黑灰色中层至厚层状灰岩、泥质灰岩、生屑灰岩、生物碎屑灰岩互层,峨眉山及雷波一带均有燧石层,在中下部常夹白云质灰岩,层间多泥页岩夹层,生物除䗴类为主外,还见较多的珊瑚及腕足类。

茅口组与下伏栖霞组深灰、灰黑色灰岩呈整合接触。在川东北地区,与上覆吴家坪组底部页岩呈平行不整合接触,两者界线清楚;在川中地区、盐源地区,与上覆龙潭组含煤砂、泥岩呈平行不整合接触;在川南越西地区,与上覆峨眉山玄武岩组呈平行不整合接触,岩性也易于区别,地层界线清晰可见。

根据 120 余口钻井剖面、27 条实测露头剖面资料以及前人的研究成果,对茅口组进行了划分与对比,并结合区域地质特征,绘制了茅口组地层等厚图(图 5-7);同时,在盆地西东和南西—北东两个方向各选取 3 条剖面,绘制了茅口组地层对比剖面图(附图 7～附图 11)。

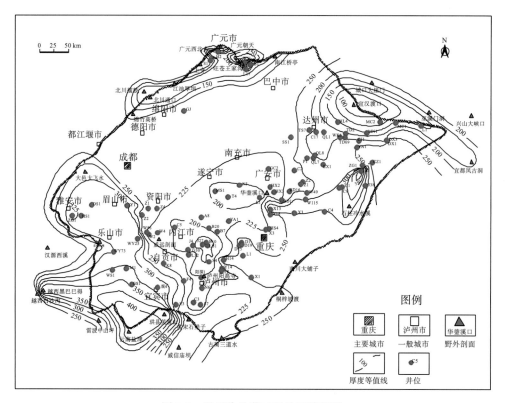

图 5-7 四川盆地茅口组地层等厚图

茅口组在盆内广泛分布，厚几十米至 400 多米，一般为 100 多米至 300m。茅口组分布特征较明显，在盆地西南、南的雅安—乐山—宜宾一带最厚，平均厚度超过 300m，最厚可达 400m；重庆荣昌地区，茅口组相对较薄，该地区的螺北 1 井，茅口组厚 158m，沿此中心向四周，地层厚度逐渐增厚；盆地东北的宣汉渡口地区，茅口组厚度为 80 多米，相对较薄，以此为中心，向四周厚度增加，向西南至达州地区，厚度增至 250m 左右，向北至城口地区，厚度增至 180m；盆地西北缘的广元、江油、安州、绵竹地区，茅口组一般厚 100 多米。另外，盆地西北的吴家 1 井以及盆地东北的复 3 井，茅口组地层厚度相对周边地区明显增厚，其中吴家 1 井为 333m，复 3 井为 377m。总体上，自西南向东北，茅口组厚度呈减薄趋势，自西北向东南，呈增厚趋势。

系列地层对比剖面(附图 7～附图 9)表明，茅四段仅在盆地西南地区有残余，如汉 1 井—孔 8 井—桐梓坡渡剖面上的汉 1 井—油 1 井地区、孔 8 井地区等。越向北走，茅口组剥蚀越厉害，如盆地中部的绵竹高桥—涞 1 井—石柱冷水溪剖面(附图 8)普遍残留茅三段，向北至河 2 井—天东 69 井—宜都凤古洞剖面(附图 9，盆地东北部)则普遍被剥蚀至茅二段，仅局部残留较薄的茅三段。从南西—北东向的汉 1 井—绵竹高桥—广元朝天剖面(附图 10)，以及观 4 井—涞 1 井—城口大崖门剖面(附图 11)可以看出，自南西向北东，茅口组剥蚀程度逐渐增强，地层厚度略呈减薄趋势。另外，从长 3 井—相 3 井—石柱冷水溪剖面尚可看出，盆地东部地区自南往北茅一、茅二段地层厚度呈增厚趋势，茅一段厚度从不到 50m 增至 100 多米；泸州阳高寺至石柱冷水溪地区，茅二段厚度从六十几米逐渐增至近 200m。

5.2　峨眉地幔柱作用及其对沉积环境的影响

5.2.1　地幔柱概念

地幔柱是由放射性元素的分裂、热能释放而炽热上升的圆筒状地质体(Morgan，1971)。地幔柱是地球深部来源的物质，起源于地球内部的热界面层，即与热界面层间的热扰动有密切关系的 2900km 处的核—幔不连续面(CMB)附近的 D 层。Griffiths 和Campbell(1991)成功地解决了热驱动和大黏滞度对比两大模拟热柱的基本问题，建立了动态热柱结构模型。根据其实验结果和数值模拟认为，地幔柱由巨大的蘑菇状柱头和细长的热柱尾两部分组成(图 5-8)。地幔柱系统独立于板块构造系统，其意义如下。

(1)解释大陆内部和大洋内部巨大火成岩区的成因。

(2)解释陆壳和洋壳垂向运动成因。

(3)解释地磁极性反转成因。

(4)解释生物灭绝成因。

(5)解释全球气候变化、海平面周期上升成因。

(6)解释太古宙科马提岩成因。

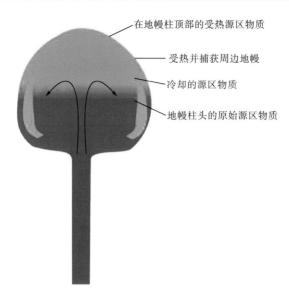

在地幔柱顶部的受热源区物质

受热并捕获周边地幔

冷却的源区物质

地幔柱头的原始源区物质

图 5-8　地幔柱理论模型

地幔柱根据其本身的演化规律可区分出初始阶段的地幔柱、上升阶段的地幔柱、作用于地壳的地幔柱及衰退阶段的地幔柱；按照岩浆的侵入或喷发类型亦可分为大陆溢流型地幔柱、火山被动边缘型地幔柱、大洋高原型地幔柱。目前地球物理方法能够识别现代的正在形成或演化之中的地幔柱，对于古代已经消亡的地幔柱可以通过研究其在地表留下的地质记录来推断其存在。

5.2.2　峨眉大火成岩省与峨眉地幔柱

分布于扬子克拉通西缘，云南、四川和贵州三省境内的二叠纪玄武岩是我国唯一被国际学术界认可的大火成岩省。从传统意义上来讲，大火成岩省西界为哀牢山—红河断裂，西北则以龙门山—小菁河断裂为界。通过近年来的钻探发现，在成都和昆明以东同样有与峨眉山玄武岩同期的隐伏玄武岩存在。另外，在龙门山—小菁河断裂以北地区，也分布有较大面积的二叠纪海相火山岩。通过地震测深剖面资料，其范围可能远大于目前传统认为的$(2.5\sim3.0)\times10^5 km^2$(图 5-9)。大火成岩省主要由溢流拉斑玄武岩组成，早期出现少量碱性玄武岩，晚期在火山岩顶部出现少量粗面岩和流纹岩。此外，还有少量苦橄岩。大火成岩省内自西向东玄武岩厚度变薄。其中，云南宾川上仓玄武岩层厚达 5000 多米，而向东(贵州境内)玄武岩的厚度仅为几十至几百米。

由于该区紧邻三江构造带，因此复杂的地质历史已使该大火成岩省遭受了强烈的变形和破坏，从而掩盖了原有的玄武岩分布特征。关于峨眉大火成岩省的形成，在 20 世纪 90年代初期以前，人们曾普遍认为大火成岩省的形成与陆内裂谷或与被动大陆边缘裂谷作用有关，至今学术界普遍倾向于与地幔柱活动有关，显然该模型提供了更好地解释在相对短的时间内(几百万年)可产生巨量岩浆的动力学机制。相关证据主要包括地化证据和峨眉玄武岩喷发前的千米级隆升。

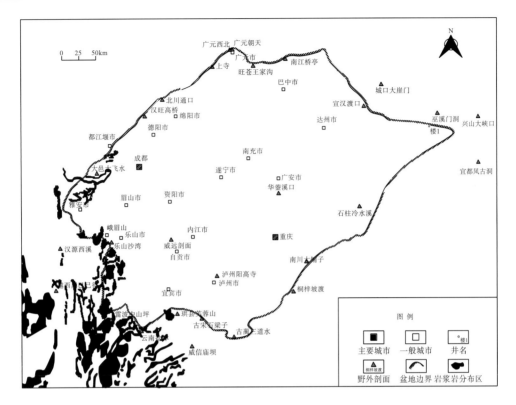

图 5-9　峨眉大火成岩省玄武岩露头分布区

　　证据一：地化方面，实验岩石学研究表明，原始岩浆的 MgO 和 FeO 含量随熔融温度和压力的增高而增高。徐义刚等（2001）通过对大火成岩省内苦橄岩及包体的研究认为，峨眉大火山岩省的原始岩浆具高镁特征（MgO 含量大于 16%）。通过玄武岩的 REE 反演计算揭示，参与峨眉山玄武岩岩浆作用的地幔具有异常高的潜能温度（约 1550℃）。这些特征类似于洋岛玄武岩的微量元素和 Sr-Nd 同位素特征，它们均为地幔热柱在能量和物质上参与峨眉山溢流玄武岩的形成提供了确凿证据。宋谢炎等（2002）将大火成岩省内玄武岩的微量元素配分曲线与洋岛玄武岩微量元素配分曲线进行对比认为两者基本一致。另外，进行 Zr/Nb、La/Nb、Rb/Nb、Th/La、Ba/La 等比值与 EM-1、EM-2 洋岛玄武岩极为相近，表明峨眉山玄武岩起源于富集型地幔源，而这正是地幔柱的重要地化标志。侯增谦等（2005）通过对丽江—大理沿线火山岩样品的 Sr、Nd、Pb 同位素和痕量元素比值与西伯利亚大火成岩省及洋岛火山岩成分范围进行对比认为，三者变化范围非常接近，并存在类似 FOZO、HIMU 和 EM I～II 的端元成分，显示其均为部分熔融岩浆所形成。张招崇等（2006）通过利用橄榄石-熔体平衡原理恢复了丽江苦橄岩的原始岩浆成分，证明了部分苦橄岩可代表原始岩浆成分，在此基础上，利用不同的方法估算了其形成温度，在 1600℃以上。以上为地幔热柱在能量和物质上参与峨眉山溢流玄武岩的形成提供了确凿证据。

　　证据二：前人研究认为，一系列物理和数值模拟表明上升地幔柱通常可造成大规模的地壳抬升及形成穹状隆起（Cox，1989；Campbell，1990；Griffiths et al.，1991）。Campbell（1990）曾提出了鉴别古老地幔柱的 5 个标志，其中最重要的就是大规模火山作用前的地壳抬升。实验室和理论模拟表明上升地幔柱通常造成大规模的地壳抬升并形成穹状隆起，其机理主要为地幔热柱对岩石圈的动力冲击，上升地幔柱就可造成 2000m 高的地壳抬升（White et al.，1995）。因此地幔柱活动的重要特征是地壳抬升及其造成的浅部地质记录（差异剥蚀、不整合、古河谷、灾变沉积等）。何斌等（2003）通过对峨眉山玄武岩下伏茅口组灰岩的厚度研究证明，峨眉山玄武岩喷发前地壳的隆升幅度在 1000m 以上，由茅口组灰岩的剥蚀情况推断二叠纪的峨眉山玄武岩呈近圆状展布，而不是沿攀西裂谷呈线状分布，从而为地幔柱的存在提供了重要证据。在此基础上，刘平（2010）认为，贵州石炭系沉积型铝土矿正是由于志留纪末期的地幔柱作用引发的地壳升降运动，为其提供了有利的构造环境。

　　通过对四川盆地前二叠系的研究，绘制出前二叠纪古地质图，如图 5-10 所示。可以看出，盆地西部地区乐山—资阳一线已剥蚀至寒武系，从西向东剥蚀程度呈圈带减弱，至研究区东北地区则为志留系或石炭系，说明峨眉地幔柱对研究区西南部的前二叠系存在抬升作用。

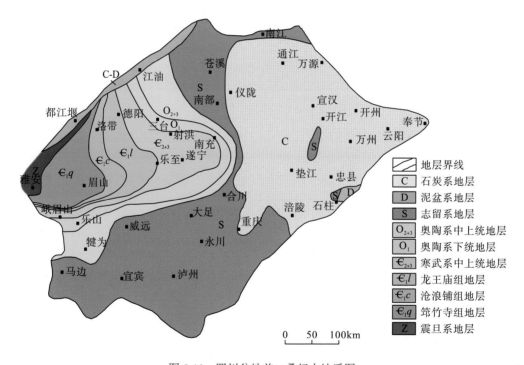

图 5-10　四川盆地前二叠纪古地质图

　　证据三：朱传庆等（2010）通过对四川盆地古热流进行恢复认为，在距今 259Ma 左右，盆地古热流达到最高，盆地内多数钻井的最高古热流为 60～80mW/m^2，少数钻井经历的最高古热流超过 100mW/m^2，此后热流持续降低直到现今（图 5-11）。盆地出现最高热流值的时间以及古热流的空间分布与峨眉山玄武岩岩浆的喷发及岩浆活动相关性较好，热流特征反映了东吴运动及峨眉山玄武岩喷发时岩浆活动的热效应。其结果从地热学的角度为研究峨眉地幔柱的存在和活动提供了证据。此外，刘平（2010）对贵州遵义一带锰矿石和矿胚层中的包裹体进行测温，为 90～275℃，证明峨眉地幔柱对沉积矿床的形成具有控制作用。

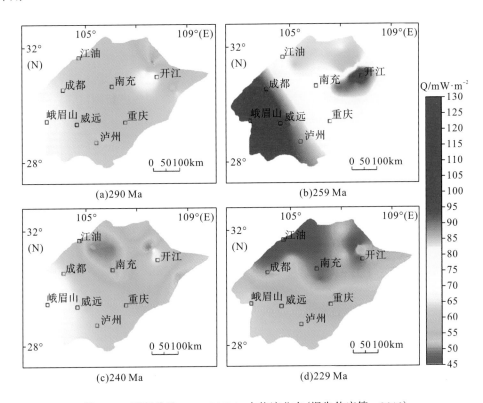

图 5-11　四川盆地 290～229Ma 古热流分布(据朱传庆等，2010)

证据四：刘成英等(2009)发现峨眉山玄武岩重磁化现象普遍存在，不同地区峨眉山玄武岩喷发时间不同可能跨越 Kiaman 负极性超静磁期(KRS)，剩磁偏角的 NNE 方向代表正向磁化，剩磁偏角的 SSW 方向代表对应的反向磁化，两者都代表原生剩磁的方向。他认为，在 KRS 期间，CMB 的扰动造成地磁倒转，地幔物质能量的不均一与热对流以及 CMB 的热流扰动造成地幔柱活动，表现为地面火山活动的间歇式多次大规模爆发。从地磁的角度为峨眉地幔柱的活动提供了证据。

证据五：徐义刚等(2007)通过考察地球物理资料，在所划分岩石圈地幔存在一个高速异常透镜体(v_p=8.2～8.6km/s)，其东西两侧的地理位置与其划分穹窿结构分界位置相重叠。暗示两者受同一动力学机制——地幔柱活动的影响。从地球物理的角度为峨眉地幔柱的活动提供了证据。

峨眉大火成岩省的大规模溢流玄武岩主要是由于峨眉地幔柱的影响形成的。峨眉大火成岩省玄武岩可分为低 Ti 和高 Ti 两种，两者具有一定的时空分布，与西伯利亚大火成岩省(二叠纪)、南非 Karoo 大火成岩省(侏罗纪)、巴西 Paraná(早白垩世)以及南极 Queen Maud Land(侏罗纪)类似。部分学者(徐义刚等，2001；张招崇等，2002；肖龙等，2003)通过地球化学研究认为，低 Ti 源区有较多地幔柱物质，而高 Ti 源区可能有相对较多的岩石圈地幔物质加入。另外，峨眉大火成岩省玄武岩还具有高铁的特征(含量大于10%)，与西伯利亚大火成岩省(二叠纪)类似，指示其深源及地幔柱源。以上肯定了大火成岩省(即峨眉地幔柱)的分布范围。

目前学术界普遍认为，峨眉地幔柱的活动始于中泥盆世。地幔柱自核幔边界上升到地表，最终以大规模岩浆作用的形式喷发或侵入。虽然其动力学特征存在一定争议，但普遍认为，地球内部圈层结构发展演化到二叠纪时，地面运动比较活跃，古板块间的相对运动加剧，洋壳的深俯冲使大量冷物质进入地幔，改变了CMB的热流状态，导致岩石圈底部的热化学不稳定而产生浓度差异，浓度浮力驱使地幔柱形成(Larsen et al.，1997)。在地幔柱上升过程中，地幔柱流体的黏度随温度的变化而变化，形如蘑菇状，冠部极大但流速慢，尾部细但流速快。当地幔柱上升时，它会传递一部分热到介质地幔中，使其温度升高、黏度降低，从而导致介质地幔物质被捕获到地幔柱中。地幔柱与岩石圈底部接触后，向上生长速度大为减缓，冠部以水平侧向运动为主，且厚度变薄，半径增大，此时冠部成为地幔柱尾部与周围地幔进行热和物质交换的桥梁。地幔柱和岩石圈的相互作用还会引起地表的隆升和沉陷。Griffiths等(1991)的实验模拟结果表明地幔柱的浮力和岩石圈的横向厚度以及流变差异控制着地表的隆升程度，隆升时间比大规模火山喷发时间早3～30Ma。

峨眉山玄武岩主喷发时间为259～260Ma，即开始于茅口末期。由于继承性的特点，地幔柱造成的地壳抬升在很大程度上对研究区西南部中二叠统栖霞组的沉积格局产生了重大影响。

5.2.3　峨眉地幔柱对地貌的控制

对大火成岩省地区浅表沉积记录的研究是证实和研究地幔柱活动的一种独立而可靠的手段。前已述及，上升地幔柱在几百万平方千米内发生千米规模的地表抬升必然对地貌以及地表的沉积环境和沉积作用产生重大影响。何斌等(2003)通过对上扬子西缘茅口组灰岩生物地层格架和岩石地层的研究认为，茅口组灰岩存在差异剥蚀，自南西向北东方向可分为深度剥蚀带(内带)、部分剥蚀带(中带)、古风化壳或短暂沉积间断带(外带)和连续沉积带，并认为茅口组灰岩的差异剥蚀是峨眉山玄武岩喷发前一次地壳快速抬升及穹状隆起的结果，隆升幅度在1000m以上。峨眉地幔柱是否对四川盆地栖霞期古地貌-沉积格局产生了控制影响？

附图12所示为一条位于研究区西缘充分揭示栖霞组岩性特征的对比剖面，该剖面由南西向北东依次经过越西黑巴巳得、汉源西溪、大深1井、大邑大飞水、汉旺高桥、北川通口。栖一段沉积时期，研究区自南西—东北方向沉积厚度变大，在其南西方向剖面或井下岩性多为灰白色厚层或块状生屑灰岩，向北东方向岩性逐渐过渡为灰色-深灰色生屑灰岩或结晶灰岩，北东方向地表岩性多为深灰色中层生屑泥晶灰岩或泥晶生屑灰岩与薄层泥灰岩互层，具典型的"眼皮眼球"状构造。栖二段沉积时期，研究区自南西到北东岩性变化趋势与栖一段类似，沉积厚度变化不明显，可能与栖二时期海平面下降因素有关。

据统计，研究区内栖霞组西南—东北方向地层厚度差异为200～300m，具体表现为地层厚度以越西为中心向外圈层式由薄到厚变化。证明继梁山期准平原化后，以峨眉地幔柱活动为主穹状差异隆升控制了研究区整体地貌形态(图 5-12)。由于此时地幔柱活动对研究区的影响不是太大，地壳隆升幅度较弱，因此在整个研究区内均未出现明显的断裂。穹状隆起自西南—东北方向缓慢下倾。

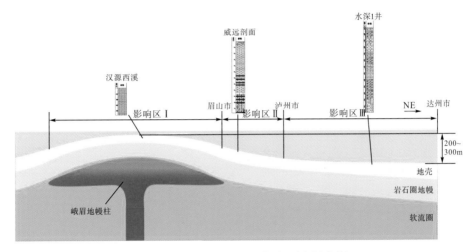

图 5-12　峨眉地幔柱理论模型示意图(地貌)

5.2.4　峨眉地幔柱对沉积相的控制

古地貌是沉积相展布及其演化的重要控制因素。中二叠世栖霞期古地貌展布及演化主要受峨眉地幔柱控制，区域影响范围大致划分如下(图 5-13)。

影响区 I：以凉山州越西县为中心，影响范围为 170～180km。该区域涉及包括越西白沙沟、乐山沙湾等在内的 6 条露头剖面，以及周公 1 井、汉 1 井等在内的 11 口井。通过对栖霞组等厚图的分析可知，该区厚度由越西地区向东北呈圈层式增厚，除雷波中山坪剖面之外，整个栖霞组沉积厚度小于 120m，岩性多为灰白-浅灰色厚层-块状颗粒灰岩，表现为浅水沉积特征，其中少数剖面在茅口早期见有砂泥质沉积。例如，越西黑巴巳得剖面，栖霞组仅厚 6.8m，为灰-深灰色厚层或块状泥晶灰岩。该剖面茅口早期沉积为深灰色厚层-块状泥晶灰岩夹薄层泥质灰岩，底部为灰黑色页岩。向上发育砂质灰岩，间夹钙质粉砂岩，灰岩中普遍见云化现象。据此说明在栖霞期该影响区的中心部分已开始隆起，为开阔台地亚相沉积。

影响区 II：同样以凉山州越西县为中心，紧靠影响区 I，辐射半径可达 300～400km。该区域涉及包括威远、泸州阳高寺等在内的 11 条露头剖面，以及威 56、老 3 井等在内的数十口深井。通过对栖霞组等厚图分析认为，该区受到峨眉地幔柱直接影响较小，该区域内栖霞组地层厚度不等，通常都为 100～250m。岩性主要为灰色-深灰色结晶灰岩或生屑灰岩，局部剖面或钻井显示有白云石化现象。局部含灰泥，生屑多有富集，向上茅口组少有白云石化。可指示较浅水环境，为开阔台地亚相至浅缓坡亚相过渡沉积。

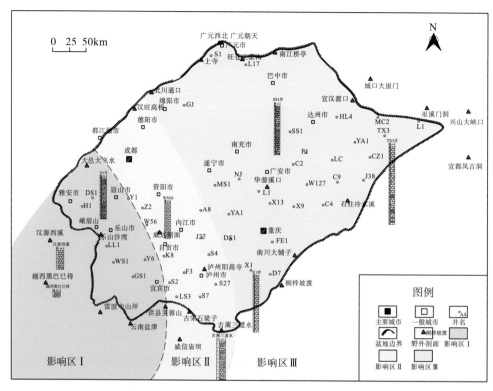

图 5-13　峨眉地幔柱对四川盆地栖霞组影响分区图

影响区Ⅲ：影响区Ⅰ及影响区Ⅱ之外区域。该区域栖霞组厚度变化较影响区Ⅱ小，岩性变化较大。一般很少或不受到峨眉地幔柱的影响。普遍为深、浅缓坡亚相沉积。

可以认为，峨眉地幔柱上升对刚性岩石圈的作用，表现为对地表产生不同程度的隆升。根据理论模型(图 5-14)，继梁山期准平原化后栖霞期研究区主要是受峨眉地幔柱的穹状差

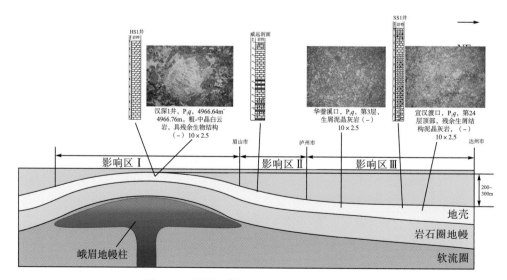

图 5-14　峨眉地幔柱理论模式图(沉积特征)

异隆升影响，影响区Ⅰ受地幔柱影响最大，普遍隆升接受浅水沉积，形成开阔台地；影响区Ⅱ受地幔柱影响较弱，局部形成浅水环境，由于与影响区Ⅲ无明显坡折带区分，故可作为开阔台地-缓坡过渡相对待。影响区Ⅲ基本属于碳酸盐缓坡环境。

　　何斌等（2003）对茅口组的分带位置也较为类似，不同的是栖霞期受峨眉地幔柱影响中心位置较茅口期北偏东方向，前人作古地磁视极移曲线表明（吴汉宁等，1998），扬子板块在早二叠世向北东方向迁移，可能与其有很大联系。

　　另外，栖霞期四川盆地位于赤道附近，受到古洋流的影响，水体较为通畅，生物繁殖较快，伴随栖二时期海平面的下降，盆地西部生屑滩广泛发育。而生屑滩水体较浅，又有利于混合水云化作用的发生。同时，研究区西南部又由于受到峨眉地幔柱活动的影响而隆升，这就更进一步控制了研究区南西—北东方向的沉积相带分布。总之，在研究区西南地区由于受当时的洋流及峨眉地幔柱的耦合影响，不仅控制了栖霞期的沉积格局，而且造就了生屑滩的形成环境和混合水云化作用的发生（图5-15）。

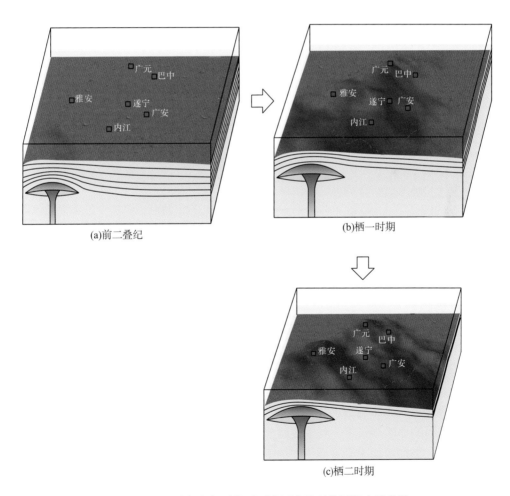

图 5-15　峨眉地幔柱栖霞期对研究区古地理格局影响示意图

5.3　沉积相类型划分

根据四川盆地中二叠统野外露头剖面、钻井岩心以及镜下薄片观察等沉积相标志研究，并结合区域构造及沉积背景等资料，认为区内中二叠世为缓坡型台地沉积(表 5-3)。

表 5-3　四川盆地中二叠统沉积相划分简表

相	亚相	微相
缓坡型台地相	开阔台地亚相	生屑滩、台内洼地
	浅缓坡亚相	上带、下带
	深缓坡亚相	上带、下带

缓坡型碳酸盐台地与镶边型碳酸盐台地相比，前者缺乏明显坡折或无坡折，台地边缘生屑滩、生物礁不发育，开阔台地与浅缓坡逐渐过渡，其倾斜角一般小于1°。碳酸盐沉积物局部具高能浅滩颗粒灰岩，向斜坡方向逐渐变成较深水碳酸盐沉积物并最终成为泥岩(表 5-4)。

表 5-4　碳酸盐台地特征对比表(据顾家裕等，2009，修改)

特征对比	缓坡型台地	镶边型台地	孤立台地
岩性	高能浅滩颗粒灰岩向斜坡方向逐渐变成较深水碳酸盐沉积物并最终成为盆地泥质岩类。台地边缘礁滩欠发育	颗粒质灰泥石灰岩、灰泥石灰岩、生屑灰岩。生物礁发育	生物颗粒、灰泥、球粒砂岩。生物礁发育
颜色	暗到浅色	灰、红、黄、褐色	暗到浅色
颗粒类型及沉积结构	泥晶灰岩、生物碎屑灰岩	颗粒灰岩、泥晶灰岩或泥质灰岩，具滑动构造	骨屑砂岩、鲕状颗粒灰岩
水体能量	较低	较高	较高
层理及沉积构造	块状构造、粒序层理，部分韵律层	纹理少见，常为块状，递变沉积物的透镜体，岩屑及外来岩块，韵律层	坍塌和重力流沉积，不规则波痕
坡度/坡折	无明显坡折	明显坡折可达60°或更大	明显坡折可达60°或更大

因受其结构特点的控制，缓坡型台地在沉积作用上常表现为以下特征。

(1)台地相区高频旋回沉积特征突出。海平面升降变化及地壳构造沉降速率是缓坡型台地地层发育厚度及相带迁移的主要控制因素。由于台地相区水体浅，高频海平面变化十分明显。在旋回的叠架样式中，高频旋回多表现出不对称性，即快速海侵和缓慢海退，这种不对称性在大的海平面上升背景下，由下至上逐渐减弱，旋回厚度逐渐减小，体现了一种退积型的垂向叠加样式；而在大的海平面下降背景下，情况相反，旋回的不对称性逐步加强，高频层序的厚度越来越大。

(2)台地边缘礁滩欠发育。因缓坡型台地缺乏明显的陆架坡折，不利于造礁生物生长或堆积，缓坡型台地上生物礁滩仅发育于近滨高能地区。

5.3.1　开阔台地

开阔台地对应于潮下浅水环境，海水盐度基本正常，循环中等-较好，适于广盐度生物生长繁殖，水体能量一般较低，沉积物以灰泥为主，主要形成各类灰岩或白云岩(图 5-16)。典型的沉积构造有水平层理、粒序层理、生物扰动等。生物组合主要为二叠钙藻组合、䗴组合、珊瑚组合、古串珠虫亚科组合、翁格达藻组合和节房虫科组合，其中二叠钙藻和珊瑚含量丰富，米齐藻、䗴、古串珠虫、节房虫、介形虫、棘皮、腕足含量较多。该亚相广泛分布于栖霞组及茅口组中下部。依其所对应地形和水动力条件的差异可将其进一步划分为生屑滩和台内洼地(滩间)两个微相。

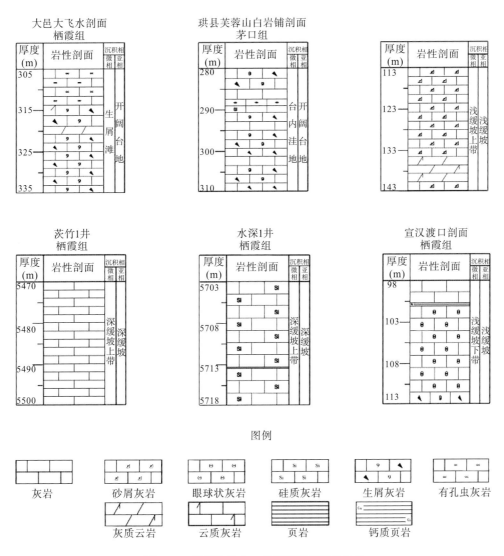

图 5-16　四川盆地中二叠统沉积相划分示意

1. 生屑滩微相

生屑滩形位于晴天浪基面附近的海底高能带(图5-16)，该沉积环境中水体循环好、能量相对较强，易于各种颗粒的形成和堆积。大量的生物骨骼或内碎屑等颗粒在长期的波浪作用之下通常被不断地打碎、磨蚀、淘洗，磨圆度较好，粒间灰泥所见不多，主要甚至全由亮晶方解石胶结；代表岩类为浅灰色厚层-块状亮晶生屑灰岩或亮晶含砂屑生屑灰岩，泥晶生屑灰岩少见。生屑含量为60%～70%，主要为底栖生物，除绿藻门的伞藻科、海松藻及红藻门的二叠钙藻、管孔藻外，还有大量有孔虫以及蜓、腕足、腹足、海绵、苔藓虫、棘皮等。生物碎屑破碎严重，分选中等，偶见少量砂屑，多属亮晶方解石胶结。

2. 台内洼地

台内洼地是区内开阔台地的主体(图5-16)。它处于生屑滩之间的低洼区，水体的循环一般、能量相对较低，海水盐度基本正常，分布范围较广。沉积物主要为碳酸盐灰泥，常发育水平层理和块状层理。

5.3.2　浅缓坡

浅缓坡在缓坡型台地上靠近开阔台地，介于正常浪基面至风暴浪基面之间，深度一般小于30m。透光性好、氧气充足、盐度正常、水温及养料适合大量生物生长。岩性以灰色、深灰色泥晶生屑灰岩和(含)生屑泥晶灰岩为主，多为泥晶充填(图5-16)。常见珊瑚组合、二叠钙藻组合、蜓-二叠钙藻组合、米齐藻-假蠕孔藻组合、球旋虫-始毛盘虫组合、节房虫科组合，其中米齐藻、假蠕孔藻、蜓、球旋虫、节房虫、珊瑚等含量丰富，二叠钙藻、翁格达藻、古串珠虫科、球旋虫、始毛盘虫、节房虫、棘皮、腕足含量较多。浅缓坡向水浅一侧逐渐过渡为开阔台地，向水深一侧渐变为深缓坡。该相带广泛分布于区内栖霞组及茅口组。依据水体深度及水动力特征，可进一步将浅缓坡分为上带和下带两个微相。

1. 浅缓坡上带

浅缓坡上带位于平均浪基面附近的海底高能带，该沉积环境中水体循环好、能量相对较强，易于生屑等各种颗粒的形成和堆积。该相带在研究区的栖霞组及茅口组中均有分布，发育深灰色，深灰褐色中厚层生屑灰岩，含有大量的狭盐生物碎屑，如腕足、苔藓虫、海百合、海胆、蜓、有孔虫和海绵碎片等，腹足和双壳也很丰富。

2. 浅缓坡下带

浅缓坡下带属潮下低能带，该沉积环境中水体循环虽好，但能量相对较弱，沉积水体比浅缓坡上带深，比深缓坡上带浅。纵向上属于浅缓坡的中下部。主要发育灰黑色、深灰带褐色、深灰色中厚层含生屑泥晶灰岩、泥晶灰岩，生屑含量与浅缓坡上带相比较少。

5.3.3 深缓坡

深缓坡位于风暴浪基面至最大风暴浪基面之间,深度可达 100m,平时海水平静,间歇性受到风暴的影响产生扰动,总体水体较深、能量较低。主要形成大套深灰、灰黑色中厚层状泥晶石灰岩,(含)生屑泥晶灰岩,生物化石及碎屑相对浅缓坡少。灰岩常呈瘤状,特征非常明显(图 5-16)。瘤状石灰岩的瘤体大小不等,一般为 5cm×5cm,瘤体间常夹灰褐色薄层泥质条带。富含近顺层分布的硅质条带或硅质结核。在川北南江桥亭—杨坝剖面,大量的燧石团块镶嵌在中厚层(含生屑)泥晶灰岩中,许多燧石团块由于溶蚀作用脱落,致使岩层在宏观上呈现蜂窝状地貌景观。除此之外,判定深缓坡物理标志还包括水平层理、块状层理、风暴成因的"眼球"状或似"眼球"状构造和丘状层理,后者反映该相带形成于风暴浪基面至最大风暴浪基面之间的较深水地区,能量总体较低,常常受到风暴浪的改造。

深缓坡相主要分布在四川盆地北部南江一带以及川东北地区栖霞组和茅口组。

1. 深缓坡上带

深缓坡上带是指深缓坡的内侧,接近风暴浪基面,靠近浅缓坡地带的沉积区域。沉积水体比深缓坡下带浅,水动力较强,垂向上往往为深缓坡的中上部。

2. 深缓坡下带

深缓坡下带是指深缓坡的外围沉积区域,接近最大风暴浪基面,靠近盆地的沉积区域。沉积水体比深缓坡上带更深,水体更安静,在垂向上为深缓坡的中下部。岩性主要为灰黑色、黑灰色薄-中层状泥晶灰岩。所含生屑较少,生屑一般较为破碎、零星。生屑以介壳、腕足屑、有孔虫及海绵骨针等为主,微体生物保存相对较为完整。往往发育大量燧石结核、条带,层间发育大量泥质条带。

5.4 单剖面沉积相划分

5.4.1 云南盐津

该剖面位于云南省盐津县附近。中二叠统地层总厚度为 533.4m(附图 13)。

1. 茅口组

茅口组各段地层自上而下的沉积特征如下。

茅四段,地层厚度为 134.4m。上部岩性为深灰色厚层泥晶蟆灰岩和深灰色厚层藻屑泥晶灰岩,藻屑以二叠钙藻、裸海松藻为主,细-极粗屑,多被有机质浸染;中部岩性为深灰色(略带黑)中厚层绿藻屑泥晶灰岩和深灰色中厚层状生屑泥晶灰岩,其中生屑含泥泥晶灰岩,具波状层理,具"似眼球状"构造;下部岩性为灰、灰褐色厚层状红藻屑灰岩及有孔虫灰岩，为亮晶胶结，藻屑以管孔藻为主，有孔虫种属多，泥晶化明显，见希瓦格蜓、小泽蜓，顶部常见腕足屑。该段沉积环境属于浅缓坡上带。

茅三段，地层厚度为 50.3m。上部岩性为深灰-褐灰色中厚层亮晶有孔虫灰岩和红藻灰岩，黑色有机质浸染，有孔虫破碎泥晶化明显，局部玉髓充填于溶孔中，亮晶方解石晶间溶孔充填黑色有机质；下部岩性为浅褐色-深灰色厚层块状花斑灰岩，主要是由细粉晶有孔虫灰岩、细粉晶有孔虫-红藻屑灰岩及亮晶红藻-有孔虫灰岩组成，红藻以拟刺毛藻及管孔藻为主。该段沉积环境被解释为浅缓坡上带。

茅二段，地层厚度为 140.1m。上部岩性为深灰及褐灰色厚层块状微亮晶藻团粒灰岩和深灰色中层状泥质泥晶有孔虫灰岩，微亮晶藻团粒灰岩中见波纹状泥条纹，泥晶有孔虫灰岩中夹含云质硅质团块，其有孔虫种属多；中部岩性为浅灰-褐灰色厚块状细粉晶藻团粒-藻屑灰岩、灰色厚块状亮晶蜓灰岩及灰色厚块状亮晶藻团粒灰岩，其中含零星硅质团块，灰岩中藻团粒丰富，含量为 55%～65%，细-中粒，圆-他形，泥晶化明显；下部岩性为深灰-黑灰色中层状含泥泥晶生屑灰岩及含泥泥晶有孔虫-绿藻灰岩，灰岩层间夹泥质薄层，生屑含量较多，可见伞藻、始角藻、米齐藻、蠕孔藻等藻类。该段属于开阔台地生屑滩沉积。

茅一段，地层厚度为 85.6m。上部岩性为黑灰色厚层状生屑(介)泥晶含泥条纹灰岩，生屑大小为细-粗屑，以腕足、介形虫为主，生屑多顺层水平排列，部分介形虫完整，蠕孔藻、有孔虫、棘皮屑次之；中部岩性为黑灰色中层含泥泥晶绿藻屑灰岩及含泥条带的细粉晶灰岩；下部岩性为深灰-黑灰色生屑(绿藻)泥晶灰岩和绿藻屑泥泥晶灰岩，其中以米齐藻、二叠钙藻为主，保存完整，藻屑硅化明显。该段沉积环境为开阔台地亚相中的台内洼地微相。

2. 栖霞组

栖霞组各段地层自上而下的沉积特征如下。

栖二段，地层厚度为 67.1m。上部岩性为浅灰-浅褐灰色块状细粉晶生屑灰岩与亮晶有孔虫灰岩，顶部发育有亮晶藻团粒-红藻屑灰岩，棘皮屑大小为中-粗屑，底部最大长达7mm，分布不均，有孔虫泥晶化明显，亮晶胶结见不规则溶解缝，充填细-中晶方解石，部分破坏了颗粒，棘皮屑边缘见去云化形成白云石内溶孔；下部岩性为浅灰色厚层细粉晶有孔虫-藻屑灰岩，藻团粒较多，为 20%～30%，细粒，主要由蓝藻组成，次圆状，有孔虫泥晶化明显，可见微亮晶胶结，偶见虫迹，少量细晶白云石，自形程度好。该段沉积环境属于开阔台地生屑滩沉积。

栖一段，地层厚度为 55.9m。上部岩性为灰-褐灰色厚层状泥晶有孔虫-腕足屑灰岩，腹足、双壳类粗-巨屑较多，希瓦格蜓保存好，见少量溶洞，局部夹泥质纹向上质较纯，含零星早坂珊瑚，自生石英、硅质交代生屑；下部岩性为灰-深灰色厚层状生屑粉晶灰岩，各类生屑含量相近，细屑，见腕足、棘皮等，呈巨屑，底部见砾屑，为 2～10mm，由泥晶蜓灰岩组成，边缘有磨蚀，含少量陆源石英，中-细粒，次圆-次棱，溶蚀后又被方解石部分交代，偶见陆源矿物电气石。该段的沉积环境属于开阔台地亚相台内洼地。

5.4.2　广元西北

该剖面位于四川盆地广元市西北附近。中二叠统地层总厚度为 249.77m（附图 14）。

1. 茅口组

茅口组各段地层自上而下的沉积特征如下。

茅三段，地层厚度为 63m。上部岩性为灰黑色厚层-块状瘤状灰岩，可见大量泥质条带呈"包卷"状产出，具有浓重的沥青气味，富含生屑，含量为 30%～45%，主要为腕足、蜓、有孔虫、藻屑、介壳等；中部岩性为灰黑色中层生屑泥晶灰岩和砂屑泥晶灰岩，夹燧石团块，镜下可见有机质条纹，生屑破碎严重，含量在 45% 左右，主要有介壳、藻屑、有孔虫、腕足、腹足、棘皮屑、苔藓虫等；下部岩性为灰白色亮晶生屑灰岩，局部具白云石化现象，由于重结晶作用强烈，导致生屑结构不明显，可见腕足。该段整体为深缓坡沉积环境。

茅二段，地层厚度为 44m。上部岩性为厚层-块状浅灰色含生屑亮晶白云岩，白云石化现象明显，岩石中可见有机质及泥质条纹，生屑主要有棘皮屑、介壳等；下部岩性为浅灰色砂糖状白云岩和浅灰色厚层-块状生屑泥晶灰岩，白云岩多以透镜状产出，灰岩生屑破碎严重，主要有棘皮屑、有孔虫、藻屑、蜓、苔藓虫等。沉积环境为深缓坡。

茅一段，地层厚度为 38.55m。上部岩性为灰色中-厚层含砂屑生屑泥晶灰岩，微裂缝发育，夹泥质条带，生屑含量在 45% 左右，局部生屑富集，生屑主要有有孔虫、腕足、介形虫、腹足等；中部岩性为灰色厚-中层砂屑生屑泥晶灰岩，夹少量泥质条带，可见少量砂屑，局部具重结晶现象，生屑主要有有孔虫、管壳石、翁格达藻、棘皮屑等；下部岩性为灰白色中层泥晶生屑灰岩和颗粒亮晶灰岩，夹泥质条带，生屑含量为 45%～70%，含大量费伯克蜓。沉积环境为浅缓坡。

2. 栖霞组

栖霞组各段地层自上而下的沉积特征如下。

栖二段，地层厚度为 78.91m。岩性为灰白-灰黄色厚-中层白云岩，偶见生屑，可见微裂缝，溶孔发育，但被方解石充填，夹有颗粒亮晶灰岩，可见腹足、腕足、有孔虫等生屑，生屑破碎。沉积环境被解释为开阔台地亚相生屑滩。

栖一段，地层厚度为 25.31m。岩性为灰色厚-中层含生屑泥晶灰岩，局部可见腕足、海百合茎等生屑，同时可见腹足、棘皮屑、介形虫等生屑，生屑破碎，难以辨认。沉积环境为浅缓坡上带。

5.4.3　汉 1 井

汉 1 井位于四川洪雅县境内，所处构造位于汉王场构造二叠系顶面构造高点偏东翼（图 5-17）。

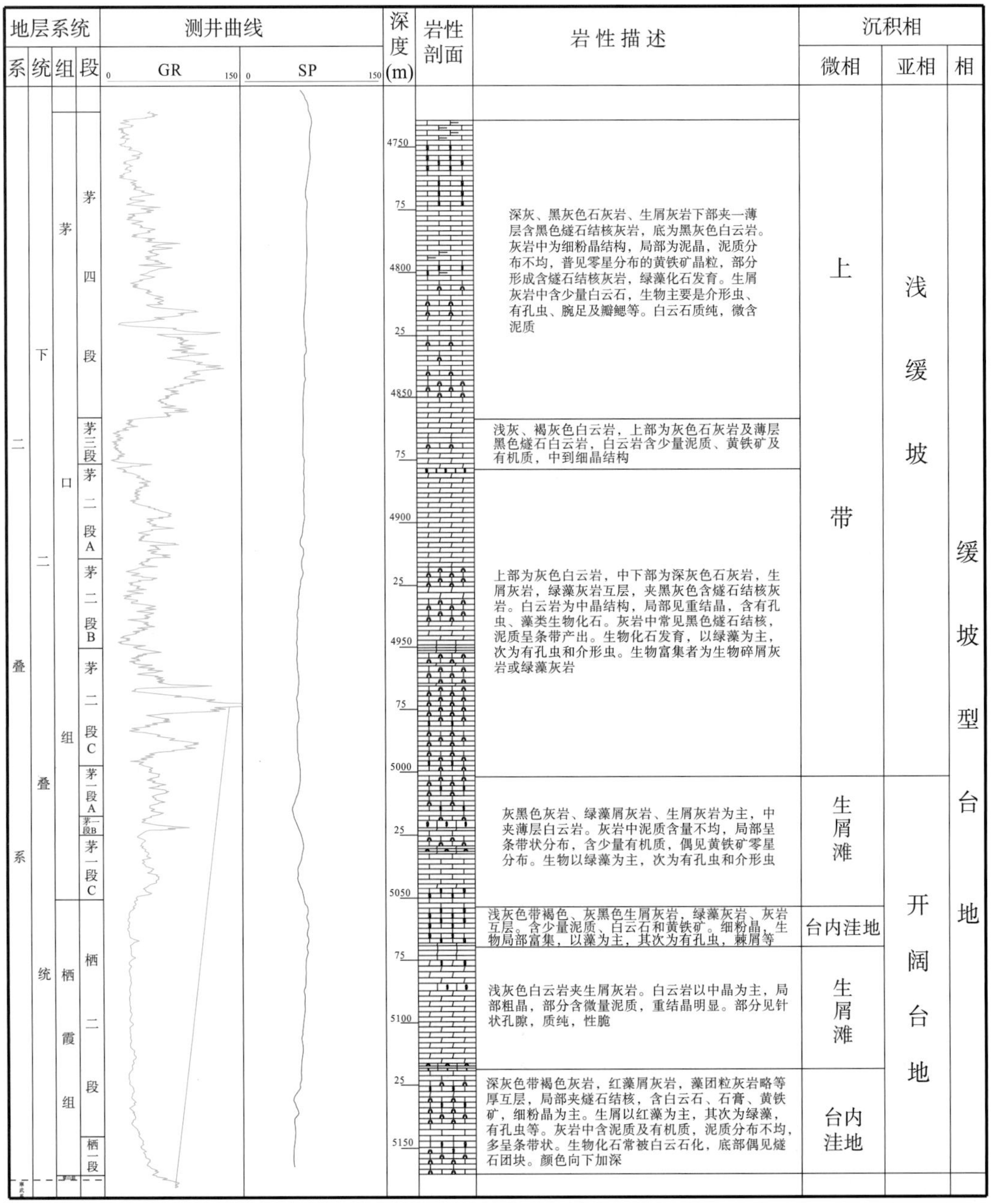

地层系统				测井曲线		深度(m)	岩性剖面	岩性描述	沉积相		
系	统	组	段	GR 0—150	SP 0—150				微相	亚相	相

岩性描述栏内容：

深灰、黑灰色石灰岩，生屑灰岩下部夹一薄层含黑色燧石结核灰岩，底为黑色白云岩。灰岩中为细粉晶结构，局部为泥晶，泥质分布不均，普见零星分布的黄铁矿晶粒，部分形成含燧石结核灰岩，绿藻化石发育。生屑灰岩中含少量白云石，生物主要是介形虫、有孔虫、腕足及瓣鳃等。白云石质纯，微含泥质

浅灰、褐灰色白云岩，上部为灰色石灰岩及薄层黑色燧石白云岩，白云岩含少量泥质、黄铁矿及有机质，中到细晶结构

上部为灰色白云岩，中下部为深灰色石灰岩，生屑灰岩，绿藻灰岩互层，夹黑灰色含燧石结核灰岩。白云岩为中晶结构，局部见重结晶，含有孔虫、䗴类等条带状生物化石。灰岩中常见黑色燧石结核，泥质呈条带产出。生物化石发育，以绿藻为主，次为有孔虫和介形虫。生物富集者为生物碎屑灰岩或绿藻灰岩

灰黑色灰岩、绿藻屑灰岩、生屑灰岩为主，中夹薄层状白云岩。灰岩中泥质含量不均，局部呈条带状分布，含少量有机质，偶见黄铁矿零星分布。生物以绿藻为主，次为有孔虫和介形虫

浅灰色带褐色、灰黑色生屑灰岩，绿藻灰岩、灰岩互层。含少量泥质、白云石和黄铁矿。细粉晶，生物局部富集，以藻为主，其次为有孔虫，棘屑等

浅灰色白云岩夹生屑灰岩。白云岩以中晶为主，局部粗晶，部分含微量泥质，重结晶明显。部分见针状孔隙，质纯，性脆

深灰色带褐色灰岩，红藻屑灰岩，藻团粒灰岩略等厚互层，局部夹含燧石结核，含石膏、黄铁矿，细粉晶为主。生屑以红藻为主，其次为绿藻、有孔虫等。灰岩中含泥质及有机质，泥质分布不均，多呈带状。生物化石常被白云石化，底部偶见燧石团块。颜色向下加深

沉积相栏（微相/亚相/相）：
- 上带 / 浅缓坡 / 缓坡型台地
- 生屑滩 / 开阔台地
- 台内洼地
- 生屑滩
- 台内洼地

图 5-17 汉 1 井地层-沉积相综合柱状图

1. 茅口组

茅口组各段地层自上而下的沉积特征如下。

茅四段，底界为 4865m，钻厚为 129m。岩性主要为灰黑-深灰色的生屑灰岩和藻灰岩，夹薄层含黑色燧石结核灰岩，底部为深灰色白云岩。沉积环境属于浅缓坡上带。

茅三段，底界为 4894m，钻厚为 29m。岩性主要为浅灰-褐灰色白云岩，较上部夹深

灰色灰岩及薄层黑色燧石。沉积环境为开阔台地生屑滩。

茅二段，底界为 4964.5m，钻厚为 70.5m。上部岩性主要为灰色白云岩，中下部为深灰色泥晶灰岩，生屑灰岩，绿藻灰岩互层，夹黑灰色含燧石结核灰岩。沉积环境为浅缓坡亚相上带。

茅一段，底界为 5053m，钻厚为 88.5m。岩性以灰黑色灰岩、绿藻屑灰岩、生屑灰岩为主，中部夹薄层白云岩。沉积环境为开阔台地亚相中的生屑滩。

2. 栖霞组

栖霞组各段地层自上而下的沉积特征如下。

栖二段，底界为 5145m，钻厚为 92m。岩性主要为浅灰-褐色、灰黑色生屑灰岩，绿藻灰岩、灰岩互层，浅灰色白云岩夹生屑灰岩。含少量泥质、白云石和黄铁矿。细粉晶，生物局部富集，以藻为主，其次为有孔虫、棘皮屑等。白云岩以中晶为主，局部粗晶，部分含微晶泥质，重结晶明显。部分见针状孔隙，质纯，性脆。在其下部为深灰色带褐色灰岩，藻团粒灰岩等厚互层，局部夹燧石结核，含白云石晶体，细粉晶为主，为开阔台地台内洼地和生屑滩沉积。

栖一段，底界为 5165m，钻厚约为 20m。岩性主要为深灰色带褐色灰岩、红藻屑灰岩、藻团粒灰岩略等厚互层，局部夹或可见燧石结核，含白云石及黄铁矿，细粉晶为主。生屑以红藻为主，其次为绿藻、有孔虫等。灰岩中含泥及有机质，泥质分布不均，多呈条带状。化石常被白云石化交代模糊不清，底部偶见燧石团块。颜色向下加深，为开阔台地台内洼地沉积。

5.4.4 孔 8 井

孔 8 井位于四川盆地宜宾市境内，因所处的构造位于孔滩构造上而得名(图 5-18)。

1. 茅口组

茅口组各段地层自上而下的沉积特征如下。

茅四段，底界为 2611m，钻厚为 24m。岩性主要为灰黑色生屑泥晶含泥灰岩、绿藻泥晶灰岩和含藻生屑泥晶灰岩，含大量的二叠钙藻，丰度普遍高于 40%，且含有机质。沉积环境为浅缓坡上带。

茅三段，底界为 2631m，钻厚为 20m。上部岩性为黑色含泥生屑泥晶灰岩及深灰色含有机质粉屑泥晶灰岩和泥晶生屑灰岩，生屑含量较低，为 21%～41%，局部有亮晶胶结，普遍含有机质 10%左右，且发育生物扰动构造；中部岩性为灰色，红藻泥-粉晶含有机质灰岩，红藻藻团粒含有机质灰岩，生屑含量为 21%～34%，其中以红藻和藻团粒为主，含量在 20%以上，个别出现中华孔藻，有机质含量在 10%左右，分布于基质中或节房虫的房室中。下部岩性为深灰色红藻泥晶或不等晶含有机质灰岩夹生屑泥-粉晶灰岩、生屑含量高，一般为 37%～54%，其中红藻集中分布，大致为 20%～40%，部分含有骨针，重结晶作用强，形成不等晶结构，为浅缓坡上带沉积。

茅二段，底界为 2779m，钻厚为 148m。岩性主要为褐色粉晶绿藻灰岩、藻团粒泥晶灰岩夹亮晶粒屑灰岩和红藻灰岩，为开阔台地生屑滩沉积。

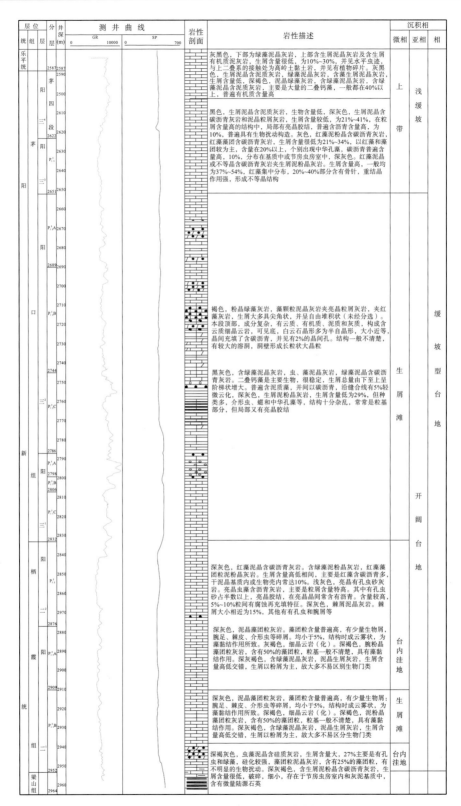

图 5-18　宜宾孔 8 井地层-沉积相综合柱状图

茅一段，底界为2828m，钻厚为49m。上部岩性为含绿藻泥晶灰岩、有孔虫泥晶灰岩、绿藻泥晶灰岩，其中二叠钙藻为主要生物化石，生屑总量由下而上呈阶梯状增大，普遍含泥较多，并混以沥青脉，沿缝合线有轻微白云石化现象，不超过5%；下部岩性为深灰色生屑泥-粉晶灰岩，生屑含量低，但种类较多，包括腕足、棘皮、介形虫、有孔虫、蜓和中华孔藻等，局部有亮晶胶结，为开阔台地亚相生屑滩沉积。

2. 栖霞组

栖霞组各段地层自上而下的沉积特征如下。

栖二段，底界为2876m，钻厚为44m。上部岩性为浅灰色亮晶有孔虫灰岩，生屑总量高，一般为60%~77%，粒屑具磨圆，堆积紧密。有孔虫极为丰富，为30%~50%，次为红藻，为5%~10%，其他生物如腕足、介形虫、棘皮、蜓和肿瘤虫等，均小于5%，亮晶胶结为主，且常表现为泥-亮晶结构，为淘洗不均的强弱能量过渡带，在粒间，有溶蚀再充填的现象；中部岩性为深灰色红藻泥晶含有机质灰岩，含绿藻泥-粉晶灰岩和红藻藻团粒泥-粉晶灰岩，生屑含量高低相间，主要是红藻，为25%~30%，含有机质多，于泥晶基质内或生物壳内常达10%；下部岩性为浅灰色，亮晶有孔虫砂屑灰岩和亮晶有孔虫、绿藻含沥青灰岩，主要是粒屑，含量特高，达60%~71%，亮晶胶结，在亮晶晶间孔隙中常含有沥青，含量较高。该段沉积环境为开阔台地生屑滩。

栖一段，底界为2952m，钻厚为76m。上部岩性为深灰色棘皮屑泥晶灰岩，棘皮屑大小相近，含有孔虫和腕足等，其次为深灰色泥晶藻团粒灰岩。藻团粒含量普遍高，为30%~50%，混有少量腕足、棘皮、介形虫等碎屑，均小于5%；灰褐色细晶白云岩(化)，再次为深褐色泥-粉晶藻团粒灰岩，含有50%的藻团粒，被解释为开阔台地台内洼地；下部岩性主要为深灰褐色含绿藻泥晶灰岩、泥晶生屑灰岩，生屑含量高低交错，为17%~35%，生屑破碎严重不易辨识；深灰褐色绿藻泥晶灰岩，生屑总量为32%~38%。含筛口虫10%~20%，含绿藻25%，藻团粒10%；其次为深灰褐色粉晶藻团粒灰岩，主要是藻团粒，为40%，含少量腕足、棘皮、介形虫等；再次为深灰褐色绿藻、蜓泥晶灰岩，生屑泥晶灰岩夹泥晶生屑泥质灰岩，生屑总量增高，绿藻、蜓各为15%，具萤石化和硅化；深灰褐色含生屑泥-粉晶含有机质灰岩，生屑含量很低，破碎细小，仅为11%，但含有机质丰富，存在于节房虫房室内和灰泥基质中，含有微量陆源石英。下部沉积环境为开阔台地生屑滩及台内洼地。

5.4.5 磨深1井

磨深1井位于四川省遂宁市磨溪镇，所处构造位于川中磨溪构造带高点偏东北(图5-19)。

1. 茅口组

茅口组各段地层自上而下的沉积特征如下。

茅三段，底界为4123m，钻厚为40m。上部岩性为亮晶红藻灰岩，生物以红藻(20%~50%)、绿藻(始角藻)(60%)、有孔虫(10%~25%)为主，少量棘皮，约为15%。颗粒的栉壳结构发育，内为泥晶方解石胶结物，局部重结晶；有孔虫泥晶灰岩、团粒泥晶含泥灰岩，

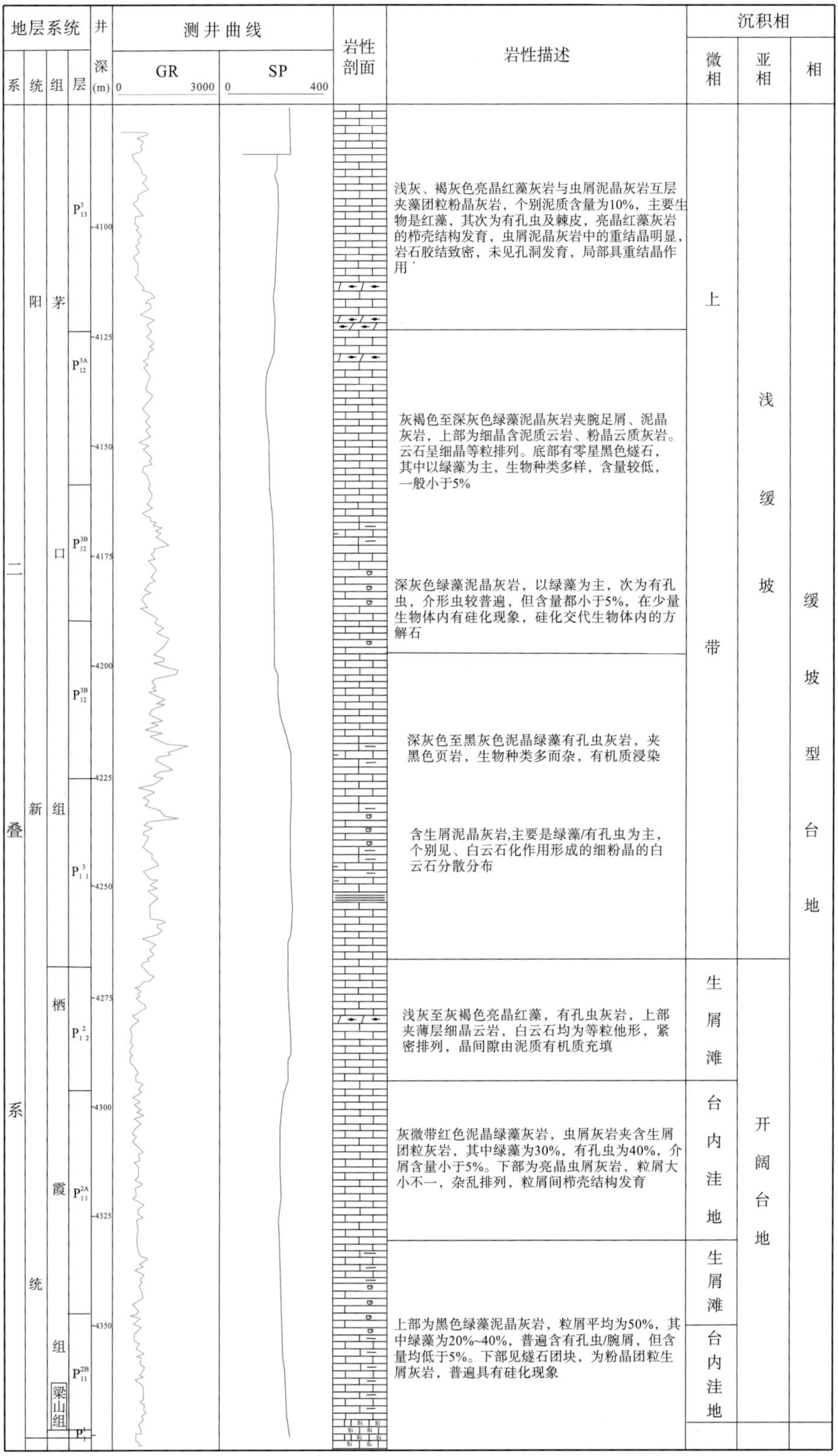

地层系统				井深(m)	测井曲线 GR 0–3000 / SP 0–400	岩性剖面	岩性描述	沉积相 微相 / 亚相 / 相
系	统	组	层					
二叠系	阳新统	茅口组	P₁₃³	4100			浅灰、褐灰色亮晶红藻灰岩与虫屑泥晶灰岩互层夹藻团粒粉晶灰岩,个别泥质含量为10%,主要生物是红藻,其次为有孔虫及棘皮,亮晶红藻灰岩的栉壳结构发育,虫屑泥晶灰岩中的重结晶明显,岩石胶结致密,未见孔洞发育,局部具重结晶作用	上 / 浅缓坡带 / 缓坡型台地
			P₁₂³ᴬ	4125			灰褐色至深灰色绿藻泥晶灰岩夹腕足屑、泥晶灰岩,上部为细晶质云岩、粉晶云质灰岩。云石呈细晶~粒屑排列。底部有零星黑色燧石,其中以绿藻为主,生物种类多样,含量较低,一般小于5%	
		口组	P₁₂³ᴮ	4150–4175				
			P₁₂¹ᴮ	4200			深灰色绿藻泥晶灰岩,以绿藻为主,次为有孔虫,介形虫较普遍,但含量都小于5%,在少量生物体内有硅化现象,硅化交代生物体内的方解石	
	新统	组		4225			深灰色至黑灰色泥晶绿藻有孔虫灰岩,夹黑色页岩,生物种类多而杂,有机质浸染	
			P₁₁³	4250			含生屑泥晶灰岩,主要是绿藻/有孔虫为主,个别见、白云石化作用形成的细粉晶的白云石分散分布	
		栖	P₁₂²	4275			浅灰至灰褐色亮晶红藻,有孔虫灰岩,上部夹薄层细晶云岩,白云石均为等粒他形,紧密排列,晶间隙由泥质有机质充填	生屑滩
	统	霞	P₁₁²ᴬ	4300–4325			灰微带红色泥晶绿藻灰岩,虫屑灰岩夹含生屑团粒灰岩,其中绿藻为30%,有孔虫为40%,介屑含量小于5%。下部为亮晶虫屑灰岩,粒屑大小不一,杂乱排列,粒屑间栉壳结构发育	台内洼地 / 开阔台地
		组	P₁₁²ᴮ	4350			上部为黑色绿藻泥晶灰岩,粒屑平均为50%,其中绿藻为20%~40%,普遍含有虫屑/腕屑,但含量均低于5%。下部见燧石团块,为粉晶团粒生屑灰岩,普遍具有硅化现象	生屑滩 / 台内洼地
		梁山组	P₁					

图 5-19　磨深 1 井地层-沉积相综合柱状图

泥质含量为 10%，粒屑总量为 32%，其中以有孔虫（15%）、藻团粒（25%）为主，少量棘皮，偶见红藻等；中部岩性为藻团粒粉晶灰岩，泥质含量为 10% 左右，粒屑总量为 33%，其中藻团粒（25%～30%）最多，其次含少量有孔虫、棘皮，团粒大小一般在 0.01mm 左右，呈圆-椭圆形，并伴生有机质；下部岩性为亮晶有孔虫、红藻灰岩。粒屑总量为 52%，其中红藻为 25%，有孔虫为 20%，有少量的介形虫、棘皮、绿藻等；生屑泥晶灰岩，粒屑总量 40%，其中有孔虫 10%、红藻 15%，生物种类丰富，但多被粒状方解石充填，生屑大小近一致。沉积环境为浅缓坡上带。

茅二段，底界为 4225m，钻厚为 102m。上部岩性为粉晶泥云质灰岩、细晶含泥云岩，泥质含量为 10%，白云石含量为 10%～30% 不等。白云石呈细晶等粒他形镶嵌状，晶洞充填有机质、碳沥青，晶体排列紧密，为方解石重结晶后被白云石化。在泥云质灰岩中，白云石与硅质相伴生，杂乱无序，见有机质充填的成岩裂缝；中部岩性为腕足屑泥晶灰岩、生屑泥晶含泥灰岩。粒屑平均为 25%，以腕足碎屑为最多，其次为介形虫、有孔虫，偶见绿藻、团粒、骨针等。有机质、泥质富集呈斑块状，黄铁矿呈粒状集合体分散分布；绿藻泥晶灰岩、绿藻泥晶含泥灰岩，粒屑平均为 35%，其中以绿藻为主，少量棘皮、腕足、有孔虫、介形虫、苔藓虫等，偶见海绵，生物内见少量云化现象，具泥晶方解石藻屑组成的藻团粒周围为粉晶方解石；泥晶绿藻灰岩与残余生屑泥晶灰岩互层，粒屑平均为 50%，其中绿藻（40%）最多，其次为少量有孔虫、介形虫、棘皮等。硅化充填在生物体内，部分生屑及团粒被有机质浸染，局部重结晶作用使生屑呈残余状；残余生屑泥晶灰岩，粒屑总量小于 30%，主要为绿藻、有孔虫、腕足，重结晶作用强，大部分生屑呈残余状，在底部见少量自生长石，晶形较好，呈长柱状，分散分布在基质中；下部岩性为生屑泥晶含泥灰岩，泥质含量为 10%，粒屑平均在 20% 以内，以有孔虫为主，普遍自生长石，自形程度高，但含量低，均小于 1%，硅质充填在生物体内含量小于 1%，个别生物体内具云化现象，在晶间隙及部分生屑被有机质充填。泥晶双壳、绿藻灰岩，粒屑平均为 60%，其中双壳为 25%，绿藻为 20%，偶见有孔虫、介形虫充填在生物体内，重结晶现象普遍，部分生屑呈残余状。沉积环境主要为浅缓坡上带。

茅一段，底界为 4265m，钻厚为 40m。上部岩性为含生屑泥晶含泥灰岩夹泥晶灰岩，泥质含量为 10%，粒屑量平均为 15%，种类较杂，见有孔虫、介形虫、腕足、棘皮屑等，顶部见白云石呈粉晶均匀分散分布，有机质浸染藻屑、有孔虫，部分生屑由于重结晶的作用，使其呈残余状，泥晶灰岩生屑含量极低；中部岩性为藻屑泥晶含泥灰岩与有孔虫泥晶泥质灰岩互层。粒屑平均为 40%，以绿藻（20%）为主，次为有孔虫、介形虫、腕足、棘皮，偶见苔藓虫、团粒等，普遍具自生长石，但含量低，自形程度高，多分布在基质中，有机质含量较丰富，并多分布在机质内，粒屑平均为 20%，其中绿藻最多，其次有少量有孔虫、棘皮、介形虫，个别见云化现象，呈细粉晶状态分散分布；下部岩性为泥晶绿藻生屑灰岩，泥质达 10%，为藻屑泥晶含泥灰岩，粒屑平均为 55%，以绿藻（25%）为主，次为有孔虫；亮晶有孔虫灰岩夹细晶白云岩，亮晶有孔虫灰岩中粒屑占 60%，以有孔虫（50%）为主，次为棘皮屑，偶见介形虫，个别生屑内及生屑间隙中见硅化现象，白云石晶体大小近一致，排列紧密，呈镶嵌状，部分岩石中颗粒由白云石组成而基质由方解石组成，但局部可见由泥或有机质充填的晶间隙，在底部有机质富集，黄铁矿、生屑均被有机质浸染。沉积环境为浅缓坡上带。

2. 栖霞组

栖霞组各段地层自上而下的沉积特征如下。

栖二段，底界为4290m，钻厚为25m，岩性为亮晶有孔虫灰岩夹细晶白云岩、粉晶有孔虫灰岩，亮晶有孔虫灰岩中粒屑占60%，以有孔虫为主，占50%，次为棘皮屑，偶见介形虫，个别生屑内及生屑间隙中见硅化现象。白云石晶体大小近一致，排列紧密，呈镶嵌状，部分岩石中颗粒由白云石组成而基质由方解石组成，但局部可见由泥或有机质充填的晶间隙。局部有机质富集，形成含黄铁矿、有机质的碳沥青灰岩，生屑均被有机质浸染。粉晶有孔虫灰岩中，红藻占40%，有孔虫占30%，有少量的绿藻（米齐藻）、棘皮屑。介屑较普遍，但含量低，粒屑间的栉壳结构较发育，个别生物体内被硅化。属开阔台地亚相中的生屑滩沉积环境。

栖一段，底界为4371.5m，钻厚为81.5m，该段分为上下部。上部岩性主要是深灰色棘皮屑泥晶灰岩、深灰色泥晶藻团粒灰岩、泥晶生屑灰岩。棘皮屑大小相近，占15%，其他含有孔虫和腕足屑等。藻团粒含量普遍高，为30%～50%，混有少量生屑，腕足、棘皮、介形虫等碎屑均小于5%，结构时成云雾状，为藻黏结作用所致。生屑泥晶灰岩中夹泥晶生屑泥质灰岩，生屑总量增高，为38%～46%，绿藻、蜓各为15%，具萤石化和硅化。藻团粒泥-粉晶灰岩中主要是藻团粒，为30%～40%，生屑含量很低，且为粉屑，含骨针5%，并具涡流状构造。深褐灰色残余生屑云质（化）灰岩云化较强，菱面体自晶形，晶体内被有机物所浸染，云化大多呈分散状，单个晶体，互不相接。部分含生屑泥-粉晶中含有机质灰岩，生屑含量很低，破碎，细小，仅为11%，但有机质丰富，达10%，存在于节房虫房室内和灰泥基质中，含有微量陆源石英。上部沉积环境被解释为开阔台地台内洼地和生屑滩。下部岩性主要是泥晶绿藻灰岩、绿藻泥晶灰岩，其他生屑包括有孔虫、腕足、介形虫、棘皮等。部分重结晶作用强，使生屑呈残余状。少量有孔虫、介形虫、双壳、棘皮，偶见三叶虫、海绵骨针，生物体内普遍具硅化现象，但含量均小于1%，在个别生物内见有云化及局部有重结晶现象。除前两者岩性外，还有粉晶团粒生屑灰岩，普遍具硅化现象，并分布在生物体内，为开阔台地台内洼地和生屑滩沉积。

5.4.6 成2井

成2井位于四川盆地大竹境内，所处的构造位于福成寨构造（图5-20）。

1. 茅口组

茅口组各段地层自上而下的沉积特征如下。

茅三段，底界为3411m，钻厚为21m。上部岩性为含菱铁矿结核黏土岩，黄铁矿富集呈斑点，略显层纹，核心由菱面体白云石或硅质岩小块组成，硅质与菱铁矿相间围绕成核；深灰色生屑粉晶含云含泥灰岩、云质灰岩与生屑骨针泥晶含泥灰岩、藻屑泥晶泥质灰岩、生屑泥晶灰岩互层，夹亮晶砂屑虫灰岩、粉晶藻屑含硅含有机质灰岩，白云岩、含云质灰

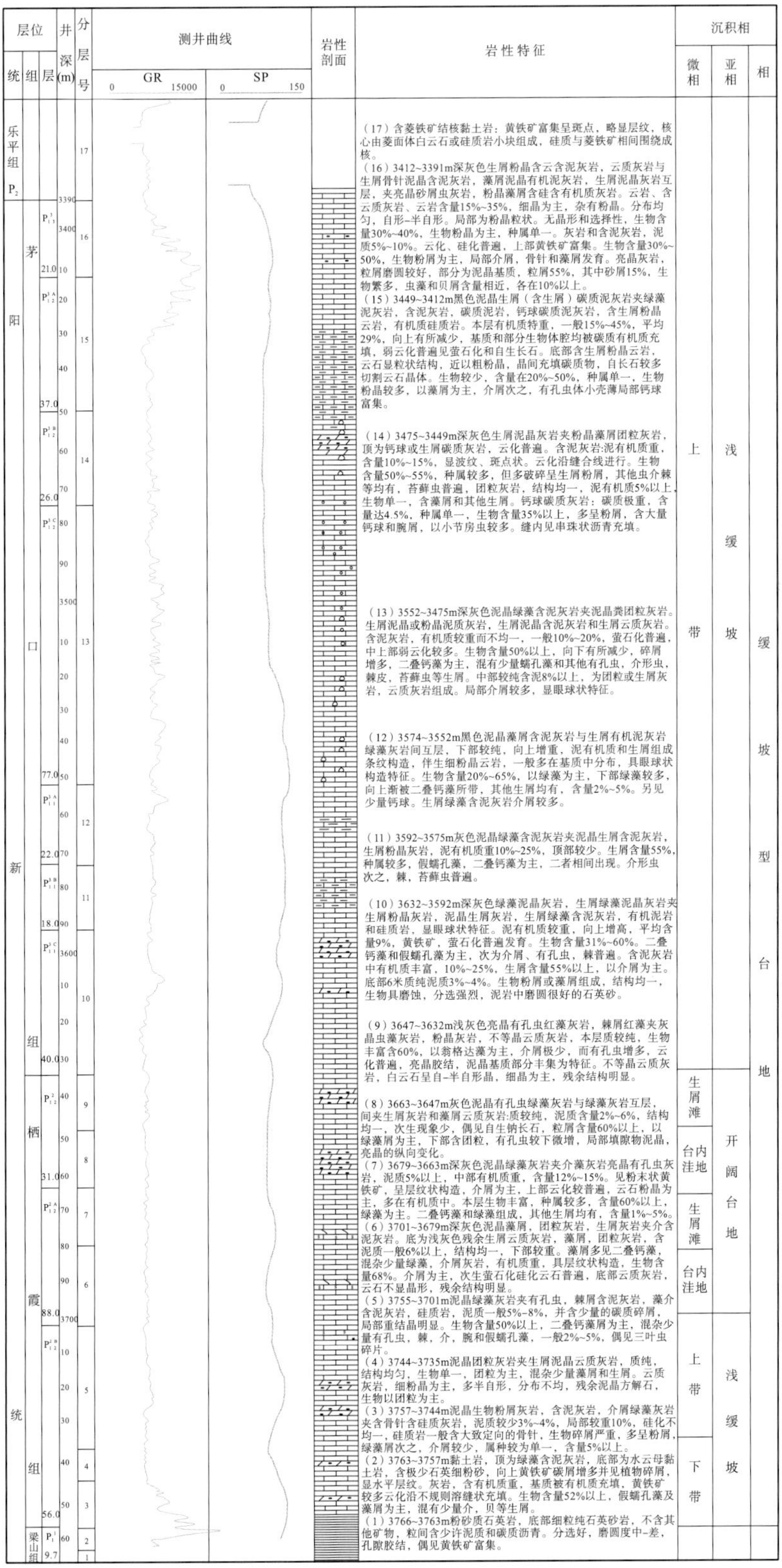
层位
统
组
层
井深(m)
分层号
测井曲线
GR
0
15000
SP
0
150
岩性剖面
岩性特征
沉积相
微相
亚相
相
乐平组
P_2
阳新统
茅口组
栖霞组
梁山组
（17）含菱铁矿结核黏土岩：黄铁矿富集呈斑点，略显层纹，核心由菱面体白云石或硅质岩小块组成，硅质与菱铁矿相间围绕成核。
（16）3412~3391m深灰色生屑粉晶含云含泥灰岩，云质灰岩与生屑骨针泥晶含泥灰岩，藻屑泥晶有机泥灰岩，生屑泥晶灰岩互层，夹亮晶砂屑虫灰岩，粉晶藻屑含硅含有机质灰岩。云岩、含云质灰岩、云岩含量15%~35%，细晶为主，杂有粉晶。分布均匀，自形–半自形。局部为粉晶粒状。无晶形和选择性，生物含量30%~40%，生物粉晶为主，种属单一。灰岩和含泥灰岩，泥质5%~10%。云化、硅化普遍，上部黄铁矿富集。生物含量30%~50%，生物粉屑为主，局部介屑，骨针和藻屑发育。亮晶灰岩，粒屑磨圆较好，部分为泥晶基质，粒屑55%，其中砂屑15%，生物繁多，虫藻和贝屑含量相近，各在10%以上。
（15）3449~3412m黑色泥晶生屑（含生屑）碳质泥灰岩夹绿藻泥灰岩，含泥灰岩，碳质泥岩，钙球碳质泥灰岩，含生屑粉晶云岩，有机质硅质岩。本层有机质特重，一般15%~45%，平均29%，向上有所减少，基质和部分生物体腔均被碳质有机质充填，弱云化普遍见萤石化和自生长石。底部含生屑粉晶云岩，云石显粒状结构，近以粗粉晶，晶间充填碳质物，自长石较多切割云石晶体。生物较少，含量在20%~50%，种属单一，生物粉晶较多，以藻屑为主，介屑次之，有孔虫体小壳薄局部钙球富集。
（14）3475~3449m深灰色生屑泥晶灰岩夹粉晶藻屑团粒灰岩，顶为钙球或生屑碳质灰岩，云化普遍。含泥灰岩:泥有机质重，含量10%~15%，显波纹、斑点状。云化沿缝合线进行。生物含量50%~55%，种属较多，但多破碎呈生屑粉屑，其他虫介棘等均有，苔藓虫普遍，团粒灰岩，结构均一，泥有机质5%以上，生物单一，含藻屑和其他生屑。钙球碳质灰岩：碳质极重，含量达4.5%，种属单一，生物含量35%以上，多呈粉屑，含大量钙球和腕屑，以小节房虫较多。缝内见串珠状沥青充填。
（13）3552~3475m深灰色泥晶绿藻含泥灰岩夹泥晶粪团粒灰岩。生屑泥晶或粉晶泥质灰岩，生屑泥晶含泥灰岩和生屑云质灰岩。含泥灰岩，有机质较重而不均一，一般10%~20%，萤石化普遍，中上部弱云化较多。生物含量50%以上，向下有所减少，碎屑增多，二叠钙藻为主，混有少量蠕孔藻和其他有孔虫，介形虫，棘皮，苔藓虫等生屑。中部较纯含泥8%以上，为团粒或生屑灰岩，云质灰岩组成。局部介屑较多，显眼球状特征。
（12）3574~3552m黑色泥晶藻屑含泥灰岩与生屑有机泥灰岩绿藻灰岩间互层，下部较纯，向上增重，泥有机质和生屑组成条纹构造，伴生细粉晶云岩，一般多在基质中分布，具眼球状构造特征。生物含量20%~65%，以绿藻为主，下部绿藻较多，向上渐被二叠钙藻所带，其他生屑均有，含量2%~5%。另见少量钙球。生屑绿藻含泥灰岩介屑较多。
（11）3592~3575m灰色泥晶绿藻含泥灰岩夹泥晶生屑含泥灰岩，生屑粉晶灰岩，泥有机质重10%~25%，顶部较少。生屑含量55%，种属较多，假蠕孔藻，二叠钙藻为主，二者相间出现。介形虫次之，棘，苔藓虫普遍。
（10）3632~3592m深灰色绿藻泥晶灰岩，生屑绿藻泥晶灰岩夹生屑粉晶灰岩，泥晶生屑灰岩，生屑绿藻含泥灰岩，有机泥岩和硅质岩，显眼球状特征。泥有机质较重，向上增高，平均含量9%，黄铁矿，萤石化普遍发育。生物含量31%~60%。二叠钙藻和假蠕孔藻为主，次为介屑、有孔虫，棘普遍。含泥灰岩中有机质丰富，10%~25%，生屑含量55%以上，以介屑为主。底部6米质纯泥质3%~4%。生物粉屑或藻屑组成，结构均一，生物具磨蚀，分选强烈，泥岩中磨圆很好的石英砂。
（9）3647~3632m浅灰色亮晶有孔虫红藻灰岩，棘屑红藻夹灰晶虫藻灰岩，粉晶灰岩，不等晶云质灰岩，本层质较纯，生物丰富含60%，以翁格达藻为主，介屑极少，而有孔虫增多，云化普遍，亮晶胶结，泥晶基质部分丰集为特征。不等晶云质灰岩，白云石呈自–半自形晶，细晶为主，残余结构明显。
（8）3663~3647m灰色泥晶有孔虫绿藻灰岩与绿藻灰岩互层，间夹生屑灰岩和藻屑云质灰岩:质较纯，泥质含量2%~6%，结构均一，次生现象少，偶见自生钠长石，粒屑含量60%以上，以绿藻屑为主，下部含团粒，有孔虫较下微增，局部填隙物泥晶，亮晶的纵向变化。
（7）3679~3663m深灰色泥晶绿藻灰岩夹介藻灰岩亮晶有孔虫灰岩，泥质5%以上，中部有机质重，含量12%~15%。见粉末状黄铁矿，呈层纹状构造，介屑为主，上部云化较普遍，云石粉晶为主，多在有机质中。本层生物丰富，种属较多，含量60%以上，绿藻为主。二叠钙藻和绿藻组成，其他生屑均有，含量1%~5%。
（6）3701~3679m深灰色泥晶藻屑，团粒灰岩，生屑灰岩夹介含泥灰岩。底为浅灰色残余生屑云质灰岩，藻屑，团粒灰岩，含泥质一般6%以上，结构均一，下部较重。藻屑多见二叠钙藻，混杂少量绿藻，介屑灰岩，有机质重，具层纹状构造，生物含量68%。介屑为主，次生萤石化硅化云石普遍，底部云质灰岩，云石不显晶形，残余结构明显。
（5）3755~3701m泥晶绿藻灰岩夹有孔虫，棘屑含泥灰岩，藻介含泥灰岩，硅质岩，泥质一般5%–8%，并含少量的碳质碎屑，局部重结晶明显。生物含量50%以上，二叠钙藻屑为主，混杂少量有孔虫，棘，介，腕和假蠕孔藻，一般2%~5%，偶见三叶虫碎片。
（4）3744~3735m泥晶团粒灰岩夹生屑泥晶云质灰岩，质纯，结构均匀，生物单一，团粒为主，混杂少量藻屑和生屑。云质灰岩，细粉晶为主，多半自形，分布不均，残余泥晶方解石，生物以团粒为主。
（3）3757~3744m泥晶生物粉屑灰岩，含泥灰岩，介屑绿藻灰岩夹含骨针含硅质灰岩，泥质较少3%~4%，局部较重10%，硅化不均一，硅质岩一般含大致定向的骨针，生物碎屑严重，多呈粉屑，绿藻屑次之，介屑较少，属种较为单一，含量5%以上。
（2）3763~3757m黏土岩，顶为绿藻含泥灰岩，底部为水云母黏土岩，含极少石英细粉砂，向上黄铁矿碳屑增多并见植物碎屑，显水平层纹。灰岩，含有机质重，基质被有机质充填，黄铁矿较多云化沿不规则溶缝状充填。生物含量52%以上，假蠕孔藻及藻屑为主，混有少量介，贝等生屑。
（1）3766~3763m粉砂质石英岩，底部细粒纯石英砂岩，不含其他矿物，粒间含少许泥质和碳质沥青。分选好，磨圆度中–差，孔隙胶结，偶见黄铁矿富集。
上带
浅缓坡
缓坡型台地
生屑滩
台内洼地
开阔台地
下带

图 5-20　成 2 井地层-沉积相综合柱状图

岩、云岩含量为 15%～35%，细晶为主，分布均匀，自形-半自形。局部为粉晶粒状。无晶形和选择性，生物含量为 30%～40%，生物粉晶为主，种属单一。灰岩和含泥灰岩，泥质为 5%～10%。云化、硅化普遍。生物含量为 30%～50%，以生物粉屑为主，局部介屑、骨针和藻屑发育。下部岩性为亮晶灰岩，粒屑磨圆较好，部分为泥晶基质，粒屑为 55%，其中砂屑为 15%，生物繁多，有孔虫、绿藻和腕足屑含量相近。沉积环境为浅缓坡上带。

茅二段，底界 3551m，钻厚为 140m。上部岩性主要是黑色泥晶生屑(含生屑)碳质泥灰岩夹绿藻泥灰岩、含泥灰岩、碳质泥岩、钙球碳质泥灰岩、含生屑粉晶白云岩、有机质硅质岩，本层有机质含量特高，一般为 15%～45%，平均为 29%，基质和部分生物体腔均被有机质充填，弱白云石化，普遍见萤石化和自生长石，沉积环境为浅缓坡亚相的上带。下部岩性主要是深灰色生屑泥晶灰岩夹粉晶藻屑团粒灰岩，顶为钙球或生屑碳质灰岩，云化普遍。含泥灰岩中泥质含量为 10%～15%，显波纹、斑点状。云化沿缝合线进行。生物含量为 50%～55%，种属较多，但多破碎，包括有孔虫、介形虫、棘皮、苔藓虫等；团粒灰岩，结构均一，泥或有机质含量在 5% 左右，生物单一，含藻屑和其他生屑；钙球碳质灰岩碳质极重，含量达 4.5%，种属单一，生物含量在 35% 左右，多呈粉屑，含大量钙球和腕足屑，以小节房虫较多。缝内见串珠状沥青充填；深灰色泥晶绿藻含泥灰岩夹泥晶粉团粒灰岩。生屑泥晶或粉晶泥质灰岩、生屑泥晶含泥灰岩和生屑云质灰岩。含泥灰岩，有机质含量较高而不均一，一般为 10%～20%，中上部弱云化较多。生物含量在 50% 左右，向下有所减少，碎屑增多，以二叠钙藻为主，混有少量蠕孔藻和其他有孔虫、介形虫、棘皮、苔藓虫等生屑。中部较纯，含泥 8% 左右，由云质灰岩组成。沉积环境为浅缓坡亚相的上带。

茅一段，底界为 3631m，钻厚为 80m。岩性主要为黑色泥晶藻屑含泥灰岩与生屑泥质灰岩绿藻灰岩互层，具"眼皮眼球"状构造特征。生物含量为 20%～65%，以绿藻为主，另见少量钙球。介屑较多。灰色泥晶绿藻含泥灰岩夹泥晶生屑含泥灰岩。生屑粉晶灰岩，泥或有机质含量为 10%～25%，顶部较少。生屑含量为 55%，以假蠕孔藻、二叠钙藻为主，两者相间出现。有孔虫及介形虫次之，棘皮、苔藓虫普遍；深灰色绿藻泥晶灰岩、生屑绿藻泥晶灰岩夹生屑粉晶灰岩、泥晶生屑灰岩，生物含量为 31%～60%。以二叠钙藻和假蠕孔藻为主，其次为介屑、有孔虫、棘皮屑等。含泥灰岩中有机质丰富，为 10%～25%，生屑含量在 55% 左右，以介屑为主。沉积环境为浅缓坡上带。

2. 栖霞组

栖霞组各段地层自上而下的沉积特征如下。

栖二段，底界为 3663m，钻厚为 29m。上部岩性为浅灰色亮晶有孔虫红藻灰岩和棘皮屑红藻夹微晶有孔虫、绿藻灰岩，粉晶灰岩，不等晶云质灰岩，本层质较纯，生物丰富，含量约为 60%，以翁格达藻为主，介屑极少，而有孔虫增多，云化普遍，亮晶胶结，泥晶基质部分富集。不等晶云质灰岩，白云石呈自形-半自形晶，以细晶为主，残余结构明显；下部岩性为灰色泥晶有孔虫-绿藻灰岩与绿藻灰岩互层，夹生屑灰岩和藻屑云质灰岩，质较纯，泥质含量为 2%～6%，结构均一，次生现象少，偶见自生钠长石，粒屑含量在 60% 左右，以绿藻屑为主，基质主要为泥晶-亮晶垂向变化。沉积环境属于开阔台地生屑滩和台内洼地。

栖一段，底界为 3759m，钻厚为 96m。上部岩性为深灰色泥晶绿藻灰岩、深灰色团粒灰岩夹介形虫；绿藻灰岩及亮晶有孔虫灰岩，泥质含量在 5%左右，有机质含量为 12%～15%。见粉末状黄铁矿，呈层纹状构造，以介屑为主，上部云化较普遍，以白云石粉晶为主，多在有机质中。本层生物化石丰富，种属较多，含量为 60%，以绿藻为主，其他生屑含量为 1%～5%。硅化白云石普遍，底部为云质灰岩，白云石不显晶形，残余结构明显，局部重结晶作用明显。上部沉积环境为开阔台地生屑滩和台内洼地。下部岩性主要是泥晶团粒灰岩、泥晶生物粉屑灰岩夹生屑泥晶云质灰岩、含泥灰岩、含骨针硅质岩，生物单一，以团粒为主，混杂少量藻屑和生屑。云质灰岩，以细粉晶为主，多半自形，分布不均，残余泥晶方解石，其沉积环境为浅缓坡上带和下带。

5.4.7　华蓥溪口

该剖面位于四川省广安市华蓥市溪口镇附近(附图 15)。

1. 茅口组

茅口组各段地层自上而下的沉积特征如下。

茅三段，地层厚度为 61.91m。岩性主要为灰白色厚层块状含粉屑泥晶灰岩和灰色厚层泥晶灰岩，细晶灰岩呈斑块状与围岩泥晶灰岩接触。沉积环境为浅缓坡上带。

茅二段，地层厚度为 106.71m。岩性主要是灰色中层泥晶灰岩与黑色薄层钙质泥岩互层，呈"眼皮眼球"状构造，发育泥质团块；深灰色厚层泥晶灰岩夹黑色薄层钙质泥岩，发育泥质团块；深灰色中层泥晶灰岩夹黑色薄层钙质泥岩，发育泥质团块及燧石团块。沉积环境为浅缓坡上带。

茅一段，地层厚度为 53.63m。下部为灰色中层含生屑泥晶灰岩与灰黑色钙质泥岩互层，呈"眼皮眼球"状构造，向上眼球变小，眼皮增厚；中上部为灰色中-厚层含生屑泥晶灰岩与灰黑色钙质泥岩互层，呈"眼皮眼球"状构造，眼球变大，泥质增多，性脆，裂缝发育；灰色厚层生屑泥晶灰岩，发育泥质结核。沉积环境为浅缓坡上带。

2. 栖霞组

栖霞组各段地层自上而下的沉积特征如下。

栖二段，地层厚度为 39.84m。上部岩性为灰色厚层具残余生物结构泥晶灰岩，镜下可见残余沥青，层面波状起伏，以及灰色厚层生屑泥晶灰岩，镜下生屑可见介形虫、腕足、三叶虫、藻屑，生屑保存破碎，排列杂乱，颜色较下部变浅，且该段发育一层燧石条带(厚约6cm)和深灰色厚层块状生屑含泥泥晶生屑灰岩，镜下生屑约占 60%，主要有有孔虫、介形虫、腕足、三叶虫、藻屑，生屑严重破碎且定向排列；灰色厚层生屑泥晶生屑灰岩，生屑约占 50%，主要有有孔虫、介形虫、腕足、棘皮屑、藻屑。颜色较深。可见黄铁矿；浅灰色厚层泥晶灰岩，镜下生屑主要有有孔虫、介形虫、腕足、棘皮屑、腹足、三叶虫、绿藻等；灰色厚层块状泥晶灰岩可见生屑，镜下生屑主要有有孔虫、腕足、介形虫，生屑保存破碎，裂缝发育；灰色厚层块状生屑泥晶灰岩颜色较下部变浅，生屑可见䗴、有孔虫、介形虫、腕足、棘皮屑、藻屑、三叶虫等，裂缝发育。该段沉积环境为开阔台地生屑滩和台内洼地。

栖一段，地层厚度为 66.71m。上部岩性为灰色厚层生屑泥晶灰岩，夹少量泥质纹层生屑，可见海百合；灰白色厚层泥晶灰岩，可见生屑，该段裂缝发育，局部为灰色中层泥晶生屑灰岩与泥灰岩互层，呈"眼皮眼球"状构造，裂缝发育，同时发育燧石团块；灰色厚层块状泥晶生屑灰岩，颜色较下部变浅，发育燧石团块；灰色厚层块状泥晶生屑灰岩，向上发育成泥晶生屑灰岩与生屑泥灰岩互层，呈"眼皮眼球"状构造，裂缝发育；灰色厚层生屑细粉晶灰岩，发育燧石结核。下部岩性则为灰色厚层块状生屑泥晶灰岩与泥灰岩呈似疙瘩状接触，生屑可见大量海百合及珊瑚，发育燧石结核；灰色块状泥晶生屑灰岩与泥灰岩呈疙瘩状接触，生屑发育大量海百合及腕足，该段发育燧石团块；灰色厚层块状含生屑泥晶灰岩，可见波状泥质条纹。该段沉积环境属于深浅缓坡上带。

5.4.8 包 7 井

包 7 井位于大足区双塔区城南乡境内，所处构造位于河包场鼻状褶曲阳顶构造轴部（附图 16）。

1. 茅口组

茅口组各段地层自上而下的沉积特征如下。

茅四段，底界为 3463m，钻厚为 6m。深灰、深灰褐色生屑粉晶灰岩及泥晶绿藻灰岩。生物以绿藻为主，其次为有孔虫、腕足、䗴等。沉积环境为浅缓坡上带。

茅三段，底界为 3485m，钻厚为 22m。以浅灰褐色亮晶红藻灰岩为主，夹泥-粉晶红藻灰岩，质纯。生物除红藻外，常有苔藓虫、有孔虫等生屑。胶结物为粉-细晶级方解石，明亮洁净。沉积环境仍为浅缓坡上带。

茅二段，底界为 3602m，钻厚为 117m。分为上下两部分，上部的岩性主要有两种。一是灰褐色红藻灰岩，质纯，以亮晶为主，次为粉晶及泥晶。胶结物为粉细晶级方解石，明亮洁净。另一种是以浅灰褐、灰褐、深灰色绿藻泥晶（及泥晶绿藻）灰岩，生屑泥晶（及泥-粉晶生屑）灰岩为主，夹粉晶红藻灰岩及亮晶藻团粒灰岩。在其底部含深灰褐色燧石。生物以红藻、绿藻为主，其次为棘皮屑、有孔虫、䗴等。含量为 30%～65%。沉积环境为开阔台地亚相的台内洼地。下部的岩性则有深灰、灰褐色粉晶藻团粒灰岩及泥晶棘皮生屑灰岩；灰褐、褐灰、深灰色泥-粉晶生屑灰岩、含泥灰岩、云质灰岩、灰质云岩及泥晶绿藻含云质灰岩，部分含深灰褐色燧石；泥晶、粉晶绿藻灰岩及红藻灰岩。生物以绿藻为主，其次为棘皮屑、红藻、有孔虫、腕足屑等。含量为 30%～79%。局部云化作用强烈；以灰黑、黑灰及深灰、灰褐色泥晶绿藻灰岩为主，夹含泥泥晶绿藻灰岩、含云质灰岩及薄层含泥云质灰岩、粉晶藻屑灰岩、含泥棘屑灰岩。生物除绿藻外，还有腕足、有孔虫、棘皮及其他生屑等。含量为 5%～77%。沉积环境为浅缓坡上带。

茅一段，底界为 3730m，钻厚为 128m。上部的岩性主要以灰黑-黑灰及深灰-褐灰色泥晶、粉-泥晶绿藻灰岩为主，夹含泥泥晶绿藻灰岩、含云质灰岩及生屑泥-粉晶灰岩，含云质灰岩、薄层细晶含泥含灰质云岩。生物以绿藻为主，其次为有孔虫、腕足、介形虫及其他生屑，含量为31%～75%。灰黑、黑灰及深灰、褐灰色泥晶绿藻灰岩夹含泥泥晶绿藻灰岩、含云质灰岩及薄层生屑泥晶灰岩，局部云化作用强烈，为生屑中-细晶含泥灰质云岩。生物以绿藻为主，其次为腕足屑、介屑、有孔虫及其他生屑等。含量多为60%～83%，少为31%～34%。沉积环境为开阔台地亚相中的生屑滩。下部岩性主要有以灰黑、黑灰及深灰色泥晶绿藻灰岩为主，夹泥晶绿藻含泥灰岩、粉-泥晶灰岩及生屑泥晶含泥灰岩。生物以绿藻为主，其次为有孔虫、腕足屑、介屑及其他生屑等。含量为36%～75%。黑灰、灰黑及深灰色泥晶绿藻灰岩夹薄层泥晶绿藻含泥灰岩、粉-泥晶灰岩及生屑灰岩，局部含云质。生物以绿藻为主，次为有孔虫、腕足屑、介屑及其他生屑等。含量为50%～80%。沉积环境为开阔台地生屑滩。

2. 栖霞组

栖霞组各段地层自上而下的沉积特征如下。

栖二段，底界为3750m，钻厚为20m。上部以深灰褐-深灰色亮晶红藻灰岩、藻团粒灰岩，红藻粉晶灰岩为主，夹粉-泥晶绿藻灰岩，局部含云质。下部为灰褐色亮晶-粉晶红藻灰岩夹浅灰褐色生屑粉晶云质灰岩。生物以红藻为主，其次为绿藻、棘皮、有孔虫、腕足屑及其他生屑。含量为35%～60%。该段沉积环境被解释为开阔台地台内洼地和生屑滩。

栖一段，底界为3840m，钻厚为90m。该段上部以灰褐、褐灰、深灰褐及深灰色粉晶灰岩，亮晶红藻灰岩为主，夹生屑粉晶灰岩、红藻粉晶灰岩、粉-泥晶绿藻灰岩及薄层细-粉晶蟹灰岩，顶部为黑灰色粉-泥晶绿藻云质灰岩及含泥灰岩，中-底部局部含云质。生物以红藻及绿藻为主，其次为棘皮、有孔虫、腕足屑及其他生屑。含量为34%～68%。其上部环境为开阔台地台内洼地。下部岩性主要以黑灰、灰黑及深灰、褐灰色泥晶绿藻灰岩为主，夹生屑粉晶灰岩、粉晶红藻灰岩、红藻粉晶灰岩。底部为黑灰、灰黑色含泥灰岩、含泥含云质灰岩及云质灰岩，含零星燧石，局部含量可达1%～2%。生物以绿藻及红藻为主，其次为有孔虫、腕足、介形虫及其他生屑等。含量为40%～80%。下部沉积环境为浅缓坡上带和下带。

5.4.9 南江桥亭

该剖面位于四川广元市南江桥亭附近(附图17)。

1. 茅口组

茅口组各段地层自上而下的沉积特征如下。

茅三段，地层厚度为23m。岩性主要为灰色中层泥晶灰岩，底部"眼皮眼球"状构造发育，顶部发育硅质条带，偶见生屑及微裂缝；灰色中层泥晶灰岩，"眼皮眼球"状构造发育，发育有硅质条带，偶见生屑及微裂缝。沉积环境为深缓坡上带。

茅二段，地层厚度为42m。岩性主要为灰色中层泥晶生屑灰岩，生屑主要有腕足、有孔虫、介壳、腹足、藻屑等，生屑破碎严重，含少量有机质，并可见少量生屑被硅化，生屑含量为28%～55%；（含）生屑泥晶灰岩，生屑主要有介形虫、腕足、棘皮屑、腹足等，生屑破碎严重，生屑含量为16%～31%，并可见少量砂屑，局部可见硅质结核及零星分布的白云石菱形晶体；生屑泥晶灰岩，生屑主要有有孔虫、䗴、介形虫、藻屑、棘皮屑、腹足、腕足等，生屑破碎严重，偶见生屑硅化，生屑含量为39%～42%；深灰色厚层生屑泥晶灰岩，遇酸冒泡，生屑主要有藻屑、棘皮屑、腹足、介壳、腕足、有孔虫等，生屑破碎，生屑含量为18%～20%，局部生屑富集。沉积环境为深缓坡上带。

茅一段，地层厚度为90m。岩性主要有灰色中层(含生屑)泥晶灰岩，"眼皮眼球"状构造发育，可见海百合、腹足、腕足等少量生屑，并可见微重结晶现象；灰色中-厚层生屑泥晶灰岩，遇酸冒泡，生屑主要有腹足、介壳、藻屑、棘皮屑等，生屑含量为22%～54%，少量生屑被硅化，有机质含量较高；灰色中层(含)生屑泥晶灰岩，"眼皮眼球"状构造发育，生屑主要有介壳、藻屑、棘皮屑、有孔虫等，生屑破碎严重，生屑含量为10%～25%，含少量有机质；灰黑色中-厚层状泥晶灰岩，含灰岩生屑泥晶灰岩；浅灰色中到厚层含粉屑生屑泥晶灰岩，生屑主要有藻屑、有孔虫、腹足、腕足、棘皮屑等，生屑破碎严重，含量为35%～42%，有机质含量高。局部可见白云石化及少量自生石英，局部可见被方解石充填的微裂缝。其沉积环境为深缓坡上带。

2. 栖霞组

栖霞组各段地层自上而下的沉积特征如下。

栖二段，地层厚度为52.2m。岩性主要为灰色中-厚层含粉屑亮晶生屑灰岩、深灰色中-厚层生屑砂屑灰岩、亮晶生屑灰岩，遇酸冒泡。生屑主要有藻屑、有孔虫、腹足、腕足、棘皮屑等，生屑破碎严重，可见微重结晶现象及少量砂屑，生屑含量为30%～67%，多数在50%以上。偶见海百合、腕足、藻屑等生屑，生屑破碎严重，生屑含量为12%～56%，局部可见方解石充填的微裂缝及零星分布的白云石菱形晶体。深灰色厚层含生屑泥晶灰岩，遇酸冒泡，"眼皮眼球"状构造不发育，下部主要为泥晶生屑灰岩，生屑含量为52%～55%，生屑主要有有孔虫、棘皮屑、藻屑、腹足等，生屑破碎严重，具微重结晶现象，具弱定向排列特征，有机质含量高。沉积环境被解释为浅缓坡亚相的上带。

栖一段，地层厚度为26.56m。岩性主要为深灰色薄-中层生屑泥晶灰岩、灰色中层泥晶生屑灰岩，可见海百合、腕足、有孔虫等生屑，生屑破碎，含量为21%～51%，富含泥，"眼皮眼球"状构造发育。其中，"眼皮"的有机质含量高，且染手，偶见海百合等生屑，生屑含量多于"眼球"，在手标本上可见大量完整的腕足、螺等生物化石，镜下生屑主要有藻屑、有孔虫、棘皮屑、腕足等，生屑分布不均，具重结晶现象，具有石英交代生屑现象，生屑含量为26%～55%。较下部为深灰-灰色中-厚层生屑泥晶灰岩，可见绿藻、有孔虫、海百合、腕足、䗴等生屑，生屑破碎严重，含量为30%～50%，发育微裂缝，长度为10cm左右，并被方解石充填，沉积环境为深缓坡上带。

5.4.10　水深 1 井

水深1井位于四川盆地中部，其构造位于水口场构造(附图18)。

1. 茅口组

茅口组各段地层自上而下的沉积特征如下。

茅三段，底界为 5393m，钻厚为 40m。岩性主要为深灰色、黑灰色粉晶灰岩，含生屑灰岩，燧石条带灰岩。泥质含量低，一般为 2%～5%，生屑含量高，为 8%～19%，局部见云化现象，为黑灰色含云质灰岩。见少许有机质和黄铁矿。常见微裂缝，多为泥晶粉晶方解石充填，生物常以碎屑为主，含海绵骨针、钙球、有孔虫、介形虫、节房虫、腕足类等化石。沉积环境为浅缓坡下带。

茅二段，底界为 5505m，钻厚为 112m。上部岩性是灰黑色灰质碳质页岩夹黑灰色泥-粉晶含泥灰岩、碳质页岩，沉积环境为深缓坡亚相。下部岩性主要是深灰-黑灰色泥晶绿藻屑灰岩，泥质含量小于 5%，生屑含量高，一般为 11%～78%，其中以藻为主，其次为苔藓虫、扁豆虫、朱森蜓、苏伯特蜓、喇叭蜓等化石，可见残留少许方解石；深灰色、灰黑色泥-粉晶绿藻屑灰岩、含泥灰岩及泥晶、含生屑灰岩。泥质含量不均，局部可达 75%，生屑含量低，局部为 10%，偶见重结晶现象，含介形虫、有孔虫、厚壁虫、小绕旋虫等化石。沉积环境为浅缓坡上带。

茅一段，底界为 5591.3m，钻厚为 86.3m。上部岩性为深灰色、灰黑色泥-粉晶含生屑灰岩及泥晶含虫屑页状灰岩，泥质含量不均，一般为 3%～4%，局部为 8%～12%，生屑含量较高，自上而下减少，一般为 10%～15%，局部可达 48%，节房虫常具有质壳，部分被白云石及石英交代。富含有孔虫、介形虫、腕足类、小绕旋虫、沙盘虫等化石，沉积环境为浅缓坡亚相的生屑滩相。下部岩性为深灰色、灰黑色泥-粉晶含藻灰岩、含生屑灰岩及泥晶泥质灰岩，上部泥质含量高，一般为 8%～10%，局部为 30%，生屑含量低，自上而下泥质含量逐渐减少，一般为 2%～4%，生屑含量增加，局部可达 10%～20%，其底部夹一层灰黑色细晶云化灰岩，厚 9.2m。白云石晶间见黑色泥质沥青，并残存少许方解石。方解石充填的裂缝可见石英交代，常见节房虫等化石。沉积环境为浅缓坡下带。

2. 栖霞组

栖霞组各段地层自上而下的沉积特征如下。

栖二段，底界为 5657.2，钻厚为 65.9m。上部岩性主要是褐灰色、浅褐灰色泥-粉晶生屑、藻屑灰岩夹薄层黑灰色泥晶绿藻屑灰岩，泥质含量不均，一般为 2%～4%，局部为 10%～20%，为泥晶生屑含泥灰岩，生屑含量高，一般为 10%～25%，局部为 39.5%，偶见球粒结构。下部岩性则为褐灰色、深灰色中-巨晶白云白化灰岩，厚 7.8m，白云白化程度高，为 63%～86%，白云石晶间、粒间常见残留方解石，晶间常被碳泥质充填；而其底部为深灰色、灰色、浅灰色泥晶生屑、藻屑灰岩、粉晶灰岩，泥质含量低，一般为 2%～4%，生屑含量高，一般为 10%～30%，局部可达 65%，其中以有孔虫、藻屑最为丰富，一般保存较好，多被白云石交代。沉积环境为浅缓坡上带。

栖一段，地层厚度为 63.6m。上部岩性主要是深灰色、黑灰色泥-粉晶含有孔虫屑灰岩、藻屑灰岩，泥质含量不均，一般为 2%～4%，局部达 20%，生屑含量高，一般为 13%～35%，少量可达 52%，其中以有孔虫屑为主，其次为藻屑和团粒。该部沉积环境被解释为浅缓坡亚相中上带。下部岩性则是深灰色、黑灰色泥-粉晶含有孔虫灰岩、藻屑灰岩，泥质含量不均，一般为 2%～4%，局部达 20%，生屑含量高，一般为 13%～35%，少量可达 52%，其中以有孔虫屑为主，其次为藻屑和团粒。顶部为深灰色泥-粉晶藻屑灰岩、泥晶生屑灰岩，偶见泥晶砾砂屑灰岩，局部重结晶，常具白云石化现象，但白云白化程度不高，底部为黑灰色硅化灰岩，常含燧石结核，性硬，泥质含量高，一般为 5%～10%，局部达 30%，生屑含量低，沉积环境被认为是深缓坡上带。

5.5　沉积相对比

在单剖面沉积相划分的基础上，选取区内 29 口钻井剖面和 12 条野外露头剖面，建立了 6 条栖霞组、茅口组沉积相对比剖面。立体展示了研究区栖霞组、茅口组沉积展布特征。

5.5.1　汉 1 井—孔 8 井—桐梓坡渡沉积相对比剖面

该剖面位于四川盆地南部，呈北西—南东向，由北西向南东依次经过了汉 1 井、大深 1 井、油 1 井、威远剖面、孔 8 井、泸州阳高寺剖面、永 8 井、峡 1 井、桐梓坡渡剖面(附图 19)。

受峨眉地幔柱影响，研究区呈西南高东北低的地貌格局，自西南向东南，水体逐渐加深，沉积相由开阔台地逐渐过渡为浅缓坡、深缓坡。本剖面上泸州阳高寺以西主要发育开阔台地亚相，以东主要发育浅缓坡亚相。栖一段沉积时，孔 8 井以西的西南地区发育开阔台地亚相，以东的东南地区发育浅缓坡亚相，峡 1 井所在地区水体较深，发育深缓坡相；期间海平面上下波动，各剖面纵向上深、浅缓坡上带、下带交替出现，如泸州阳高寺剖面；威远地区可能为水下继承性高地，发育生屑滩相。到栖二段沉积时，海平面普遍下降，研究区南部均变为开阔台地亚相；此时期古环境条件适宜，生物大量繁殖，西部地区以及孔 8 井地区、泸州阳高寺地区、桐梓渡坡地区发育生屑滩，特别是西部地区，由于受古地貌及洋流的影响，生屑滩最为发育。茅一、茅二段沉积时，海平面逐渐上升，永 8 井、峡 1 井、桐梓渡坡地区逐步演变为浅缓坡亚相，永 8 井以西的西南地区仍主要为开阔台地亚相；期间，西南地区受古地貌及洋流的双重影响，生屑滩较为发育。茅三、茅四段沉积时期，受东吴运动影响加强，研究区南部地区逐渐下沉，海水加深，大部分地区演变为浅缓坡沉积；唯有受峨眉地幔柱强烈影响的汉 1 井、大深 1 井所在的西南地区，水体较浅，仍为开阔台地亚相。由于受古地貌及洋流的影响，西南地区在茅三段沉积期以及茅四段沉积早中期发育生屑滩。茅口末期，研究区被抬升至地表，遭受风化剥蚀，本剖面所经过的地区地势相对较低，部分地区保留有较厚的茅四段。

5.5.2　绵竹高桥—涞 1 井—石柱冷水溪沉积相对比剖面

该剖面位于四川盆地中部，大致呈西—东走向，由西向东依次经过了绵竹高桥剖面、磨深 1 井、女基井、涞 1 井、华西 3 井、板东 18 井、卧 102 井、石柱冷水溪剖面(附图 20)。

栖霞组和茅口组沉积时期，自西向东水体逐渐加深，由开阔台地亚相逐渐过渡为浅缓坡亚相，局部地区发育深缓坡亚相，中、东部主要发育浅缓坡亚相。栖一段沉积时，涞 1 井以西地区主要为开阔台地亚相，以东地区则逐渐过渡为浅缓坡亚相；而女基井所在地区由于古地貌降低，发育缓坡亚相；期间海平面上下波动，纵向上，深、浅缓坡的上带、下带交替出现，如女基井和华西 3 井；研究区西部如绵竹高桥地区，受洋流影响，生屑滩发育。栖二段沉积时，研究区总体沉积格局未发生大的变化，仍呈自西南向东北水体逐渐加深，开阔台地亚相逐渐过渡为浅缓坡亚相的趋势，但由于栖霞晚期海退的影响，研究区水体变浅，开阔台地亚相面积向东扩大，女基井所在地区由浅缓坡亚相演变为开阔台地亚相；同时，西部生屑滩的分布范围也相应扩大；华西 3 井以东的地区，因水体相对较深，仍为浅缓坡亚相；向东至石柱冷水溪地区，由于地貌升高，故逐渐过渡为开阔台地亚相，并发育生屑滩。茅一段沉积时，研究区内再次发生大规模海侵，开阔台地面积大大减小，其界线向西退至绵竹高桥与磨深 1 井之间，西部地区生屑滩欠发育。茅二段沉积时，水体小幅度上升，开阔台地面积进一步缩小，但其界线仍在绵竹高桥与磨深 1 井之间，西部地区生屑滩仍欠发育。茅三段沉积时，海平面有所下降，但开阔台地与浅缓坡的界线仍在绵竹高桥与磨深 1 井之间；石柱冷水溪地区由浅缓坡下带演变为浅缓坡上带；研究区西部绵竹高桥地区受峨眉地幔柱和古洋流影响，发育生屑滩。茅口末期，研究区被抬升至地表，遭受风化剥蚀，本剖面所经过的地区普遍被剥蚀至茅三段。

5.5.3　河 2 井—川 17 井—宜都凤古洞沉积相对比剖面

该剖面位于四川盆地北部，呈西北—南东向，由西向东依次经过了河 2 井、吴家 1 井、水深 1 井、川 17 井、天东 69 井、门南 1 井、硐西 3 井、宜都凤古洞剖面(附图 21)。

栖霞组茅口组沉积时期，研究区北部水体普遍较深，主要发育浅缓坡、深缓坡亚相。栖一段沉积早期，由于栖霞早期的大规模海侵，吴家 1 井以东主要为深缓坡亚相，向西至河 2 井逐渐过渡为浅缓坡亚相；晚期，海平面开始下降，深缓坡逐渐演变为浅缓坡。栖二段沉积时，海平面下降，河 2 井地区演变为开阔台地亚相，并发育有生屑滩，其余地区则均为浅缓坡亚相。栖霞组的沉积展布特征反映出研究区北部古地貌呈西高东低的变化趋势。茅一段、茅二段沉积时期，研究区内再次发生大规模海侵，水体随时间逐渐加深，广元河 2 井地区由开阔台地亚相逐渐演变为浅缓坡亚相、深缓坡亚相，吴家 1 井、水深 1 井地区由浅缓坡亚相逐渐演变为深缓坡亚相，其余地区则始终处于浅缓坡亚相；反映茅一段、茅二段沉积时期，研究区北部古地貌变化趋势与栖霞期相反，呈西低东高的特点。由于茅口末期东吴运动的影响，本区抬升至地表遭受风化剥蚀，普遍被剥蚀至茅二段。

5.5.4　汉 1 井—北川通口—广元朝天沉积相对比剖面

该剖面位于四川盆地西部，呈南西—北东向，由南向北依次经过了汉深 1 井、大深 1 井、大邑大飞水剖面、绵竹高桥剖面、北川通口剖面、广元长江沟剖面、河 15 井、广元朝天剖面(附图 22)。

可以看出，中二叠世，研究区西部主要以开阔台地亚相为主，且广泛发育生屑滩。栖一段沉积时，研究区内发生大规模海侵，河 15 井以北至广元朝天地区为浅缓坡亚相，河 15 井以南则逐渐过渡为开阔台地亚相；绵竹高桥至北川通口地区发育生屑滩。栖二段沉积时，研究区发生海退，海水普遍变浅，剖面上开阔台地亚相向北扩大至河 15 井与广元朝天之间，并广泛发育生屑滩。茅一段、茅二段沉积时，研究区内再次发生大规模海侵，剖面上开阔台地缩小至广元长江沟以南地区，北川通口至广元朝地区，浅缓坡、深缓坡亚相依次发育；台地上，汉 1 井至大深 1 井地区、绵竹高桥至北川通口地区发育生屑滩。茅三段、茅四段沉积时，研究区海平面逐渐上升，同时受东吴运动的影响逐渐加强，相对海平面变化较小，沉积相几乎未发生横向上的迁移，研究区南部的汉 1 井到大深 1 井地区、绵竹高桥至北川通口地区仍发育生屑滩。茅口末期，研究区被抬升至地表，遭受风化剥蚀，本剖面所经过的地区普遍被剥蚀至茅三段，广元朝天则被剥蚀至茅二段。此时，研究区南部地势相对较低，汉 1 井、大深 1 井地区保留有较厚的茅四段。

5.5.5　云南盐津—潼 4 井—城口大崖门沉积相对比剖面

该剖面位于四川盆地中部，呈南西—北东向，由南向北依次经过了云南盐津剖面、观 4 井、孔 8 井、包 7 井、潼 4 井、华西 2 井、川 17 井、天东 2 井、城口大崖门剖面(附图 23)。

研究区自南向北水体逐渐加深，沉积亚相由开阔台地或浅缓坡逐渐过渡为深缓坡。栖一段沉积时，研究区发生大规模海侵，受峨眉地幔柱隆升影响，自西南向东北，水体逐渐加深，开阔台地、浅缓坡、深缓坡亚相依次发育——四川盆地南缘云南盐津至孔 8 井地区发育开阔台地亚相；包 7 井至川 17 井地区发育浅缓坡亚相；天东 2 井附近发育深缓坡亚相；城口大崖门地区古地形升高，发育浅缓坡亚相。栖二段沉积时，古地貌未发生大的改变，沿东北方向发生海退，沉积相带依次向海退方向迁移，西部的开阔台地亚相向东北方向扩大至潼 4 井附近，台地上广泛发育生屑滩，但本剖面上仅在云南盐津剖面和孔 8 井、包 7 井见有少量生屑滩沉积；浅缓坡亚相向东北方向迁移至华西 2 井—川 17 井一带；深缓坡亚相则仍在天东 2 井地区发育；城口大崖门地区仍为浅缓坡亚相。茅口组沉积早期，区内再次发生大规模海侵，开阔台地向西南方向缩小至包 7 井地区，浅缓坡亚相则向西南扩展至潼 4 井附近；同时，由于可能受东吴运动影响，天东 2 井地区演变为浅缓坡亚相，城口大崖门地区则演变为深缓坡亚相。茅口组沉积中晚期，研究区受东吴运动的影响不断加强，西南地区逐渐下沉，开阔台地面积进一步缩小，至茅三段沉积时，本剖面上已无开阔台地亚相，进而全部被浅缓坡亚相所代替。茅口末期，研究区被抬升至地表，呈北高南低的趋势，从南向北剥蚀程度加强，本剖面上，南部的云南盐津至观 4 井地区保留有较厚的茅四段，向北至天东 2 井逐渐被剥蚀至茅二段。

5.5.6　长 3 井—丹 19 井—石柱冷水溪沉积相对比剖面

该剖面位于四川盆地东部，呈南西—北东向，由南向北依次经过了长 3 井、泸州阳高寺剖面、永 8 井、丹 15 井、丹 19 井、相 3 井、新 3 井、石柱冷水溪剖面(附图 24)。

栖霞期至茅口期的大部分时间，研究区东部和东南部的水体相对较深，多处于浅缓坡或深缓坡相带。栖一段沉积时期，由于大规模海侵，研究区东部和东南部水体相对较深，本剖面大多为浅缓坡亚相；新 3 井与石柱冷水溪之间古地形降低，过渡为深缓坡亚相；期间海平面上下波动，纵向上，浅缓坡上带、下带交替出现。栖二段沉积时，区内发生海退，包括本剖面在内的东部—东南部的大部分地区演变为开阔台地亚相，并在石柱冷水溪地区发育生屑滩。茅一段沉积时期，研究区内再次发生大规模海侵，开阔台地亚相向西南方向退缩至永 8 井附近，丹 15 井至石柱冷水溪地区则全为浅缓坡亚相。茅二段沉积时期，开阔台地亚相进一步缩小至泸州阳高寺附近，并在泸州阳高寺地区发育小规模的生屑滩。茅三、茅四段沉积时期，受东吴运动的影响不断加强，研究区南部逐渐下沉，开阔台地面积进一步缩小；至茅三段沉积时期，本剖面上已无开阔台地亚相，进而全部被浅缓坡亚相所代替。茅口末期，研究区被抬升至地表，遭受风化剥蚀，本剖面所经过的地区普遍被剥蚀至茅三段。

5.6　沉积相展布与演化

中二叠世，四川盆地处于上扬子板块西部地区，受峨眉地幔柱活动(造成大规模的地壳抬升并形成穹状隆起)的影响，受风化剥蚀形成准平原化基底，古地形均一、平缓，自西南向东北缓缓倾斜。中二叠世之初，研究区内发生晚古生代以来最大的海侵，至栖霞期，海侵规模扩大，海平面上升加速，研究区内全部被海水淹没，变为浅海沉积环境，受古地形影响，水体自西南向东北缓慢加深，浅水高能带逐渐进入深水低能带直至盆地无任何坡折，开阔台地和浅、深缓坡亚相依次发育。由于研究区中二叠世古地理位置处在赤道 0°～-5° 的范围内，气候较凉—温暖。西侧紧邻川西海槽，水深较浅，水体通畅，洋流作用强烈，为生物生长和繁殖创造了一个极为有利的条件，加之水体清澈透光，气候适宜，水动力强，生物大量繁殖，形成众多大小不一的生屑滩。栖霞晚期，由于受生屑滩的遮挡作用，部分地区海水受外界影响减少，水体相对较为安静，如川东—川东南的涪陵、广安、威远、自贡、古蔺等地区；此环境形成的碳酸盐沉积物颜色较暗，富含泥晶。开阔台地内部水体相对较深的台内洼地，沉积泥晶生屑灰岩、生屑泥晶灰岩、泥晶灰岩。浅缓坡上沉积泥晶生屑灰岩、(含)生屑泥晶灰岩、泥晶灰岩，含各种完整的广海生物群化石，具结核状层理、向上变细的风暴层序，另见灰泥胶结的灰泥丘。在深缓坡下部为灰泥灰岩和具页岩夹层的泥灰岩，重力流成因的角砾岩和浊积岩十分少见。

5.6.1　栖霞期

栖霞早期，受古特提斯洋急剧扩张、古冰川消融等的影响，上扬子地区海平面迅速上升，研究区范围全部被海水淹没，沉积了一套以碳酸盐岩为主的海相地层；栖霞晚期，海平面有所下降，局部地区于栖霞末期海平面有所回升(如华蓥溪口)。研究区栖霞期处于浅海沉积环境，地貌格局主要受峨眉地幔柱活动的影响(图 5-21)，西南高，东北低。四川盆地西南向东北，水体逐渐加深，依次发育开阔台地和浅、深缓坡亚相。

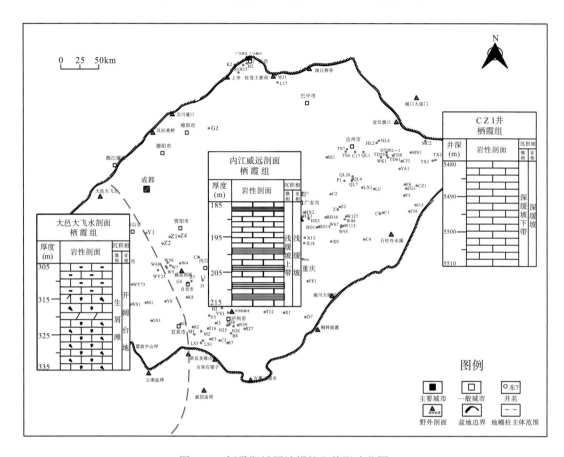

图 5-21　栖霞期峨眉地幔柱主体影响范围

1. 栖霞早期

总体上，自西南向东北水体逐渐加深，开阔台地、浅缓坡、深缓坡亚相依次发育(图 5-22)。自西向东各相带描述如下。

(1)以川西北到川南的广元上寺—蓬溪—潼南—威阳 25 井—观 4 井—付 3 井—叙永一带为界，界线以西为开阔台地亚相，发育生屑滩和台内洼地两个微相。台内洼地水体相对较深，岩性主要为深灰色、灰黑色生屑泥晶灰岩，含生屑泥晶灰岩，局部含硅质、泥质；广元上寺—江油厚坝—北川通口—绵竹高桥一带以及珙县芙蓉山—威信庙坝一带为生屑滩沉积，岩性主要为灰、浅灰、褐灰色含生屑泥晶灰岩，泥(亮)晶生屑灰岩，生物门类多样，主要有藻、𧌆、有孔虫、棘皮、苔藓虫等；绵竹高桥剖面、珙县芙蓉山剖面岩性色浅，白云石(岩)化作用强烈，反映这些地区沉积时可能处于海平面附近，水体很浅。

(2)川西北到川南的广元、南充、广安、内江、自贡、泸州、古蔺地区，研究区东部

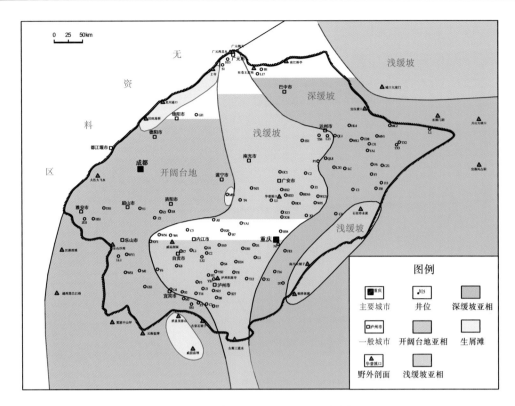

图 5-22　栖一段沉积相平面展布图

的石柱冷水溪—南川大铺子—桐梓渡坡一带以及城口地区为浅缓坡亚相，发育上带、下带两个微相；岩性主要为灰、灰褐、深灰、灰黑色泥-粉晶生屑灰岩，(含)生屑泥晶(粉晶)灰岩，细粉晶灰岩，(含)云质微(粉)晶灰岩，常含泥硅质，时夹燧石层，局部见白云石化现象，华蓥溪口剖面"眼皮眼球"状构造发育。古蔺三道水剖面，含泥较多，反映该地区沉积时水体相对较深。桐梓坡渡剖面白云石化现象较普遍，其底部为十几米的泥质细晶白云岩，至石柱冷水溪地区，未见白云石化。

(3)研究区东部除石柱冷水溪—南川大铺子—桐梓渡坡一带的其余地区和东北部发育深缓坡亚相，该亚相沿东、北两人方向延伸出研究区，向北至城口地区水体变浅，过渡为浅缓坡亚相。该地区深缓坡亚相发育上带、下带两个微相，岩性主要为灰-灰黑色含生屑泥晶灰岩、生屑泥晶灰岩、泥晶生屑灰岩，"眼皮眼球"状构造发育。七里1井—七里4井地区含泥和硅质相对较多，反映该地区沉积时水体相对较深。

2. 栖霞晚期

栖霞晚期海平面较早期有所下降，研究区水体普遍变浅。古地形未发生大的改变，沉积相带依次向东北方向迁移(图 5-23)。台地由于水体变浅，水动力增强，加之气候适宜、水体盐度正常、循环良好等，生物大量繁殖，形成了众多大小不一的生屑滩。自西向东各相带描述如下。

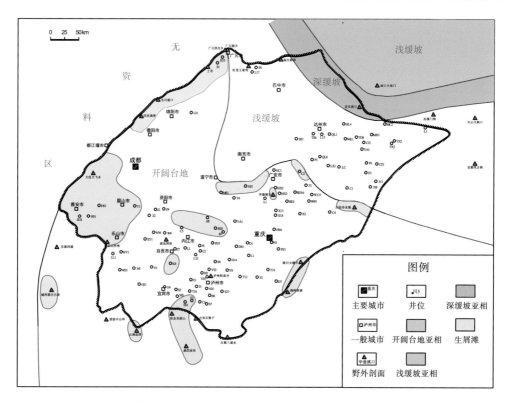

图 5-23 栖二段沉积相平面展布图

(1) 开阔台地亚相边界向东北方向扩展至广元西北—遂宁—岳池—渠县—大竹—石柱一带。该亚相沿东、东南方向延伸出研究区，发育台内洼地和生屑滩微相。生屑滩微相岩性主要为褐灰、浅灰、灰、灰白色结晶白云岩，豹斑状白云岩，云质灰岩，泥-粉晶、亮晶生屑灰岩。台内洼地微相岩性主要为灰、灰褐色生屑灰岩以及深灰、灰黑色生屑泥晶生屑灰岩，生屑泥晶灰岩，泥晶灰岩，局部含泥硅质，时见白云石化现象。由于生屑滩对海浪能量的削减，造成广安、涪陵、綦江、威远、自贡、赤水、古蔺等地区的海水受外界影响减少，水体相对较为安静、闭塞，沉积了一套颜色较深的，以泥晶为主的灰岩。

(2) 研究区东北部除宣汉渡口以外的大部分地区以及城口大崖门地区为浅缓坡亚相，发育上带、下带两个微相，该相沿东、北两个方向延伸出研究区；岩性主要为褐灰、灰、深灰色泥-细晶灰岩，灰色、深灰色泥晶生屑灰岩，生屑泥晶灰岩；王家沟剖面见白云石化现象，夹白云岩及云质灰岩。

(3) 包括宣汉渡口在内的研究区北、东北边缘为深缓坡亚相，该亚相沿北、东北两个方向延伸出研究区，至城口地区过渡为浅缓坡亚相；区内宣汉观音洞剖面中下部岩性主要为深灰、灰色含生屑泥-粉晶灰岩，夹白云岩；顶部为灰色泥晶藻屑灰岩；层状以中层、厚层和块状为主。

5.6.2　茅口期

中二叠世，受冈瓦纳大陆冰川最终消融的影响，四川盆地发生了晚古生代以来最大规模的海侵，形成了最广泛的海相沉积。茅口初期即继承和发展这一趋势，茅口早期快速海平面上升到最高点。之后，伴随构造运动（即东吴运动）的发生，前述工作和证据表明，峨眉地幔柱的上升对晚古生代上扬子区古地貌产生了重大影响。上扬子板块西南区茅口组顶部的部分缺失是由峨眉地幔柱的快速上升及其所形成的地壳穹状隆起高点受到充分的剥蚀改造作用引起的。对该地区中、晚二叠世沉积记录的研究也支持上述结论（图 5-24）。

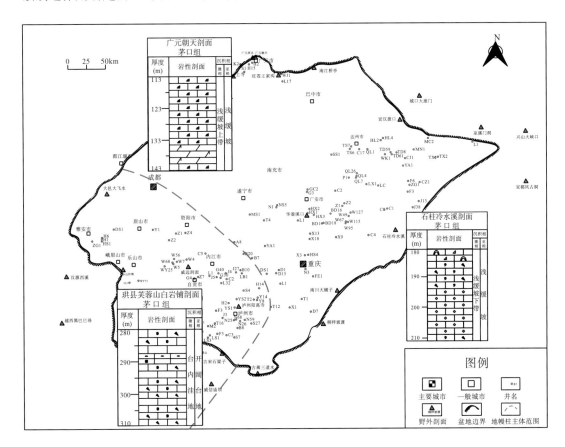

图 5-24　茅口期峨眉地幔柱主体影响范围

野外实地地质考察和室内综合研究发现，上扬子板块西南地区峨眉山玄武岩之下零星发育一套碎屑岩系，其主要分布在穹状隆起的边缘。从茅口中期开始，本区总体抬升和隆起，同时发生大规模的海退，形成了以西部康滇隆起、南部云开隆起和东部华夏隆起等为中心的陆地剥蚀区和冲积平原，成为陆源物质供应区。与此同时，海域沉积的范围大大缩减，主要局限于中上扬子地区。茅口末期东吴运动是一次快速的地壳抬升并形成穹状隆起的构造运动，隆起断裂活动强烈，为古喀斯特的形成提供了地形和构造条件。在气候水文条件方面，中二叠世上扬子处于赤道附近，降雨充沛为岩溶发育提供了外营力。

继栖霞期之后，研究区内茅口期沉积格局继续受峨眉地幔柱活动的影响。与栖霞期类似，总体上，自西南向东北，水体逐渐加深，依次发育开阔台地和浅、深缓坡亚相。

1. 茅口早期

中二叠世初，本区开始海侵，到茅口早期，海平面上升到最高点，全区一片汪洋，形成了以茅口组为代表的分布最广泛的碳酸盐台地—缓坡沉积体系(图5-25)，并沉积了一套以灰黑色"眼皮眼球"状、似"眼皮眼球"状构造生屑泥晶灰岩、泥晶生屑灰岩为主的浅海相碳酸盐岩。

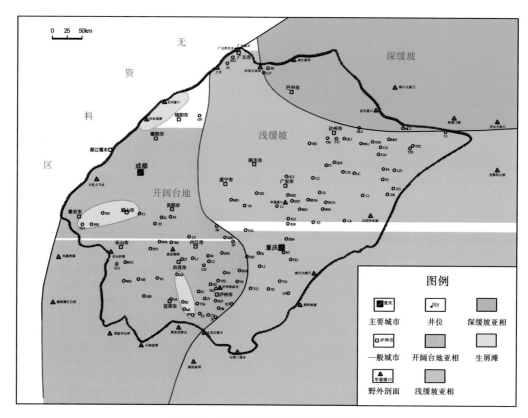

图5-25 茅口早期沉积相平面展布图

茅口组早期，在南江、巴中、宣汉、城口大崖门、巫溪一带为深缓坡沉积，向南、向西过渡为浅缓坡沉积。向西南至乐山、内江、綦江、珙县、云南盐津一带，为开阔台地沉积。

2. 茅口中期

茅口中期形成了一套以灰色中层生屑泥晶灰岩为主的碳酸盐沉积，水体由西南向东北逐渐加深，开阔台地、浅缓坡、深缓坡依次发育(图5-26)；随后海水向北退出，但并未完全退出，又开始新一轮的海侵，深缓坡向北推进，沉积厚度变薄。伴随着小规模的海退，研究区内沉积水体变浅，旺苍双河、大两会一线以南为浅缓坡沉积环境，以北则向深缓坡沉积环境过渡。由于受波浪和风暴浪作用加强，从南到北由泥晶生屑灰岩逐渐变为具"眼皮眼球"状构造的生屑泥晶灰岩。野外观察表明，旺苍王家沟、大两会一带还发育有小型的生物丘。

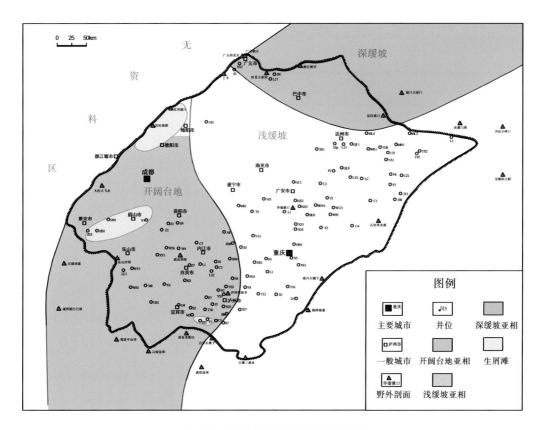

图 5-26　茅口中期沉积相平面展布图

3. 茅口晚期

茅口晚期发生东吴运动，上扬子地区构造活动剧烈，研究区内多有火山活动，地壳隆升，遭受剥蚀，沉积环境由海域盆地转为陆上成煤环境，局部地区遭受剥蚀，与上覆上二叠统吴家坪组呈平行不整合接触。尤其是北部深水地区，快速隆升作用使该区从深水沉积很快演变为古陆，以致海退过程没有沉积或沉积极短，深水相硅质岩、硅质灰岩之上即为古风化壳。

早期区内水体仍然较深，沉积了一套深灰-灰黑色生屑泥晶灰岩、泥晶灰岩，局部可见硅质泥岩，属深缓坡下带沉积。向南至龙 4 井、关基井一带，发育了一套具层面波状起伏的生屑泥晶灰岩，再向南到大深 1 井，沉积了一套泥-亮晶砂屑生屑灰岩。从西南到东北，沉积环境由开阔台地向深缓坡过渡，显示了古地形从西南向东北缓慢倾斜的态势，与乐山—龙女寺的北部构造形态相吻合。开阔台地则缩小至川西的雅安、成都、德阳、北川通口地区。茅口末期，东吴运动趋于强烈，本区抬升，中二叠统茅口组地层遭受不同程度的剥蚀(图 5-27)。

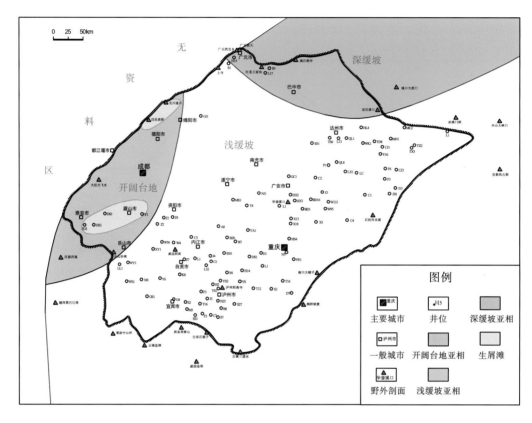

图 5-27 茅口晚期沉积相平面展布图

5.7 古生态与古环境研究

5.7.1 古生物组合分析

中二叠世海相地层在四川盆地分布极其广泛，其海水较浅，气候温暖，生物十分繁盛。中二叠统栖霞组和茅口组中有孔虫和钙藻极为常见，生物的生存和繁衍都要受到一定的生活环境的影响，通过运用生物化石的生态及组合，可进一步认识中二叠世沉积环境。

四川盆地中二叠统有孔虫和藻类十分丰富，有孔虫常见的属有节房虫(*Nodosaria*)、涅茨虫(*Geinitzina*)、厚壁虫(*Pachyphloia*)、朗格虫(*Langella*)、假橡果虫(*Pseudoglandulina*)、叶形虫(*Frondicularia*)、巴东虫(*Padangia*)、球旋虫(*Glomospira*)、小球旋虫(*Glomospirella*)，砂盘虫(*Ammodiscus*)、始毛盘虫(*Eolasiodiscus*)、球瓣虫(*Globivalvulina*)、四排虫(*Tetrataxis*)、多盘虫(*Multidiscus*)、新盘虫(*Neodiscus*)、古串珠虫(*Palaeotextularia*)、梯

状虫(*Climacammina*)、筛串虫(*Cribrogererina*)、始瘤虫(*Eotuberitina*)等，这些有孔虫都是浅海底栖类型。多数属种广泛分布于整个四川盆地栖霞组中，分异情况不明显，但有些属种，在时间和空间上都有明显的变化，说明沉积环境对它们的影响较大。钙藻在研究区栖霞组地层中常见的有红藻中的翁格达藻(*Ungdarella*)、二叠钙藻(*Permocalculus*)、裸海松(*Gymnocodium*)等，绿藻以伞藻科(Dasycladaceae)为主，常见有米齐藻(*Mizzia*)、始角藻(*Eogoniolina*)、蠕孔藻(*Vermiporella*)、假蠕孔藻(*Pseudovermoporella*)、中华孔藻(*Sinoporella*)等。此外，还有海松科(Codiaceae)的液海松(*Succodium*)等属。随着沉积环境的变化，钙藻的种类和数量都有明显变化，特别是它们与一些有孔虫结合在一起，即可形成能反映不同沉积环境的生物组合。

1. 有孔虫分异度的概念及其应用

1) 关于有孔虫分异度的概念

国内外学者的研究表明，深度、温度、盐度都明显地影响着有孔虫等生物在空间上的分布。

深度：随着海水深度的增加，生物属种增多，这种关系以有孔虫的研究最为详细，在浅海区 0～200m 范围内有孔虫的属种随着水深的增加而增加，已成为公认的一般规律。

温度：从寒带向热带(从高纬度到低纬度)，年平均温度逐渐增高，生物属种也逐渐增加，浮游有孔虫随着纬度的降低属种也增加。

盐度：现代海相生物(有孔虫、棘皮动物等)的属种随着盐度偏离海水而显著下降(随海水盐度的下降而逐渐减少)，也是公认的规律。

生物群的分异度是指用一种数字指标表示生物属种增减的变化，由于生物属种的增减受到海水深度、温度、盐度变化的影响，所以分异度也能反映海水深度、温度及盐度的变化。根据测定方法的不同，分为简单分异度和复合分异度。

简单分异度(D_v)是指样品中或某地层中所分析对象的科、属、种的数目。因为分异度受样品大小的影响很大，所以要校正样品大小对 S 的影响，常采用的公式为

$$D_v = \frac{S-1}{\ln N}$$

式中，S 为种或分类群的数目；N 为样本中个体总数。

复合分异度 $H(S)$ 不仅可以反映生物科属或种的数目，还可反映个体间分配的均匀程度。复合分异度有多种表示方法，其中用信息函数的表示方法最为理想，采用香农-维纳(Shannon-Weaver)公式表示：

$$H(S) = -\sum_{i=1}^{S} P_i \ln P_i$$

式中，$P_i(P_i = N_i / N)$ 为该种在样品中所占的比例；$\ln P_i$ 是自然对数。

2) 复合分异度在地层中的应用

复合分异度常常在地层中得到广泛的应用，对古地理的研究有极其重要的作用。

复合分异度变化在本区对水深的变化最明显。沉积环境的变化常常包含了多种因素的变化，如海水深度、温度、盐度以及其他方面的变化。这些变化可能是几种因素同时发生，也有可能以一种变化居主要地位，其他因素居次要地位。研究区中二叠世时生物属种数量的变化，主要受海水深度变化的影响，因为从我们观察的剖面所处的地理位置纬度跨度不大，所以温度的影响应不会很明显，同时所见的各门类生物均属正常盐度的浅海生物，在剖面上见到的陆源矿物也极少，说明它们都生活于距离陆地较远的浅海，不是在盐度变化较大的海岸带，没有明显的盐度变化的影响。

通过在该地层中藻类和珊瑚生活的深度来帮助确定不同有孔虫的不同分异度数值所代表的水深。由于用分异度的数值来指示海水深度时，只能说明一个相对深度变化的概念，并不能指示出海水的具体深度，而且生活于古生代的有孔虫多数已灭绝，当时这些有孔虫生活环境的海水深度已经无法得知，因此就以在栖霞组中含量丰富的藻类和群体珊瑚所代表的水深来作为确定不同有孔虫的不同分异度数值所代表的水深，从而确定复合分异度数值所代表的水深。

绿藻生活在热带和亚热带温暖海洋中，最适合的环境是温暖清澈的浅海，大致在低潮线到6～7m 最为发育，向下延伸至 10m 深处则数量开始减少，水深超过 30m 则只有零星分布。鉴于该地区地层中含有丰富的 *Mizzia*、*Eogoniolina*、*Pseudovermiporella*、*Vermiporella* 等，通过对它们的薄片统计，在绿藻含量丰富的薄片中其有孔虫的复合分异度都普遍小于 1.5，而相对绿藻含量达不到丰富程度的薄片中有孔虫的复合分异度都普遍大于 1.5，而绿藻一般在 10m 以上最为发育，当海水清澈透明时或者阳光强烈的季节绿藻在水深超过 10m 的环境中也能生长。

对于珊瑚生活的水深，Wells (1965) 曾指出古生代的群体珊瑚一般生活在 16～21℃ 的水温下，同样是清澈透明的海水中最为发育，水深从 5～50m 不等，但大多数在 10～30m 范围内最为发育。在栖霞组中发育有大量的 *Wentzellophyllum*、*Hayasakaia*、*Polythecalis* 等群体珊瑚，与它们同时产出的岩层的有孔虫复合分异度大多集中在 1～2 之间，但也可以有小于 1 或大于 2 的数值同时也存在，推测其复合分异度值为 2.5 时最大深度为 50m，而 1～2 所代表的水深则认为最适合珊瑚生长。

2. 古生物组合特征

通过对四川盆地十余条剖面采集的标本进行了镜下鉴定，并以其丰度和复合分异度为依据，结合岩石的岩性和生物组合为特征，将研究区二叠系中二叠统古生物组合分为以下几种组合。

1) 二叠钙藻 (*Permocalculus*) 组合 (图 5-28)

二叠钙藻在研究区二叠系栖霞组中都有分布，通过对研究区内十余个剖面的研究，其中在研究区西部、西南部二叠钙藻的丰度相对较大，大多数的含量为 15%～35%。而从研究区向东二叠钙藻的丰度则逐渐减小。岩性以浅灰色-灰色中到厚层的泥晶生屑灰岩或生屑泥晶灰岩为主，少数的亮晶灰岩中也可以见到二叠钙藻。与其共生的有孔虫有节房虫、球旋虫、假橡果虫、厚壁虫、涅茨虫等，同时也含有绿藻、珊瑚、蜓、棘皮、介形虫、腕足等其他生屑。二叠钙藻现已灭绝，Wray (1977) 认为晚古生代的红藻大部分生活于开放的碳酸盐陆棚环境。这种藻既能适应于静水、以灰泥为主的沉积，也能在水流动荡的环境内形成。若与同样属于红藻的翁格达藻组合所代表的高能生屑滩相比较，二叠钙藻组合所代表的生活环境通常是正常盐度、温暖海水且水流较通畅的开阔台地以及浅缓坡，这些环境中的水动力条件较弱。

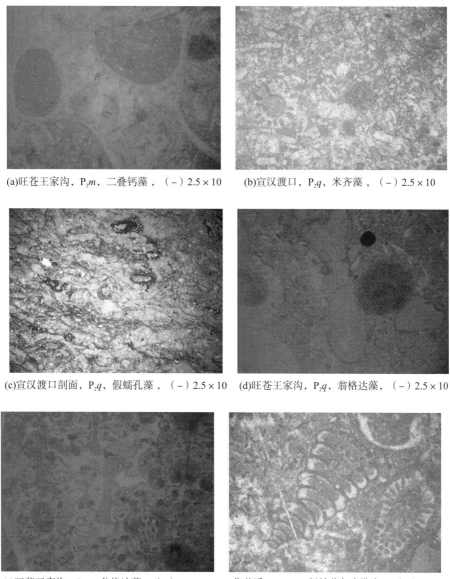

(a)旺苍王家沟，P_2m，二叠钙藻，（－）2.5×10   (b)宣汉渡口，P_2q，米齐藻，（－）2.5×10

(c)宣汉渡口剖面，P_2q，假蠕孔藻，（－）2.5×10   (d)旺苍王家沟，P_2q，翁格达藻，（－）2.5×10

(c)旺苍王家沟，P_2q，翁格达藻，（－）2.5×10   (d)华蓥溪口，P_2q，粗枝藻与有孔虫，（－）2.5×10

图 5-28 四川盆地中二叠统藻类

2）米齐藻（*Mizzia*）-假蠕孔藻（*Pseudovermoporella*）组合（图 5-28）

米齐藻和假蠕孔藻属于粗枝藻目海生藻类。根据 Senes（1967）的研究，在地中海发现的现代粗枝藻的最大生长深度不会超过 30m。

Elliott(1968)认为现代粗枝藻以及粗枝藻化石最适合的生长深度在潮下带 5～6m。10～30m 的深度范围内,粗枝藻的数量明显减少。Kirkland 等(1990)在研究 Guadalupe 山脉的礁后相米齐藻群落时,推测其海水深度小于 30m。在研究区内与这两类藻的组合共生的生物包括有孔虫、介形虫、珊瑚等,在少数情况下也与𧊸组合在一起。岩性主要是浅灰色中层以上的泥晶生屑灰岩。该组合在研究区的中部、西部最为常见。根据水深及环境特征,认为其组合在浅缓坡亚相中最为发育。

3) 翁格达藻(*Ungdarella*)组合(图 5-28)

镜下该组合是以各种有孔虫共生为特征,但有孔虫大多数已经泥晶化,变得完全模糊不清。岩性主要是浅灰色-灰色块状亮晶生屑或亮晶砂屑灰岩,在该组合中除了有孔虫,其他生物有𧊸、棘皮、绿藻、介形虫等。翁格达藻是一种分类位置未定的已绝灭的分枝状红藻。现代的分枝状红藻生活于有强烈水流的地区,距离海岸较远或者海水受局限的地区尚未被证实有大量翁格达藻的存在。结合研究区的具体情况,认为大量翁格达藻的出现是生屑滩相的标志,如岩石为亮晶胶结,则有可能是一个高能的浅滩。该组合中的有孔虫分异度出现了一定的高值,$H(G)$ 主要集中为 1.8～2.3(图 5-29),其相对应的水深应该是为 20～30m,但是高能浅滩环境一般都位于潮下 6～7m,海水的深度很浅,对于有孔虫复合分异度的高值,可能是因为高能浅滩上的有孔虫生物群是原地和异地搬运两种成分混合到一起的埋藏群,由于浅滩的水动力条件很强,极容易使台地内其他亚相的有孔虫生物群搬运到相对动荡的环境中,所以在该组合中,对于水深及其沉积环境的确定,要参考其他与之相共生的生物群落。

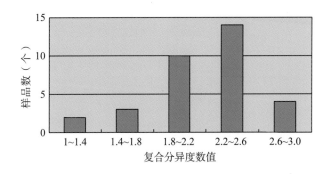

图 5-29　翁格达藻组合有孔虫复合分异度柱状图

4) 𧊸组合(图 5-30)

𧊸在研究区中二叠统极为常见,它是一种浅海底栖生物。根据 Flügel 等(2002)在南阿尔卑斯山的研究,发现𧊸在开阔台地最为丰富,在局限台地陆棚潟湖中也常见,其他地方则很少见。除单一的𧊸组合以外,与𧊸有关的生物组合其生物组分都较为多样。𧊸-二叠钙藻组合在开阔台地和水动力条件更弱的浅缓坡都可能存在。研究区栖霞组中发现的𧊸类化石主要是 *Nankinella*、*Pisolina*、*Eoverbeekina*、*Staffella* 等。岩性主要是灰色-浅灰色中层以上的生屑泥晶灰岩或泥晶灰岩,但在局部地区的亮晶灰岩中可见𧊸的富集带。所以把蜓组合作为缓坡型开阔台地最典型的标志,它与古串珠虫科及节房虫亚科的组合可以作为开阔台地的高能浅滩或浅缓斜坡亚相的标志。

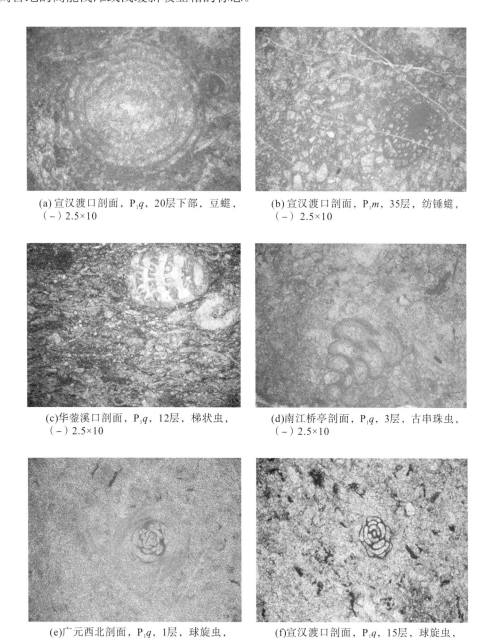

(a) 宣汉渡口剖面，P_1q，20层下部，豆蜓，（－）2.5×10

(b) 宣汉渡口剖面，P_1m，35层，纺锤蜓，（－）2.5×10

(c)华蓥溪口剖面，P_1q，12层，梯状虫，（－）2.5×10

(d)南江桥亭剖面，P_1q，3层，古串珠虫，（－）2.5×10

(e)广元西北剖面，P_1q，1层，球旋虫，（－）20×10

(f)宣汉渡口剖面，P_1q，15层，球旋虫，（－）20×10

图 5-30　四川盆地中二叠统蜓及非蜓有孔虫

5)古串珠虫科(Palaeotextulariidae)组合(图 5-30)

　　在古串珠虫科中，研究区主要有古串珠虫、德克虫、筛串虫、梯状虫等属。它们在栖霞组地层中是很常见的种属。藻类在栖霞组中也是普遍分布的，但是在十余条剖面中，仅有不超过15%的薄片出现了丰富的红藻和古串珠虫共生,在大约7%的薄片中有丰富的绿藻和古串珠虫共生。岩性主要是深灰-灰色块状泥晶灰岩或生屑灰岩。它们主要出现在泥晶灰岩中,少量出现在亮晶灰岩中。但总的来说,它们的生活环境主要是水动力条件较弱的平静海底,部分地区是具有一定海水能量的地带,因为古串珠虫的厚壳也能抵御一定的风浪。同时根据有孔虫复合分异度数值来推测水深,复合分异度 $H(G)$ 小于 1.5,可能水深在 10m 以内,到超过 50m 左右,其 $H(G)$ 大于 2.5。前者的数量较少,仅占12%左右,而大部分的水深都处在15～25m之间,或更大的深度,其复合分异度数值集中在1.5～2.5之间(图5-31)。

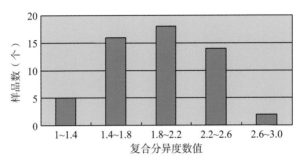

图 5-31　古串珠虫组合有孔虫复合分异度柱状图

6) 球旋虫(*Glomospira*)-始毛盘虫(*Eolasiodiscus*)组合(图 5-30)

该组合中球旋虫的含量异常丰富,占有很大的优势。在镜下通常可见数十个,或更多的个体,其他有孔虫的属种相对比较少。该组合一般与丰富的绿藻共生,也可见有少量的二叠钙藻。岩性主要是深灰色的泥晶灰岩。同时在岩石中含较多的泥质和有机质,所以有孔虫和藻类的壁都呈黑色或深褐色。综合岩性等因素,认为它们的生活环境是平静的海水,而且海水的流通受到了限制,形成了具有一定封闭性的环境,所以造成一个属的有孔虫大量繁殖,在组合中呈现占优势的组合面貌,与此同时它们与绿藻大量共生,可以作为浅缓坡亚相环境的标志,这个组合的复合分异度很低,大部分的 $H(G)$ 值都低于 1.5,将近半数的 $H(G)$ 值在 1 上下浮动(图5-32)。所以在该组合中复合分异度的低值是由于生物的不均一性导致的,只能反映出海水相对封闭、不通畅的特点,不能将其作为水浅的主要标志。将绿藻纳入综合考虑的因素,可能该组合中的水深仍然很浅,可能在 10～15m 或更浅。

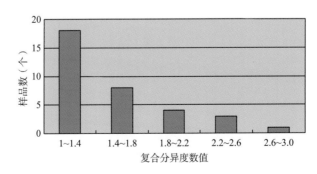

图 5-32　球旋虫-始毛盘虫组合有孔虫复合分异度柱状图

7) 节房虫亚科(Nodosarinae)组合(图 5-33)

这一组合的特征分子是节房虫、假橡果虫、厚壁虫、涅茨虫等属,其他的属相对较少,该组合在栖霞组分布普遍,研究区中部及北部含量丰富。岩性主要是灰色中到厚层状生屑泥晶灰岩或泥晶灰岩。该组合与大量的绿藻(如假蠕孔藻、米齐藻)共生,含量为 10%～30%。除了含大多数的绿藻,还有较多的介屑、棘皮、腕足、蟆等。该组合的 $H(G)$ 值 1.5～2.0 范围内最多(图 5-34)。所以推测出该组合的水深可能在 15m 左右。其沉积环境可能是深度不大的浅缓坡环境。

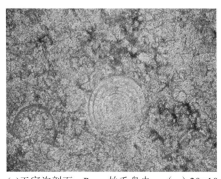
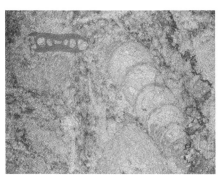

(a)王家沟剖面,P_2q,始毛盘虫,(−)20×10　　　(b)南江桥亭剖面,P_2q,节房虫,(−)10×10

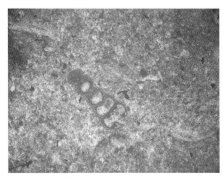

(c)宣汉渡口剖面,P_2q,节房虫,(−)2.5×10　　　(d)南江桥亭剖面,P_2q,珊瑚,(−)2.5×10

图 5-33　四川盆地中二叠统非蟆有孔虫及珊瑚

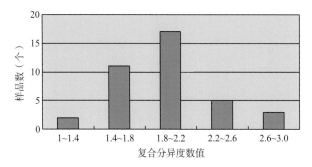

图 5-34　节房虫亚科组合有孔虫复合分异度柱状图

8）珊瑚（*Anthozoa*）组合（图 5-33）

在研究区栖霞组中珊瑚主要是早坂珊瑚、多壁珊瑚，除了前两者，在该地区还发现有 *Wentzellophyllum*、*Cystomichelinia*、*Yatsengia*、*Szechuanophyllum* 等，而且大多以块状和分枝状的珊瑚为主。次要的生物有蜓、棘皮动物、腕足、有孔虫等。主要发育的环境是开阔台地或浅缓坡，深度一般都不超过 30m。

3. 生物组合与沉积环境的关系

生物与其生活环境是一个不可分割的统一体，两者可以相互影响，相互作用。一种或几种生物既然可以生活在一定的环境之中，那么在这个环境之中必然有相应生物存在，形成一定的生物组合，即通过生物和生物组合完全可以推测其沉积环境。特别是生物组合，不但考虑到了"指相化石"，而且也考虑到了整个生物群的面貌，因此生物组合可以反映当时的沉积环境。总之通过对四川盆地中二叠世生物组合的研究，基本上可提出以下在不同的沉积相带中所发育的 8 种生物组合类型。

（1）二叠钙藻（*Permocalculus*）组合。

（2）米齐藻（*Mizzia*）-假蠕孔藻（*Pseudovermoporella*）组合。

（3）翁格达藻（*Ungdarella*）组合。

（4）蜓（*Fusulinid*）组合。

（5）古串珠虫科（Palaeotextulariidae）组合。

（6）球旋虫（*Glomospira*）-始毛盘虫（*Eolasiodiscus*）组合。

（7）节房虫亚科（Nodosariinae）组合。

（8）珊瑚（*Anthozoa*）组合（表 5-5）。

表 5-5　中二叠统栖霞组主要生物组合与生物组合的环境分布

生物	开阔台地		浅缓坡		深缓坡	
	台内洼地	生屑滩	上带	下带	上带	下带
二叠钙藻	■	★	★	○	★	○
米齐藻	★	○	■	■	○	□
假蠕孔藻	○	★	■	■	○	□
翁格达藻	○	■	★	○	□	□
蜓	★	■	■	★	○	○
古串珠虫科	★	★	★	○	○	□
球旋虫	○	○	■	★	○	□
始毛盘虫	★	□	★	★	○	□
节房虫亚科	★	■	■	★	○	○
珊瑚	■	★	■	■	○	□
介形虫	★	○	★	★	□	□
棘皮	★	★	★	○	□	□
腕足	★	○	○	★	□	□
生物组合	二叠钙藻组合、蜓组合	翁格达藻组合、古串珠虫科组合、珊瑚组合	蜓·二叠钙藻组合、珊瑚组合、米齐藻·假蠕孔藻组合、球旋虫·始毛盘虫组合		二叠钙藻组合	

注：■代表生物含量丰富（大于30%）；　★代表生物含量较多（15%~30%）；

　　○代表生物含量一般（5%~15%）；　□代表生物含量较少（0~5%）。

　　开阔台地发育有二叠钙藻组合、䗴组合、珊瑚组合、古串珠虫科组合、翁格达藻组合；浅缓坡发育有䗴-二叠钙藻组合、珊瑚组合、米齐藻-假蠕孔藻组合、球旋虫-始毛盘虫组合；深缓坡发育二叠钙藻组合，有孔虫和藻发育较少(图 5-35)。

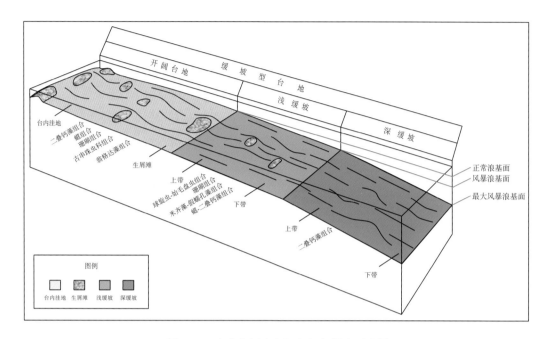

图 5-35　古生物组合与沉积相相模式对应图

5.7.2　微量元素与碳氧同位素分析

　　不仅古生物是重建古环境的重要证据，在沉积过程中，由于沉积物与水介质之间有着复杂的地球化学平衡，诸如沉积物与水介质之间的元素交换以及沉积物对某些元素的吸附等，这种交换和吸附作用除与元素本身的性质有关外，还受到沉积介质物理化学条件的影响，而不同沉积环境的水介质均有不同的物理化学条件，为人们利用沉积物微量元素及其含量进行沉积环境分析提供了理论依据。

　　在海洋沉积环境中的不同相带由于其物化条件不同，因此从中沉淀下来的碳酸盐矿物的 $\delta^{13}C$ 和 $\delta^{18}O$ 值也不同，并有相似的变化规律，所以海相碳酸盐岩中 $\delta^{13}C$ 和 $\delta^{18}O$ 的值在很大程度上取决于沉积时所处环境。

　　本研究重点利用部分微量元素和碳氧同位素两项地化指标对中二叠世栖霞期古盐度、古水温、古氧相及其海平面变化等沉积环境因素进行一系列探讨。在此基础上，通过古沉积环境的重建来帮助横向上沉积相带的建立。

1. 古盐度研究

1) 微量元素指标

硼(B)、氯(Cl)等微量元素组成可以指示沉积水介质的古盐度。咸水(海水)中 Cl、B

的含量明显高于淡水。Couch(1971)认为,水体中 B 的含量与水体中的盐度存在线性关系,即水体盐度越高,B 含量就越高,沉积物吸附的 B 离子也就越多。陆相湖泊、盐湖卤水及其沉积物中 B 丰度及 B 同位素组成变化极大;对于陆相盐湖的不同层位或不同区域位置的泥页岩地层,若 B 含量偏高,则说明其沉积环境为干旱-半干旱的盐湖沉积环境;若 B 含量偏低或正常,则表明泥页岩沉积时处于较潮湿的盐湖沉积环境,但当沉积区远离盐湖中心时,也可代表干旱-半干旱盐湖沉积环境。由于水体中 B 的含量与水体中的盐度存在线性关系,因此可用盐湖中 B 含量的变化曲线来描述湖平面的变化趋势。

本研究采用受成岩作用较小的灰岩作为分析样品,对广元西北、旺苍王家沟、华蓥溪口及宣汉渡口观音洞 4 条中二叠统栖霞组剖面进行了 B 微量元素采样分析(表 5-6)。

表 5-6 中二叠统栖霞组露头剖面 B 元素分布表

原样编号	地层单位	层位	岩性	$\omega(B)$ (10^{-6})
西北 XB-2	P_2q	1-2	灰色泥晶灰岩	12.0
王家沟 W-12	P_2q	3-1	灰色生屑泥晶灰岩	21.1
王家沟 W-13	P_2q	3-2	灰色生屑泥晶灰岩	7.9
王家沟 W-19	P_2q	5-3	灰黑色砂屑灰岩	8.2
王家沟 W-21	P_2q	6-2	灰黑色含生屑砂屑灰岩	6.0
王家沟 W-25	P_2q	7-2	黑色砂屑灰岩	7.5
王家沟 W-27	P_2q	8-1	黑色砂屑泥晶灰岩	8.6
王家沟 W-32	P_2q	10-1	灰黑色砂屑泥晶灰岩	8.0
王家沟 W-34	P_2q	10-3	灰黑色砂屑泥晶灰岩	4.1
王家沟 W-35	P_2q	11-1	灰色生屑泥晶灰岩	6.3
王家沟 W-41	P_2q	12-5	灰色生屑泥晶灰岩	9.0
王家沟 W-46	P_2q	13-4	灰色生屑灰岩	4.7
王家沟 W-52	P_2q	14-5	浅灰色泥晶灰岩	6.3
王家沟 W-54	P_2q	14-7	浅灰色泥晶灰岩	5.6
王家沟 W-55	P_2q	14-8	浅灰色泥晶灰岩	5.4
王家沟 W-57	P_2q	15-2	灰白色灰质白云岩	6.1
王家沟 W-60	P_2q	15-5	灰色泥晶灰岩	5.5
王家沟 W-62	P_2q	16-1	灰色砂屑泥晶灰岩	7.5
王家沟 W-64	P_2q	16-3	灰色砂屑泥晶灰岩	6.0
王家沟 W-66	P_2q	16-5	灰色砂屑泥晶灰岩	6.0
王家沟 W-69	P_2q	16-8	灰色砂屑泥晶灰岩	7.1
王家沟 W-74	P_2q	18-2	灰色含砂屑生屑灰岩	6.8
华蓥溪口 WL1	P_2q	2 层下部	灰色中层含泥晶屑泥晶灰岩	4.0
华蓥溪口 WL2-1	P_2q	2 层下部	灰黑色薄层泥灰岩	3.0
华蓥溪口 WL4	P_2q	3 层中部	灰色厚层块状生屑泥晶灰岩	1.9
华蓥溪口 WL5	P_2q	4 层底部	灰色厚层具残余生物结构细-粉晶灰岩	2.9

续表

原样编号	地层单位	层位	岩性	$\omega(B)(10^{-6})$
华蓥溪口 WL7	P_2q	5 层下部	灰色厚层块状泥晶生屑灰岩	2.3
华蓥溪口 WL15	P_2q	8 层上部	灰色中层生屑泥晶灰岩	1.5
华蓥溪口 WL16	P_2q	9 层下部	灰色厚层块状含生屑泥晶灰岩	2.6
华蓥溪口 WL19	P_2q	11 层	灰色厚层生屑泥晶生屑灰岩	2.3
华蓥溪口 WL21	P_2q	13 层下部	灰色厚层块状具残余生物结构泥晶灰岩	2.0
华蓥溪口 WL22	P_2q	13 层上部	灰色厚层泥晶生屑灰岩	3.0
华蓥溪口 WL23	P_2q	14 层	灰色中层泥质粉晶白云岩	3.2
宣汉渡口观音洞 WL2	P_2q	3 层	深灰色厚层粉晶生屑灰岩	2.9
宣汉渡口观音洞 WL3	P_2q	4 层下部	深灰色中层生屑泥晶灰岩	3.4
宣汉渡口观音洞 WL6	P_2q	5 层下部	灰色中层泥晶生屑灰岩	2.6
宣汉渡口观音洞 WL9	P_2q	6 层上部	灰色厚层泥晶生屑灰岩	5.6
宣汉渡口观音洞 WL12	P_2q	7 层上部	灰色厚层生屑泥晶灰岩	2.8
宣汉渡口观音洞 WL13-2	P_2q	8 层	深灰色泥灰岩	2.7
宣汉渡口观音洞 WL15	P_2q	9 层上部	灰色厚层泥晶灰岩	3.8
宣汉渡口观音洞 WL16	P_2q	10 层	深灰色中厚层生屑泥晶灰岩	4.6
宣汉渡口观音洞 WL18	P_2q	11 层上部	灰色中-厚层生屑泥晶灰岩	2.0
宣汉渡口观音洞 WL20	P_2q	12 层上部	灰色-深灰色含泥晶生屑灰岩	9.5
宣汉渡口观音洞 WL21	P_2q	13 层下部	深灰色厚层泥晶生屑灰岩	3.4
宣汉渡口观音洞 WL24	P_2q	14 层上部	灰色厚层泥晶生屑灰岩	3.8
宣汉渡口观音洞 WL25	P_2q	15 层下部	灰色厚层泥晶灰岩	2.6
宣汉渡口观音洞 WL27	P_2q	16 层下部	灰色厚层泥-粉晶灰岩	4.0
宣汉渡口观音洞 WL30	P_2q	17 层中部	灰色厚层泥晶灰岩	3.1
宣汉渡口观音洞 WL32	P_2q	18 层下部	灰色厚层含生屑粉晶灰岩	2.9
宣汉渡口观音洞 WL35	P_2q	19 层上部	灰色厚层含生屑泥晶灰岩	1.3
宣汉渡口观音洞 WL37	P_2q	20 层上部	灰色厚层块状泥晶灰岩	1.8
宣汉渡口观音洞 WL39	P_2q	21 层上部	灰色中层泥晶灰岩	1.8
宣汉渡口观音洞 WL40	P_2q	22 层下部	灰黑色含生屑含云质泥质泥晶灰岩	3.8
宣汉渡口观音洞 WL41	P_2q	22 层中部	灰色中厚层含生屑泥晶灰岩	1.6
宣汉渡口观音洞 WL44	P_2q	23 层	灰黑色薄层泥灰岩	3.6
宣汉渡口观音洞 WL45	P_2q	23 层	深灰色中厚层泥晶生屑灰岩	3.1
宣汉渡口观音洞 WL46	P_2q	23 层	深灰色中厚层泥晶生屑灰岩	3.6
宣汉渡口观音洞 WL47	P_2q	23 层	灰黑色薄层泥灰岩	2.5
宣汉渡口观音洞 WL50	P_2q	25 层中部	灰色厚层含生屑泥-粉晶灰岩	2.0
宣汉渡口观音洞 WL54	P_2q	26 层上部	灰色厚层泥晶藻屑灰岩	3.5
宣汉渡口观音洞 WL56	P_2q	27 层顶部	灰色厚层泥晶藻屑灰岩	2.0

　　西北剖面栖霞组共取样 1 个，测得 B 含量为高值，纵向上无对比。

　　王家沟剖面栖霞组共取样 21 个，B 含量最高值为 21.2（W-12），最低值为 4.1（W-34），整体呈现出从高值至低值的变化趋势，其中栖霞组中上部表现为震荡起伏（表 5-6）。综上，可以看出旺苍王家沟地区栖霞期海水盐度有由高至低的变化趋势。如前所述，水体盐度越高，B 含量就越高，海平面上升会引起盐度降低。对应栖霞期海平面变化曲线，两者在栖霞早期较为吻合。栖霞早期海平面快速上升，海水盐度迅速下降。而栖霞晚期海平面下降时 B 含量值仍然保持较低值上下波动，分析其原因可能是栖霞期时，该地区的水体较深，随着海平面的下降 B 元素含量变化不明显造成的。

　　华蓥溪口剖面栖霞组共取样 11 个，B 含量最高值为 4.0（WL1），最低值为 1.5（WL15），整体变化趋势为高—低—高。同样由于海平面上升会引起盐度降低，因此对应于栖霞期海平面变化曲线，两者较为吻合，栖霞早期海平面快速上升，古盐度迅速下降，后期海平面缓慢震荡下降，古盐度缓慢上升。相比王家沟地区，剖面古盐度值变化不大，故栖霞晚期较王家沟地区水体更深一些。

　　宣汉渡口观音洞剖面栖霞组共取样 28 个，B 含量最高值为 9.5（WL20），最低值为 1.6（WL41），表现为由高至低震荡变化趋势。由于水体盐度越高，B 含量越高，而且海平面上升会引起盐度降低，因此对应于栖霞期海平面变化曲线，两者较为吻合，即栖霞初期海平面快速上升，古盐度迅速下降；栖霞中后期海平面下降，古盐度稳定下降。

　　2）碳氧同位素

　　至今已获得的大量海相碳酸盐样品的 ^{13}C 值都在零左右变化，而淡水相石灰岩的碳同位素组成一般比海相灰岩轻。根据统计，世界各地淡水相灰岩比海相灰岩富轻同位素 ^{12}C 为 5%～7%。这种明显的差别是沉积环境不同的标志，因此，可以用同位素组成作为研究沉积环境的指标。

　　前人研究表明，盐度升高，δ^{13}C、δ^{18}O 值增大；温度升高，δ^{18}O 值减小。此外，在成岩作用中，淡水淋滤和生物降解均可使 δ^{13}C、δ^{18}O 值减小，进而丢失其原始的氧、碳同位素组成的记录，从 20 世纪 80 年代初期开始，人们加强了对能保存原始记录的碳酸盐特殊样品的研究。这些样品有生物化石（尤其是具低镁方解石成分的有铰纲腕足化石）壳体和早期成岩胶结物。

　　Keith 和 Weber（1964）把 δ^{13}C、δ^{18}O 结合起来，用以指示古盐度，以 Z 值区分海相灰岩和淡水石灰岩。Z＞120 为海相，Z＜120 为陆相。

$$Z=2.048（\delta^{13}C+50）+0.498（\delta^{18}O+50）$$

式中，δ^{13}C 和 δ^{18}O 采用 PDB 标准。

　　利用 δ^{13}C 和 δ^{18}O 对中新生代的样品比较有效，而对古生代的样品，往往有一定的偏差，克服的办法通常是采用具低镁方解石成分的有铰纲腕足化石或选用受成岩作用较小的灰岩作为分析样品。对广元西北、旺苍王家沟、华蓥溪口及宣汉渡口观音洞 4 个剖面的 δ^{13}C、δ^{18}O 值按照上述公式进行计算，结果见表 5-7。

表 5-7　中二叠统栖霞组露头剖面碳氧同位素分布与古盐度恢复表

剖面名称	标本编号	层位	采样小层	样品名称	$\delta^{13}C_{PDB}$(‰)	$\delta^{18}O_{PDB}$(‰)	古盐度 Z 值
广元西北	XB-3	P_2q	1-3	灰岩	0.21	-6.36	124.5628
旺苍王家沟	W-15	P_2q	4-2	灰岩	2.75	-4.41	130.73582
旺苍王家沟	WG-9	P_2q	15	灰岩	5.62	-3.6	137.01696
华蓥溪口	HY-1	P_2q	2	灰岩	1.84	-6.33	127.9271995
华蓥溪口	HY-10	P_2q	5-1	灰岩	3.52	-4.84	132.0967723
华蓥溪口	HY-16	P_2q	8-3	灰岩	4.45	-4.50	134.1769298
华蓥溪口	HY-19	P_2q	10	灰岩	4.32	-5.12	133.6034992
华蓥溪口	HY-22	P_2q	13-1	灰岩	4.58	-4.42	134.4712364
宣汉渡口观音洞	XG-1	P_2q	3-1	灰岩	1.73	-10.28	125.7279751
宣汉渡口观音洞	XG-18	P_2q	11-3	灰岩	4.09	-4.79	133.2889746
宣汉渡口观音洞	XG-47	P_2q	23	灰岩	3.16	-5.10	131.2372291

实验结果证明 4 条剖面的 Z 值均大于 120，说明均为海相碳酸盐岩。

西北剖面栖霞组样品 Z 值为 124.5628，纵向无对比。

王家沟剖面 Z 值变化范围为 130.73582～137.01696，自下而上盐度升高，样品取样位置分别为栖霞组下部及栖霞组上部。因此在一定程度上可佐证栖霞期海水经历了早期的海平面上升(海水盐度较低)和后期的海平面下降过程(海水盐度较高)，完全可与相应微量元素对比。

华蓥溪口剖面 Z 值范围为 127.9271995～134.4712364，自下向上盐度升高。取样位置在栖霞组分布较均匀，分析结果表明栖霞期经历早期海平面上升(海水盐度较低)和后期海平面下降的过程(海水盐度较高)，可与相应微量元素分析结果进行对比。

宣汉渡口剖面 Z 值范围为 125.7279751～133.2889746，自下而上盐度升高，取样位置在栖霞组下部及中上部，可在一定程度上佐证栖霞期海水经历了早期海平面上升(海水盐度较低)和后期海平面下降的过程(海水盐度较高)，可与相应微量元素分析结果进行对比。

2. 古水温研究

古水温复原是恢复古环境，认识环境变化过程的重要方法。一般海洋表层温度的升高对应于海平面的上升和太阳热辐射的增加，沉积物中 $\delta^{18}O$ 随之下降，而海洋表层温度的相对下降则对应于海平面的相对下降，沉积物中 $\delta^{18}O$ 随之上升。但水体介质的温度对 $\delta^{18}O$ 值影响较大，同样选用较强抵抗成岩后生作用(低镁方解石)的生物化石，能在一定程度上降低影响效果。在盐度不变的情况下，$\delta^{18}O$ 随温度的升高而降低。Shackleton(1967)在前人的基础上提出了古温度的计算公式：

$$t=16.9-4.38(\delta_c-\delta_w)+0.1(\delta_c-\delta_w)^2$$

式中，t 为碳酸盐形成时的海水古温度；δ_c 为测得的碳酸盐岩中的 $\delta^{18}O$(PDB 标准)；δ_w 为当时海水的 $\delta^{18}O$(SMOW 标准)。

此公式获得的计算结果常会出现较大偏差，主要是受年代效应影响，所测得的 $\delta^{18}O$

并不能反映当时的原始值。鉴于以上原因，若用上面的公式计算样品形成时的古水温，那么就要选用正常盐度下的样品，并用其 $\delta^{18}O$ 校正值，Given 等在 1985 年曾提出二叠纪大洋水的 $\delta^{18}O$ 应为-2.8‰（SMOW 标准），再考虑到 $\delta^{18}O$ 的年代效应的校正，故公式可修正为

$$t=16.9-4.38(\delta^{18}O_{校正}+2.8)+0.1(\delta^{18}O_{校正}+2.8)^2$$

选用受成岩作用更小的灰岩作为分析样品，按照上述公式计算的结果见表 5-8。

表 5-8　中二叠统栖霞组露头剖面碳氧同位素分布与古水温恢复表

剖面名称	标本编号	层位	采样小层	样品名称	$\delta^{13}C_{PDB}$ (‰)	$\delta^{18}O_{PDB}$ (‰)	古水温(℃)
广元西北	XB-3	P_2q	1-3	灰岩	0.21	-6.36	33.76016
旺苍王家沟	W-15	P_2q	4-2	灰岩	2.75	-4.41	24.21101
旺苍王家沟	WG-9	P_2q	15	灰岩	5.62	-3.6	20.468
华蓥溪口	HY-1	P_2q	2	灰岩	1.84	-6.33	33.59427
华蓥溪口	HY-10	P_2q	5-1	灰岩	3.52	-4.84	26.24266
华蓥溪口	HY-16	P_2q	8-3	灰岩	4.45	-4.50	24.62972
华蓥溪口	HY-19	P_2q	10	灰岩	4.32	-5.12	27.59439
华蓥溪口	HY-22	P_2q	13-1	灰岩	4.58	-4.42	24.25621
宣汉渡口观音洞	XG-1	P_2q	3-1	灰岩	1.73	-10.28	55.26722
宣汉渡口观音洞	XG-18	P_2q	11-3	灰岩	4.09	-4.79	26.02939
宣汉渡口观音洞	XG-47	P_2q	23	灰岩	3.16	-5.10	27.49612

西北地区栖霞组测试 1 个样，$\delta^{18}O$ 为-6.36‰，计算古水温为 33.76℃。纵向无对比。

王家沟地区栖霞组测试 2 个样，取样位置在下部及上部。$\delta^{18}O$ 的变化范围为-4.41‰～-3.6‰，向上 $\delta^{18}O$ 正偏移，表明早期至晚期海平面下降。根据公式，恢复的古水温为 24.21～20.47℃。根据栖霞期海平面变化曲线和碳氧同位素取样位置，20.47℃对应栖霞晚期相对海平面下降时期，推测出现低值的原因与沉积环境有关。栖霞晚期，由于王家沟地区水体依然较深，区域海平面下降对该地区水温影响不大。24.21～20.47℃的温度范围反映了当时该区处于较凉—温暖气候。

华蓥溪口地区栖霞组测试 5 个样，取样位置较均匀分布。$\delta^{18}O$ 的变化范围为-6.33‰～-4.42‰，向上 $\delta^{18}O$ 总体为正偏移，表明向上海平面下降。根据公式，恢复的古水温为 33.60～24.26℃。以上表明随着海平面的下降温度升高，但变化不大，局部表现为震荡变化。主体温度 27.59～24.26℃的范围反映了当时该区处于较凉—温暖气候。

宣汉渡口地区栖霞组测试 3 个样，取样位置较均匀分布。$\delta^{18}O$ 的变化范围为-10.26‰～-5.10‰，向上 $\delta^{18}O$ 总体为正偏移，表明海平面下降。根据公式，恢复的古水温变化为 55.27～27.50℃。样品 XG-1 处于栖霞组底部，经薄片分析为深灰色含泥-粉晶灰岩，受成岩作用影响较大。剔除样品 XG-1，古水温为 26.02～27.50℃，说明该时期海水水温变化不大。26.02～27.50℃的温度范围反映了当时该区处于较凉—温暖气候。

综合栖霞期碳氧同位素古水温恢复分析，王家沟地区、华蓥溪口地区及宣汉渡口观音洞地区栖霞期水温较低，主要是因为二叠纪栖霞期全球处于冰期—间冰期过渡时期。目前

国内栖霞期发现生物礁的报道很少，而从此次恢复古水温数据来看，栖霞期处于较凉—温暖气候，可在一定程度上说明水温较低可能是栖霞期生物礁欠发育的原因之一（图 5-36）。

时代	气候	生物礁	空间稳定性	沉积速率	氧化还原	古盐度	环境分异度
P	温暖时期	繁盛	侧向多变	快	一般正常（受环境控制）	一般正常（受环境控制）	大
C₂	冰期	缺乏	稳定	慢	还原环境 / 氧化环境	弱淡化 / 弱咸化	小
C₁ / D	温暖时期	繁盛	侧向多变	快	一般正常（受环境控制）	一般正常（受环境控制）	大

图 5-36　华南地区晚古生代古气候与古环境对比图（据颜佳新等，1994）

王家沟地区、华蓥溪口地区及宣汉渡口地区古水温恢复数据显示，栖霞早期温度较高，中后期温度降低并呈震荡趋势回升。现代证据表明，在低纬度地区，海水温度易受到洋流等作用影响使温度升高，而相对高纬度地区，海水温度较低。吴汉宁等（1998）等利用近年来研究成果，建立了扬子地块显生宙的古地磁视极移曲线（图 5-37），早古生代，扬子地块处于赤道以南低纬度地区，加里东运动晚期，扬子地块北向平移运动加速，至二叠纪中晚期已移至北纬低纬地区。综上，栖霞早期古水温相对较高是由于栖霞早期扬子地块所在地理位置纬度较低造成的，栖霞中后期水温震荡变化主体是受到海平面变化影响。

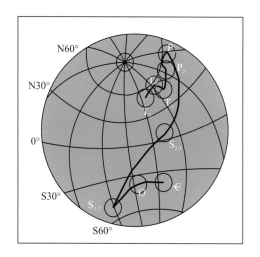

图 5-37　扬子地块 Cam-T3 古地磁视极移曲线（据吴汉宁，1998，修改）

3. 古氧相研究

沉积环境的古氧相特征是沉积环境和古海洋特征恢复的重要内容。近年来其古氧相特征识别及应用分析已经成为研究的热点。

古氧相指反映地层(或沉积物)沉积形成时沉积环境水体中,特别是水体中溶氧量特征及其变化的各种岩石、生物和地球化学等特征的综合,为沉积相的重要组成部分。20 世纪 70 年代初期,Rhoads 和 Morse(1971)根据加利福尼亚大陆边缘底层水体中溶氧量与生物群特征及沉积构造的关系提出了常氧(aerobic)、贫氧(dysaerobic)和厌氧(anaerobic)的古氧相三分方案。其中,常氧相环境中水体溶氧量大于 1mL/L,钙质壳生物繁盛,沉积构造因强烈生物扰动而丧失殆尽;厌氧相环境水体溶氧量小于 0.1mL/L,后生动物缺乏,沉积物内水平层理保存完好;贫氧相介于上述两相之间,溶氧量为 0.1~1mL/L,发育以软体为主的生物群,沉积构造受到不同程度的扰动。后两者统称为缺氧相(oxygen deficient facies)。缺氧相所对应的缺氧环境是古地质环境的一种重要形式,实质上,缺氧环境就是溶解氧缺乏而有机质等还原性物质稳定存在甚至富集的环境,发育纹层状黑色页岩、石灰岩、硅质岩等组合及生物扰动的缺乏,黄铁矿及特殊的岩性组合既是基本地质特征,也是当前普遍认同的宏观判识标志。但这些特征不完全是缺氧环境的体现,它是沉积速率和水动力条件等的综合反映,尤其是在弱氧化-弱还原条件下存在复杂的过渡过程,微迹化石和层理构造等变化较大,且受后期保存程度等影响,故进行古氧相特征识别分析时常根据地层中保存的生物古生态学特征、沉积地球化学特征、有机相特征等来进行研究。而地球化学分析方法由于其定量化分析和多因素分析的特征越来越受重视,以下是部分缺氧及常氧环境下的基本特征及判别指标(表 5-9)。

表 5-9　缺氧环境及常氧环境基本特征及综合判别指标

判别指标		缺氧环境		常氧环境
		厌氧	贫氧	
水体溶氧量		<0.1mL/L	0.1~1mL/L	>1mL/L
古地理		低能、滞留、局限、上升流区		高能、循环畅通
岩石	颜色	灰黑色-黑色	深灰色-黑灰色	浅灰-深灰色
	层状	纹层-薄层, 少见中层	中层为主, 次见薄层	厚层块状为主, 次为中层
	岩性	黑色页岩、硅质岩、(泥质)石灰岩		变化较大
	其他	有机质丰富, 见黄铁矿	有机质较丰富, 见黄铁矿	含有机质, 但大部分被破坏
古生物	底栖生物	缺乏	常见体小壳薄的 腕足、双壳类	底栖生物发育,生物个体大。 珊瑚、藻类、腕足类等繁盛
	浮游生物	放射虫、 菊石发育	常见菊石, 偶见放射虫	偶见菊石
	生物扰动	缺乏	偶见—常见	强烈
	遗迹构造	*Zoophycos*、*Chondrites*		难以保存

判别指标			缺氧环境		常氧环境
			厌氧	贫氧	
矿物		标型矿物	原生金属硫化物		褐铁矿、Mn 氧化物
		黄铁矿矿化度（DOP）	无 H_2S 时 DOP=0.4～0.7; 含 H_2S 时 DOP＞0.7		DOP＜0.4
地球化学	元素地球化学	铁元素指标	$Fe^{2+}/Fe^{3+}＞1$		$Fe^{2+}/Fe^{3+}＜1$
		微量元素含量	过渡金属、有机硫含量高		过渡金属含量低
		V/(V+Ni)	＞0.55	0.45～0.60	＜0.45
		V/Cr	＞4.25	2.00～4.25	＜2.00
		Ni/Co	＞7.00	5.00～7.00	＜5.00
		U/Th	＞1.25	0.75～1.25	＜0.75
		Au(10^{-6})	＞12.0	5.00～12.0	＜5.00
		δU	＞1		＜1

（据吴胜和等，1994；王争鸣，2003；腾格尔等，2004；部分改动）

　　研究有针对地对样品的制备和分析元素进行了筛选，选用受成岩作用小的灰岩作为分析样品，利用等离子体质谱法对宣汉渡口观音洞剖面栖霞组 28 个样品、华蓥溪口剖面栖霞组 10 个样品、旺苍王家沟剖面栖霞组 21 个样品、广元西北剖面栖霞组 1 个样品进行了 V、Ni 元素分析化验，并对宣汉渡口观音洞和华蓥溪口两条剖面的 U、Th 值也进行了化验对比，数值见表 5-10～表 5-13。

表 5-10　广元西北栖霞组露头剖面古氧相地化分析测试表

原样编号	层位	采样小层	岩性	V	Ni	V/(V+Ni)
西北 XB-2	P_2q	1-2	灰色泥晶灰岩	14	2.6	0.843373

表 5-11　旺苍王家沟栖霞组露头剖面古氧相地化分析测试表

原样编号	层位	采样小层	岩性	V	Ni	V/(V+Ni)
王家沟 W-12	P_2q	3-1	灰色生屑泥晶灰岩	78	12.0	0.866667
王家沟 W-13	P_2q	3-2	灰色生屑泥晶灰岩	27	1.7	0.940767
王家沟 W-19	P_2q	5-3	灰黑色砂屑灰岩	30	3.2	0.903614
王家沟 W-21	P_2q	6-2	灰黑色含生屑砂屑灰岩	9	1.4	0.867925
王家沟 W-25	P_2q	7-2	黑色砂屑灰岩	13	1.4	0.902778
王家沟 W-27	P_2q	8-1	黑色砂屑泥晶灰岩	18	3.3	0.84507
王家沟 W-32	P_2q	10-1	灰黑色砂屑泥晶灰岩	16	2.3	0.874317
王家沟 W-34	P_2q	10-3	灰黑色砂屑泥晶灰岩	9	1.4	0.862745
王家沟 W-35	P_2q	11-1	灰色生屑泥晶灰岩	10	3.7	0.729927
王家沟 W-41	P_2q	12-5	灰色生屑泥晶灰岩	5	0.9	0.839286
王家沟 W-46	P_2q	13-4	灰色生屑灰岩	5	1.3	0.790323
王家沟 W-52	P_2q	14-5	浅灰色泥晶灰岩	6	1.7	0.77027

原样编号	层位	采样小层	岩性	V	Ni	V/(V+Ni)
王家沟 W-54	P_2q	14-7	浅灰色泥晶灰岩	8	2.3	0.77
王家沟 W-55	P_2q	14-8	浅灰色泥晶灰岩	11	1.3	0.894309
王家沟 W-57	P_2q	15-2	灰白色灰质白云岩	7	0.6	0.921053
王家沟 W-60	P_2q	15-5	灰色泥晶灰岩	6	0.7	0.9
王家沟 W-62	P_2q	16-1	灰色砂屑泥晶灰岩	6	1.6	0.783784
王家沟 W-64	P_2q	16-3	灰色砂屑泥晶灰岩	8	0.5	0.939024
王家沟 W-66	P_2q	16-5	灰色砂屑泥晶灰岩	7	1.3	0.843373
王家沟 W-69	P_2q	16-8	灰色砂屑泥晶灰岩	8	2.1	0.8
王家沟 W-74	P_2q	18-2	灰色含砂屑生屑灰岩	13	1.8	0.878378

表 5-12 华蓥溪口栖霞组露头剖面古氧相地化分析测试表

原样编号	层位	采样小层	岩性	V	Ni	U	Th	V/(V+Ni)	U/Th
华蓥溪口 WL1	P_2q	2 层下部	灰色中层含泥屑泥晶灰岩	5.32	4.35	1.24	0.44	0.55016	2.81818
华蓥溪口 WL2-1	P_2q	2 层下部	灰黑色薄层泥晶岩	29.5	8.42	1.89	1.81	0.77795	1.0442
华蓥溪口 WL4	P_2q	3 层中部	灰色厚层块状生屑泥晶灰岩	5.71	2.27	1.71	0.17	0.71554	10.0588
华蓥溪口 WL5	P_2q	4 层底部	灰色厚层具残余生物结构细-粉晶灰岩	19.6	18.66	3.23	0.39	0.51228	8.28205
华蓥溪口 WL7	P_2q	5 层下部	灰色厚层块状泥晶生屑灰岩	4.93	2.38	3.27	0.21	0.67442	15.5714
华蓥溪口 WL15	P_2q	8 层上部	灰色中层生屑泥晶灰岩	3.51	2.78	2.62	0.065	0.55803	40.3077
华蓥溪口 WL16	P_2q	9 层下部	灰色厚层块状含生屑泥晶灰岩	1.89	1.23	1.89	0.060	0.60577	31.5
华蓥溪口 WL19	P_2q	11 层	灰色厚层生屑泥晶生屑灰岩	6.30	4.56	2.44	0.19	0.58011	12.8421
华蓥溪口 WL21	P_2q	13 层下部	灰色厚层块状具残余生物结构泥晶岩	8.10	4.05	2.75	0.16	0.66667	17.1875
华蓥溪口 WL22	P_2q	13 层上部	灰色厚层泥晶生屑灰岩	13.4	4.20	6.67	0.89	0.76136	7.49438

表 5-13 宣汉渡口栖霞组露头剖面古氧相地化分析测试表

原样编号	层位	采样小层	岩性	V	Ni	U	Th	V/(V+Ni)	U/Th
宣汉渡口观音洞 WL2	P_2q	3 层	深灰色厚层粉晶生屑灰岩	45.1	9.21	9.29	0.57	0.83042	16.2982
宣汉渡口观音洞 WL3	P_2q	4 层下部	深灰色中层生屑泥晶灰岩	10.5	2.26	4.30	0.53	0.82288	8.11321
宣汉渡口观音洞 WL6	P_2q	5 层下部	灰色中层泥晶生屑灰岩	6.10	3.55	4.44	0.32	0.63212	13.875
宣汉渡口观音洞 WL9	P_2q	6 层上部	灰色厚层泥晶生屑灰岩	35.0	6.71	2.99	0.46	0.83913	6.5
宣汉渡口观音洞 WL12	P_2q	7 层上部	灰色厚层生屑泥晶灰岩	28.6	5.46	2.61	0.45	0.83969	5.8
宣汉渡口观音洞 WL13-2	P_2q	8 层	深灰色泥灰岩	39.3	13.58	11.11	0.28	0.74319	39.6786
宣汉渡口观音洞 WL15	P_2q	9 层上部	灰色厚层泥晶灰岩	8.84	1.17	4.93	0.36	0.88312	13.6944
宣汉渡口观音洞 WL16	P_2q	10 层	深灰色中厚层生屑泥晶灰岩	31.5	9.40	3.21	0.52	0.77017	6.17308
宣汉渡口观音洞 WL18	P_2q	11 层上部	灰色中-厚层生屑泥晶灰岩	4.33	0.03	2.38	0.11	0.99312	21.6364
宣汉渡口观音洞 WL20	P_2q	12 层上部	灰色-深灰色含泥泥晶生屑灰岩	68.5	16.39	3.40	1.45	0.80693	2.34483

原样编号	层位	采样小层	岩性	V	Ni	U	Th	V/(V+Ni)	U/Th
宣汉渡口观音洞 WL21	P$_2$q	13 层下部	深灰色厚层泥晶生屑灰岩	11.3	3.10	3.38	0.19	0.78472	17.7895
宣汉渡口观音洞 WL24	P$_2$q	14 层上部	灰色厚层泥晶生屑灰岩	11.1	3.73	2.64	0.13	0.74848	20.3077
宣汉渡口观音洞 WL25	P$_2$q	15 层下部	灰色厚层泥晶灰岩	3.10	3.23	1.37	0.13	0.48973	10.5385
宣汉渡口观音洞 WL27	P$_2$q	16 层下部	灰色厚层泥-粉晶灰岩	64.1	18.45	4.74	1.43	0.7765	3.31469
宣汉渡口观音洞 WL30	P$_2$q	17 层中部	灰色厚层泥晶灰岩	29.8	6.99	2.10	0.55	0.81	3.81818
宣汉渡口观音洞 WL32	P$_2$q	18 层下部	灰色厚层含生屑粉晶灰岩	19.8	0.54	3.35	0.26	0.97345	12.8846
宣汉渡口观音洞 WL35	P$_2$q	19 层上部	灰色厚层含生屑泥晶灰岩	6.48	0.95	9.47	0.14	0.87214	67.6429
宣汉渡口观音洞 WL37	P$_2$q	20 层上部	灰色厚层块状泥晶灰岩	4.08	3.97	2.64	0.14	0.50683	18.8571
宣汉渡口观音洞 WL39	P$_2$q	21 层上部	灰色中层泥晶灰岩	1.81	0.35	2.33	0.076	0.83796	30.6579
宣汉渡口观音洞 WL40	P$_2$q	22 层下部	灰黑色含生屑含云质泥质泥晶灰岩	21.1	1.46	4.13	0.18	0.93528	22.9444
宣汉渡口观音洞 WL41	P$_2$q	22 层中部	灰色中厚层含生屑泥晶灰岩	4.69	1.73	5.85	0.053	0.73053	110.377
宣汉渡口观音洞 WL44	P$_2$q	23 层	灰黑色薄层泥灰岩	40.7	4.53	4.88	0.45	0.89985	10.8444
宣汉渡口观音洞 WL45	P$_2$q	23 层	深灰色中厚层泥晶生屑灰岩	13.5	2.06	7.77	0.028	0.86761	277.5
宣汉渡口观音洞 WL46	P$_2$q	23 层	深灰色中厚层泥晶生屑灰岩	9.21	0.89	8.18	0.16	0.91188	51.125
宣汉渡口观音洞 WL47	P$_2$q	23 层	灰黑色薄层泥灰岩	26.2	5.07	6.34	0.33	0.83786	19.2121
宣汉渡口观音洞 WL50	P$_2$q	25 层中部	灰色厚层含生屑泥-粉晶灰岩	10.5	1.75	5.98	0.068	0.85714	87.9412
宣汉渡口观音洞 WL54	P$_2$q	26 层上部	灰色厚层泥晶藻屑灰岩	13.1	1.63	4.28	0.095	0.88934	45.0526
宣汉渡口观音洞 WL56	P$_2$q	27 层顶部	灰色厚层泥晶藻屑灰岩	14.1	6.16	4.08	0.037	0.69595	110.27

　　前已述及，微量元素比值是作为推断古氧相的重要工具，V/(V+Ni) 值的变化能较好地反映沉积环境中含氧量的变化。一般来说，V/(V+Ni) 值越高，反映缺氧程度越高。当其数值大于 0.55 时为厌氧环境，在 0.45～0.60 时为贫氧环境，小于 0.45 时为常氧环境。U/Th 的主要作用为校正样品不利数值，也能反映缺氧环境的变化。一般来说，U/Th 值大于 1.25 为厌氧环境，在 0.75～1.25 时为贫氧环境，小于 0.75 时为常氧环境。

　　王家沟剖面栖霞组共取样 21 件，从表 5-11 和图 5-38 中可见，V/(V+Ni) 最高值为 0.940767，出现在 W-13，岩性为灰色生屑泥晶灰岩；最低值为 0.729927，出现在 W-35；平均值为 0.85。

　　V/(V+Ni) 值曲线图 (图 5-38) 显示，栖霞期主体为震荡缺氧环境，集中表现为 W-21、W-27、W-35、W-54、W-62、W-69 为相对低值，W-25、W-34、W-41、W-57、W-64 为相对高值。对比样品岩性及所在层位岩性，相对低值处岩性一般为灰色厚层状颗粒泥晶灰岩，所在层位有部分云化现象。而相对高值处岩性不一，可为深灰色中层生屑泥晶灰岩或灰色厚层生屑泥晶灰岩。通过 V/(V+Ni) 及 U/Th 分析得出栖霞期王家沟地区处于缺氧沉积环境，期间有次级的相对富氧波动，岩性特征表现为颜色变浅、层状变厚和颗粒变粗等。

　　华蓥溪口剖面栖霞组共取样 10 个 (图 5-39)，V/(V+Ni) 最高值为 0.77795，出现在 WL2-1，U/Th 值为 1.0442，岩性为灰黑色薄层泥灰岩；最低值为 0.51228，出现在 WL5，U/Th 值为 8.28205，岩性为灰色厚层具残余生物结构细-粉晶灰岩；V/(V+Ni) 平均值为 0.64，U/Th 平均值为 14.71。

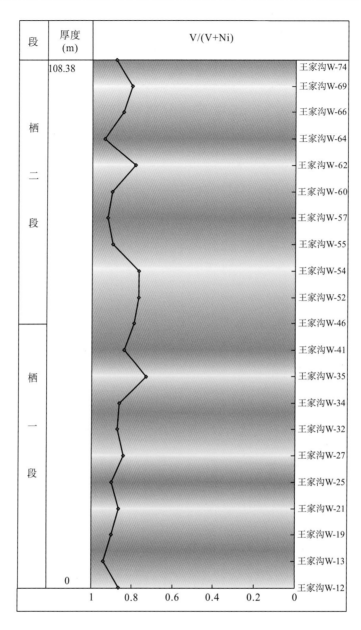

图 5-38　王家沟栖霞组 V/(V+Ni) 值曲线图

V/(V+Ni) 值曲线图（图 5-39）显示，栖霞期主体为一个震荡缺氧环境，集中表现为 WL1、WL5、WL19 为相对低值，WL2-1、WL7、WL15 为相对高值。对比样品岩性及所在层位岩性，相对低值处岩性一般为灰色厚层状生屑泥晶灰岩或细粉晶灰岩。经 U/Th 元素比值校正后去除 WL7 影响，相对高值处岩性一般为深灰色中层-薄层生屑泥晶灰岩或泥灰岩，泥质含量较重，部分样品为"眼皮眼球"状构造的"眼皮"。以上说明该地区栖霞期整体处于缺氧沉积环境，其中存在次级的典型厌氧与相对富氧波动变化，由于波动变化较快使组内相邻层位因缺氧程度不同表现为不同岩性。相对富氧环境沉积表现为颜色变浅，层状变厚和颗粒变粗等特征，厌氧环境沉积颜色、岩性、层状特征相反，且泥质含量较重。

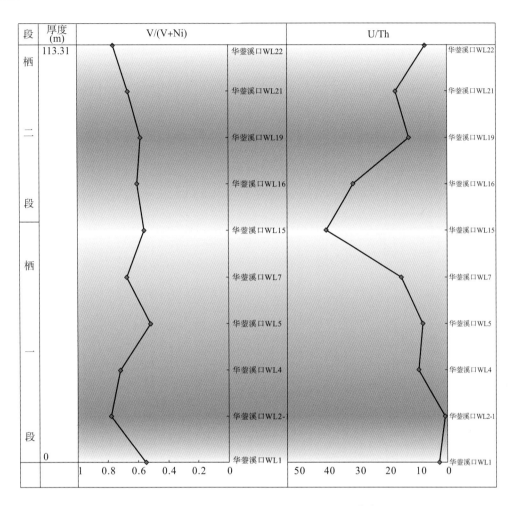

图 5-39　华蓥溪口栖霞组 V/(V+Ni) 及 U/Th 曲线图

宣汉渡口观音洞剖面栖霞组共取样 28 个 (图 5-40)。V/(V+Ni) 最高值为 0.99312，出现在 WL18，U/Th 为 21.6364，岩性为灰色中-厚层生屑泥晶灰岩；最低值为 0.48973，出现在 WL25，U/Th 为 10.5385，岩性为灰色厚层泥晶灰岩；V/(V+Ni) 平均值为 0.80，U/Th 平均值为 37.69。V/(V+Ni) 及 U/Th 变化较为一致。

V/(V+Ni) 曲线图 (图 5-40) 显示，栖霞期主体为震荡缺氧环境，集中表现为 WL6、WL13-2、WL16、WL25、WL37、WL41、WL47 为相对低值，WL9、WL15、WL18、WL24、WL27、WL32、WL40、WL44 为相对高值，对比样品岩性及所在层位岩性，经 U/Th 校正后去除 WL6、WL13-2、WL47 认为，相对低值处岩性一般为灰色厚层状生屑泥晶灰岩或泥晶灰岩。经 U/Th 校正后去除 WL9、WL15、WL40、WL44 影响，相对高值处岩性一般为深灰色中厚层生屑泥晶灰岩泥灰岩，泥质含量较重，部分样品为"眼皮眼球"状构造的

"眼皮"。以上说明该地区栖霞期处于缺氧沉积环境，其中存在次级的典型厌氧与相对富氧波动变化，由于波动变化较快使组内相邻层位因缺氧程度不同表现为不同岩性。相对富氧环境沉积表现为颜色变浅，层状变厚和颗粒变粗等特征，厌氧环境沉积颜色、岩性、层状特征相反，且泥质含量较重。

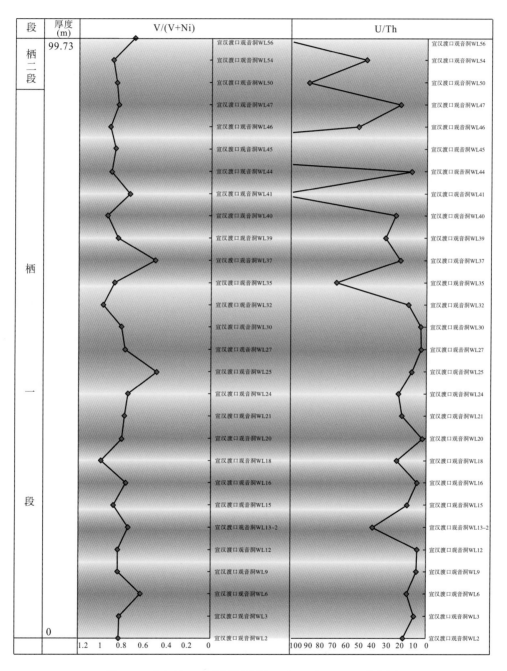

图 5-40　宣汉渡口观音洞栖霞组 V/(V+Ni) 及 U/Th 曲线图

栖霞组厌氧沉积中以有机质含量较高为特征，但有机质丰富并不一定代表缺氧环境，有机质丰富也可以是高生物产率或快速沉积的产物。因此缺氧沉积的确定需要综合地球化学、沉积学和古生态学等多方面的研究。研究表明，栖霞期为一沉积速率较快时期，呈现总体缺氧的特征。

对旺苍王家沟、华蓥溪口及宣汉渡口剖面所取样品的镜下鉴定，充分印证了栖霞期的沉积环境特征。V/(V+Ni)相对高值的岩样，其生屑含量大多超过50%，富含有孔虫、棘皮屑、腹足、苔藓虫、介形虫、棘皮、腕足等生屑，生物分异度高；而V/(V+Ni)相对低值的岩样，其生屑含量一般为10%~20%，生屑相对较为破碎，生物分异度相对较低，泥晶填隙物的含量较高，最高可达91%。总体来说，栖霞期生物种类繁多，生物丰度较高。

前人对栖霞期缺氧沉积的机制进行了综合探讨。吕炳全等(1989)认为栖霞期上升流导致水体缺氧，缺氧环境是栖霞组富有机质沉积的主要原因。他们列举的上升流证据如下：①栖霞组燧石结核大量发育，这些燧石结核的形成可能与上升流带来的溶解硅有关；②栖霞组内造礁生物种类多，但未形成礁，可能受上升流带入表层的低温、低盐度水体的影响；③栖霞组介形虫、苔藓虫、海百合和腕足类多为碎片，这些碎片是上升流对生物遗体进行冲蚀搬运所致。可是栖霞组剖面结构不是有机质—硅质—磷质三位一体的沉积(缺乏磷质沉积)，因而与上升流沉积特征明显不同。施春华等(2004)、颜佳新等(2007)认为高生物产率可能是栖霞组富有机质沉积的主要原因。栖霞组生物产率较高的证据较多：①栖霞组内天青石(菊花石)的大量发育与高生物产率有关；②高生物产率导致栖霞组碳酸盐岩中碳同位素出现正偏；③栖霞期生物礁不发育也可能是较高的生物产率的反映。他们进一步推断，较高的生物产率导致水体中缺氧环境的形成，并使有机物质得以很好地保存。

通过对华蓥溪口和宣汉渡口观音洞两条剖面的综合分析认为，栖霞组碳酸盐岩中碳同位素出现明显正偏是证明栖霞组生物产率较高的证据。栖霞期处于冰期-间冰期的过渡期，生物大量复苏和繁殖，推测可能是较高的生物产率导致水体中缺氧环境的形成，进而形成研究区特有的栖霞期频繁缺氧与相对富氧的交替。

4. 海平面变化

1)微量元素

碳酸盐岩在沉积过程中，沉积物与海水之间有着复杂的地球化学平衡，随着沉积环境的改变，沉积物中的化学元素及其化合物组成也发生改变，不同元素的含量和比值因此存在差异。因此可以根据碳酸盐岩中的微量元素及其比值的变化来反映出海平面的变化。此次研究分别对Ba、Mn、Sr、V、Ni、Fe等微量元素进行了测试分析(表5-14~表5-17)，并根据各元素值或其比值来对中二叠世海平面变化进行分析研究。

表 5-14　广元西北露头剖面中二叠统微量元素分析表

原样编号	层位	采样小层	ω(Ba)(10^{-6})	ω(Mn)(10^{-6})	Sr/Ba	V/Ni	Mn/Fe
西北 XB-8	P_2m	3-2	6.5	36	34.18378	8.666666667	0.073469388
西北 XB-10	P_2m	3-4	5.8	17	85.72308	21.81818182	0.049594595

续表

原样编号	层位	采样小层	ω(Ba)(10^{-6})	ω(Mn)(10^{-6})	Sr/Ba	V/Ni	Mn/Fe
西北 XB-13	P_2m	5-2	7.4	40	23.96279	8.571428571	0.166666667
西北 XB-25	P_2m	9-1	3.7	11	18.74963	10	0.05
西北 XB-26	P_2m	9-2	4.1	10	17.92	11.81818182	0.022727273
西北 XB-30	P_2m	10-3	6.4	15	13.07511	10.58823529	0.030612245
西北 XB-32	P_2m	11-2	5.4	20	20.67692	20	0.0625
西北 XB-34	P_2m	11-4	4.6	55	31.52593	13.84615385	0.125
西北 XB-36	P_2m	12-2	10.4	39	41.5096	13.63636364	0.114705882

表 5-15　旺苍王家沟露头剖面中二叠统微量元素分析表

原样编号	层位	采样小层	ω(Ba)(10^{-6})	ω(Mn)(10^{-6})	Sr/Ba	V/Ni	Mn/Fe
王家沟 W-12	P_2q	3-1	57.4	539	5.467897	6.5	0.038227
王家沟 W-13	P_2q	3-2	10.6	82	33.06077	15.882353	0.134426
王家沟 W-19	P_2q	5-3	13.8	36	51.61026	9.375	0.027692
王家沟 W-21	P_2q	6-2	9.3	21	88.4	6.5714286	0.058333
王家沟 W-25	P_2q	7-2	7.4	25	66.4768	9.2857143	0.086207
王家沟 W-27	P_2q	8-1	9.9	18	142.8	5.4545455	0.016364
王家沟 W-32	P_2q	10-1	9.9	19	194.826	6.9565217	0.029231
王家沟 W-34	P_2q	10-3	5.9	14	120.768	6.2857143	0.0175
王家沟 W-35	P_2q	11-1	6.1	11	68.26154	2.7027027	0.034375
王家沟 W-41	P_2q	12-5	5.2	12	57.02727	5.2222222	0.046154
王家沟 W-46	P_2q	13-4	4.1	13	62.28406	3.7692308	0.059091
王家沟 W-52	P_2q	14-5	5	11	32.16	3.3529412	0.030556
王家沟 W-54	P_2q	14-7	5.6	12	47.74167	3.3478261	0.03871
王家沟 W-55	P_2q	14-8	4.1	12	78.84058	8.4615385	0.035294
王家沟 W-57	P_2q	15-2	3.6	22	15.13548	11.666667	0.081481
王家沟 W-60	P_2q	15-5	3.9	12	70.63881	9	0.05
王家沟 W-62	P_2q	16-1	4.8	13	64.30617	3.625	0.044828
王家沟 W-64	P_2q	16-3	4.4	10	48.33514	15.4	0.037037
王家沟 W-66	P_2q	16-5	7.6	115	19.87692	5.3846154	0.212963
王家沟 W-69	P_2q	16-8	5.2	17	86.18427	4	0.05
王家沟 W-74	P_2q	18-2	5.8	12	98.39184	7.2222222	0.023529
王家沟 W-81	P_2m	21-2	3.5	16	83.18667	14.44444444	0.044444444
王家沟 W-86	P_2m	23-2	16.2	14	26.55709	11.57894737	0.04375
王家沟 W-93	P_2m	26-3	4.4	17	198.6703	13.84615385	0.047222222
王家沟 W-97	P_2m	28-1	3.7	14	141.181	11	0.07
王家沟 W-102	P_2m	30-3	6.4	19	101.4385	10	0.057575758
王家沟 W-106	P_2m	32-2	6.8	13	48.42069	8.333333333	0.021666667
王家沟 W-112	P_2m	34-2	3.3	8.9	137.2143	20	0.055625
王家沟 W-118	P_2m	36-1	5.7	7.9	57.90515	14.61538462	0.032916667

表 5-16 华蓥溪口露头剖面中二叠统微量元素分析表

原样编号	层位	采样小层	$\omega(Ba)(10^{-6})$	$\omega(Mn)(10^{-6})$	$\omega(Fe)(10^{-2})$	Sr/Ba	V/Ni
华蓥溪口 WL1	P₂q	2 层下部	175	41	0.14	4.571429	1.222989
华蓥溪口 WL2-1	P₂q	2 层下部	20.1	19.8	0.53	9.154229	3.503563
华蓥溪口 WL4	P₂q	3 层中部	152	15.5	0.066	8.328947	2.515419
华蓥溪口 WL5	P₂q	4 层底部	10.3	17.9	0.12	65.33981	1.050375
华蓥溪口 WL7	P₂q	5 层下部	4.8	17	0.043	202.9474	2.071429
华蓥溪口 WL15	P₂q	8 层上部	4.7	12.5	0.036	242.2833	1.26259
华蓥溪口 WL16	P₂q	9 层下部	2.4	7.7	0.019	315.3527	1.536585
华蓥溪口 WL19	P₂q	11 层	6.3	18.7	0.06	281.458	1.381579
华蓥溪口 WL21	P₂q	13 层下部	4.2	17.3	0.057	269.6897	2
华蓥溪口 WL22	P₂q	13 层上部	5.3	16.2	0.087	213.2959	3.190476
华蓥溪口 WL23	P₂q	14 层	17.9	26.7	0.26	68.99441	4.727273
华蓥溪口 WL59	P₂m	15 层下部	28.8	37.5	0.79	32.39583	4.840055633
华蓥溪口 WL61	P₂m	15 层中部	16.0	22.7	0.48	60.125	4.888558692
华蓥溪口 WL62	P₂m	15 层中部	6.2	17.1	0.068	192.0455	22.15384615
华蓥溪口 WL63	P₂m	15 层上部	5.6	18.0	0.075	249.2883	3.607594937
华蓥溪口 WL65	P₂m	16 层底部	7.7	22.5	0.059	137.5813	31.375
华蓥溪口 WL66	P₂m	16 层底部	16.1	26.6	0.27	109.6894	9.723320158
华蓥溪口 WL73	P₂m	16 层底部	7.6	12.0	0.15	175.3604	6.295336788
华蓥溪口 WL74	P₂m	16 层中部	4.1	11.5	0.058	339.4608	8.34375
华蓥溪口 WL79	P₂m	16 层上部	8.9	13.0	0.068	210.9989	10.18421053
华蓥溪口 WL81	P₂m	17 层下部	3.5	14.7	0.049	411.8497	2.107055961
华蓥溪口 WL83	P₂m	18 层底部	10.1	22.4	0.36	280.4154	5.865384615
华蓥溪口 WL90	P₂m	19 层上部	4.0	18.3	0.082	508.9776	7.24137931
华蓥溪口 WL91	P₂m	20 层下部	8.1	17.8	0.14	427.599	3.535483871
华蓥溪口 WL93	P₂m	21 层下部	2.4	17.5	0.039	638.2716	4.328358209
华蓥溪口 WL97	P₂m	22 层中部	5.1	8.7	0.071	418.0039	19.53125
华蓥溪口 WL55	P₂m	24 层下部	13.7	20.8	0.26	72.91971	5.416078984
华蓥溪口 WL54	P₂m	24 层上部	7.0	16.0	0.063	241.404	3.957055215
华蓥溪口 WL52	P₂m	25 层下部	9.5	11.3	0.13	249.5789	6.686626747
华蓥溪口 WL50	P₂m	25 层下部	2.4	9.6	0.026	918.0328	179.6
华蓥溪口 WL46	P₂m	26 层下部	4.9	15.9	0.088	378.1377	5.703703704
华蓥溪口 WL45	P₂m	26 层下部	7.5	15.8	0.18	477.8523	8.13559322
华蓥溪口 WL43	P₂m	27 层	3.0	17.3	0.053	572.2408	13.95348837
华蓥溪口 WL39	P₂m	29 层上部	14.2	9.6	0.082	72.04225	4.801762115
华蓥溪口 WL38	P₂m	30 层下部	4.7	4.9	0.022	208.0338	2.312727273
华蓥溪口 WL35	P₂m	31 层底部	2.4	14.3	0.067	251.0288	10.05263158
华蓥溪口 WL32	P₂m	33 层中部	4.1	20.9	0.10	106.5375	4.141414141

原样编号	层位	采样小层	ω(Ba)(10^{-6})	ω(Mn)(10^{-6})	ω(Fe)(10^{-2})	Sr/Ba	V/Ni
华蓥溪口 WL30	P_2m	34 层下部	3.6	18.8	0.066	171.4286	4.160789845
华蓥溪口 WL27	P_2m	35 层上部	4.2	43.2	0.049	91.72577	2.43902439
华蓥溪口 WL25	P_2m	37 层	1.9	104	0.040	218.4211	5.547058824
华蓥溪口 WL24	P_2m	38 层	1.8	114	0.080	129.8343	25.125

表 5-17　宣汉渡口观音洞露头剖面中二叠统微量元素分析表

原样编号	层位	采样小层	ω(Ba)(10^{-6})	ω(Mn)(10^{-6})	ω(Fe)(10^{-2})	Sr/Ba	V/Ni
宣汉渡口观音洞 WL2	P_2q	3 层	683	25.5	0.15	4.770132	4.896851
宣汉渡口观音洞 WL3	P_2q	4 层下部	548	60.9	0.095	3.631387	4.646018
宣汉渡口观音洞 WL6	P_2q	5 层下部	269	13.5	0.1	3.769517	1.71831
宣汉渡口观音洞 WL9	P_2q	6 层上部	75.4	13	0.13	16.22016	5.216095
宣汉渡口观音洞 WL12	P_2q	7 层上部	11.5	14.1	0.11	82	5.238095
宣汉渡口观音洞 WL13-2	P_2q	8 层	89.5	14.1	0.077	70.27933	2.893962
宣汉渡口观音洞 WL15	P_2q	9 层上部	86.6	12.3	0.11	13.0485	7.555556
宣汉渡口观音洞 WL16	P_2q	10 层	124	8.8	0.14	20.96774	3.351064
宣汉渡口观音洞 WL18	P_2q	11 层上部	218	7.4	0.026	6.545872	144.3333
宣汉渡口观音洞 WL20	P_2q	12 层上部	64.6	23.5	0.31	17.63158	4.179378
宣汉渡口观音洞 WL21	P_2q	13 层下部	77.2	10.5	0.05	17.35751	3.645161
宣汉渡口观音洞 WL24	P_2q	14 层上部	10.2	8.1	0.063	110.2941	2.975871
宣汉渡口观音洞 WL25	P_2q	15 层下部	5.1	7.3	0.025	308.6275	0.959752
宣汉渡口观音洞 WL27	P_2q	16 层下部	28.6	18.6	0.5	89.09091	3.474255
宣汉渡口观音洞 WL30	P_2q	17 层中部	9.8	13.7	0.1	80.61538	4.263233
宣汉渡口观音洞 WL32	P_2q	18 层下部	7.1	10.3	0.051	131.7416	36.66667
宣汉渡口观音洞 WL35	P_2q	19 层上部	62.4	6.6	0.047	15.6891	6.821053
宣汉渡口观音洞 WL37	P_2q	20 层上部	9.2	9.5	0.047	105.5375	1.027708
宣汉渡口观音洞 WL39	P_2q	21 层上部	22.4	6.1	0.025	32.94643	5.171429
宣汉渡口观音洞 WL40	P_2q	22 层下部	9.5	5.4	0.059	45.31085	14.45205
宣汉渡口观音洞 WL41	P_2q	22 层中部	41.3	5.5	0.018	22.7845	2.710983
宣汉渡口观音洞 WL44	P_2q	23 层底部	7.7	17.1	0.13	229.5958	8.984547
宣汉渡口观音洞 WL45	P_2q	23 层中部	2.9	12.6	0.038	384.3003	6.553398
宣汉渡口观音洞 WL46	P_2q	23 层上部	4	8.6	0.047	352.5126	10.34831
宣汉渡口观音洞 WL47	P_2q	23 层顶部	6.2	7.9	0.094	473.6246	5.167653
宣汉渡口观音洞 WL50	P_2q	25 层中部	11.3	17.1	0.02	66.46018	6
宣汉渡口观音洞 WL54	P_2q	26 层上部	2.7	84.1	0.023	192.8302	8.03681
宣汉渡口观音洞 WL56	P_2q	27 层顶部	4.1	108	0.057	141.9753	2.288961
宣汉渡口观音洞 WL57	P_2m	28 层中部	6.2	70.7	0.16	88.65478	4.453589392
宣汉渡口观音洞 WL58	P_2m	29 层下部	8.0	28.2	0.13	128.9638	5.391791045

原样编号	层位	采样小层	$\omega(Ba)(10^{-6})$	$\omega(Mn)(10^{-6})$	$\omega(Fe)(10^{-2})$	Sr/Ba	V/Ni
宣汉渡口观音洞 WL61	P_2m	30 层中部	11.2	12.2	0.15	120.8929	7.183908046
宣汉渡口观音洞 WL64	P_2m	31 层上部	11.0	13.2	0.057	190.4545	5.904920767
宣汉渡口观音洞 WL65	P_2m	32 层上部	7.8	9.8	0.079	101.2771	2.196356275
宣汉渡口观音洞 WL66	P_2m	34 层	7.1	14.9	0.036	212.447	9.704861111
宣汉渡口观音洞 WL67	P_2m	35 层	5.4	16.9	0.041	561.2245	7.239382239
宣汉渡口观音洞 WL68	P_2m	36 层下部	4.8	13.5	0.052	547.1579	5.065913371
宣汉渡口观音洞 WL70	P_2m	37 层	7.9	30.0	0.047	181.1705	1.951388889
宣汉渡口观音洞 WL72	P_2m	38 层	6.4	73.6	0.055	331.811	2.074074074
宣汉渡口观音洞 WL73	P_2m	39 层	3.1	83.3	0.046	315.9744	2.194444444

注：华蓥溪口与宣汉渡口观音洞剖面的 Fe 值为 Fe^{2+}，故 Mn/Fe 值没有意义。

（1）Ba 元素。

微量元素中，Ba 元素对沉积环境有重要的指示意义。对于海洋环境来说，从海岸附近到深海中，沉积物中的 Ba 含量从 $750×10^{-6}$ 增加到 $2240×10^{-6}$（韦德波尔，1960）。一般来说，Ba 含量越高，则反映水体越深。在本次研究中，Ba 含量的变化能较好地反映沉积环境的变化。

①西北剖面茅口组微量元素取样 9 个，分析测试结果见表 5-14，Ba 含量最高值为 $10.4×10^{-6}$（XB-36），最低值为 $3.7×10^{-6}$（XB-25），平均值为 $6.0×10^{-6}$。

西北地区茅口组 Ba 元素含量曲线图（附图 25）显示，该剖面茅口组可识别出两个沉积旋回。茅口早期，Ba 含量表现为低—高—低的变化趋势，即 XB-8—XB-25 构成第一旋回；茅口中后期，Ba 含量表现为低—高—低的变化趋势，即 XB-25—XB-34 构成第二旋回。最高值出现在茅口组顶部（XB-36），为相对海平面最高。该地区缺失茅口末期沉积地层，故无法对其做相应的分析。

②王家沟剖面栖霞组微量元素取样 21 个，Ba 含量最高值为 $57.4×10^{-6}$（W-12），最低值为 $3.6×10^{-6}$（W-57），平均值为 $9.03×10^{-6}$。

王家沟地区栖霞组 Ba 元素含量曲线图（附图 26）显示，栖霞组可识别一个沉积旋回。栖霞早期，Ba 含量最高，分析为早期迅速海侵造成水体较深；栖霞中后期，Ba 含量总体较低，指示水体下降，但期间有次级的海侵、海退旋回。

王家沟剖面茅口组微量元素取样 8 个，Ba 含量最高值为 $16.2×10^{-6}$（W-86），最低值为 $3.3×10^{-6}$（W-112），平均值为 $6.3×10^{-6}$。

王家沟地区茅口组 Ba 元素含量曲线图（附图 27）显示，该剖面茅口组可识别出两个半沉积旋回。茅口早期，Ba 含量表现为低—高—低的变化趋势，即 W-81—W-93 构成第一旋回；茅口中后期，Ba 含量表现为低—高—低的变化趋势，即 W-93—W-112 构成第二旋回；茅口组顶部取样点 W-118 反映海平面趋于升高，但因该地区缺失茅口末期沉积地层，无法做相应的分析。

③华蓥溪口剖面栖霞组微量元素取样 11 个，Ba 含量最高值为 $175×10^{-6}$（WL1），最低

值为 $2.4×10^{-6}$（WL16），平均值为 $36.64×10^{-6}$。

华蓥溪口栖霞组 Ba 元素含量曲线图（附图 28）显示，栖霞组总体为一个完整的沉积旋回。栖霞早期，Ba 含量有两次高值，分别出现在 WL1 和 WL4，分析为早期迅速海侵造成水体较深；栖霞中后期，Ba 含量较低，说明水体相对早期下降，期间可能有次级的海侵、海退发生。

华蓥溪口剖面茅口组微量元素取样 30 个，Ba 含量最高值为 $28.8×10^{-6}$（WL59），最低值为 $1.8×10^{-6}$（WL24），平均值为 $7.3×10^{-6}$。

华蓥溪口茅口组 Ba 元素含量曲线图（附图 29）显示，该剖面茅口组可识别两个以上的沉积旋回。茅口早期，Ba 含量表现为高—低的变化趋势，反映该地区海侵迅速，海退较慢；茅口中后期，Ba 含量震荡波动，说明期间可能有次级的海侵与海退出现，最低值出现在剖面茅口组顶部 WL24，反映茅口末期海退。

④宣汉渡口观音洞剖面栖霞组微量元素取样 28 个，Ba 含量最高值为 $683×10^{-6}$（WL2），最低值为 $4×10^{-6}$（WL46），平均值为 $89.00×10^{-6}$。

宣汉渡口观音洞栖霞组 Ba 元素含量曲线图（附图 30）显示，栖霞组总体为一个完整的沉积旋回。栖霞早期，Ba 含量两次出现高值，分别在 WL2 和 WL18，推测是由于早期持续的海侵造成水体较深；栖霞中后期，Ba 含量总体较低，表示水体下降，期间可能有次级的海侵与海退发生。

宣汉渡口观音洞剖面茅口组微量元素取样 11 个，Ba 含量最高值为 $11.2×10^{-6}$（WL61），最低值为 $3.1×10^{-6}$（WL73），平均值为 $7.2×10^{-6}$。

宣汉渡口观音洞茅口组 Ba 元素含量曲线图（附图 31）显示，该剖面茅口组大致可识别出两个旋回。茅口早期，Ba 含量表现为低—高—低的变化趋势，构成第一个旋回，其中 WL61 样品所在层附近为该旋回海平面最高位置；茅口中后期，36 层顶部至茅口组顶部构成第二个旋回。茅口末期沉积地层被后期剥蚀，故无法做相应的分析。

（2）Mn 元素。

对于 Mn 元素能在离子溶液中比较稳定地存在，在海水中呈 Mn^{2+} 出现。Mn 能在距离海岸较远的地方，甚至在洋底聚集，从海岸到深海其含量不断增大。随着海平面的上升，Mn 元素含量趋于增大。

①西北剖面茅口组微量元素取样 9 个，Mn 含量最高值为 $55×10^{-6}$（XB-34），最低值为 $10×10^{-6}$（XB-26），平均值为 $27×10^{-6}$。

从西北茅口组 Mn 元素含量曲线图（附图 25）显示，茅口早期，Mn 含量表现为低—高—低的变化趋势，即 XB8—XB25 构成第一旋回，此旋回可与 Ba 元素分析结果对比；茅口中后期，Mn 含量变化表现为低—高—低的变化趋势，即 XB-25—XB-36 构成第二旋回，此旋回也可与 Ba 元素分析结果大致对比。该地区缺失茅口末期沉积地层，故无法做相应的分析。

②王家沟剖面栖霞组微量元素取样 21 个，其中 Mn 元素含量最高值为 $539×10^{-6}$（W-12），最低值为 $10×10^{-6}$（W-64），平均值为 $48.86×10^{-6}$。

王家沟剖面栖霞组 Mn 元素含量曲线图（附图 26）显示，栖霞组总体为一个完整的沉积旋回。栖霞早期，Mn 元素含量为高值，推测是由于早期迅速海侵造成水体较深；栖霞中后期，Mn 元素含量总体较低，水体下降，期间有次级的海侵与海退出现。

王家沟剖面茅口组微量元素取样 8 个，Mn 含量最高值为 19×10^{-6}（W-102），最低值为 7.9×10^{-6}（W-118），平均值为 13.725×10^{-6}。

王家沟茅口组 Mn 元素含量曲线图（附图 27）显示，曲线值变化不明显，该剖面茅口组可识别出两个沉积旋回。茅口早期，Mn 含量表现为低—高—低的变化趋势，即 W-81—W-97 构成第一沉积旋回，相对海平面最高值出现在 W-93；茅口中后期，Mn 含量表现为低—高—低的变化趋势，即 W-97—W-118 构成第二旋回，相对海平面最高点出现在 W-102。此分析结果可大致与 Ba 元素分析结果对比。向上缺失茅口末期沉积地层，故无法做相应的分析。

③华蓥溪口剖面中二叠统栖霞组微量元素取样 11 个，Mn 元素最大值为 41×10^{-6}（WL1），最小值为 7.7×10^{-6}（WL16），平均值为 19.12×10^{-6}。

华蓥溪口栖霞组 Mn 元素含量曲线图（附图 28）显示，该地区栖霞组为一个完整的沉积旋回。栖霞早期的高值，是由于早期迅速海侵造成水体较深；栖霞中后期，Mn 元素含量总体较低，反映水体持续下降，WL16 Mn 含量最低，指示相应时期海平面最低，之后呈震荡升高趋势。晚期可能出现小幅度海侵。通过对比该地区其他元素曲线变化认为，栖霞中后期该地区存在海平面下降。

华蓥溪口剖面茅口组微量元素取样 30 个，Mn 含量最高值为 114×10^{-6}（WL24），最低值为 4.9×10^{-6}（WL38），平均值为 23.9×10^{-6}。

华蓥溪口茅口组 Mn 元素含量曲线图显示（附图 29），该剖面可识别两个以上的沉积旋回。茅口早期，Mn 元素含量表现为由高至低的变化趋势，反映该地区海侵迅速，海退较慢；向上 Mn 元素值呈震荡变化，体现次级海侵与海退。茅口组顶部取样点值较高，通过对比其他元素推测为误差造成。总体来说，茅口组下部该元素变化与其他元素值可较好对比，向上误差较大。

④宣汉渡口观音洞剖面栖霞组微量元素取样 28 个，Mn 元素含量最高值为 108×10^{-6}（WL56），次高值为 84.1×10^{-6}（WL54），最低值为 5.4×10^{-6}（WL40），平均值为 19.64×10^{-6}。

宣汉渡口观音洞栖霞组 Mn 元素含量曲线图（附图 30）显示，栖霞组总体为一个完整的沉积旋回。栖霞早期的高值，是由于迅速海侵造成水体较深；栖霞中后期，Mn 元素含量总体较低，呈震荡变化，反映了海平面总体下降中存在次级升降变化，Mn 含量最低值出现在 WL40，反映该沉积时期海平面最低。值得注意是，该组顶部 Mn 元素含量陡然出现高值，表现较明显，通过对比该地区其他元素的含量认为，栖霞末期海平面可能有所上升。

宣汉渡口观音洞剖面茅口组微量元素取样 11 个，Mn 含量最高值为 83.3×10^{-6}（WL73），最低值为 9.8×10^{-6}（WL65），平均值为 33×10^{-6}。

宣汉渡口茅口组 Mn 曲线图（附图 31）显示，该剖面 Mn 元素对海平面变化表现不明显，大致可识别出 1.5 个沉积旋回。茅口组底部取样点 WL57 显示 Mn 含量较高，向上降低，一方面说明茅口早期海侵迅速，海退缓慢，另一方面由于茅口底部未见明显的低值，而通过栖霞组 Mn 元素对比认为，栖霞末期海平面就可能已经开始上升。

（3）Fe 元素。

对于 Fe^{2+} 来说，极易受氧化而成 Fe^{3+}，Fe^{3+} 在 pH＞3 时就形成 $Fe(OH)_3$ 沉淀。因此，

Fe 的化合物易于在滨海地区发生聚集，Fe 元素含量随着海平面的上升而趋于富集。

①华蓥溪口剖面栖霞组微量元素取样 11 个，Fe 元素含量最高值为 $0.53×10^{-6}$（WL2-1），最低值为 $0.02×10^{-6}$（WL16），平均值为 $0.129×10^{-6}$。

华蓥溪口栖霞组 Fe 元素曲线图显示（附图 28），栖霞组总体为一个完整的沉积旋回。栖霞早期的高值，是由于早期迅速海侵造成水体较深；栖霞中后期，Fe 元素含量呈下降趋势，总体为低值，反映了水体的持续下降。WL16 处为最低值，指示该层沉积时为海平面最低。栖霞组顶部 Fe 元素趋于富集，对比该地区其他元素的含量认为，可能是由于栖霞晚期海平面升高造成的。

华蓥溪口剖面茅口组微量元素取样 30 个，分析测试结果见表 5-16，Fe 含量最高值为 $0.79×10^{-6}$（WL59），最低值为 $0.0022×10^{-6}$（WL38），平均值为 $0.1355×10^{-6}$。

华蓥溪口茅口组 Fe 元素曲线图（附图 29）显示，该剖面茅口组可识别两个以上的沉积旋回。茅口早期，Fe 含量表现为初期高，中后期低的特点，反映该地区海侵迅速，海退较慢；茅口中后期，Fe 含量震荡变化，反映期间可能有次级的海侵与海退发生，WL38 处为最低值，反映茅口末期的海退。

②宣汉渡口观音洞剖面栖霞组微量元素取样 28 个，Fe 元素含量最高值为 $0.5×10^{-6}$（WL27），最低值为 $0.02×10^{-6}$（WL41），平均值为 $0.19×10^{-6}$。

宣汉渡口观音洞栖霞组 Fe 元素曲线图（附图 30）显示，该剖面栖霞组中部 Fe 元素含量较高，而底部和顶部 Fe 元素含量较低，与其他元素含量或者比值表现不同，可能是沉积后部分 Fe 被氧化，故该曲线不能作为该区海平面变化依据。

宣汉渡口观音洞剖面茅口组微量元素取样 11 个，Fe 含量最高值为 $0.16×10^{-6}$（WL57），最低值为 $0.036×10^{-6}$（WL66），平均值为 $0.078×10^{-6}$。

宣汉渡口观音洞茅口组 Fe 元素曲线图（附图 31）显示，该剖面大致可识别出两个沉积旋回。茅口早期，Fe 含量表现为低—高—低的变化趋势，构成第一个沉积旋回，其中 WL61 样品所在 30 层附近为该旋回海平面最高位置；茅口中后期，36 层顶部至茅口组顶部构成第二个沉积旋回。因茅口末期沉积被后期剥蚀，故无法做相应的分析。

（4）Sr/Ba 比值特征。

通过本次研究来看，Sr/Ba 对于研究沉积环境及古海洋环境的变化，比其他指标要灵敏和明显得多，且与 Ba 元素含量曲线图在形态上呈相反的对应状态，即海平面升高，Sr/Ba 变小。

①西北剖面茅口组微量元素取样 9 个，Sr/Ba 最高值为 34.18（XB-8），最低值为 13.08（XB-30），平均值为 31.93。

西北茅口组 Sr/Ba 曲线图（附图 25）显示，茅口早期，Sr/Ba 值由高至低变化，最大值在 XB-13，构成第一旋回。茅口中后期，Sr/Ba 值变化不明显，最小值在 XB-30，指示海平面最高点。由于后期剥蚀，茅口顶部旋回不全。

②王家沟剖面栖霞组微量元素取样 21 个，Sr/Ba 最高值为 194.83（W-32），最低值为 5.47（W-12），平均值为 69.17。

王家沟栖霞组 Sr/Ba 值曲线图（附图 26）显示，栖霞组为一个完整的沉积旋回。栖霞早期的低值，是由于早期迅速海侵造成水体较深。栖霞中后期，Sr/Ba 值呈震荡变化，总体较高，反映水体持续下降，其间可能有次级的海侵与海退出现，最大值在 W-32，指示沉积时海平面最低。

王家沟剖面茅口组微量元素取样 8 个，Sr/Ba 最大值为 198.67（W-93），最小值为 26.56（W-86），平均值为 99.32。

王家沟茅口组 Sr/Ba 曲线图（附图 27）显示，曲线变化较为明显，可大致分出 2.5 个旋回。茅口早期，Sr/Ba 值表现为高—低—高的变化趋势，即 W-81—W-93 构成第一旋回；茅口中后期，Sr/Ba 值表现为高—低—高的变化趋势，即 W-93—W-112 构成第二旋回；茅口组顶部 W-118 的 Sr/Ba 值反映该层沉积时海平面趋于升高。由于后期剥蚀，茅口顶部旋回不全。

③华蓥溪口剖面栖霞组微量元素取样 11 个，Sr/Ba 最高值为 315.35（WL16），最低值为 4.57（WL1），平均值为 152.85。

华蓥溪口栖霞组 Sr/Ba 曲线图（附图 28）显示，栖霞组为一个完整的沉积旋回。栖霞早期为低值，由持续海侵造成水体较深；栖霞中后期，Sr/Ba 值总体较大，反映水体持续下降，最高值在 WL16，指示海平面最低。栖霞组顶部 Sr/Ba 值总体呈下降趋势，证明晚期可能有小幅度海侵。

华蓥溪口剖面茅口组微量元素取样 30 个，Sr/Ba 最高值为 918.03（WL50），最低值为 32.40（WL59），平均值为 278.38。

华蓥溪口 Sr/Ba 曲线图（附图 29）显示，该剖面可识别两个以上的沉积旋回。茅口早期，Sr/Ba 值由低至高，海侵不明显，海退时间较长；茅口中后期，Sr/Ba 值呈震荡变化，反映次级海侵与海退旋回，其中最高值在 WL50（25 层底部），指示该层沉积时海平面最高。

④宣汉渡口观音洞剖面栖霞组微量元素取样 28 个，Sr/Ba 最高值为 473.62（WL50），最低值为 3.63（WL3），平均值为 108.58。

宣汉渡口观音洞栖霞组 Sr/Ba 曲线图（附图 30）显示，栖霞组为一个完整的沉积旋回。栖霞早期为低值，由持续海侵造成水体较深；栖霞中后期，Sr/Ba 值震荡变化，总体较高，反映水体总体持续下降，期间可能有次级海侵、海退发生。最低值在 WL50，指示其沉积时海平面达到最低。

宣汉渡口观音洞剖面茅口组微量元素取样 11 个，Sr/Ba 最高值为 561.22（WL67），最低值为 88.65（WL57），平均值为 252.73。

宣汉渡口观音洞茅口组 Sr/Ba 值曲线图（附图 31）显示，该地区茅口早期海侵不明显，最低值出现在 WL67，即 35 层附近。顶部 Sr/Ba 值变化较大，总体趋于升高。

（5）V/Ni 特征。

虽然对于 V/Ni 变化所代表的意义存在多种观点，但是归结起来，从海岸带到深海盆地，从浅水到深水，从氧化环境到还原环境，V/Ni 逐渐降低。故 V/Ni 的变化可以大致间接反映沉积水深的变化。

①西北剖面茅口组微量元素取样 9 个，分析测试结果表 5-14，V/Ni 最高值为 21.82（XB-10），最低值为 8.57（XB-13），平均值为 13.21。

西北茅口组 V/Ni 曲线图（附图 25）显示，茅口早期，V/Ni 由高至低变化，构成第一旋回，海平面最高点出现在 V/Ni 低值 XB-13 附近；第二旋回出现在茅口中期，海平面高点出现在 XB-30 附近。由于后期剥蚀，茅口顶部旋回不全。

②王家沟剖面栖霞组微量元素取样 21 个，V/Ni 最高值为 15.88（W-13），最低值为

2.70（W-35），平均值为 7.12。

王家沟栖霞组 V/Ni 曲线图（附图 26）显示，栖霞组为一个完整的沉积旋回。栖霞早期 V/Ni 表现为由高至低的变化趋势，是早期持续海侵造成水体较深；栖霞中后期，V/Ni 震荡变化，总体相对较高，反映水体持续下降，期间可能有次级的海侵与海退出现。W-13 样品点海平面最低，与 Ba、Mn 含量的峰值较为一致。

王家沟剖面茅口组微量元素取样 8 个，V/Ni 最高值为 14.62（W-106），最低值为 8.33（W-86），平均值为 12.98。

王家沟茅口组 V/Ni 曲线图（附图 27）显示，曲线变化较为明显，可大致分出 2.5 个沉积旋回。茅口早期，V/Ni 表现为高—低—高的变化趋势，即 W-81—W-93 构成第一沉积旋回；茅口中后期，V/Ni 表现为高—低—高的变化趋势，即 W-93—W-112 构成第二沉积旋回；茅口组顶部 V/Ni（W-118）反映海平面趋于升高，但由于后期剥蚀，茅口顶部旋回不全。

③华蓥溪口剖面栖霞组微量元素取样 11 个，V/Ni 最高值为 4.73（WL23），次高值为 3.50（WL2-1），最低值为 1.05（WL5），平均值为 2.22。

华蓥溪口栖霞组 V/Ni 曲线图（附图 28）显示，栖霞组为一个完整的沉积旋回。栖霞早期总体为低值，由持续海侵造成水体较深；栖霞中后期，V/Ni 总体为逐渐升高的趋势，内部存在震荡变化，反映了水体的持续下降，期间可能有次级的海侵、海退发生。

华蓥溪口剖面茅口组微量元素取样 30 个，V/Ni 最高值为 179.6（WL50），最低值为 2.11（WL81），平均值为 14.20。

华蓥溪口茅口组 V/Ni 曲线图（附图 29）显示，茅口早期，由于海侵迅速，海退时间较长，V/Ni 表现为由低至高的震荡变化；向上 V/Ni 波动变化，反映次级海侵海退。V/Ni 最高值在 25 层底部附近（WL50），顶部值趋于增高体现海平面降低，反映此层沉积时海平面最低。由于后期剥蚀，无法对茅口末期沉积进行相关分析。

④宣汉渡口观音洞剖面栖霞组微量元素取样 28 个，V/Ni 最高值为 144.33（WL18），最低值为 0.95（WL25），平均值为 11.20。

宣汉渡口观音洞栖霞组 V/Ni 曲线图（附图 30）显示，栖霞组为一个完整的沉积旋回。栖霞早期，由于海侵迅速，海退时间较长，V/Ni 表现为由低至高的变化趋势；栖霞中后期，V/Ni 震荡变化，总体较低，反映期间次级的海侵、海退。

宣汉渡口观音洞剖面茅口组微量元素取样 11 个，V/Ni 最高值为 9.70（WL66），最低值为 1.95（WL70），平均值为 4.85。

宣汉渡口观音洞茅口组 V/Ni 曲线图（附图 31）显示，该地区茅口早期海侵较为迅速，海退较为缓慢。茅口组顶部显示海平面趋于上升，基本可与 Ba、Sr/Ba 分析结果对比。

（6）Mn/Fe 特征。

对于 Mn/Fe 来说，一般认为 Mn/Fe 从海岸到深海不断增大，即海平面上升，Mn/Fe 升高，海平面下降，Mn/Fe 降低。

①西北剖面茅口组微量元素取样 9 个，Mn/Fe 最高值为 0.167（XB-13），最低值为 0.05（XB-10），平均值为 0.08。

西北茅口组 Mn/Fe 曲线图（附图 25）显示，茅口早期，Mn/Fe 值表现为由低至高的变化趋势，构成第一旋回，海平面最高点出现在 XB-13 附近，此结果可与 Ba、Mn、Sr/Ba、

V/Ni 值分析结果对比；第二次旋回出现在茅口中期，海平面高点出现在 XB-34 附近。由于后期剥蚀，无法对茅口末期沉积进行相关分析。

②王家沟剖面栖霞组微量元素取样 21 个，Mn/Fe 最高值为 0.21（W-66），次高值为 0.13（W-13），最低值为 0.02（W-27），平均值为 0.05。

王家沟栖霞组 Mn/Fe 曲线图（附图 26）显示，栖霞组为一个完整的沉积旋回。栖霞早期 Mn/Fe 表现为从低至高的变化趋势，由早期持续海侵造成水体较深；栖霞中后期，Mn/Fe 总体较低，呈下降趋势，反映水体持续下降，W-27 所在层沉积时海平面最低。栖霞晚期 W-66 处出现高值，推测该地区在栖霞晚期可能已经开始新一轮海侵。

王家沟剖面茅口组微量元素取样 8 个，Mn/Fe 最高值为 0.07（W-97），最低值为 0.02（W-106），平均值为 0.05。

从以上 4 个剖面中二叠统微量元素含量或比值的综合分析对比认为，栖霞组为一完整的沉积旋回。栖霞中后期较栖霞早期海平面有所下降，华蓥溪口及宣汉渡口地区在栖霞末期可能存在海侵，此次海侵可能持续到茅口早期。茅口组由于后期剥蚀，普遍缺失茅口末期沉积旋回。通过中二叠统 Mn、Sr/Ba 等元素横向对比认为，中二叠世时期王家沟地区水体较深，与古水温及古盐度分析结论相一致。

2）碳氧同位素

碳同位素 $\delta^{13}C_{PDB}$ 与海平面的升降变化存在正相关关系，海平面的升降明显控制着氧化碳和还原碳的转化。多数学者将古气候、风化作用、生物生产力和碳的埋藏量结合起来对 $\delta^{13}C_{PDB}$ 的变化进行综合解释，一般认为温暖潮湿气候期间，海平面上升，生物生产力和有机质埋藏量增加，使富集轻同位素的有机碳大量储存于沉积物中，引起碳酸盐岩碳同位素偏高，反之亦然。

氧同位素 $\delta^{18}O_{PDB}$ 变化与海平面的升降变化存在负相关关系，它与大陆冰川的凝聚、消融而引起的海平面变化有关。但碳酸盐岩氧同位素组成易受后期构造、热液及大气降水等作用的影响，一般古老地层的 $\delta^{18}O$ 组成特征对海平面变化指示意义不大。故主要以 $\delta^{13}C_{PDB}$ 的变化特征来反映中二叠世海平面变化。

本研究采用具低镁方解石成分的有铰纲腕足化石或选用受成岩作用较小的灰岩作为分析样品，对广元西北（腕足壳）、旺苍王家沟（腕足壳）、华蓥溪口（灰岩）及宣汉渡口观音洞（灰岩）4 个中二叠统栖霞组剖面进行分析，结果见表 5-18。

表 5-18　露头剖面中二叠统碳氧同位素数据统计表

剖面名称	标本编号	层位	采样小层	样品名称	$\delta^{13}C_{PDB}$（‰）	$\delta^{18}O_{PDB}$（‰）
广元西北	XB-3	P_2q	1-3	腕足壳	0.21	-6.36
广元西北	XB-9	P_2m	6-1	灰岩	4.46	-5.91
广元西北	XB-11	P_2m	8-2	灰岩	4.27	-4.66
广元西北	XB-6	P_2m	10-1	灰岩	3.11	-3.55
旺苍王家沟	W-15	P_2q	4-2	腕足壳	2.75	-4.41

剖面名称	标本编号	层位	采样小层	样品名称	$\delta^{13}C_{PDB}$ (‰)	$\delta^{18}O_{PDB}$ (‰)
旺苍王家沟	WG-9	P_2q	15	腕足壳	5.62	−3.6
旺苍王家沟	WG-16	P_2m	21	灰岩	4.33	−3.65
旺苍王家沟	WG′-8	P_2m	24	灰岩	5.03	−4.24
旺苍王家沟	WG′-9	P_2m	26	灰岩	5.62	−3.6
旺苍王家沟	WG-30	P_2m	31	灰岩	3.52	−3.75
旺苍王家沟	WG′-11	P_2m	35	灰岩	5.97	−4.39
旺苍王家沟	WG′-17	P_2m	36	灰岩	3.02	−4.07
旺苍王家沟	WG-34	P_2m	37	灰岩	2.67	−4.18
华蓥溪口	HY-1	P_2q	2	灰岩	1.84	−6.33
华蓥溪口	HY-10	P_2q	5-1	灰岩	3.52	−4.84
华蓥溪口	HY-16	P_2q	8-3	灰岩	4.45	−4.5
华蓥溪口	HY-19	P_2q	10	灰岩	4.32	−5.12
华蓥溪口	HY-22	P_2q	13-1	灰岩	4.58	−4.42
华蓥溪口	HT84	P_2m	22-2	灰岩	3.65	−5.2
华蓥溪口	HT41	P_2m	29-3	灰岩	3.37	−6.09
华蓥溪口	HT35	P_2m	33-2	灰岩	3.22	−5.2
华蓥溪口	HT27	P_2m	37	灰岩	3.9	−7.83
宣汉渡口	XG-1	P_2q	3-1	灰岩	1.73	−10.28
宣汉渡口	XG-18	P_2q	11-3	灰岩	4.09	−4.79
宣汉渡口	XG-47	P_2q	23	灰岩	3.16	−5.1
宣汉渡口	XT60	P_2m	28-2	灰岩	−3.08	−5.03
宣汉渡口	XT66	P_2m	31-1	灰岩	1.86	−4.85
宣汉渡口	XT69	P_2m	34-1	灰岩	3.21	−5.61
宣汉渡口	XT70	P_2m	35-3	灰岩	3.91	−5.11
宣汉渡口	XT73	P_2m	37-3	灰岩	5.37	−4.51
宣汉渡口	XT76	P_2m	39	灰岩	−3.48	−6.77

　　西北剖面栖霞组共采集样品 1 个，$\delta^{13}C_{PDB}$ 为 0.21。纵向上无对比。但由于该样品取自受成岩作用影响微小的腕足壳，大致可以在横向上与旺苍王家沟剖面进行对比。对比认为栖霞早期西北地区水体较王家沟地区浅。

　　王家沟剖面栖霞组共采集样品 2 个，$\delta^{13}C_{PDB}$ 为 2.75～5.62，均为正值，平均值为 4.19，最低值出现在栖霞组底部采样点 W-15，为 2.75；最高值出现在栖霞组中上部采样点 WG-9，为 5.62。从图 5-41 中可以看出，从样品 W-15 至 WG-9，$\delta^{13}C_{PDB}$ 明显正偏，应该为对栖霞早期大规模海侵的响应。

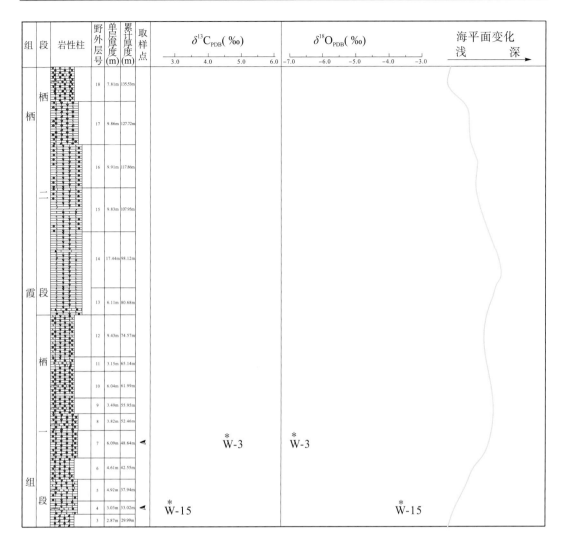

图 5-41　王家沟剖面中二叠统栖霞组碳氧同位素及海平面变化

华蓥溪口剖面栖霞组共采样品集 5 个，$\delta^{13}C_{PDB}$ 为 1.84～4.58，均为正值，平均值为 3.74，最低值出现在栖霞组底部 HY-1，为 1.84；最高值出现在栖霞组上部 HY-22，为 4.58（图 5-42）。

根据层序地层学原理，华蓥溪口剖面中二叠统栖霞组（即 2～14 层）划分一个三级层序。该层序的底界面为 II 型层序界面，为中二叠统梁山组与栖霞组构成的岩性转换面。栖一段颜色以深灰-灰色为主，岩性主要为中层含泥泥晶灰岩与薄层泥灰岩互层（呈"眼皮眼球"状构造）和中层生屑泥晶灰岩，次为中厚层残余生屑结构细-粉晶灰岩、泥晶生屑灰岩，自下向上泥质增多，常发育燧石团块，构成海侵体系域。8 层下部薄层泥晶灰岩构成凝缩段。栖二段颜色以灰色-浅灰色为主，岩性主要为灰色中厚层生屑泥晶灰岩或泥晶生屑灰岩，次为厚层泥晶灰岩，构成高位体系域。同位素组成特征上，栖一段，自下向上碳同位素正偏，指示栖霞早期海侵迅速，并在第 8 层沉积时达最深。栖二段，自下向上碳同位素

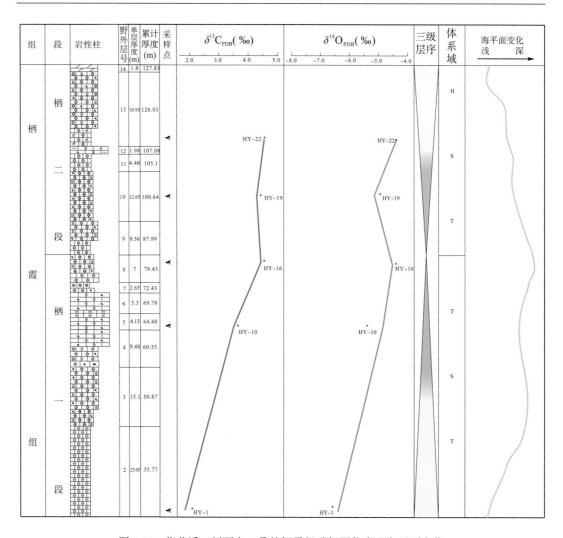

图 5-42　华蓥溪口剖面中二叠统栖霞组碳氧同位素及海平面变化

趋于负偏移，氧同位素正偏，指示栖霞中晚期海平面持续下降。栖霞中晚期海平面下降导致研究区海水温度升高、盐度回升、含氧量增多，有利于区内生屑滩的发育。

宣汉渡口剖面栖霞组采集 3 个样品，$\delta^{13}C_{PDB}$ 为 1.73～3.16，均为正值，平均值为 2.99。从图 5-43 中可以看出，从 XG-1 至 XG-18，$\delta^{13}C_{PDB}$ 值明显正偏，应该为对栖霞早期大规模海侵的响应。从 XG-18 至 XG-47，$\delta^{13}C_{PDB}$ 缓慢趋于负偏，是栖霞晚期海退的响应。

通过对西北、王家沟、华蓥溪口、宣汉渡口观音洞二叠系中二叠统栖霞组剖面 61 个碳酸盐岩样品的微量元素及其比值和 11 个碳氧同位素样品组成特征的综合分析，对研究区中二叠统栖霞组的沉积环境有了总体把握。综合认为，栖霞早期持续海侵造成研究区内水体较深；栖霞中晚期海平面下降，水温升高、盐度回升、海水含氧量较早期增加，利于区内生屑滩的发育；对各微量元素值及其碳氧同位素值的横向比较认为，栖霞期旺苍王家沟地区较其他 3 个地区水体更深。

通过对西北、王家沟、华蓥溪口、宣汉渡口观音洞二叠系中二叠统茅口组剖面 58 个

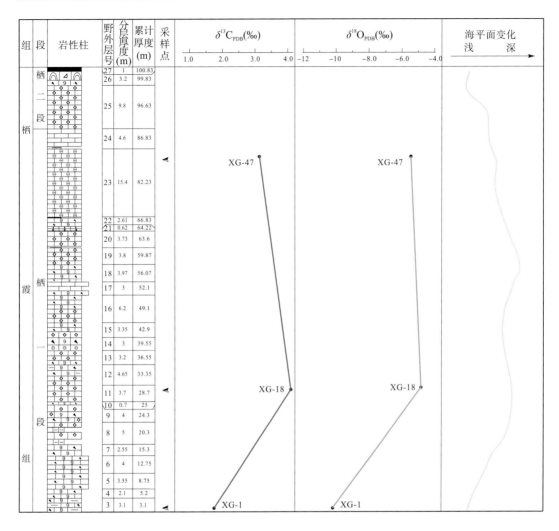

图 5-43　宣汉渡口剖面中二叠统栖霞组碳氧同位素及海平面变化

碳酸盐岩样品的微量元素及其比值和 20 个碳氧同位素样品组成特征的综合研究，对研究区中二叠统茅口组的沉积环境有了总体把握。分析认为茅口早期，海侵较为迅速，大部分剖面茅口早期海侵海退旋回明显，茅口晚期旋回不明显，可能与后期地层剥蚀有关。由于茅口组内部各级沉积旋回较多，而剖面所处地区多由于后期抬升使茅口组上部遭到不同程度的剥蚀，故认为碳氧同位素变化曲线不能充分反映其完整旋回的特征。

5.7.3　灰泥丘分析

灰泥丘通常认为是一种缺乏宏观造礁生物的、较深水的，主要由灰泥组成的生物礁。灰泥丘在地震剖面上具有与生物礁相似的地震反射特征，但其形成环境及内部组成与礁完全不同。灰泥丘不同于(生物)格架礁，主要是因为它们缺乏宏观的造礁生物，甚至主要由含生物碎屑的泥晶灰岩构成，而过去将其认为主要是枝状生物障积灰泥所形成。

Pratt(1982)认为，灰泥丘多处于深缓坡地带；多具平底晶洞构造，具格架的宏观造礁生物在灰泥丘中少而且分散；向浅水区可演化过渡为格架礁；翼部具有灰泥丘碎屑沉积；古生代(石炭纪以前)的生物礁多以灰泥丘为主；灰泥丘生物群中绿藻一般较少。正如钱宪和所强调的，灰泥丘是由菌类微生物作用形成的泥晶所建造起来的一种穹窿状构造，其中还包含有能忍受混浊水体的生物，以及适宜生活在波浪带之下和接近波浪带的生物。灰泥丘的环境分布多处于缓坡带、台内洼地、潟湖等能量相对较低的环境中，在深度分布上有深有浅，甚至有不同的类型。特别是在地史时期，由于灰泥丘多于格架礁，而且又经常处于低能环境中，有机质含量高、保存好，所以常常具有很好的生油气能力。

作为生物礁的特殊类型，灰泥丘在古生代十分发育，许多学者都认为它们是通过微生物造岩作用而形成的。此外，人们也在现代湖泊中发现有由蓝细菌的生命活动所形成的灰泥沉积物及灰泥丘。至于为什么说灰泥丘是微生物造礁作用的产物，主要基于以下两个方面的认识：一是泥晶凝块岩中往往可见藻纹层、藻团块，具有早期硬化以及凝块造架形成格架系统和孔洞系统的特征，正如 Tsien(1994)所认为的那样，泥晶凝块岩中微生物生命活动的痕迹可以作为判定微生物存在的根据；二是通过实验室工作发现，只有在细菌的参与下，蓝藻丝体上才会有碳酸盐矿物沉淀，叠层石、凝块石中的泥晶(micrite)、斑点构造(cloted fabric)、中斑构造(mesocloted fabric)均被推测是由细菌作用所导致的碳酸盐岩沉积结构(Chafetz and Buczynski，1992)。

自从 Aitken(1967)提出"凝块石"这一概念，并进一步定义为"与叠层石相关的隐藻构造，但缺乏纹层而以宏观的凝块状组构为特征"之后，许多学者都纷纷对凝块石进行了深入的研究。目前人们一般都认为凝块石不仅是碳酸盐岩中的异化颗粒，而且是一种不具同心纹构造，形状大小各异，颗粒边缘不显破碎和磨蚀痕迹的泥晶碳酸盐凝块和团块。而且凝块石本身通常是由蓝绿藻类生物在生命活动过程中，沉淀并黏结灰泥而成的，故其内部可以保存藻类丝状体的痕迹。凝块石最早见于早寒武世，该时期是全球范围的海侵阶段，但凝块石的时代分布则从寒武世一直到现代。

目前研究认为，凝块石一般形成于潮下带环境(Pratt and James，1982；Osleger and Read，1991)。Aitken(1967)最初通过研究加拿大前寒武纪及寒武纪—奥陶纪"隐藻碳酸盐"认为，凝块石选择性地发育于滨海的超盐水条件至浅水潮下环境中，后来的学者陆续发现，凝块石从淡水环境到深海陆架都有分布。在寒武系向上变浅的碳酸盐岩沉积旋回中，Kennard 和 James(1986)发现，一些在旋回下部的凝块石向上却变成了叠层石，说明沉积在深水区的凝块石可以相变为浅水区的叠层石；Brunton 和 Dixon(1994)在研究了地史上与硅质海绵共生的凝块石后认为，在寒武纪—奥陶纪形成凝块石的蓝细菌及其他微生物都是光合自养生物，生活于浅水中，但到了奥陶纪以后，大部分上述微生物则转入深水中，变成异养生物；吴熙纯(1984，2009)通过对川西北晚三叠世卡尼期硅质海绵礁的研究发现，那里的生屑凝块石泥粒岩正好处在海侵加速、缓坡下沉时期的中缓坡外缘及外缓坡内缘，水深达 30m 以上；陈荣坤(1996)亦研究了华北地台中晚寒武世生物丘中的凝块石生物丘，认为其常分布于滩相和潮下带中上部环境中；张廷山等(2000)在陕西宁强早志留世深缓坡上部的泥晶灰泥丘中曾发现 3 种微生物化石，经能谱分析，所有微生物化石均由碳酸钙组成，它们在灰泥丘的形成过程中起了重要的造岩作用；Jobst Wendt 等(1997)认为，阿尔及利亚 Ahnet 盆地中泥盆世的灰泥丘生长水深为 100～350m，其高度为 20～200m，具有 12°～33°的坡度，同时还紧靠断层，可能作为烃类的通道。刘建波等(2007)在对贵州罗甸二叠纪末生物大灭绝事件后沉积的微生物岩进行研究之后认为，其下部具水平—波状宏观构造的微生物岩沉积于深潮下带上部(Ezaki et al.，2003)，上部穹隆状微生物岩的顶部通常被侵蚀或冲刷，之后沉积了浅潮下带亮晶生屑灰岩和泥晶生屑灰岩，指示这些微生物岩沉积于浅潮下带下部。然而在欧洲晚侏罗世，却发现具有叠层石及凝块石组构的微生物与硅质海绵在水深 30～150m 处或更深水域共同造礁。总之，通过以上实例不难看出灰泥丘的生态环境和它所提示出来的海平面向上变浅过程。事实上，四川华蓥山地区早三叠世凝块石也同样具有相似的沉积环境和海平面变化趋势(Ezaki et al.，2003)。

在现代发育的凝块石研究中，Feldmann 和 Mckenzie(1998)在巴哈马 Lee Stoeking 岛发现现代凝块石的沉积水深通常大于叠层石，凝块石形成于潮汐海道的潮下带中，它们代表了海相的潮下高能环境。而 Planavsky 和 Ginsburg(2009)在研究现代巴哈马海滩的微生物岩及其埋藏时，发现凝块石大量分布于 EXUMA 群岛附近的潮下带，其海水盐度为 37‰。Moore(1984)认为 CLIFTON 湖里的凝块石发育于全新世，位于残存的岸前沙丘平原上。这是位于南半球的最大的、活的非海相微生物礁。CLIFTON 湖位于澳大利亚 YALGORUP 国家公园内，是 PEEL-YALGORUP 湖体系中的最北边的湖，PEEL-YALGORUP 湖体系是由一些超咸和半咸水湖所组成的。应该说，灰泥丘(微生物礁)在显生宙的礁生态系中长期发挥着重要的作用(Pratt，1982)，在适宜的海水物理化学条件下，微生物席的生长与同沉积海底胶结和石化作用紧密结合，以及适量沉积物颗粒的捕获、黏附、障积，是灰泥丘得以形成并不断向上生长的基本条件。

四川盆地中二叠世也有灰泥丘发育。在华蓥溪口剖面发现的栖霞期灰泥丘(图 5-44，图 5-45)，仅仅发育在栖霞组下部，主要由泥晶组成，缺少像珊瑚、钙藻、层孔虫那样的

图 5-44　华蓥溪口栖霞组下部灰泥丘

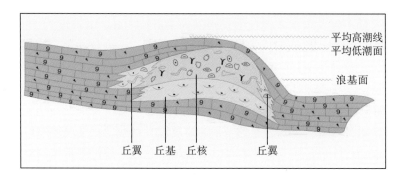

图 5-45　华蓥溪口栖霞组下部灰泥丘发育模式图

宏观骨架生物建造者，近似于沃索蒂型（Waulsortion）灰泥丘。在丘核及丘翼处发育有凝块石，内部可见斑点构造（窗格构造）。该灰泥丘可分为丘基、丘核及丘翼。丘基厚 1.05m，为浅灰、灰色厚层泥晶生屑灰岩；丘核出露高度为 2.3m，岩性为浅灰色厚层块状生屑泥晶灰岩，生屑含量为 30%～40%，主要为有孔虫、腕足屑，其次为海百合茎、棘皮屑、腹足类等，生物碎屑破碎严重，发育凝块石；丘翼岩性为浅灰色、灰色厚层生屑泥晶灰岩，生屑含量为 30%，主要为有孔虫和海百合茎，其次为腕足屑、藻屑、蜓等，生物碎屑破碎，发育有凝块石。

凝块石发育在丘核及丘翼中，直径大小不等，为 0.01～0.2m，宏观形态为不规则状、团块状、斑状等，颜色较深，与围岩界限清晰，在丘翼处可见与围岩呈过渡关系。凝块石内部为泥晶胶结，组构贫乏，可见斑点构造（窗格构造）。围岩成分主要为灰泥胶结的生物碎屑。

综上所述，该灰泥丘以灰泥作为支撑结构；参与建筑的生物主要是菌类微生物，其次为多门类无脊椎动物，如有孔虫、腕足等，但生物物种分异度较低，丰度较高；岩石类型主要为生屑泥晶灰岩以及凝块石等；灰泥丘可划分为丘基、丘核及丘翼。

梁山期，四川盆地地貌属于准平原化。栖霞期的大规模海侵，使得海平面快速上升，整个四川盆地处于浅海环境。受峨眉地幔柱活动的影响，海底地貌出现变化，此时华蓥溪口局部地区出现地貌高地，由于水体状态（温度、深度、清澈度、营养物质量等）、水动力条件和沉积物基底的变化，该地处于温暖、清澈以及较深的水体环境，同时海水盐度升高，含氧量降低，有利于微生物的生存。大量微生物开始在此快速生长并捕获和黏结灰泥，同时由于微生物的生命活动引起水体环境中物理化学条件的变化以及在沉积物表面生长或死亡后发生了钙化作用，在该地构成一定稳定的基地，也具有一定的障积作用。在此基础上，大量底栖生物开始富集，由于海水饱和且不缺乏生长空间，微生物未停止生长或死亡，并对环境进行反馈作用，以更加适应自己的生长，同时可能发生进化，灰泥丘也继续生长并向周围扩展。顶部沉积了一套灰色、深灰色生屑泥晶灰岩，可能是由于微生物对于环境的反馈作用以及海平面的变化，使得水体状态发生了改变，不利于微生物的生长。而水动力条件的变化也影响了凝块石的宏观形态，灰泥不再起到支撑作用，灰泥丘停止生长（图 5-45）。

华蓥溪口栖霞期凝块石灰泥丘的沉积环境总体为一个盐度相对较高，水动力较弱，水体较深的贫氧环境，属于浅缓坡沉积。

5.7.4　古生态与古环境演化

受加里东运动的影响，中二叠统沉积之前，四川盆地大部分地区长期处于风化剥蚀状态。梁山期，研究区已被改造成为准平原，地形平缓。伴随着古特提斯海洋的急剧扩张和古冰川的消融，研究区内开始海侵并接受沉积，整体为缓坡型碳酸盐台地(图 5-46)。

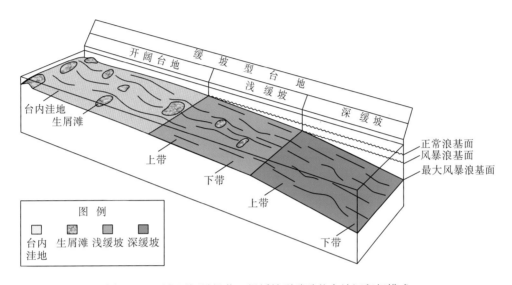

图 5-46　研究区栖霞组茅口组缓坡型碳酸盐台地沉积相模式

1. 栖霞期

四川盆地栖霞期沉积环境、古构造、古气候未发生大的改变，两期沉积呈继承性发展。海平面变化从早期迅速上升变为晚期相对缓慢下降，这样一个变化过程影响和控制了研究区沉积相带的演化以及展布特征。海平面的升降同样影响到区内生屑滩的发育。晚期水体变浅，为生物大量繁殖提供了一个有利条件，促使晚期研究区内发育较多的生屑滩，特别是在西缘，由于同时还受到古洋流的影响，生屑滩更是发育。但是，整个栖霞期生物礁不发育，据古氧相和古水温分析，一方面是由于栖霞期为冰期—间冰期过渡时期，水温较凉；另一方面是由于栖霞期生物过量繁殖，导致区内周期性缺氧，从而限制了礁体的形成和生长。

栖霞早期(P_2q^1)，海侵作用加速，海平面迅速上升，研究区内全部被海水淹没。Ba、Mn 元素值、碳同位素值、Mn/Fe 值表现为高值，古盐度、Sr/Ba、V/Ni 值表现为低值。受西南地区峨眉地幔柱持续隆升的影响，古地形自西南向东北缓缓倾斜，无明显的坡折带。由于研究区内及四周无稳定的古陆，研究区直接过渡为浅海缓坡型碳酸盐台地，自西南向东北水体逐渐加深，开阔台地、浅缓坡、深缓坡依次展布，至东部、东北部的广元南江、通江、开州、梁平、忠县、綦江观音桥地区，水体达到最深。此时，区内绝大部分地区梁山组的碎屑岩沉积结束，开始沉积以碳酸盐岩为主的海相地层，但在旺苍王家沟剖面仍可见碳酸盐与陆源石英的混合沉积。古洋流为研究区西缘带来丰富的营养，部分地区发育生屑滩。期间，各门类生物大量繁殖，开阔台地环境中广泛发育二叠钙藻组合、珊瑚组合以及蜓组合。生屑滩中发育翁格达藻组合及古串珠虫科组合。浅缓坡环境中发育球旋虫-始毛盘虫组合、米齐藻-假蠕孔藻组合以及蜓-二叠钙藻组合。深缓坡环境中藻类较为丰富。

栖霞晚期（P_2q^2），沿研究区东北方向发生海退，区内水体普遍变浅。Ba、Mn 元素值、碳同位素值、Mn/Fe 值相对早期降低，表现为低值；古盐度、Sr/Ba、V/Ni 相对早期升高，表现为高值。栖霞晚期基本继承了栖霞早期的沉积格局，古构造、古气候未发生大的改变。受海平面下降影响，沉积相带依次向海退方向迁移。川西地区的开阔台地向东扩展，面积扩大，石柱冷水溪—南川大铺子—桐梓渡坡一带演变为开阔台地环境。台地上阳光充裕，海水清澈，气候适宜，营养充分，各门类生物大量繁殖，形成大量大小不一的生屑滩。特别是在研究区西缘地区，由于还受到洋流的影响，生屑滩甚是发育。因此，栖霞晚期成了栖霞期乃至中二叠世的主要成滩期之一。生屑滩中古生物以发育翁格达藻组合为特征。由于生屑滩多处于晴天浪基面附近或之上，水体较浅，使得其沉积物（岩）易遭到大气淡水影响，进而发生大规模的混合水白云石化。本时期为藻类及有孔虫大量繁殖的时期，尤以开阔台地环境中种属最多、产率最高，向东北部的浅缓坡、深缓坡亚相呈减少趋势。

2. 茅口期

通过 Ba 含量、Sr/Ba、V/Ni 及 $\delta^{13}C$、$\delta^{18}O$ 元素变化特征分析表明，茅口期早期为海侵。Ba、$\delta^{13}C$ 元素含量为高值，是持续海侵的结果，但是含量变化幅度较大，说明海平面波动较大；中后期，虽然 Ba 含量较低，但是向上总体呈现了增加的趋势，表明海平面是持续上升的状态；茅口末期，$\delta^{13}C$ 元素的含量降低，$\delta^{18}O$ 元素的含量呈现升高的趋势，指示存在一个海退的过程。

本区发生了晚古生代以来最大规模的海侵，形成了最广泛的海相沉积。茅口早期即继承和发展这一趋势，茅口早期快速海平面上升，水体加深。受此影响，开阔台地分布范围较栖霞早期缩小，但整个沉积格局与栖霞期继承性发育。整个研究区仍为缓坡型碳酸盐台地沉积环境，发育有开阔台地、浅缓坡、深缓坡等沉积相带，分布格局如图 5-46 所示。其间，研究区西部开阔台地中发育蜓组合、钙藻组合、珊瑚组合，生物主要有 *Verbeekina*、*Neoschwagerina*、*Yabeina*、*Hemigordiopsis*。研究区中部浅缓坡中发育米齐藻-假蠕孔藻组合。研究区东部水体加深，生物则相对不发育。

茅口中期，在早期沉积的基础上，形成了一套以灰色中层生屑泥粒岩为主的碳酸盐沉积。水体由西南向东北逐渐加深，开阔台地、浅缓坡、深缓坡依次发育（图 5-46）。其间，浅缓坡环境中藻类组合十分普遍，特别是米齐藻及假蠕孔藻，同时蜓和二叠钙藻也较发育，向东北方向则逐渐减少。

茅口晚期，由于东吴运动的强烈拉张隆升作用，区内水体仍然较深，沉积了一套深灰—灰黑色生屑泥晶灰岩、泥晶灰岩，局部可见硅质泥岩，属深缓坡下部沉积。在研究区西南和东部地区由于水体仍较深，与栖霞期研究区处于上扬子板块西部地区，水体较浅的情况已发生变化；生物活动受到抑制，生物含量有所减少；碳酸盐沉积变慢，开阔台地沉积渐变为浅缓坡沉积(图 5-46)。研究区西部的开阔台地有生屑滩发育，滩中发育翁格达藻组合。茅口末期，由于东吴运动趋于强烈，本区抬升，茅口组地层遭受不同程度的剥蚀。

第6章 四川盆地南缘晚二叠世沉积环境

四川盆地南缘南邻云贵高原(图 6-1)，地处川、滇、黔三省结合部位，面积近 1000km²。大地构造上属于扬子地块构造域西南边缘的滇黔北拗陷，主体是威信凹陷的中西部区域。滇黔北区内北与四川盆地相伴，南抵滇东黔中隆起，西与滇黔北拗陷之昭通凹陷毗邻，东到贵州习水—仁怀一线。

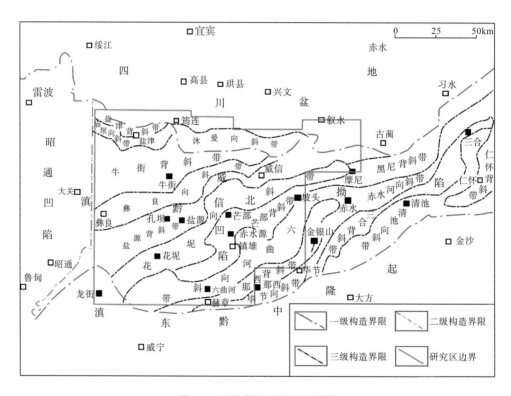

图 6-1 滇黔北地区构造区划图

6.1 地 层 特 征

川南晚二叠世沉积二分性明显，早期为陆相含煤沉积，晚期为海陆交互相含煤沉积。它既不同于滇东一带代表整个晚二叠世的陆相含煤沉积，也不同于黔西—黔中晚二叠世早期海陆交互相含煤沉积和晚二叠世晚期的纯海相沉积。按照约定俗成，川南晚二叠世含煤地层普遍称为乐平组(P_3l)，与下伏峨眉山玄武岩组($P_2\beta$)呈平行不整合接触。根据岩性、岩相特征，又将乐平组划分为乐平组下段(P_3l^1)和乐平组上段(P_3l^2)，它们向东分别渐变为龙潭组和长兴组(表 6-1)。

表 6-1　四川盆地南缘上二叠统划分方案

地层			岩石地层单位			
年代地层单位			盐津—宣威地区	筠连—叙永地区		
系	统	阶	盐津—宣威区	筠连—珙县南部(区内)	威信区	珙县北部—古蔺区
三叠系	下三叠统	殷坑阶	飞仙关组	飞仙关组	飞仙关组	飞仙关组
二叠系	上二叠统	长兴阶	宣威组	乐平组	上段	长兴组	长兴组
					长兴组	
			下段		龙潭组	
	吴家坪阶	峨眉山玄武岩组	峨眉山玄武岩组	峨眉山玄武岩组	龙潭组
	中二叠统	茅口阶	茅口组	茅口组	茅口组	茅口组	茅口组	茅口组

区内晚二叠世早期的陆相含煤沉积主要由泥质岩、粉砂岩、细砂岩夹菱铁矿及含可采煤层组成，，岩层总厚约 100～200m，地层厚度变化较大(图 6-2、图 6-3)。含有 *Paracalamites stanocostata*、*Lobatannularia heianensi*(*Kod.*)、*L.multifolia*、*Gigantopteris nicotaanefolia*、*G.dictyophyloides*、*Gigantonocdea hallei*(*Asama*)、*G.rosulata*、*G.gouizhouensis* 等华南晚二叠世大羽羊齿植物群。晚二叠世晚期是海陆交互相含煤沉积，主要由灰、灰黑色钙质泥岩、泥岩、粉细砂岩及少量碳质页岩和煤层组成，含黄铁矿结核，岩层总厚约 40m。在粉砂岩及碳质页岩中含有大量植物化石碎片，植物化石保存差，含有 *Annularia* sp.、*Pecopteris* sp.、*Gigantopteris* sp.、*Ullmania cf.bronnii*、*Cordaytes Principalis*(*Germ.*)，并含有大量的动物化石，如腕足类 *Araxathyris* sp.、*Neowellrella* sp.、*Accsarina* sp.、*Spinomarginifera alpha*(*Huang*)、*S.kueichrrzoensis*、*S.jiaozishanensis*、*Crurithyris spociosa* 等及双壳类 *Girtypecten beipeiensis*、*Palaeoneilo sichuanensis*、*Aviculopecten* sp.、*Promytilus* sp.、*Nuculopsis waymmensis*(*Keyserling*)、*Pernopecten sichuanensis*、*Taimyria ledaeformis*、*Schizodus guixhouensis*、*Sedgwichia guandongensis* 等华南长兴阶动物群。

6.1.1　乐平组地层划分与对比

乐平组地层在四川盆地南部分布相对局限，以乐山沙湾—珙县大水沟—L1 井—毕节燕子口地层对比剖面为例(图 6-4)。四川盆地西南部乐山沙湾剖面宣威组厚度为 157.30m，岩性主要为黄灰色、紫灰色砂质泥岩、红褐色泥岩为主，上下部页理较发育，为黄灰色页岩与杂色铁质页岩，页岩中富含菱铁矿。至盆地南部珙县大水沟剖面，乐平组地层厚度减薄至 134m，岩性变化为灰色黏土岩、黄绿色细砂岩、粉砂岩、灰色碳质页岩、砂质页岩、煤层(线)为主。至 L1 井，乐平组地层厚度增厚至 145m，以深灰色细砂岩、粉砂岩、泥岩与煤层为主。到盆地东南毕节燕子口剖面，上二叠统厚度变化至 185.15m，岩性由下部陆相龙潭组深灰色碳质页岩、粉砂质泥岩、煤层(线)、黄灰色细砂岩向上过渡为长兴组海相含燧石灰岩、钙质页岩。

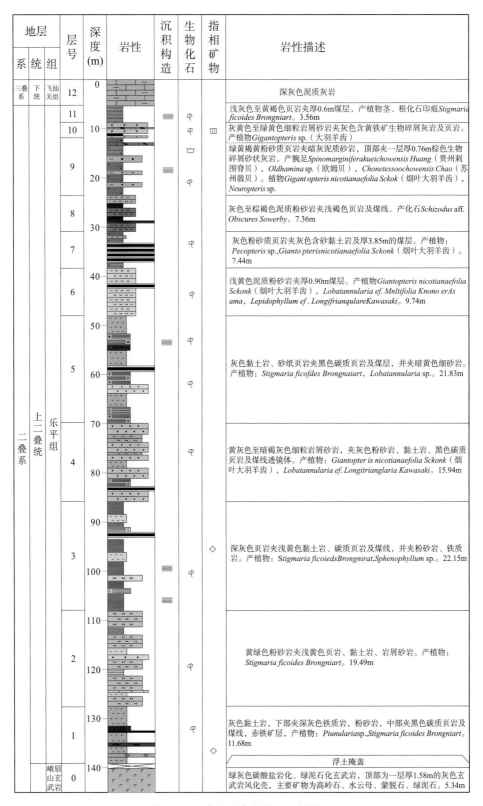

图 6-2　宜宾珙县大水沟乐平组剖面

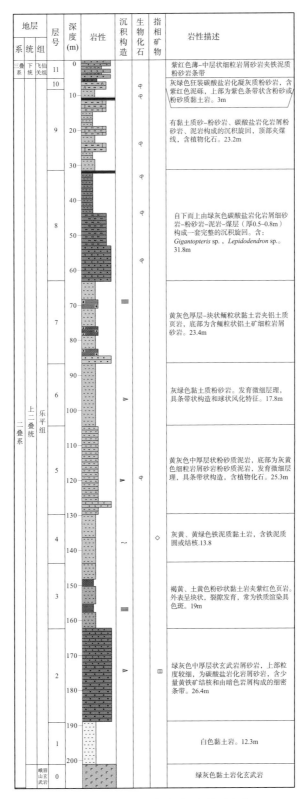

图 6-3　云南昭通彝良沟乐平组剖面

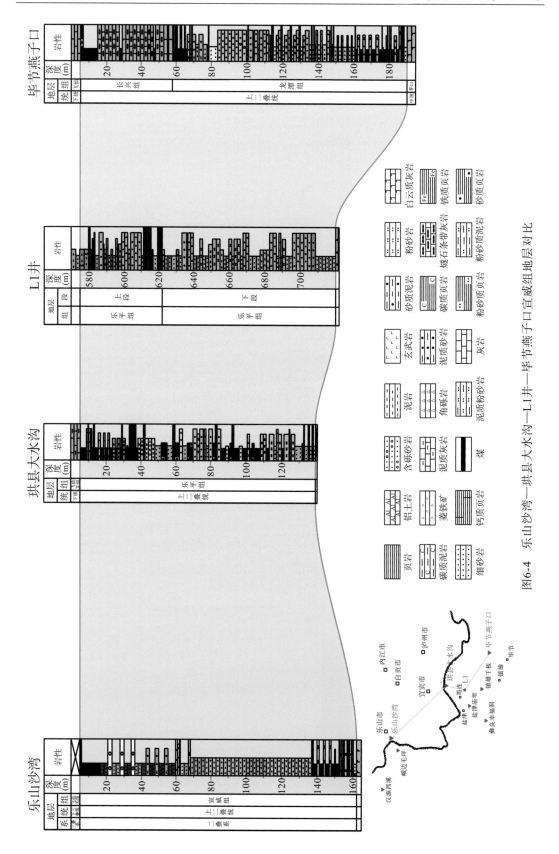

图6-4　乐山沙湾—珙县大水沟—L1井—毕节燕子口宣威组地层对比

南西向—北东向五德大水沟—L1 井—珙县大水沟—武胜龙女寺—Lg2 井地层剖面对比显示(图 6-5)，晚二叠世乐平统地层变化较大，且在区域上有先变薄再增厚的趋势，镇雄五德大水沟剖面显示，陆相宣威组地层厚 193.3m，岩性以粉砂质页岩、页岩、细砂岩、煤层(线)为主。向北至 L1 井，乐平组地层减薄至 145m，岩性变化以深灰色细砂岩、粉砂岩、煤层(线)为主；至盆地南缘珙县大水沟剖面，厚度降至最低，为 134m，岩性变化以灰色黏土岩、黄绿色细砂岩、粉砂岩、灰色碳质页岩、砂质页岩、煤层(线)为主；至盆地中部武胜龙女寺剖面，厚度增厚至 196.5m，岩性由陆相砂泥岩变化以下部龙潭组碳质页岩、煤层(线)为主，上部生屑灰岩、泥质灰岩等海相地层为主；至盆地北部 Lg2 井，乐平统地层厚度达到最厚，厚度大于 322m，岩性变化以海相生屑灰岩夹灰质白云岩、白云岩为主。

区域上乐平组常以具工业价值的 9 号煤层之底界将其分为上、下两段。上段称乐平组上段，下段称乐平组组下段。

1. 乐平组上段

上段顶界为Ⅰ号标志之顶,以含具工业价值的煤层为特征,平均厚度 43.6m。由砂岩(粉砂、细粒砂岩)、泥质岩、煤层及少量生物碎屑灰岩组成,据钻孔资料统计：砂岩类平均含量为 55%,泥质岩平均含量为 27%,煤平均含量为 17%,石灰岩平均含量为 1%。含煤 7~9 层,具有工业价值者四层(2#、3#、7#、8#煤)。

(1)砂岩：为乐平组上段含量较多的一类岩石,多为粉砂-细粒级,一般赋存于各主要煤层的顶板。厚度不够稳定,常呈透镜体产出 3#、2#煤间的"砂体"最大厚度可达 8m,7#煤顶板"砂体"厚达 13m。7#、8#煤间的"砂体"最大厚度近 12m。这些"砂体"沿走向、倾向变化较大,有时变薄尖灭,或相变成泥质岩。层理复杂,波状层理、楔形交错层理、槽状交错层理及透镜状层理均见及。含黄铁矿结核及动、植物化石碎屑,局部含泥岩小包体。当颗粒较粗,或直接与煤层顶板接触时,局部地段对煤层有冲刷现象。

(2)泥质岩：多赋存于煤层底板,浅灰色,一般不显层理,团块状,含较多的黄铁矿结核及植物根部化石。

(3)石灰岩：石灰岩含量很少,最多 4 层,继续分布,单层最大厚度为 0.48m,最小厚度为 0.05m,常相交为泥灰岩、钙质粉砂岩。富含蜓、腕足、瓣鳃、藻类等化石及其碎屑.镜下生物碎屑结构。矿物成分以方解石为主,含少量泥质、石英、绿泥石、黄铁矿等。分布虽不够普遍,但易于识别,常作为对比煤层的标志。

2. 乐平组下段

乐平组下段底界为玄武岩之顶,上界为 9#煤之底。以不含可采煤层、仅含透镜状菱铁矿为标志平均厚度为 100.4m。岩性以浅灰色泥质岩为主,次为砂岩类,含十余层透镜状、鲕状菱铁矿,上部含煤线。据统计,泥质岩类占 62%,砂岩类占 35%,菱铁矿占 2%,煤占 1%。

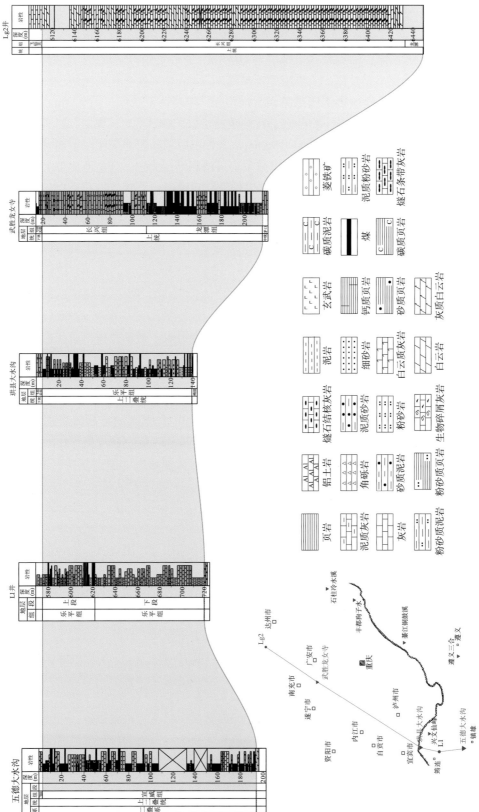

图6-5　五德大水沟—L1井—珙县大水沟—武胜龙女寺—Lg2井地层对比

3. 乐平组上段(含煤层段)小层划分

为了精细研究含煤层段(乐平组上段,下同),此次研究将含煤层段进一步细分为三个小层,并在区内进行小层对比。

(1)第一层段(1 小层),平均厚度为 13.33m,含煤 4~6 层,其中 2#、3#煤层其层位全区稳定。岩性以粉砂岩为主,次为泥岩及细粒砂岩,偶夹生物碎屑灰岩。一般 2#煤层之上常有 1~3 层薄煤,2#、3#煤层间,也多有 1 层薄煤出现。该层段上覆地层为飞仙关组一段,其底 3 号煤层又是全区大部可采煤层,故此层段易于确定.

(2)第二层段(2 小层),平均厚度为 14.4m,一般含煤 0~3 层,岩性与第一层段基本相同。5#煤层有零星可采点,但不成片,其上常有 1~2 层薄煤。该层段含煤性差,不含可采煤层为其特点。

(3)第三层段(3 小层),平均厚度为 15.8m,含 7#、8#、9#煤层,含煤系数达 30.8%,是本区含煤最富集的层段,其中 7#、8#煤层为全区大部可采煤层,以泥岩为主,次为粉砂岩及细粒砂岩,见少量星散状菱铁矿结核。该层段以含煤性较好,明显区别于以上层段及下伏地层。

6.1.2　乐平组地层展布

通过研究发现,区内乐平组下段地层除剥蚀区为 0m 以外,厚度大多为 90~100m(图 6-6),总体变化不大。其中,在 19-1340 钻孔区域地层厚度最大,大于 112m;而在 YS108 井—YSL7 井区域地层厚度相对较薄,多在 92m 左右,其中在 YS108 井最薄,为 87m。

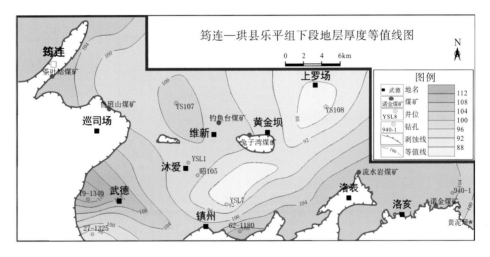

图 6-6　筠连—珙县乐平组下段地层厚度等值线图

区内乐平组上段 3 小层地层除剥蚀区为 0m 以外,厚度大多为 13~18m(图 6-7),总体变化不大。其中,在 YSL15 井以南至昭 104 井、YSL9 井、YSL5 井以南至剥蚀区、诺金煤矿以东等区域地层厚度较大,多在 17m 以上,其中在 48-1618 钻孔区域最厚,为 21m;

而在 422-2 钻孔以北、YSL22 井、915-2 钻孔等区域相对较薄，小于 12m。

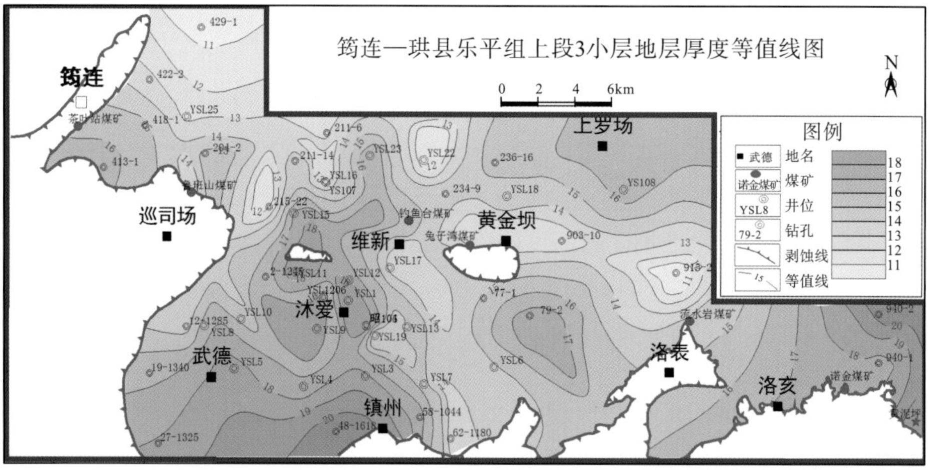

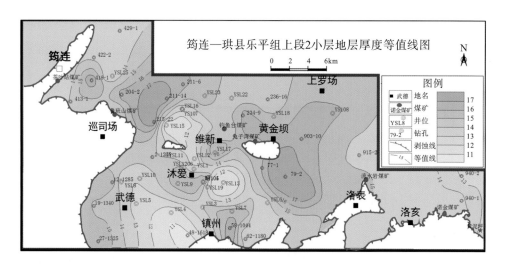

图 6-7　筠连—珙县乐平组上段 3 小层地层厚度等值线图

区内乐平组上段 2 小层地层除剥蚀区为 0m 以外，厚度大多为 12～16m(图 6-8)，总体变化不大。其中，在 418-1 钻孔、204-2 钻孔至 215-22 钻孔、YSL17 井至 YSL108 井往南至 79-2 钻孔、58-1044 钻孔等区域地层厚度较大，多在 16m 以上；而在 YSL15 井、YSL13井、YSL4 井以南等区域相对较薄，小于 12m。

图 6-8　筠连—珙县乐平组上段 2 小层地层厚度等值线图

区内乐平组上段 1 小层地层除剥蚀区为 0m 以外，厚度大多为 11～14m(图 6-9)，总体变化不大。其中，在 418-1 钻孔的东北方向、YSL23 井及 236-16 钻孔以北、YSL5 井至YSL12 井等区域地层厚度较大，多在 15m 以上；而在 215-22 钻孔、58-1044 钻孔至 903-10钻孔等区域相对较薄，小于 12m，其中 79-2 钻孔至 903-10 钻孔最薄，小于 10m。

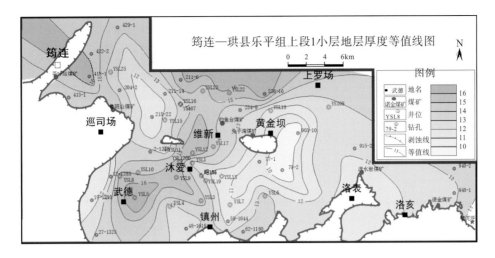

图 6-9　筠连—珙县乐平组上段 1 小层地层厚度等值线图

6.2　沉积相标志

碎屑岩一般由碎屑岩成分和填隙物成分(包括杂基和胶结物)组成，碎屑成分占 50%以上，碎屑岩的性质主要是由碎屑组分的性质决定的，碎屑岩的碎屑成分，除陆源矿物碎屑外，还有各种岩石碎屑，岩石碎屑以矿物集合体的形式存在，其成分可以反映母岩的性质和岩石类型。岩石碎屑在盆地内含量的变化，可以用来推断物源的方向和母岩区的位置。胶结物是以化学方式自溶液中沉淀析出的自生矿物，其形成时间可分为沉积—同生期、成岩期，部分胶结物可用来推断古盐度、古酸碱度等。杂基是以机械方式与碎屑颗粒同时沉积的细小组分，其粒级以泥为主，也可包括一些细粉砂，其含量可反映沉积时期的水动力条件。

6.2.1　岩石学标志

岩石学特征是判别沉积环境的重要相标志之一，正确识别岩石学特征非常重要，因为相标志的正确识别和研究是进行相带识别和划分的基础，因此，本书通过对区内取心井的岩心描述、镜下鉴定及录井资料的综合分析，得出岩石学特征。

1. 岩性标志

根据取心井岩心资料及露头显示，区内乐平组主要发育砂岩、粉砂岩、泥质岩、碳酸盐岩、玄武岩和煤(可燃有机岩)，不同时代不同地区的相同地层中岩石类型及丰度有一定差异。现将区内乐平组主要岩石类型及岩性特征叙述如下。

1)砂岩

粒度为 2～0.1mm 的陆源碎屑颗粒含量大于 50%的岩石，其杂基含量小于 15%时称为砂岩，杂基含量大于15%时，称为杂砂岩。本书采用四组分分类体系进行岩石学定名。首先按杂基含量将砂岩分为砂岩与杂砂岩两大类，砂岩类薄片占56.3%，杂砂岩类薄片为43.7%。以石英、长石、岩屑三端元所作的岩石类型分类三角图(图6-10)表明，乐平组砂岩类型为岩屑砂岩[图6-11(a)]和岩屑杂砂岩[图6-11(b)]，成分成熟度低。

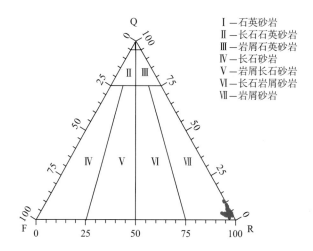

图6-10 乐平组碎屑岩岩石组分三端元图(样品数：56)

(a)极细粒凝灰质岩屑砂岩，595.71m，YSL1井，×10(−)

(b)极细粒凝灰质岩屑杂砂岩，黄泥坪露头，×10(−)

图6-11 乐平组砂岩(杂砂岩)

通过对用岩心磨制的56张薄片的鉴定及统计分析得出：石英含量为1.5%~7%，平均为3.93%；长石含量为0.5%~1%，平均为0.54%；岩屑含量为41.0%~86.5%，平均为67.3%，主要为沉积岩岩屑和火山岩岩屑。黏土杂基平均含量较高，为19.29%，其中含量小于15%的部分约占56.3%；剩下的43.7%杂基含量均大于15%，最高可达35%。胶结物成分主要为方解石，其次为自生石英，方解石胶结物含量为1%~25.0%，平均为4.68%；自生石英含量为0.1%~0.5%，平均为0.15%；大部分薄片都能看到植物碎屑，或因碳化呈黑色颗粒或黑色条带，或因碳酸盐化，保留了植物组织结构等。

(1)碎屑颗粒。

区内碎屑颗粒主要为石英、长石和岩屑，岩屑包括黏土质岩屑、火山岩岩屑和碳酸盐岩岩屑。砂岩结构成熟度低，次棱—次圆，点—线接触，颗粒支撑，孔隙胶结、接触胶结、局部见镶嵌胶结。

石英：石英抗风化能力强，既抗磨又难分解，主要出现在砂岩及粉砂岩中，石英颗粒的磨圆程度随形成条件的不同而不同。区内石英含量很低，为1.5%～7%，平均为5.48%，磨圆度为次棱角状，未被溶蚀［图6-12(a)］。

长石：长石的风化稳定度远比石英小，由于其容易水解，且解理和双晶都很发育导致其容易破碎，故而在风化和搬运过程中，易被淘汰。区内长石含量少于石英，长石含量为0.5%～1%，平均为0.54%，磨圆度为次棱角状—次圆，未被溶蚀［图6-12(b)］。

岩屑：岩屑是保持着母岩的矿物集合体，是母岩岩石的碎块，是提供沉积物来源区的岩石类型的直接标志。岩屑的含量取决于粒度、母岩成分及成熟度等因素。本区岩屑含量为41.0%～86.5%，平均为67.3%，主要为沉积岩岩屑(57%)和火山岩岩屑(36.77%)。沉积岩岩屑包括黏土岩岩屑(46%)和碳酸盐岩岩屑(11%)。磨圆度为次圆—圆状［图6-12(c)］，有时具定向排列构造［图6-12(d)］。

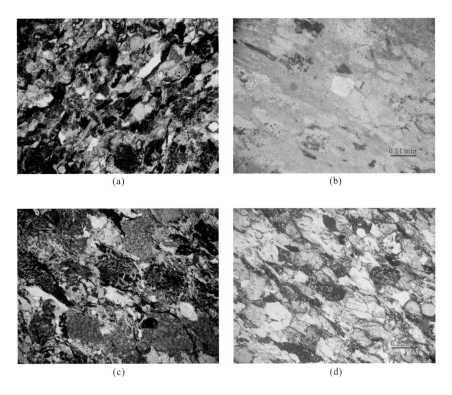

图6-12　乐平组砂岩碎屑颗粒特征

(a)少量石英颗粒，YSL1井，乐平组，588.2m，×10(−)；(b)长石颗粒，黄泥坪露头，乐平组，×20(−)；(c)黏土岩岩屑和火山岩岩屑，YSL1井，乐平组，609.93m，×10(−)；(d)颗粒定向排列，黄泥坪露头，乐平组，×10(−)

(2)填隙物。

砂岩的填隙物主要由杂基和胶结物两部分构成，杂基主要是黏土［图6-13(a)、图6-13(b)］，根据黏土矿物的X衍射分析表明，区内乐平组黏土矿物主要有伊蒙混层、伊利石、绿泥石、高岭石。胶结物以方解石[图 6-13(c)]为主，其次为硅质[图 6-13(d)]。

经统计得出，来自区内乐平组的 56 张薄片，填隙物含量平均为 23.97%，其中黏土杂基平均含量为 19.29%，有的薄片中高达 35%。碳酸盐胶结物为 4.67%，硅质胶结物约为 0.15%，大多为孔隙胶结，局部为镶嵌胶结。

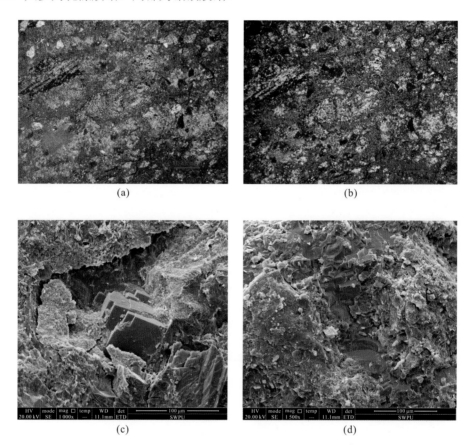

图 6-13　YSL1 井乐平组砂岩填隙物特征

(a)黏土杂基含量较高，YSL1 井，乐平组，604.87m，×4(−)；(b)黏土杂基含量较高，YSL1 井，乐平组，604.87m，×4(+)；(c)方解石胶结物，YSL1 井，乐平组，608.71m，×1000；(d)硅质胶结物，YSL1 井，乐平组，608.71m，×1500

(3)植物碎屑。

大部分薄片及扫描电镜中都能看到碳化植物碎屑(碳化植物碎片和碳质条带)，其含量最高可达 20%，碳化植物碎片中有的植物组织孔被碳酸盐充填[图 6-14(a)]，有的被硅质类充填[图 6-14(b)]，保存了良好的原组织孔形状与植物外形，有的植物碎片则显示为纯黑色，有的植物碎片则完全碳酸盐岩化，原植物结构清楚[图 6-14(c)]；碳质条带则呈细纹状，在薄片中呈现较好的成层性[图 6-14(d)]。

(4)岩石组构特征。

储层岩石粒径一般为 0.05~0.5mm，以粉-细粒结构为主。分选中等—好。磨圆度中等，多为次圆—次棱角状[图 6-15(a)]。颗粒间以点—线接触为主，局部凹凸接触[图 6-15(b)]，以孔隙胶结为主。

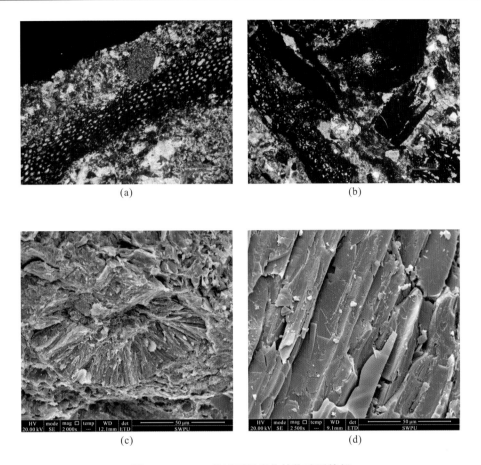

图 6-14　YSL1 井乐平组炭化植物碎屑特征

(a)碳化植物碎片，其组织孔被碳酸盐物质填充，组织孔和植物碎片外形保存，YSL1 井，乐平组，604.87m，×20(+)；(b)碳化植物碎片，原植物组织孔被硅质物质填充，组织孔与原植物形状保存，YSL1 井，乐平组，588.34m，×10(-)；(c)植物碎屑，YSL1 井，乐平组，619.39m，×2000；(d)植物碎屑，YSL1 井，乐平组，611.82m，×2000

图 6-15　YSL1 井乐平组砂岩岩石组构特征

(a)石英颗粒呈次棱状，YSL1 井，乐平组，588.2m，×10(-)；(b)颗粒多呈线接触，局部为凹凸接触，YSL1 井，乐平组，590.95m，×10(-)

由以上分析可见，区内乐平组砂岩储层成分成熟度较低，结构成熟度低—中等，填隙物含量偏高。

2) 粉砂岩与泥岩

区内的粉砂岩和泥岩(图 6-16)含量较高、分布较广。两者关系密切，常互相过渡，相互共生，呈互层状。其主要岩石类型有粉砂岩、泥质粉砂岩、粉砂质泥岩、泥岩等。泥岩多数混有数量不等的粉砂和极细砂级的碎屑，含较多的黄铁矿结核及植物根化石。

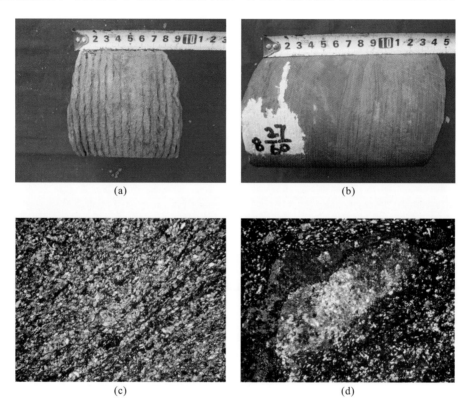

(a)　　　　　　　　　　　　　　　(b)

(c)　　　　　　　　　　　　　　　(d)

图 6-16　乐平组粉砂岩与泥岩

(a)深灰色泥岩，Z105 井，乐平组，603.92m；(b)深灰色粉砂岩，Z105 井，乐平组，669.64m；
(c)、(d)为薄片，应标识放大倍数以及正交或单偏光属性

3) 石灰岩

区内石灰岩含量较少，仅见乐平组上段地层，常相变为泥灰岩、钙质粉砂岩。含䗴、腕足类、双壳类、藻类等化石及其碎屑。镜下呈生物碎屑结构，矿物成分以方解石为主，含少量泥质、石英、绿泥石、黄铁矿等。

4) 煤岩

区内煤岩颜色多为灰黑、黑灰色，似金属-金刚光泽(图 6-17)，宏观煤岩类型总体上均是以半暗煤和半亮型为主，暗淡煤、光亮型煤次之。常见团块状、结核状以及似层状黄

铁矿；丝碳和镜煤含量相对较少，且多呈条带状、线理状或透镜状夹于暗、亮煤中，故常呈条带状及线理状结构，层状和块状构造。具参差状或阶梯状断口。

 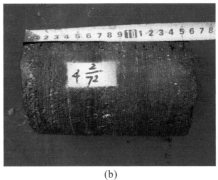

(a)   (b)

图 6-17　乐平组煤岩特征

(a)煤岩与粉砂岩、泥质粉砂岩互层，两河野外露头，乐平组；(b)煤岩，YSL1 井，乐平组，612.59m

2. 沉积构造

沉积岩的构造是指沉积岩各个组成部分之间的排列方式和空间分布。它是沉积物在沉积期或沉积后通过物理作用、化学作用和生物作用形成的。构造特征直接反映沉积时占优势的沉积介质和能量条件，是碎屑岩最重要的成因标志之一。

1)层理

层理通过组成矿物成分、结构、颜色的渐变或突变而显现出来，是岩石性质沿垂向变化的一种层状构造。层理的类型受水动力强度、水的深度、沉积物粒度以及沉积界面形态的影响而变化，是沉积物沉积时水动力条件的直接反映，是沉积环境的重要标志之一。

(1)水平层理。

常见于泥岩和粉砂质泥岩中，纹层呈直线状且平行于层面，常形成于低能环境的低流态及物质供应不足的情况下，物质从悬浮物或溶液中沉淀而成，层面上常见碳质碎屑和云母片，主要发育于曲流河的天然堤、决口扇和河漫滩等沉积环境中[图 6-18(a)]。

(2)平行层理。

岩性以中、细粒砂岩为主，纹层厚度一般为 1～12mm，由相互平行而又几乎水平的纹层状砂和粉砂组成，常形成于水浅流急的水动力条件下，主要见于较强水动力的河床或边滩沉积环境中[图 6-18(b)]。

(3)波状层理。

波状层理主要是由单向水流前进时造成的，或者是由沉积介质的波浪振荡运动造成的，其纹层呈不对称或者对称的波状，但总方向是平行于层面，主要形成于水介质稍浅的沉积环境，在海、湖的浅水粉砂及河漫滩等沉积地区较常见[图 6-18(c)]。

(4)板状交错层理。

岩性为灰色-浅灰色粗、中、细砂岩，是由具有一定流速的沉积介质流动造成的，在底床上可以产生一系列顺流移动的砂波,砂波在陡坡加积作用时可形成一系列纹层组成的斜层系,当层系之间的界面为平面而且彼此平行时,则形成了板状交错层理,此种构造在河流沉积中最为典型,底界常有冲刷面[图6-18(d)]。

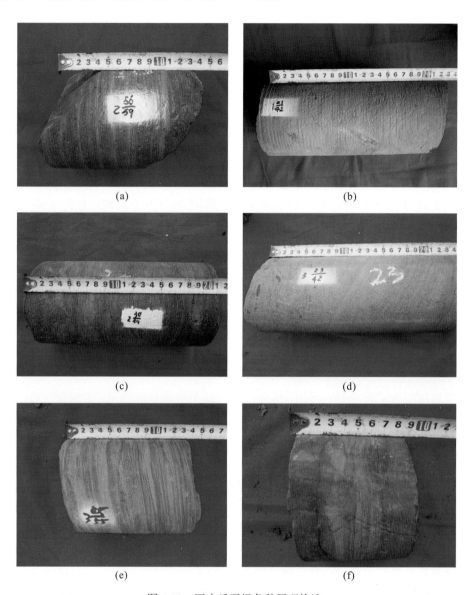

(a)　　　　　　　　　　　　　　　　(b)

(c)　　　　　　　　　　　　　　　　(d)

(e)　　　　　　　　　　　　　　　　(f)

图6-18　区内乐平组各种层理构造

(a)水平层理,YSL1井,乐平组,596.29m;(b)平行层理,YSL1井,582.68m;(c)波状层理,YSL1井,592.16m;(d)板状交错层理,YSL1井,608.99m;(e)压扁层理与透镜状层理,Z105井,581.56m;(f)透镜状层理,Z105井,574.33m

(5)压扁层理与透镜状层理。

出现这种层理说明环境有砂、泥的供应。当波浪或水流作用占主导地位,而停滞水作用相对较弱时,砂质的沉积和保存较泥质保存多,则形成压扁层理[图6-18(e)];当停滞水作用的影响占主导地位，而水流和波浪作用影响较弱时，砂质供应不足，泥质保存较多，则形成透镜状层理[图 6-18(f)]。透镜状层理与压扁层理常相互伴生[图 6-18(e)]，主要形成于潮下带和潮间带，其形成与潮汐韵律(即静水期与潮流期交替出现)有关。

2)变形构造

变形构造也叫作同生变形构造，是指在沉积物固结成岩之前(沉积作用的同时)处于塑性状态时发生变形而形成的各种构造。

(1)滑塌构造。

常见于细砂岩、粉砂岩和粉砂质泥岩中，滑塌构造是指斜坡上未固结的沉积物在重力作用下发生滑动变形和滑塌而形成的变形构造。其分布范围可大可小，可以是局部的，也可以延伸数百米，甚至数千米以上，多分布在潮间滩地的水道和河床的边滩中[图 6-19(a)]。

(2)负载构造。

负载构造是指当砂岩覆盖在泥岩之上时，由于下伏的含水塑性软泥承受了不均匀的负载，使上覆砂质沉积物陷入下伏泥质沉积物中而产生的在砂层底面上的瘤状突起[图 6-19(b)]。

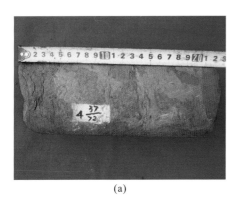

(a)　　　　　　　　　　　　　　(b)

图 6-19　区内乐平组变形构造

(a)滑塌构造，乐 1 井，616.63m；(b)负载构造，104 井，696.4m

3)化学成因构造

结核是岩石中自生矿物的集合体，呈不规则团块状，其颜色、成分、结构等与围岩有显著差别。结核在围岩中可以单独存在，可以平行层面分布，也可成串珠状产出。它们与围岩的界限一般情况下是清晰的，有的也不甚清晰，而表现为逐渐过渡的状态。区内同生结核[图 6-20(a)]、后生结核[图 6-20(b)]、假结核[图 6-20(c)]均有发育。

4)生物成因构造

生物在沉积物内部或表面活动时，常把原来的沉积构造加以破坏和变形，而留下它们活动的痕迹，称为生物成因构造，包括生物扰动构造和植物痕迹等。

（1）生物扰动构造。

常见于泥岩或粉砂质泥岩中，底栖生物活动常使得沉积物层理遭到破坏，同时留下它们活动的痕迹，而产生新的构造面貌，这种构造称为生物扰动构造［图 6-20（d）］。

（2）植物痕迹。

植物痕迹对识别淡水和微咸水环境很有价值。植物呈枝杈状矿化或碳化残余出现在陆相地层中，是陆相的可靠标志，在煤系地层中常见［图 6-20（e）和图 6-20（f）］。

图 6-20　区内乐平组化学成因与生物成因构造

（a）同生结核，104 井，691.2m；（b）后生结核，104 井，697.13m；（c）假结核 105 井 606.43m；（d）生物扰动构造，YSL1 井，595.46m；（e）橑木印痕，105 井，609.30m；（f）层面植物碎片 YSL1 井，583.47m

5）其他构造

冲刷面构造是一种较强水流作用于弱固结的泥岩或粉砂岩中所产生的构造。常见冲刷作用形成的冲刷面，其上的砂岩中发育暗色扁圆形泥砾或粉砂质砾石，自下而上，泥砾粒度变小，数量减少（图6-21），区内于潮坪沉积中可见。

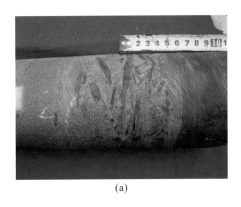 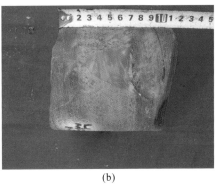

(a)　　　　　　　　　　　　　　　　(b)

图6-21　冲刷面构造

(a)冲刷面（岩性转换面），乐1井，610.33m；(b)冲刷面，104井，578.92m

6）剖面结构特征

剖面结构特征是指垂向上沉积物结构、岩性、沉积物构造等综合特征，它受沉积物水动力条件、可容空间、沉积物注入量、水进、水退等因素控制，是划分沉积微相的重要标志。区内乐平组中可划分为4种剖面结构类型：正旋回型、反旋回型、均一型和复合型（表6-2）。

表6-2　剖面结构特征

亚相	微相	岩性组合	沉积构造	韵律特征
河床	边滩	粗砂-中细砂岩-泥岩	交错-砂纹-平行-水平层理	正旋回
堤岸	天然堤	细砂-粉砂岩-泥岩	小型波状层理	正旋回
	决口扇	泥岩-粉砂-细砂岩	水平-波状-交错层理	反旋回
河漫	河漫滩、河漫湖泊	粉砂岩-黏土岩	水平层理、波状层理	均一型
	河漫沼泽	碳质泥岩、煤		
潮上带	沼泽	煤、泥岩不等厚互层	植物根茎、水平层理物质结核	均一型
潮间带	砂坪	粉-细砂岩	冲刷面-交错层理-平行层理-透镜状层理-压扁层理-波状层理-水平层理	正旋回
	砂泥坪	砂岩与泥岩不等厚互层		正旋回
	泥坪	泥岩、碳质泥岩		正旋回

（1）正旋回型：从下向上沉积物粒度由粗变细，岩性为含砾粗砂岩、粗砂岩和中、细砂岩、粉砂岩及泥岩，层系由厚变薄。沉积构造常为大、中型交错层理—平行层理—水平层理。测井曲线形态为钟形，即自然伽马向上增大，这种剖面结构主要出现在边滩和砂坪微相中。

（2）反旋回型：从下往上粒度由细变粗，岩性由泥岩、粉砂岩逐渐变为细、中砂岩，层系由薄变厚，沉积构造由水平层理、平行层理、砂纹层理逐渐变为板状交错层理等。测井曲线形态特征表现为漏斗形。这种剖面结构类型主要出现在决口扇微相中。

（3）均一型：包括两类，一类是由粗粒沉积物组成的，很少夹有泥、粉砂，沉积构造有平行层理或大、中型交错层理。在测井曲线形态上表现为箱形或齿化箱形。这种剖面结构类型主要出现在边滩和砂坪沉积微相中，经常是多个河床的相互叠置。另一类是由细粒沉积物组成，常为泥岩、粉砂质泥岩或泥质粉砂岩与粉砂岩薄互层，沉积构造有水平层理等，在测井曲线形态上表现为微齿化或平滑直线型。这种剖面结构主要出现在曲流河的天然堤、河漫滩、河漫湖泊、河漫沼泽和潮坪的泥坪、沼泽等沉积微相中。

（4）复合型：是指由两个以上粒序型组成的剖面结构类型，包括连续正粒序和正-逆粒序复合两种类型的剖面结构。连续正粒序组成一个大正粒序剖面结构，常为叠置边滩或砂坪微相；由正-逆粒序复合剖面结构组成完整剖面结构即由粗变细再变粗，主要出现在边滩砂体之上覆盖了决口扇或天然堤沉积和砂坪之上覆盖了砂泥坪或泥坪沉积的区域。

不同的沉积微相由于沉积环境不同，其产物特征不同，因而相标志也不同，这是划分沉积微相的重要依据。

6.2.2　地球化学标志

在沉积物沉积过程中，沉积物与介质之间有着复杂的地球化学平衡，如沉积物对介质中某些元素的吸附、沉积物与介质之间的元素交换等。这种吸附和交换作用除与元素本身的性质有关外，还受到沉积环境的一系列物理化学条件的影响，因此，沉积环境不同，元素聚集与分散规律也不相同，为利用沉积物微量元素的含量及其组合对比关系，进行沉积环境分析提供了理论依据。沉积物中微量元素用于判断沉积环境（古氧相、古盐度、海平面变化）越来越受到关注，运用也相应增多，本书也研究部分微量元素，并对晚二叠世晚期古氧相、古盐度及海平面变化等沉积环境因素进行一系列探讨。

1. 古氧相研究

本次研究利用等离子体质谱法对 YSL1 井乐平组 19 个样品进行了 V、Ni 元素分析化验（表 6-3），并绘制了 V/（V+Ni）曲线图（图 6-22）。

表 6-3　YSL1 井乐平组上段古氧相微量元素地化分析测试表

井名	编号	层位	深度（m）	岩性	V（10^{-6}）	Ni（10^{-6}）	V/（V+Ni）
YSL1	Y-1	P_3l	581.67	灰黑色泥岩	366.4	145.8	0.72
YSL1	Y-2	P_3l	582.36	灰黑色碳质泥岩	258.7	78.7	0.77
YSL1	Y-3	P_3l	583.00	深灰色细砂岩	224.3	110.9	0.67
YSL1	Y-4	P_3l	585.72	黑色碳质泥岩	53.8	37.1	0.59
YSL1	Y-5	P_3l	585.85	灰色细砂岩	234.6	194.4	0.55
YSL1	Y-6	P_3l	588.27	灰色细砂岩夹泥岩	199.9	101.1	0.66

续表

井名	编号	层位	深度(m)	岩性	V(10^{-6})	Ni(10^{-6})	V/(V+Ni)
YSL1	Y-7	P_3l	589.20	灰黑色碳质泥岩	428.5	58	0.88
YSL1	Y-8	P_3l	591.02	深灰色粉砂岩	213.6	80.9	0.73
YSL1	Y-9	P_3l	592.88	灰黑色碳质泥岩	366.8	39.5	0.90
YSL1	Y-10	P_3l	594.57	灰黑色泥岩夹粉砂岩	285.7	45.6	0.86
YSL1	Y-11	P_3l	595.50	灰色细砂岩	241.9	124	0.66
YSL1	Y-12	P_3l	596.59	灰黑色泥岩	241.9	82.2	0.75
YSL1	Y-13	P_3l	609.98	灰色细砂岩	205.4	89.1	0.70
YSL1	Y-14	P_3l	610.45	灰黑色泥岩	259	89.3	0.74
YSL1	Y-15	P_3l	611.33	灰黑色碳质泥岩	269.1	134.7	0.67
YSL1	Y-16	P_3l	613.88	灰黑色碳质泥岩	344.9	59.9	0.85
YSL1	Y-17	P_3l	615.49	深灰色泥岩	496.2	55.8	0.90
YSL1	Y-18	P_3l	616.59	灰黑色碳质泥岩	399.6	112.3	0.78
YSL1	Y-19	P_3l	619.23	深灰色泥岩	304.9	83	0.79

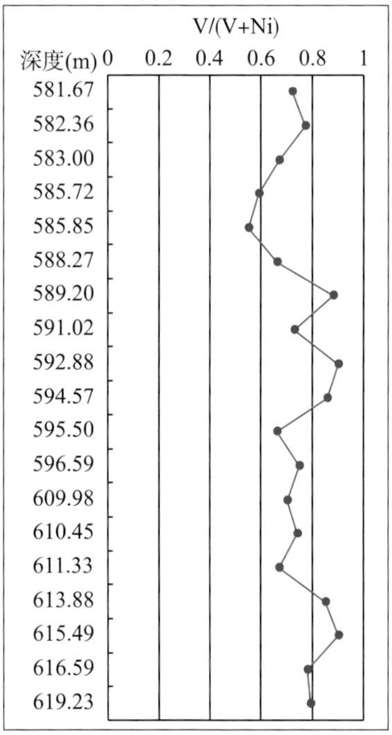

图 6-22　YSL1 井乐平组 V/(V+Ni) 曲线图

从表 6-3 和图 6-22 中可见，V/(V+Ni) 最高值为 0.90，出现在 Y-9 和 Y-17，岩性分别为灰黑色碳质泥岩和深灰色泥岩；最低值为 0.55，出现在 Y-5，岩性为灰色细砂岩；平均值为 0.75。

V/(V+Ni) 曲线图显示，晚二叠世晚期主体为震荡缺氧环境，集中表现为 Y-4、Y-5、Y-11、Y-13、Y-15 为相对低值，Y-7、Y-9、Y-10、Y-16、Y-17 为相对高值。对比样品岩性及所在层位岩性，相对低值处岩性一般为灰色细砂岩，少量为灰黑色碳质泥岩。相对高值处岩性一般为灰黑色碳质泥岩或深灰色泥岩，显然泥质为主要成分。据此不难看出该地区 YSL1 井区晚二叠世晚期整体处于缺氧沉积环境，其中存在次级的典型厌氧与相对富氧波动变化，由于波动变化较快使组内相邻层位因缺氧程度不同而表现出不同岩性。相对富氧环境沉积物表现为颜色变浅，颗粒较粗、水体能量较高等特征，厌氧环境沉积物则表现为颜色较深，颗粒较细、水体能量低等特征，且泥质含量较多。

2. 古盐度恢复

盐度是指介质中所有可溶盐的质量分数，是区别海相与陆相环境的主要标志之一。古盐度是指保存于古沉积物之中的盐度，是指示地质历史时期中沉积环境变化的一个重要标志，对恢复和重建沉积环境，开展岩相古地理研究具有重要意义。

目前，常采用锶钡比法、硼元素法、硼镓比值和铷钾比值等方法进行沉积环境古盐度的恢复。本次研究则主要利用锶钡比法对 YSL1 井区晚二叠世晚期进行古盐度的恢复。

锶和钡是碱土金属中化学性质较相似的两个元素，它们在不同沉积环境中由于其地球化学性质的差异而发生分离，因此，可以使用锶钡比值作为古盐度的标志。研究认为，锶比钡迁移能力强，当淡水和海水相混合时，淡水中的 Ba^{2+} 与海水中的 SO_4^{2-} 结合生成 $BaSO_4$ 沉淀，而 $SrSO_4$ 溶解度大，可以继续迁移到远海，通过生物途径沉淀下来。因此，Sr 质量分数与 Ba 质量分数的比值 Sr/Ba 是随着远离海岸而逐渐增大的，依据该比值的大小可以定性地反映古盐度，从而进行沉积环境古盐度的恢复。一般来讲，淡水沉积物中 Sr/Ba 值小于 1，而海相沉积物中 Sr/Ba 大于 1，Sr/Ba 为 0.5～1.0 时为半咸水相。

通过对 YSL1 井乐平组的钻井取心资料进行统计，应用锶钡比法对乐平组沉积期古盐度进行恢复（表6-4），结果表明，YSL1 井乐平组 Sr/Ba 为 0.59～3.21，沉积时期水介质条件为震荡性半咸水—咸水环境，集中表现为 Y-1、Y-2、Y-4、Y-7、Y-9、Y-10、Y-17 为相对低值，Y-3、Y-6、Y-8、Y-11、Y-13 为相对高值（图6-23）。其中，Sr/Ba 为 0.5～1 的样品占 36.8%，岩性主要为灰黑色碳质泥岩和深灰色泥岩，为海陆过渡相的半咸水沉积环境；Sr/Ba 大于 1 的样品占 63.2%，为海相的咸水沉积环境。在 Sr/Ba 大于 1 的样品中，较大值多为粗粒的灰色细砂岩，较小值多为灰黑色碳质泥岩和深灰色泥岩，说明乐平组砂岩相对于泥岩、碳质泥岩更远离海岸。

表6-4　YSL1 井乐平组古盐度微量元素分析测试表

井名	编号	层位	深度(m)	岩性	Sr(10^{-6})	Ba(10^{-6})	Sr/Ba
YSL1	Y-1	P₃l	581.67	灰黑色泥岩	259.8	361	0.72
YSL1	Y-2	P₃l	582.36	灰黑色碳质泥岩	194.1	262.7	0.74
YSL1	Y-3	P₃l	583.00	深灰色细砂岩	241.7	122.7	1.97
YSL1	Y-4	P₃l	585.72	黑色碳质泥岩	290.5	441.4	0.66
YSL1	Y-5	P₃l	585.85	灰色细砂岩	231.5	188.4	1.23
YSL1	Y-6	P₃l	588.27	灰色细砂岩夹泥岩	201.6	133	1.52
YSL1	Y-7	P₃l	589.20	灰黑色碳质泥岩	404.4	681.5	0.59

续表

井名	编号	层位	深度(m)	岩性	Sr(10^{-6})	Ba(10^{-6})	Sr/Ba
YSL1	Y-8	P_3l	591.02	深灰色粉砂岩	231.2	90.6	2.55
YSL1	Y-9	P_3l	592.88	灰黑色碳质泥岩	362.9	512.6	0.71
YSL1	Y-10	P_3l	594.57	灰黑色泥岩夹粉砂岩	275.3	293.2	0.94
YSL1	Y-11	P_3l	595.50	灰色细砂岩	201.7	95.5	2.11
YSL1	Y-12	P_3l	596.59	灰黑色泥岩	182.4	136.4	1.34
YSL1	Y-13	P_3l	609.98	灰色细砂岩	226.9	70.6	3.21
YSL1	Y-14	P_3l	610.45	灰黑色泥岩	306.2	299.2	1.02
YSL1	Y-15	P_3l	611.33	灰黑色碳质泥岩	277.3	167.9	1.65
YSL1	Y-16	P_3l	613.88	灰黑色碳质泥岩	366	333.4	1.10
YSL1	Y-17	P_3l	615.49	深灰色泥岩	384.4	393.8	0.98
YSL1	Y-18	P_3l	616.59	灰黑色碳质泥岩	354.5	321.6	1.10
YSL1	Y-19	P_3l	619.23	深灰色泥岩	291.1	260.9	1.12

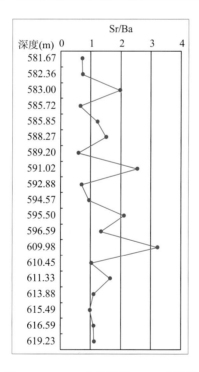

图 6-23　YSL1 井乐平组 Sr/Ba 曲线图

3. 海平面变化

由于元素在沉积作用中所发生的机械分异作用、化学分异作用和生物化学分异作用，使元素的聚集和分散与水体深度也有一定的关系。本次研究主要通过 Mn 元素含量、Mn/Fe、Sr/Ba 来进行海平面变化的判别，并建立了相应的数据统计表(表 6-5)。

表 6-5 YSL1 井乐平组海平面变化微量元素分析测试表

井名	编号	层位	深度(m)	岩性	Sr (10^{-6})	B (10^{-6})	Sr/Ba	Mn (10^{-6})	Fe (10^{-4})	Mn/Fe (10^{-2})
YSL1	Y-1	P_3l	581.67	灰黑色泥岩	259.8	361	0.72	513.6	750.89	0.68
YSL1	Y-2	P_3l	582.36	灰黑色碳质泥岩	194.1	262.7	0.74	209.6	453.6	0.46
YSL1	Y-3	P_3l	583.00	深深色细砂岩	241.7	122.7	1.97	1568	912.17	1.72
YSL1	Y-4	P_3l	585.72	黑色碳质泥岩	290.5	441.4	0.66	158.4	126.28	1.25
YSL1	Y-5	P_3l	585.85	灰色细砂岩	231.5	188.4	1.23	814.9	757.61	1.08
YSL1	Y-6	P_3l	588.27	灰色细砂岩夹泥岩	201.6	133	1.52	1086.1	747.6	1.45
YSL1	Y-7	P_3l	589.20	灰黑色碳质泥岩	404.4	681.5	0.59	33.3	253.26	0.13
YSL1	Y-8	P_3l	591.02	深灰色粉砂岩	231.2	90.6	2.55	1835.8	1015.9	1.81
YSL1	Y-9	P_3l	592.88	灰黑色碳质泥岩	362.9	512.6	0.71	67.1	119.84	0.56
YSL1	Y-10	P_3l	594.57	灰黑色泥岩夹粉砂岩	275.3	293.2	0.94	2252.8	658.49	3.42
YSL1	Y-11	P_3l	595.50	灰色细砂岩	201.7	95.5	2.11	830.7	943.04	0.88
YSL1	Y-12	P_3l	596.59	灰黑色泥岩	182.4	136.4	1.34	496.7	979.09	0.51
YSL1	Y-13	P_3l	609.98	灰色细砂岩	226.9	70.6	3.21	2045	898.03	2.28
YSL1	Y-14	P_3l	610.45	灰黑色泥岩	306.2	299.2	1.02	187.2	486.43	0.38
YSL1	Y-15	P_3l	611.33	灰黑色碳质泥岩	277.3	167.9	1.65	695.5	792.19	0.88
YSL1	Y-16	P_3l	613.88	灰黑色碳质泥岩	366	333.4	1.10	308.4	485.52	0.64
YSL1	Y-17	P_3l	615.49	深灰色泥岩	384.4	393.8	0.98	65.6	272.58	0.24
YSL1	Y-18	P_3l	616.59	灰黑色碳质泥岩	354.5	321.6	1.10	103	402.29	0.26
YSL1	Y-19	P_3l	619.23	深灰色泥岩	291.1	260.9	1.12	686.8	517.58	1.33

1）Mn 元素

Mn 元素能在离子溶液中比较稳定地存在，在海水中呈 Mn^{2+} 出现。Mn 能在距离海岸较远的地方，甚至在洋底聚集，从海岸到深海其含量不断增大。随着海平面的上升，Mn 元素含量趋于增多。

YSL1 井乐平组 Mn 元素含量曲线图(图 6-24)显示，Mn 元素含量表现为低—高—低的变化趋势，因此乐平组为一个完整的沉积旋回。乐平组上段沉积早期，Mn 元素含量总体较低，反映水体较浅，其中在 Y17、Y18 样品处最低，反映此时海平面最低，所对应的岩性主要为灰黑色碳质泥岩、深灰色泥岩；而到了乐平组上段沉积中期，Mn 元素含量突然增大(Y13 样品)，反映海平面快速上升，而此时所对应的岩性主要为灰色细砂岩；之后 Mn 元素含量总体有减小的趋势，反映水体持续下降，海平面逐渐降低的趋势，在减小的过程中，Mn 元素含量呈震荡变化，体现了次级规模的海侵海退，其中 Mn 元素含量高值一般对应的为粗粒的灰色细砂岩，而低值对应的为灰黑色碳质泥岩、深灰色泥岩。

2）Mn/Fe

Mn 和 Fe 的地球化学性质差异性导致在搬运过程中两者要发生分异。铁极易受氧化而成 Fe^{3+}，Fe^{3+} 在 pH 大于 3 时，形成 $Fe(OH)_3$ 的沉淀，所以铁的化合物易于在滨海地区发生聚集，被搬运到海洋中的铁大多呈悬浮状态出现。而 Mn 却能在离子溶液中比较稳定地存在，在海水中呈 Mn^{2+} 出现，Mn 能聚集在离海岸较远的地方。因而随着海平面的上升，Mn/Fe 增大。

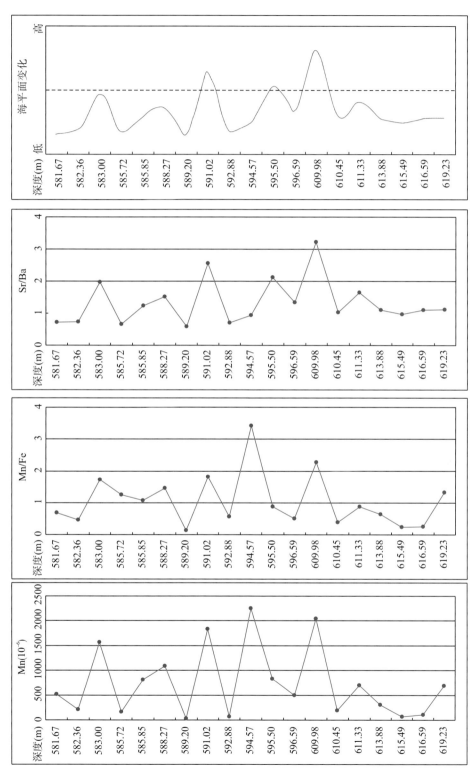

图 6–24　YSL1 井乐平组上段 Mn 元素含量、Mn/Fe、Sr/Ba 纵向分布与海平面变化

YSL1 井乐平组上段 Mn/Fe 曲线图(图 6-24)显示,Mn/Fe 与 Mn 的变化具有相似的规律,含量同样表现为低—高—低的变化趋势,反映了乐平组上段为一个完整的沉积旋回。乐平组上段沉积早期,Mn/Fe 总体较低,反映水体较浅,其中在 Y17、Y18 样品处同样最低,反映此时海平面最低;而到了乐平组上段沉积中期,Mn/Fe 突然增大(Y13 样品),反映海平面快速上升;之后 Mn/Fe 总体有减小的趋势,反映水体持续下降,海平面逐渐降低的趋势,在减小的过程中,Mn/Fe 呈震荡变化,体现了次级规模的海侵与海退。以上变化特征体现了 Mn/Fe 与 Mn 元素含量有相似的变化趋势。

3) Sr/Ba

由前面所述,Sr/Ba 不仅可以判别古盐度,还可以判别沉积物远离海岸的程度,一般情况下,Sr/Ba 越大,越远离海岸,而在滨海环境中,随着远离海岸程度的增加水体逐渐加深。因此可以判别,随着海平面的上升,Sr/Ba 增大。

YSL1 井乐平组上段 Sr/Ba 元素含量曲线图(图 6-24)显示,Sr/Ba 与 Mn/Fe、Mn 元素含量的变化同样具有相似的规律,含量同样表现为低—高—低的变化趋势,反映了乐平组上段为一个完整的沉积旋回。乐平组上段沉积早期,Sr/Ba 总体较低,反映水体较浅,其中在 Y17 样品处最低,反映此时海平面最低;而到了乐平组上段沉积中期,Sr/Ba 突然增大(Y13 样品),反映海平面快速上升;之后 Sr/Ba 总体有减小的趋势,反映水体持续下降,海平面逐渐降低的趋势,在减小的过程中,Sr/Ba 同样呈震荡变化,体现了次级规模的海侵与海退。以上变化特征体现了 Sr/Ba 与 Mn/Fe、Mn 元素含量有相似的变化趋势。

通过以上 Mn 元素含量、Sr/Ba、Mn/Fe 的变化趋势可以发现,乐平组上段为一个完整的沉积旋回,海平面总体表现为低—高—低的变化趋势,同时海平面较低时往往对应于灰黑色碳质泥岩、深灰色泥岩,海平面较高时常对应于粗粒的灰色砂岩。结合前面古盐度的分析,YSL1 井区处于海陆过渡相附近,因此我们可以初步推测具有以上沉积特征的地层为潮坪沉积环境。

通过对 YSL1 井乐平组上段 19 个样品的微量元素及相应元素比值的综合研究,对 YSL1 井区乐平组上段的沉积环境有了总体把握。乐平组上段处于半咸水—咸水环境的海陆过渡相的潮坪沉积环境,海平面总体表现为低—高—低的变化趋势,同时 YSL1 井区处于热带—亚热带区,有利于大量植物的持续繁殖,为潮坪沉积环境聚煤提供了物质基础。

通过研究发现,乐平组上段沉积期 YSL1 井区整体处于缺氧沉积环境,其中存在次级的典型厌氧与相对富氧波动变化,由于波动变化较快使组内相邻层位因缺氧程度不同表现为不同岩性。相对富氧环境沉积物表现为颜色变浅,颗粒较粗、水体能量较高等特征,厌氧环境沉积物则表现为颜色较深、颗粒较细、水体能量低等特征,且泥质含量较重。应用锶钡比法对乐平组中晚期古盐度进行恢复,结果表明,YSL1 井乐平组上段 Sr/Ba 为 0.59～3.21,沉积时期水介质条件为震荡性半咸水—咸水环境,在 Sr/Ba 大于 1 的样品中,较大值多为粗粒的灰色细砂岩,较小值多为灰黑色碳质泥岩和深灰色泥岩,说明乐平组砂岩相对于泥岩、碳质泥岩更远离海岸。通过 Mn 元素含量、Sr/Ba、Mn/Fe 的变化趋势进行海平面变化的研究,可以发现,乐平组上段为一个完整的沉积旋回,海平面总体表现为低—高—低的变化趋势,同时海平面较低时往往对应于灰黑色碳质泥岩、深灰色泥岩,海平面较高时常对应于粗粒的灰色砂岩。结合前面古盐度的分析，YSL1 井区处于海陆过渡相附近，因此我们可以初步推测具有以上沉积特征的地层为潮坪沉积环境。

6.2.3　测井相标志

测井相是表征沉积岩体的测井响应特征的集合。运用测井相分析是不可缺少的手段，特别对取心少、取心率低及未取心的井，沉积相的分析主要依靠测井相分析，利用测井响应定性的测井曲线特征及定量的测井参数值确定钻井剖面的岩相序列，进而结合地质特征来描述地层的沉积相。

1. 测井曲线组合的选取

测井曲线的形态分析可以从幅度、形态、接触关系、次级形态 4 个方面来进行。曲线形态在纵向上的变化也反映了岩性变化特征和沉积环境特征。研究区储层属于中低孔、低渗型储集层，岩性较致密，补偿声波起伏不大，对岩性反映不灵敏；电阻率曲线受岩性、物性、流体性质等多方面因素的影响，在进行岩性分析时易出现多解性。而泥岩的自然电位、自然伽马测井曲线主要反映地层中岩石颗粒粗细及其泥质含量，对于岩性反映较灵敏，因此本次工作中主要应用自然伽马和自然电位测井曲线分析岩性，区分不同类型的岩石和沉积相。

2. 测井曲线沉积微相识别方法

不同沉积环境具有不同的水动力特点，因而不同沉积环境中形成的砂体或沉积层序在粒度、分选、泥质含量等方面具有各自的特征。响应于这些特征，不同沉积环境常常具有不同的测井曲线形态特征，在实践中逐步从各种环境的曲线中概括出基本的形态类型，不同沉积环境的测井曲线形态特征是由几种基本类型组合而成的。

1) 测井曲线特征基本形态类型

以下列举了 5 种测井曲线形态的沉积环境基本类型 (图 6-25)，分别为顶部或底部渐变型、顶部或底部突变型、振荡型、块状组合、互层组合。这几种曲线类型主要受控于 3 种因素：①沉积水体深度及其变化；②沉积物搬运能量及其变化；③沉积物物源方向及其供应物的变化等。

(1) 渐变型：表明了岩层顶部或底部沉积颗粒大小的逐渐变化。这种曲线特征往往是一种沉积环境到另一种沉积环境平稳过渡的表征，如由河流沉积逐渐过渡为洪积平原或河漫滩沉积，曲线特征常表现为顶部渐变型 [图 6-25 (a)]。

(2) 突变型：一种沉积环境到另一种环境急剧变化或不同环境的不整合接触的表征，如河流相深切的河道沉积底部，常显示为底部突变型 [图 6-25 (b)]。

(3) 振荡型：以振荡方式进行的水体前进或后退长期变化的反映，根据水体进或退又分别分为圣诞树状或倒圣诞树状 [图 6-25 (c)]。

(4) 块状组合型：沉积环境条件基本相同的情况下，沉积物快速沉积或砂体多层叠置的反映 [图 6-25 (d)]。

（5）互层组合型：反映因环境频繁变化而形成的砂岩、粉砂岩及页岩相间成层的沉积序列，如河道频繁迁移或以交织河为主的河流相沉积，常见互层组合型［图 6-25（e）］。

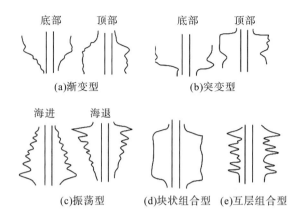

图 6-25   测井曲线的环境指示基本类型

2）测井曲线形态分析的基本内容

（1）幅度：幅度大小反映粒度、分选性及泥质含量等沉积特征的变化，如自然电位的异常幅度大小，自然伽马幅值高低可以反映地层中粒度中值大小，并能反映泥质含量的高低。

（2）形状：指单个砂体曲线形状，常见箱形、钟形、漏斗形和复合形等几种。箱形反映沉积物沉积时能量相对稳定，而钟形和漏斗形分别表示沉积能量由强—弱和由弱—强的过程，复合形特征反映一种水动力向另一种水动力的变化。

（3）接触关系：测井曲线顶、底形态，反映砂岩沉积初期及末期的沉积相的变化。一般分为渐变型和突变型两大类（图 6-26）。砂岩层的底部曲线形态可以直观地表现出砂岩与下伏岩层的接触关系。底部突变型曲线反映了砂体与下伏岩层之间存在剥蚀接触关系，或有冲刷面存在，典型的有河道底部冲刷沉积。底部渐变型曲线则反映了砂体的堆积特点。顶部曲线形态反映沉积物供应的终止速度。顶部突变型曲线是沉积物源供应突然中断的象征。顶部渐变型曲线则表明沉积物源供应是逐渐减少直至中断的。

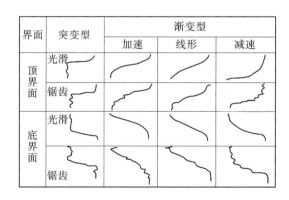

图 6-26   曲线接触关系

(4)次级形态：主要包括曲线光滑程度、包络线形态及齿中线形态等。曲线光滑程度是水动力条件对沉积物改造持续时间长短的反映。测井曲线越光滑，说明沉积时的水动力作用越强，且持续时间长，砂岩是经过充分淘洗后的均质沉积，如三角洲前缘席状砂、河口砂坝等的曲线形态多为光滑状；若测井曲线带有小的锯齿，则表明沉积物的改造不够充分，如辫状河道砂坝；若曲线呈参差不齐的锯齿状，则表明是间歇性相间沉积。根据水体进、退速度，其包络线(图 6-27)可分为下倾线性、下凸、下凹和上倾线性、上凹、上凸几种形态。包络线形态可以反映出水体深度变化的速度。如图当包络线形态为一倾斜的直线时，表明水进或水退速度稳定，呈线性变化；当包络线形态为凹形曲线时，表明为加速水退或减速水进；当包络线形态为凸形曲线时，则是减速水退或加速水进的表现。齿中线常分为水平平行、上倾平行、下倾平行、内收敛、外收几种，它们提供沉积信息，如齿中线水平平行表明每个薄砂层粒度均匀，沉积能量均匀且周期性变化。

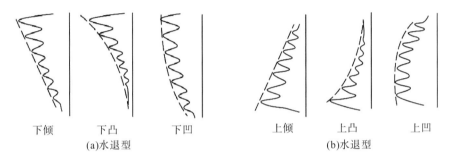

下倾　　　下凸　　　下凹　　　　　上倾　　　上凸　　　上凹
(a)水退型　　　　　　　　　　　(b)水退型

图 6-27　曲线包络线形态

通过对区内不同沉积微相测井响应关系的分析，总结出了区内不同沉积微相的自然伽马和电阻率测井曲线响应特征(图 6-28)。

边滩微相：单个边滩的电测曲线特征为中-高幅钟形或箱形，多个砂体联系叠置呈中-高幅齿化或微齿化钟形、箱形及钟形+箱形的复合形的曲线形态，曲线为齿化、微齿化或光滑，齿中线水平或下倾，或下部水平上部下倾，顶底面突变接触或呈底部突变接触，顶部渐变接触。

天然堤微相：为心滩或边滩砂体上部连续变细的低-中幅钟形曲线细尾部分，较少单独出现，曲线幅度较低，顶底一般均呈渐变接触。

决口扇微相：呈低-中幅指形、漏斗形或钟形，曲线光滑或呈微齿状，顶底一般均呈渐变接触。

河漫滩与河漫湖泊微相：呈低-中幅齿化、微齿化，由河漫滩过渡为河漫湖泊时，粒度变细，故其组合曲线呈钟形。

河漫沼泽微相：曲线为低-中幅齿化。顶底一般为渐变接触。

沼泽微相：呈中-高幅漏斗形，曲线微齿状，顶底一般均为渐变接触。

砂坪微相：曲线呈箱形或钟形与漏斗形组合，顶底突变接触与渐变接触均有出现。

泥坪与砂泥坪微相：曲线呈低-中幅齿化-微齿化，顶底一般为渐变接触。

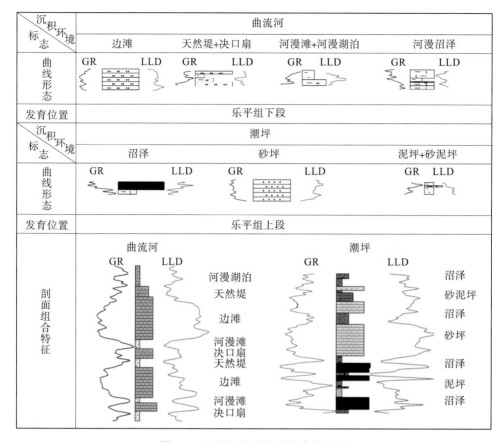

图 6-28　区内沉积微相测井曲线特征

6.3　沉积相类型及特征

通过对区内露头剖面的观测、相关煤矿资料的分析以及有关钻井岩心的描述、测井曲线的综合分析，依据岩石组合、沉积组构、剖面结构及其演化序列等相标志，结合区域沉积演化以及前人研究成果，将区内乐平组划分为 3 种沉积相、7 种亚相以及 14 种微相类型（表 6-6）。

表 6-6　区内乐平组沉积相类型划分表

相	亚相	微相
曲流河	河漫	河漫滩、河漫湖泊、河漫沼泽
	堤岸	天然堤、决口扇
	河床	河床滞留沉积、边滩
潮坪	潮上带	沼泽
	潮间带	砂坪、砂泥坪、泥坪
混积台地	混积局限台地	混积潟湖、混积浅滩
	混积开阔台地	混积浅滩、混积滩间

6.3.1　曲流河

区内发育的河流体系按其形成的几何形态、相序特征和相变关系，主要为曲流河沉积相。曲流河以边滩或点砂坝为沉积特征，平面呈带状分布，其河床较稳定，宽深比低，侧向迁移速度慢，故河漫滩和点砂坝较为发育。曲流河剖面垂向层序具典型的"二元结构"，即由下部推移载荷形成的粗碎屑质河床充填沉积和上部悬移载荷形成的细碎屑质洪泛平原沉积组成，构成一向上变细的正旋回层序。根据次一级环境及沉积物特征的不同，将曲流河相划分为河床、堤岸、河漫 3 个亚相。

1. 河床亚相

河床是河谷中经常流水的部分，即平水期水流所占的最低部分。其横剖面呈槽形，上游较窄，下游较宽，底部显示明显的冲刷界面，构成河流沉积单元的基底。河床亚相岩石类型以砂岩为主，次为砾岩，层理发育，类型丰富多彩。缺少动植物化石，仅见破碎的植物枝、干等残体，岩体形态多具透镜状，底部具明显的冲刷界面。河床亚相进一步划分为河床滞留沉积和边滩两个微相。

1)河床滞留沉积

在河床冲刷面上发育河床滞留沉积，以滞留砾石(图 6-29)为主，成分比较复杂，多为陆源砾石，如燧石、石英和岩屑砾石等，还有泥岩和煤块等软岩砾石。常见砾石大小不均，滞留砂砾岩体多呈透镜状，分选中等，次棱角状—次圆状，位于河流沉积旋回的底部，往上为边滩和河床充填沉积。底界为明显冲刷界面。

图 6-29　筠连巡司剖面曲流河河床滞留沉积微相灰色砂砾岩

2)边滩

边滩又称点沙坝，为河流沉积序列的骨架部分，也是曲流河区别于其他类型河流的重要特征。其是河床侧向侵蚀、沉积物侧向加积的结果。区内边滩岩性以细、粉砂岩为主，岩屑含量高，沉积物的成分成熟度一般较低，含杂基较多，下部有冲刷现象，发育槽状交错层理，常构成向上变细的序列，GR 曲线呈箱形或钟形，曲线幅度中等至较高。

2. 堤岸亚相

堤岸亚相在垂向上发育在河床沉积的上部，属河流相的顶层沉积。与河床沉积相比，其岩石类型简单。区内沉积物多为粉砂岩、泥质粉砂岩与泥质岩组成的互层，层厚较薄，颜色浅，单层厚度小，沉积厚度不大，发育植物碎屑化石，可进一步分为天然堤和决口扇两个沉积微相。

1）天然堤

洪水期河水漫过河岸时携带的粉砂、泥质粉砂岩级物质沿河床两岸堆积，形成平行河床的砂堤，称天然堤。区内发育天然堤相，岩性多为灰色粉、细砂岩，砂质胶结，中间夹薄层灰色泥岩，粒度比边滩沉积细，比河漫滩沉积粗（图 6-30）。层面分布微量煤化植物碎屑，具波状层理与水平层理。

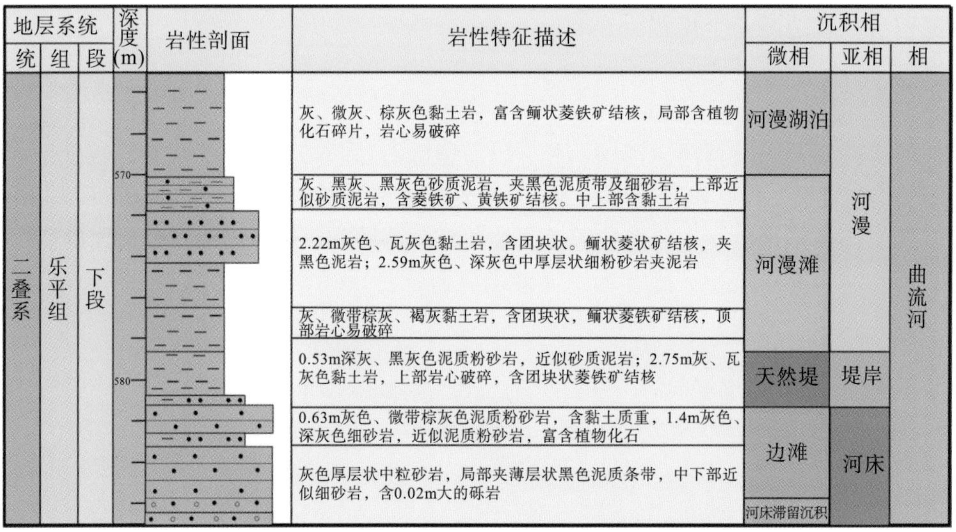

地层系统			深度 (m)	岩性剖面	岩性特征描述	沉积相		
统	组	段				微相	亚相	相
二叠系	乐平组	下段	570 580		灰、微灰、棕灰色黏土岩，富含鲕状菱铁矿结核，局部含植物化石碎片，岩心易破碎	河漫湖泊	河漫	曲流河
					灰、黑灰、黑灰色砂质泥岩，夹黑色泥质带及细砂岩，上部近似砂质泥岩，含菱铁矿、黄铁矿结核。中上部含黏土岩	河漫滩		
					2.22m灰色、瓦灰色黏土岩，含团块状。鲕状菱铁矿结核，夹黑色泥岩；2.59m灰色、深灰色中厚层状细粉砂岩夹泥岩			
					灰、微带棕灰、褐灰色黏土岩，含团块状，鲕状菱铁矿结核，顶部岩心易破碎			
					0.53m深灰、黑灰色泥质粉砂岩，近似砂质泥岩；2.75m灰、瓦灰色黏土岩，上部岩心破碎，含团块状菱铁矿结核	天然堤	堤岸	
					0.63m灰色、微带棕灰色泥质粉砂岩，含黏土质重，1.4m灰色、深灰色细砂岩，近似泥质粉砂岩，富含植物化石	边滩	河床	
					灰色厚层状中粒砂岩，局部夹薄层状黑色泥质条带，中下部近似细砂岩，含0.02m大的砾岩			
						河床滞留沉积		

图 6-30   62-1180 钻孔曲流河重点微相沉积特征

2）决口扇

河床随沉积物迅速增厚而升高，最后反而高出旁侧的河漫滩，洪水期河水冲决天然堤，部分水流由决口流向河漫滩，砂、泥物质在决口处堆积成扇形沉积体，称为决口扇。位于河床外侧，与天然堤共生。以砂质沉积为主，灰色粉砂岩，夹薄层泥质粉砂岩，成熟度低，磨圆不好，分选差，层理发育较少，可见粒序层理，底界具有侵蚀构造，含少量植物茎叶化石。在垂向上往往出现于一套较细的沉积组合中，常与堤岸相、泛滥盆地沉积共生在一起，剖面上呈透镜状、平面上呈席状分布，总体上具有向泛滥盆地变薄的趋势。

3. 河漫亚相

1)河漫滩

河漫滩是河床外侧河谷底部较平坦的部分。平水期无水，洪水期水漫溢出河床，淹没平坦的谷底，形成河漫滩沉积。区内河漫滩相为河床充填沉积组合的上部单元，往往出现于河床或堤岸组合的上部，沉积作用过程类似于漫滩流作用。河漫滩覆水较浅，只有在洪泛期可能有一定深度的水体，环境稳定时形成河漫沼泽。岩性主要为深灰色泥质粉砂岩、粉砂质泥岩，仅见少量植物碎片化石，具水平层理(图 6-30)。

2)河漫湖泊

河漫湖泊是河漫平原上最低的部分，在平原区的弯曲河流中，当河床在一个比河岸两侧地形高的"冲脊"上流动时，洪水期河水漫溢至河床两侧河漫滩上，洪水期后，低洼地区就会积水，形成了河漫湖泊。以黏土岩沉积为主，并有泥质粉砂岩出现，是河流相中最细的沉积类型(图 6-30)。层理一般发育不好，有时可见到薄的水平纹层。

3)河漫沼泽

河漫沼泽又称岸后沼泽，由碳质泥岩、根土岩和煤组成，在垂向上位于泛滥盆地相的上部，自下而上为碳质泥岩、根土岩和煤。在横向上，这种相单元代表了河流体系中离河床最远的沼泽沉积。由于冲积河床的迁移，漫滩沼泽随之可以在较大范围上扩展，并可具较好的延续性，形成较广泛分布的煤层。

6.3.2　潮坪

潮坪通常是指具有明显的周期性潮汐作用的海岸地带，一般可分为潮上带、潮间带和潮下带，而本书所说的潮坪主要是指低潮线以上的部分，可分为潮间带、潮上带两个亚相(图 6-31)。

1. 潮间带

潮间带为潮坪的主要构成部分，位于低潮线和高潮线之间，根据其沉积物结构、沉积构造、生物特征及垂向序列，潮间带沉积一般具有向上变细的垂直层序，底部多以砂坪开始，向上可依次划分为砂泥坪、泥坪等微相。

1)砂坪

砂坪是在平均高潮线和平均低潮线之间靠近低潮线附近，沉积物多为砂质物质，潮汐作用在该处较强，属较高能量的环境，其沉积物受其影响一般为较为纯净的砂，其岩石类型以粉、细粒砂岩为主(图 6-31)，砂岩分选中等到好，层理构造较发育，具低角度的交错层理、缓波状层理[图 6-32(a)]、脉状层理和砂纹层理。局部见少量菱铁矿结核和植物化石，并可见生物扰动构造及潜穴。

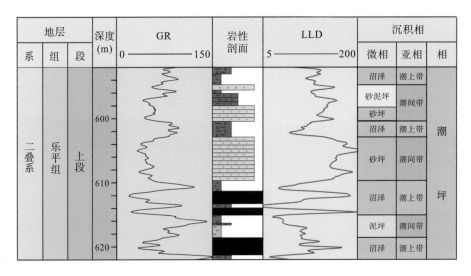

图 6-31　YSL1 井潮坪重点微相沉积特征

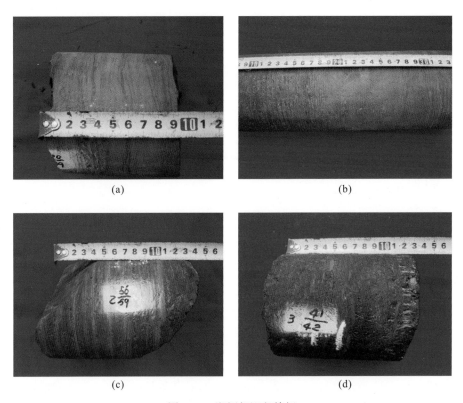

(a)　　　　　　　　　　　　　　　　　　　　(b)

(c)　　　　　　　　　　　　　　　　　　　　(d)

图 6-32　潮坪相沉积特征

(a)潮间带亚相砂坪微相深灰色粉砂岩，见缓波状层理，YSL1 井，乐平组，590.95～590.71m；(b)潮间带亚相砂泥坪微相灰黑色泥岩夹灰色粉砂岩条带，YSL1 井，乐平组，592.01～591.09m；(c)潮间带亚相泥坪微相灰黑色泥岩，YSL1 井，乐平组，596.45～596.29m；(d)潮上带亚相沼泽微相黑色煤，YSL1 井，乐平组，612.05～611.92m

2) 砂泥坪

砂泥坪即混合坪, 是一种介于泥坪和砂坪之间的过渡类型沉积, 发育生物扰动粉砂岩相, 岩性以粉砂岩为主 (图 6-31), 以薄层浅色细砂岩与深色泥岩或砂质泥岩频繁交替的薄互层为特征 [图 6-32(b)], 波状、脉状和透镜状等潮汐层理十分发育, 尤其以薄的砂泥互层层理为典型, 常见生物扰动构造。

3) 泥坪

泥坪在潮坪沉积中位于高潮线附近及潮上地带, 属低能环境, 岩性主要由灰色、深灰色泥岩组成 [图 6-31, 图 6-32(c)], 偶尔夹有大潮时带来的粉砂质沉积, 含有植物化石, 并发育生物扰动构造, 层理类型多为水平层理和缓波状层理。

2. 潮上带

潮上带是指位于平均高潮线与特大潮水线之间的区域。正常潮汐作用下不能到达, 但在大潮或风暴潮时, 海水可以淹没。宽度很大, 可达数十至数百千米, 表面较平坦。沉积物主要是细粒物质和一些生物碎屑, 如藻类、有孔虫、介形虫、软体动物和植物根等。沉积物具薄层纹状层理。本区潮上带主要发育沼泽微相。沼泽沉积物主要为煤层 [图 6-32(d)] 和碳质泥岩, 具块状构造, 富含植物化石, 并含结核状及薄层状黄铁矿、菱铁矿。

6.4　沉积相演化及展布规律

6.4.1　单井沉积相划分

本次区内对收集到的打穿乐平组底部地层的 17 口井 (包括钻孔、煤矿) 以及 19 个只打穿乐平组上段的钻孔进行了单井沉积相分析, 下面由西向东依序选择有代表性的 6 口井 (包括钻孔、煤矿), 对其进行单井沉积相分析。

1. 鲁班山煤矿

鲁班山煤矿位于区内的西部, 该井乐平组总厚度为 139.43m。以 9 号煤层底作为上、下段分界:

下段 (P_3l^1): 厚度为 96.72m。上部为深灰色泥岩夹深灰色粉砂、泥质粉砂岩, 向下砂质含量增加, 中部为灰色粉砂岩夹黄灰色细砂岩和灰色泥岩; 下部为灰色细砂岩、粉砂岩和泥质粉砂岩。见少量植物碎片和菱铁矿, 煤层不发育, 仅上部见一煤线, 砂岩厚度约占地层厚度的 39.36%。呈现多个下粗上细的正旋回。根据以上特征并结合区域沉积背景分析认为, 该井段为曲流河河相沉积类型, 并可细分为河床、堤岸、河漫等 3 个亚相, 发育边滩、天然堤、决口扇、河漫滩、河漫湖泊、河漫沼泽等微相 (图 6-33)。

上段 (P_3l^2): 厚度为 42.71m, 可进一步分为 1、2、3 三个小层, 其厚度分别为 16.3m、

13m、13.41m。顶部见一层1.2m厚的灰色生屑灰岩，往下岩性以灰-灰黑色泥岩、碳质泥岩为主，其次为灰-深灰色粉砂岩和煤层。泥岩中植物化石丰富，局部见菱铁矿，煤层单层最大为3m，最小为0.4m，一般为0.8~2.5m，砂岩占地层厚度约为19.61%。根据以上特征并结合区域沉积背景分析认为，该井段主要为潮坪相沉积类型，发育砂坪、泥坪、砂泥坪、沼泽等微相。其中，煤层发育在沼泽微相沉积环境中。而顶部灰色生屑灰岩则属于混积台地相的混积浅滩微相(图6-33)。

2. YSL1 井

YSL1井位于区内西部沐爱向斜内，乐平组井段为576~720m，总厚度为144m。根据岩性及电性组合特征可分为两段。

下段(P_3l^1)：井段为621.45~720m，厚度为98.55m。岩性以褐灰色、灰白色泥岩与褐灰色粉、细砂岩约等厚互层为主，局部夹黑色碳质泥岩，产植物化石。常呈现下粗上细的正旋回，其电性特征在自然伽马、电阻率曲线上反映明显，峰谷变化明显，自然伽马曲线常呈钟形。根据以上特征并结合区域沉积背景分析认为，该井段为曲流河沉积(图6-34)。

上段(P_3l^2)：井段为576~621.45m，厚度为45.45m，分为1、2、3三个小层，其厚度分别为12.5m、13.5m、19.45m。岩性主要为灰黑色泥岩、泥质粉砂岩、粉细砂岩、碳质泥岩夹薄层煤层，砂岩分选中等到好，层理构造较发育，具低角度的交错层理、缓坡状层理、脉状层理和砂纹层理。局部见少量菱铁矿、黄铁矿结核，产植物碎片和海相动物化石，在普通薄片中可见到自生矿物海绿石，局部见生物扰动构造。其电性特征在自然伽马、电阻率曲线上反映明显，峰谷清晰可见，常呈现较明显的下粗上细的正旋回。根据以上特征，认为此井段为潮坪亚相沉积环境，发育砂坪、砂泥坪、泥坪、沼泽沉积微相，其中煤层发育在沼泽微相沉积环境中(图6-34)。

3. YSL7 井

YSL7井位于区内的南部，乐平组总厚度为131.65m。分为上、下两段。

下段(P_3l^1)：厚度为89.65m。岩性主要为砂岩、砂质泥岩、粉砂岩、泥岩、粉砂质泥岩夹灰色薄层状粉砂岩、泥质粉砂岩及煤线等。常呈现多个下粗上细的正旋回。根据以上岩性特征和区域沉积背景分析认为，该井段为曲流河相沉积类型，并细分为河床、堤岸、河漫3个亚相；发育边滩、天然堤、决口扇、河漫滩、河漫湖泊、河漫沼泽等微相沉积(图6-35)。

上段(P_3l^2)：厚度为42m，进一步分为1、2、3三个小层，其厚度分别为11.2m、14.85m、15.95m。1小层顶部为一层灰黑色泥岩，中下部为厚层砂岩夹薄煤层与灰黑色泥岩；2小层上部为薄层砂泥岩互层，夹薄煤层，下部为厚层泥岩。3小层顶部为一煤层，上部为泥岩、薄煤层互层，下部为厚层灰黑色砂岩夹薄泥岩层，底部为薄层泥岩与碳质泥岩互层。根据以上岩性特征和区域沉积背景分析认为，该井段主要为潮坪相沉积，并细分为潮上带和潮间带亚相，发育砂坪、泥坪、砂泥坪和沼泽等4个微相。其中，煤层发育在沼泽微相沉积环境中(图6-35)。

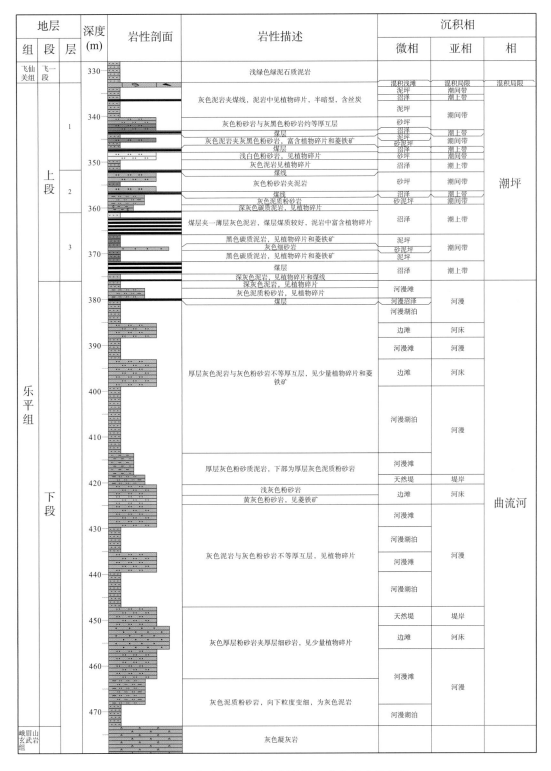

图 6-33　鲁班山煤矿乐平组地层-沉积相综合柱状图

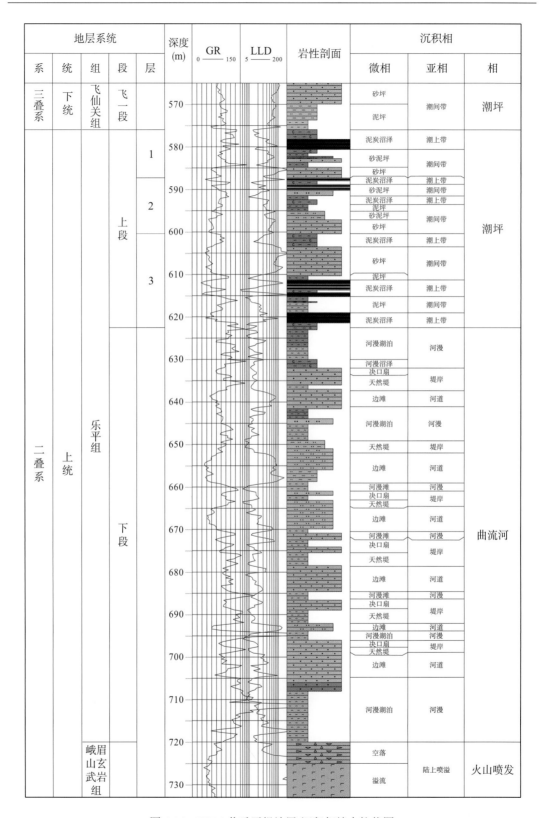

图 6-34　YSL1 井乐平组地层-沉积相综合柱状图

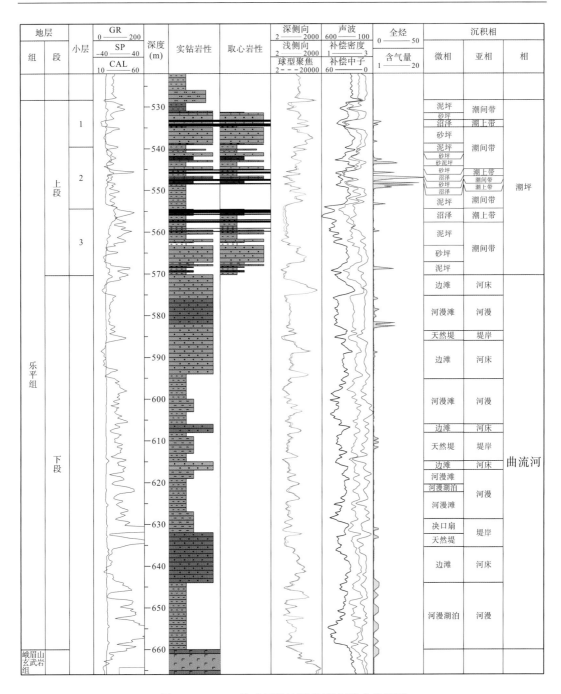

图 6-35　YSL7 井乐平组地层-沉积相综合柱状图

4. 62-1180 钻孔

62-1180 钻孔位于区内最南边，也处于剥蚀线边界上。乐平组总厚为 150.47m。以 9 号煤层底为界，分为上、下两段。

下段（P_3l^1）：厚度为 109.62m。岩性主要为灰色细砂岩、粉砂岩、泥质粉砂岩、粉砂质泥岩、灰色泥岩/黏土岩等。其顶部与中部及中下部各有一套厚层细砂岩。其余则为薄层细砂岩，以及厚层泥岩夹粉砂岩等。据岩性组合特征及区域沉积背景分析认此段地层为曲流河沉积，并可细分为河床、堤岸、河漫等 3 个亚相；发育河床滞留沉积、边滩、天然堤、决口扇、河漫滩、河漫湖泊、河漫沼泽 7 个微相。其中，煤层发育在河漫沼泽微相沉积环境中（图 6-36）。

上段（P_3l^2）：厚度为 41m，可进一步分为 1、2、3 三个小层，其厚度分别为 11.93m、15.18m、13.73m。1 小层顶部见一层灰色生屑灰岩；中下部为一套厚层灰色细砂岩，夹三层薄煤层；2 小层为泥岩、泥质粉砂岩与细砂岩薄互层，夹两层薄灰岩以及一煤线；3 小层上部为粉砂岩、泥质粉砂岩与细砂岩互层，中下部为灰-灰黑色泥岩夹多层煤层。泥岩中植物化石丰富，局部见黄铁矿，煤层最大厚度为 1.26m。根据以上岩性特征和区域沉积背景分析认为，该井段主要为潮坪相沉积类型，次为混积台地相沉积类型。发育砂坪、泥坪、砂泥坪、沼泽、混积浅滩、混积潟湖等微相。其中，煤层发育在沼泽微相沉积环境中（图 6-36）。

5. 940-1 钻孔

940-1 钻孔位于区内东南部，乐平组总厚度为 151.55m。以 8 号煤层的底板底部为界分为上下两段。

下段（P_3l^1）：厚度为 107.13m。该地层各岩性组合不再是以薄互层的样式组合，出现的岩性主要为泥岩、泥质粉砂岩、粉砂质泥岩以及细砂岩，其中细砂岩在该地层中部出现，在下部出现一层 0.56m 厚的薄煤层。据岩性组合及区域沉积背景分析确定该地层为曲流河相沉积，发育边滩、天然堤、河漫滩、河漫湖泊以及河漫沼泽等微相。其中，煤层发育在河漫沼泽微相沉积环境中（图 6-37）。

上段（P_3l^2）：厚度为 44.42m，进一步分为 1、2、3 三个小层，其厚度分别为 13.48m、14.09m、16.85m。1 小层为灰色灰岩夹粉砂质泥岩；2 小层为灰色灰岩与泥质粉砂岩互层；3 小层岩性则为粉砂岩、粉砂质泥岩、灰岩、煤岩互层。根据以上岩性特征和区域沉积背景分析认为，该井段主要为潮坪相与混积台地相交互沉积，主要发育沼泽、泥坪、砂泥坪和混积潟湖等微相（图 6-37）。

6. 黄泥坪剖面

黄泥坪剖面位于区内东南角，乐平组总厚度为 147.3m。以 9 号煤层的底为界分为上、下两段。

下段（P_3l^1）：厚度为 99.6m。上部岩性为粉砂岩、泥岩、细砂岩以及黏土岩，夹两层煤层，靠中部位置煤层厚 1.3m。中部主要为粉砂岩、泥质粉砂岩、细砂岩以及泥岩。下部岩性粒度偏细，不再出现砂岩与细砂岩，主要为泥岩与凝灰质泥岩，夹两层薄煤层。据以上特征并结合区域沉积背景分析认，该井段主要为曲流河相沉积，发育边滩、天然堤、河漫滩、河漫湖泊、河漫沼泽等微相。其中，煤层发育在河漫沼泽微相沉积环境中（附图 32）。

上段（P_3l^2）：厚度为 47.7m，可进一步分为 1、2、3 三个小层，其厚度分别为 14.4m、17.3m、16m。1 小层顶部为灰色生物碎屑灰岩，底部为泥质灰岩，中间岩性主要为泥质粉

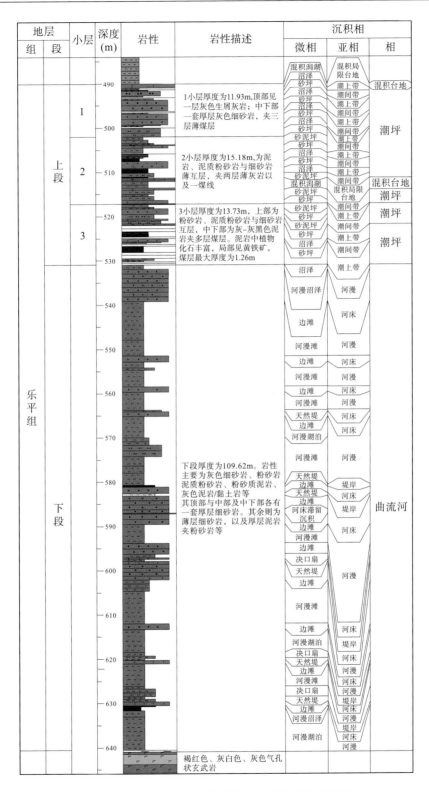

图 6-36　62-1180 钻孔乐平组地层-沉积相综合柱状图

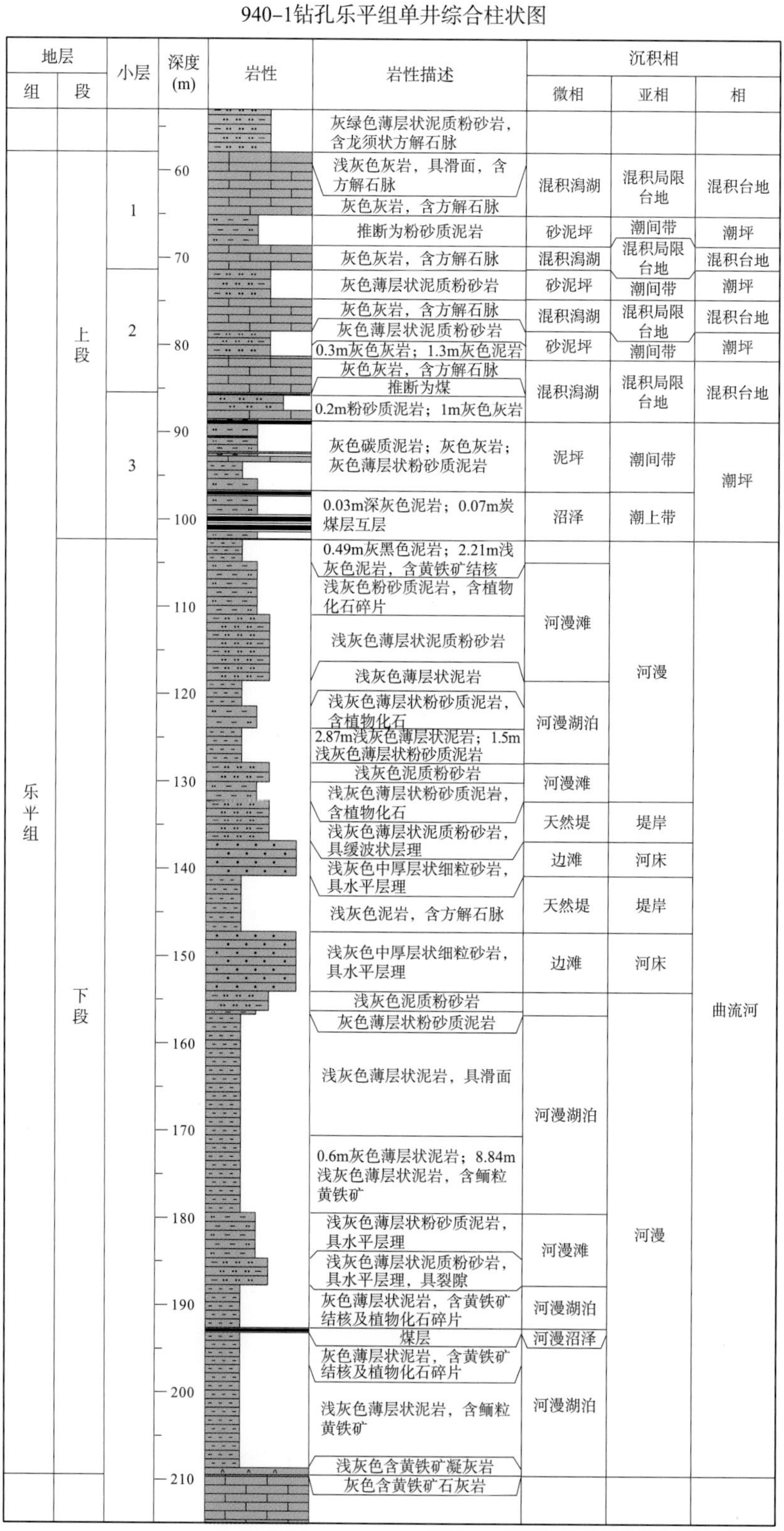

940-1钻孔乐平组单井综合柱状图

地层		小层	深度(m)	岩性	岩性描述	沉积相		
组	段					微相	亚相	相
					灰绿色薄层状泥质粉砂岩，含龙须状方解石脉			
	上段	1	60		浅灰色灰岩，具滑面，含方解石脉	混积潟湖	混积局限台地	混积台地
					灰色灰岩，含方解石脉			
			70		推断为粉砂质泥岩	砂泥坪	潮间带	潮坪
					灰色灰岩，含方解石脉	混积潟湖	混积局限台地	混积台地
		2			灰色薄层状泥质粉砂岩	砂泥坪	潮间带	潮坪
			80		灰色灰岩，含方解石脉	混积潟湖	混积局限台地	混积台地
					0.3m灰色灰岩；1.3m灰色泥岩	砂泥坪	潮间带	潮坪
乐平组					灰色灰岩，含方解石脉	混积潟湖	混积局限台地	混积台地
					推断为煤			
		3	90		0.2m粉砂质泥岩；1m灰色灰岩			
					灰色碳质泥岩；灰色灰岩；灰色薄层状粉砂质泥岩	泥坪	潮间带	潮坪
			100		0.03m深灰色泥岩；0.07m炭煤层互层	沼泽	潮上带	
	下段		110		0.49m灰黑色泥岩；2.21m浅灰色泥岩，含黄铁矿结核			
					浅灰色粉砂质泥岩，含植物化石碎片	河漫滩	河漫	
					浅灰色薄层状泥质粉砂岩			
			120		浅灰色薄层状泥岩			
					浅灰色薄层状粉砂质泥岩，含植物化石	河漫湖泊		
					2.87m浅灰色薄层状泥岩；1.5m浅灰色薄层状粉砂质泥岩			
			130		浅灰色泥质粉砂岩	河漫滩		
					浅灰色薄层状粉砂质泥岩，含植物化石			
					浅灰色薄层状泥质粉砂岩，具缓波状层理	天然堤	堤岸	
			140		浅灰色中厚层状细粒砂岩，具水平层理	边滩	河床	
					浅灰色泥岩，含方解石脉	天然堤	堤岸	
			150		浅灰色中厚层状细粒砂岩，具水平层理	边滩	河床	
					浅灰色泥质粉砂岩			曲流河
			160		灰色薄层状砂质泥岩			
			170		浅灰色薄层状泥岩，具滑面	河漫湖泊		
			180		0.6m灰色薄层状泥岩；8.84m浅灰色薄层状泥岩，含鲕粒黄铁矿			
					浅灰色薄层状粉砂质泥岩，具水平层理	河漫滩	河漫	
			190		浅灰色薄层泥质粉砂岩，具水平层理，具裂隙			
					灰色薄层状泥岩，含黄铁矿结核及植物化石碎片	河漫湖泊		
					煤层	河漫沼泽		
					灰色薄层状泥岩，含黄铁矿结核及植物化石碎片			
			200		浅灰色薄层状泥岩，含鲕粒黄铁矿	河漫湖泊		
			210		浅灰色含黄铁矿凝灰岩			
					灰色含黄铁矿石灰岩			

图 6-37　940-1 钻孔乐平组地层-沉积相综合柱状图

砂岩、灰质泥岩、泥岩以及细砂岩。2 小层则为粉砂岩、泥岩、泥质粉砂岩薄互层，中上部出现黑褐色泥灰岩，底部为菱铁质岩。3 小层岩性主要为粉砂岩、泥质粉砂岩、泥岩互层，上部出现两层薄煤层，底部有一层薄煤层。根据以上特征并结合区域沉积背景分析认为，该井段主要为潮坪相与混积台地相交互沉积，发育泥坪、砂泥坪、砂坪以及混积潟湖、混积浅滩等微相(附图 32)。

6.4.2　沉积相对比剖面特征

区内乐平组上段主体发育潮坪相，由于潮上沼泽环境既是煤层发育重点位置，也是煤层气开发的目标层段，因此重点开展潮上带沼泽微相对比研究。区内乐平组下段主体发育曲流河相及混积台地相，在相对比剖面中，侧重对边滩微相的对比研究，其余曲流河相的微相类型则统一归为泛滥盆地(包括天然堤、决口扇、河漫滩、河漫湖泊、河漫沼泽)。

1. 茶叶站煤矿—鲁班山煤矿—YS107 井—钓鱼台煤矿—兔子湾煤矿—YS108 井乐平组沉积相对比(附图 33)

该剖面顺物源。所有单剖面乐平组上下段地层厚度总体变化不大，其中茶叶站地层最厚，YS108 井区域相对较薄。

该剖面在晚二叠世早期为陆相曲流河沉积环境，有利于聚煤的河漫沼泽微相几乎不发育。从横向上看，传统意义上的储层—边滩在上部和下部连通性较好，而中部连通相对较差；纵向上，曲流河边滩多次出现，反映了沉积期曲流河来回迁移。

晚二叠世晚期，由于海平面的上升，区内由陆相的曲流河相变为海陆过渡相潮坪沉积环境，利于煤层形成的沼泽微相在横向上展布稳定，且在纵向上多次出现，这主要是由于次级海平面的变化引起的，从而造成有利于聚煤的潮上带沼泽微相多次出现。而煤层的横向展布稳定，范围较广，反映了该区域乐平组沉积基底坡度较低。

2. 19-1340 钻孔—YSL7 井—流水岩煤矿—诺金煤矿—940-1 钻孔乐平组沉积相对比

该剖面顺物源。下段地层于西部 19-1340 钻孔区域最厚，于中部 YSL7 井区域地层最薄，而至东部流水岩煤矿、诺金煤矿及 940-1 钻孔区域地层厚度中等，且厚度大致相等。上段地层厚度大致相等。

晚二叠世早期大范围发育曲流河相，边滩于区内西部和中部发育较厚，在下段的上部及下部横向连通性较好；在区内东部的 940-1 钻孔区域，只在下段的中部发育边滩，其余均为沉积相(包括天然堤、决口扇、河漫滩、河漫湖泊、河漫沼泽)(附图 34)。

晚二叠世晚期，该对比剖面的沼泽微相较之茶叶站煤矿—鲁班山煤矿—YS107 井—钓鱼台煤矿—兔子湾煤矿—YS108 井对比剖面在厚度及横向连续性上发育差。在东部的 940-1 钻孔及诺金煤矿区域发育混积台地相，于晚二叠世晚期海水最远侵入至流水岩煤矿区域。

3. YS107 井—YSL1 井—YSL7 井—62-1180 钻孔乐平组沉积相对比(附图 35)

该剖面为区内中部近南北向垂直于物源方向。该剖面中 YS107 井、YSL1 井与昭 105

井厚度大致相等，到南部的 YSL7 井减薄，至 62-1180 钻孔增厚，其厚度为本剖面中下段地层最厚。上段地层厚度变化不大。

晚二叠世早期，该剖面为陆相曲流河沉积环境，有利于聚煤的河漫沼泽微相几乎不发育。从横向上看，传统意义上的储层—边滩连通性较好；纵向上，曲流河边滩多次出现，反映了沉积期曲流河来回迁移。从整体上看，较之区内的顺物源，垂于与物源方向的剖面边滩连通性更好。

晚二叠世晚期，由于海平面的上升，区内由陆相的曲流河相变为海陆过渡相潮坪沉积环境，利于煤层形成的沼泽微相在横向上分布较广，而且厚度稳定，说明在该时期沉积基地坡度较低，并且垂直于物源剖面(海侵方向)的沼泽微相在离海岸线相似距离处分布稳定。沼泽微相在纵向上的多次出现，主要是由于次级海平面的变化引起的。

4. YS108 井—诺金煤矿—黄泥坪剖面乐平组沉积相对比(图 6-38)

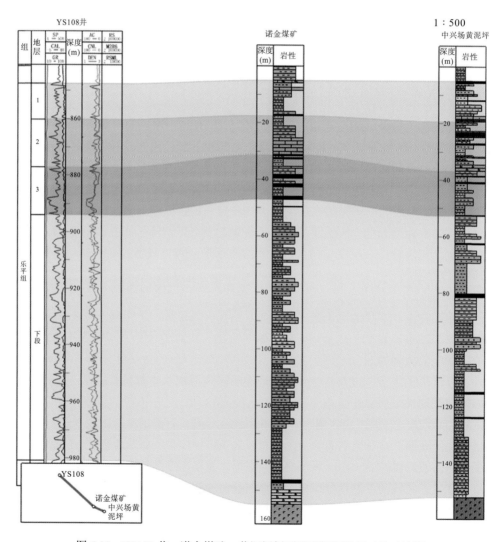

图 6-38   YS108 井—诺金煤矿—黄泥坪剖面乐平组沉积相对比对比图

该剖面为区内约垂直于物源方向。下段地层由北西向南东方向增厚，而上段地层中
YS108 井与中兴场黄泥坪剖面厚度大致相同，于诺金煤矿区域略微减薄。

该剖面于晚二叠世早期为陆相曲流河沉积环境，有利于聚煤的河漫沼泽微相几乎不发
育。从横向上看，传统意义上的储层—边滩厚度均匀。从 YS108 井至诺金煤矿连通性较
差；而至黄泥坪剖面仅中部有所连通，而上部和下部则完全尖灭，黄泥坪剖面上部发育边
滩，向北西方向与诺金煤矿相同层位的边滩连通，其下部则不发育边滩。纵向上，曲流河
边滩多次出现，反映了沉积期曲流河来回迁移。从整体上看，较之区内的顺物源的剖面，
垂直于物源方向的剖面边滩连通性更好。

晚二叠世晚期，由于海平面上升，区内由陆相的曲流河相变为海陆过渡相潮坪沉积环
境，利于煤层形成的沼泽微相在横向上分布较广，而且厚度相对稳定。从 YS108 井至黄
泥坪剖面仅中部沼泽微相发育连续，上部零星发育，下部则完全尖灭。另外，此剖面由于
诺金煤矿及黄泥坪剖面处于区内东南角，于晚二叠世晚期海水大量侵入，致黄泥坪剖面区
域的中部和诺金煤矿区域的中、上部沉积了厚度不小的灰岩，即灰岩沉积时期沉积环境变
成了混积台地相。

6.4.3　沉积相平面展布及沉积演化

在研究区内晚二叠世含煤地层沉积相时将分别按乐平组下段和乐平组上段 3、2、1
小层进行。原因有两点：①晚二叠世早期海水还未侵入当时为陆相曲流河沉积的四川盆地
南缘，随着海水入侵，区内晚二叠世晚期由陆相曲流河沉积相变为海陆交互相沉积/潮坪
沉积，两者差别太大，不易重叠表示在一张图上；②区内乐平组上段的 3、2、1 小层表现
为明显的聚煤、不聚煤、聚煤规律，其聚煤与否主要是受潮坪的微相控制，为了更好地研
究聚煤规律，将其细分为 3、2、1 小层，分别研究其沉积相带。在单井相研究的基础上，
进行剖面相研究，进而系统地编制了晚二叠世沉积相平面分布图，从而揭示了区内不同时
期的沉积格局。

1. 晚二叠世早期沉积相平面展布特征

茅口组末期的东吴运动，使川西南等地区普遍发生海退，伴随川滇古陆的不断隆起，
发生了广泛而强烈的峨眉山玄武岩的多次喷发，随着海岸线不断向南东迁移，陆地面积逐
步扩大。本研究区处于川滇古陆的东缘，处于向东倾斜的西陆东海的古地理位置。中二叠
世末期，川黔滇大部分地区地壳抬升上升为陆地，茅口组在各地遭受不同程度的风化剥蚀。
随后，区内以西发生大陆火山喷发。随着西部火山活动的停止，岩浆岩的冷却，其上沉积
了一层凝灰质碎屑岩，或含铁矿层，在此之上出现曲流河相沉积，河床滞留沉积、边滩、
决口扇、天然堤、河漫滩、河漫沼泽、河漫湖泊 7 个微相都有发育，其中决口扇、天然
堤、河漫滩、河漫沼泽与河漫湖泊 5 个微相可统称为泛滥平原。区内泛滥平原亚相特别
发育，底部沉积的河床亚相发育相对较少(图 6-39)。而有利于煤层发育的河漫沼泽微相
发育很少。

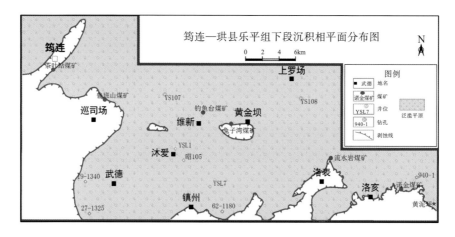

图 6-39　筼连—珙县乐平组下段沉积相平面分布图

2. 晚二叠世晚期沉积相平面展布特征

区内晚二叠世晚期沉积相带分布相对于晚二叠世早期发生了较明显的变化，由于海平面上升，海域从东向西扩大，区内由陆相沉积的曲流河相变为过渡相的潮坪相，潮间带亚相的砂坪、泥坪、砂泥坪 3 个微相与潮上带亚相的沼泽微相都有发育，其中仅沼泽微相有利于煤层形成，其上所生长的植物是煤层形成的直接物质来源。在区内以东发育清水与浑水混合沉积的混积台地相。区内的碳酸盐岩层是碳酸盐台地向陆增大扩张的结果，表明其为海侵层位。由于碳酸盐岩是快速的、对环境变化十分敏感的沉积物，所以当陆源碎屑大量进入区内，碳酸盐沉积立即终止进而沉积陆源碎屑。根据碎屑岩含量的多少、岩性的颜色以及海水的畅通度、盐度等因素的不同，又可以将混积台地相分为混积开阔台地亚相和混积局限台地亚相，而区内则只出现混积局限台地亚相；混积开阔台地亚相出现在区内以东地区。而由于混积开阔台地的部分阻隔，区内东部区域出现少量混积局限台地区。

1) 乐平组上段 3 小层沉积相平面展布特征

乐平组上段 3 小层沉积时期，区内已为潮坪相环境，即出现了有利于聚煤的沼泽微相（潮上带亚相）（图 6-40）。在 YSL25 井区域、YSL23 井至 YSL18 井区域、211-14 钻孔往南至 YSL1 井、YSL17 井以西南至剥蚀区煤层厚度均大于 5m（图 6-41），煤层与地层厚度的比值（简称煤地比，下同）均大于 35%（图 6-42）。其中，YSL23 井、YSL11 井及 YSL7 井邻近区域煤层厚度均大于等于 8m，煤地比更是大于 40%；而茶叶站煤矿、鲁班山煤矿附近、903-10 钻孔等区域煤层厚度小于 2m，煤地比小于 20%，部分区域甚至小于 10%。据煤地比等值线图（图 6-42），勾绘了 3 小层沉积相平面分布图，煤地比等值线大于 35% 的区域为潮上带，其余地区则为潮间带，其中潮上带区域发育的岩性不仅仅是煤层，还有碳质泥岩。而潮间带大多为泥岩、砂岩、粉砂岩或者泥质粉砂岩、粉砂质泥岩等，同时也有少量碳质泥岩。

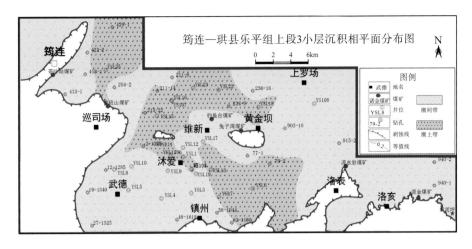

图 6-40　筠连—珙县乐平组上段 3 小层沉积相平面分布图

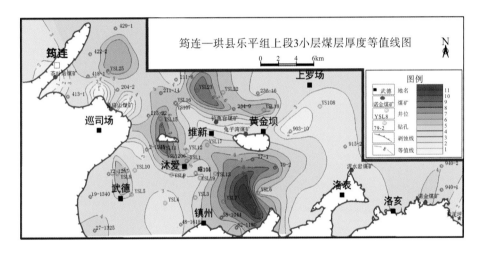

图 6-41　筠连—珙县乐平组上段 3 小层煤层厚度等值线图

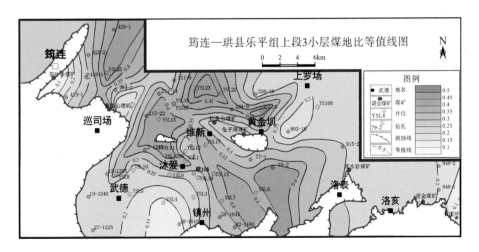

图 6-42　筠连—珙县乐平组上段 3 小层煤地比等值线图

2) 乐平组上段 2 小层沉积相平面展布特征

乐平组上段 2 小层沉积时期，区内仍然为潮坪相环境。此时海平面高于 3 小层海平面。在本小层中位于西南角的 27-1325 钻孔煤层最厚，为 2.48m，其附近区域大于 1.5m（图 6-43），煤地比大于 10%（图 6-44）；413-1 钻孔、鲁班山煤矿—215-22 钻孔—YSL15 井—YSL11 井区域以及 58-1044 钻孔附近大于 1m，煤地比分别为大于 10%、大于 5%、大于 5%；其余绝大部分地区均小于 1m，煤地比小于 5%。由于海平面上升，区内东部沉积了较厚的灰岩或者泥质灰岩，其厚度超过了地层的 50%，故此小层在区内东部为混积局限台地亚相（图 6-45）；同时，由于 2 小层没有任何区域煤地比大于 35%，故此小层不发育潮上带亚相（沼泽微相），而发育潮间带亚相。

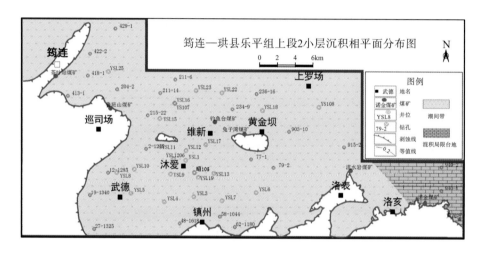

图 6-43　筇连—珙县乐平组上段 2 小层沉积相平面分布图

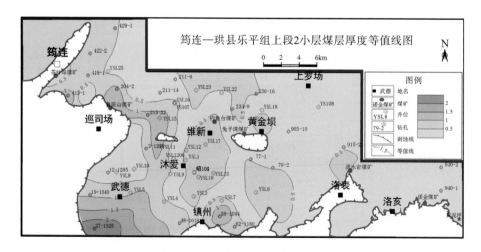

图 6-44　筇连—珙县乐平组上段 2 小层煤层厚度等值线图

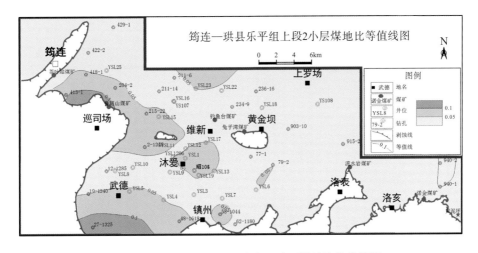

图 6-45　筠连—珙县乐平组上段 2 小层煤地比等值线图

3) 乐平组上段 1 小层沉积相平面展布特征

乐平组上段 1 小层沉积时期，区内仍然为潮坪相环境。总体上，此小层自西向东煤层厚度表现为由厚减薄(图 6-46)，煤地比有相同趋势(图 6-47)，其中于 YSL1 井处最厚，为 5.2m，煤地比为 42%；19-1340 钻孔区域、YSL15 井—YSL1 井区域、YSL23 井区域、YSL3 井区域煤层较厚，大于 3m，煤地比大多大于 20%；其余地区煤地比较小，均小于 20%。较之 2 小层沉积时期，海平面有所下降，但区内东部还是沉积了较厚的灰岩或者泥质灰岩，其厚度超过了地层的 50%，故此小层在区内东部为混积局限台地亚相(图 6-47)；同时，由于 1 小层仅于 YSL15 井—YSL1 井—昭 104 井区域煤地比大于 35%，故此小层发育少量潮上带亚相(沼泽微相)(图 6-48)，其他区域则发育潮间带亚相。

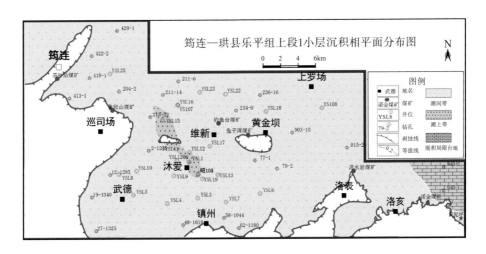

图 6-46　筠连—珙县乐平组上段 1 小层沉积相平面分布图

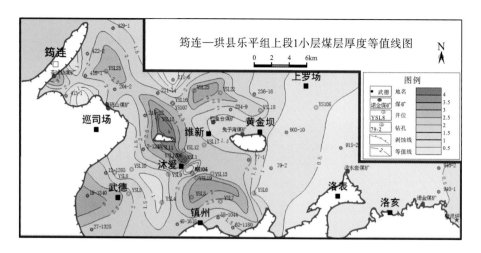

图 6-47　筠连—珙县乐平组上段 1 小层煤层厚度等值线图

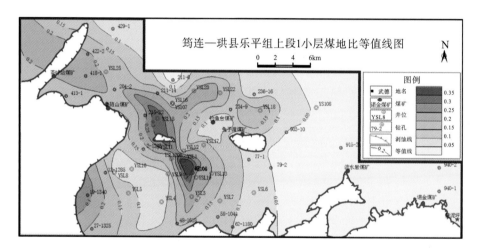

图 6-48　筠连—珙县乐平组上段 1 小层煤地比等值线图

第7章 四川盆地晚二叠世沉积环境 与古地理

 古代碳酸盐岩的沉积模式基本上都是建立在现代巴哈马、佛罗里达、波斯湾以及尤卡坦半岛等热带—亚热带暖温碳酸盐沉积的基础之上的，包括碳酸盐台地及碳酸盐缓坡等模式，基本概括了浅水碳酸盐陆架的沉积样式，同时也为认识和评价地史时期碳酸盐沉积提供了范例。

 晚二叠世是特提斯构造发展的活跃时期，其沉积格局与中二叠世发生了很大变化：其中上扬子板块西侧峨眉山玄武岩大面积喷发成为陆地，成为主要物源区。区内古地貌总体呈现西高东低的格局，自西向东依次为陆相区(冲积平原)、海陆交互相区(碎屑岩台地)与海相区(碳酸盐台地及深水斜坡-陆棚)沉积。其中，川东地区主要为碳酸盐台地沉积，台地内部主要由近乎水平的开阔台地和向陆方向的局限台地组成(图 7-1)。台地外侧与陆坡之间的坡折带常构成台地边缘，由生物礁、滩形成连续—半连续的台地镶边，控制台地内部和外缘的沉积物组成，台地外缘向斜坡地区则逐渐变化，直至过渡为深水陆棚环境。

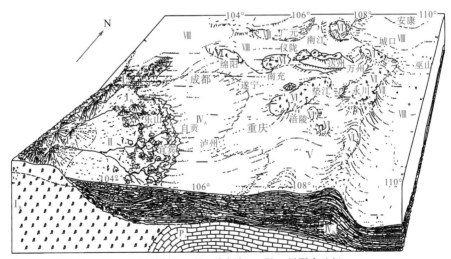

 I_A—大陆喷发相； Ⅱ—河流沼泽相； Ⅲ—潮坪相； IV_A—局限台地相；
 I_B—海底喷发相； Ⅳ$_B$—局限海湾相；

 Ⅴ—开阔海台地相； Ⅵ—台地浅滩相； Ⅶ—台缘生物礁相； Ⅷ—广海陆棚及海槽相

图 7-1 长兴期区域沉积相带平面模式图(据何鲤等，2008)

 四川盆地西缘名山—峨边一线以西为峨眉山玄武岩分布区，一般厚数十米至百米不等。向东峨眉—筠连一带逐渐过渡为宣威组(图 7-2)，以含煤陆相碎屑岩为主(图 7-3)，主要岩性为黄绿-灰绿色砂岩、页岩夹煤层[图7-4(a)]，富含大羽羊齿植物群，底部以凝灰岩或底砾岩与峨眉山玄武岩呈假整合接触，顶部以煤层消失为界与上覆卡以头组及东川组分界。

　　盆地西部长寿—遵义断裂以西，上二叠统自下向上分为吴家坪组及长兴组，前者为海陆过渡相沉积(图7-3)，以黑色粉砂质泥页岩夹灰岩为主，间夹煤线[图7-4(b)]，与下伏地层呈平行不整合接触；后者过渡为混积台地沉积，以泥灰岩夹钙质砂泥岩为主[图7-4(c)]，含有孔虫、腕足类及双壳类等海相化石，与上覆飞仙关组薄层泥灰岩分界。

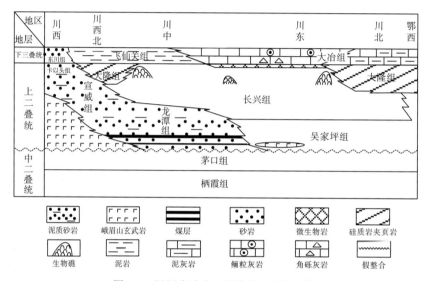

图 7-2　四川盆地上二叠统地层划分对比

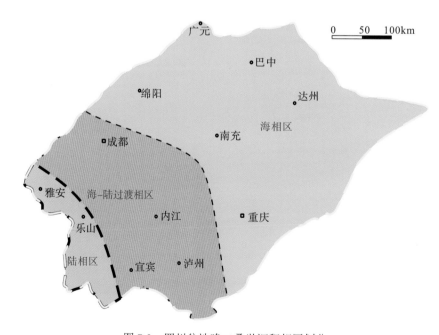

图 7-3　四川盆地晚二叠世沉积相区划分

图 7-4　四川盆地及邻区上二叠统特征

(a)黄褐色中层细砂岩夹黄绿色薄层粉砂岩,含煤线,威宁岔河宣威组;(b)灰绿色薄层泥质粉砂岩夹灰白色黏土岩,
发育煤层,晴隆砂锅厂龙潭组;(c)深灰色薄层钙质粉砂岩夹灰色中层生屑灰岩,晴隆砂锅厂长兴组;(d)灰色厚层
生屑泥晶灰岩,燧石结核/团块发育,巫溪大河吴家坪组;(e)灰白色块状生物礁灰岩,宣汉羊鼓洞长兴组;(f)黑色
页岩夹泥晶灰岩,巫溪红池坝大隆组

盆地中东部地区(遂宁—重庆一线以东)晚二叠世主要为海相沉积(图 7-3),地层自下
而上依次发育吴家坪组与长兴组。前者厚度普遍为 100~200m,根据岩性分为两段:下段
为含煤地层,主要为铝土质黏土岩夹碳质页岩或煤线,与下伏中二叠统茅口组呈不整合接
触;上段以生屑泥晶灰岩为主,富含燧石结核,间夹薄层硅质层[图 7-4(d)],与上覆长兴
组呈整合接触。

四川盆地长兴期为重要的成礁期(何鲤等,2008)。晚二叠世长兴期初,川东地区主要

受拉张伸展构造背景影响,台地内部裂陷活动扩大。四川盆地自北东向南西方向分别发育城口—鄂西海槽、开江—梁平海槽、蓬溪—武胜台凹(罗志立,2009;张奇等,2010;姚军辉等,2011;刘树根等,2016),整体形成了"槽台相间"的古地理格局。浅水碳酸盐台地区长兴组主要由颗粒灰岩、泥粒岩及粒泥岩组成,富含蟆类、有孔虫、珊瑚、海绵等多种门类化石,一般厚100~200m;古地貌高点区多发育生物礁(滩)灰(白云)岩[图7-4(e)],厚度多大于200m,与上覆大冶组地层呈整合/假整合接触;海槽区受长兴期拉张作用及沉积地形分异控制影响,主要以深水沉积为特征,发育富含硅质深水沉积的大隆组[图7-4(f)]及长兴组薄层泥晶灰岩、泥质泥晶灰岩,盛产浮游型生物化石,厚度普遍小于60m,与上覆大冶组呈整合接触。

控制台盆发育的断裂活动从飞仙关早期开始减弱并逐渐停止(陈洪德等,2009)。南秦岭洋自东向西逐渐闭合,随着飞仙关期碳酸盐的快速堆积,台地相区向海槽方向逐渐扩展,在"填平补齐"作用下海槽相区逐渐向东退出四川盆地。

7.1　地　层　特　征

7.1.1　岩石地层划分与对比

四川盆地长兴组岩性主要为泥晶灰(云)岩、颗粒灰岩、礁灰(云)岩、含燧石灰岩、泥灰(云)岩夹泥岩;古生物化石繁盛,富含蟆、有孔虫、海绵、棘皮、藻类等化石。区内长兴组与下伏吴家坪组灰岩呈整合接触,与上覆大冶组(夜郎组)底部薄层泥灰岩或泥岩普遍呈整合接触。由于长兴末期海平面下降,局部地区长兴组顶部曾暴露于大气中,遭受淡水淋滤和风化剥蚀作用局部存在不整合或暴露面接触。

1. 大冶组/长兴组分界

传统认识认为,由于二叠纪末全球范围内发生了一次重大的古生物集群灭绝事件,区内长兴组上部岩性主要为深灰-灰色颗粒岩或白云岩,其中见大量生物碎屑,顶部以颗粒岩的消失及薄层泥灰岩或泥晶灰岩(不含生物碎屑)的首现作为与上覆大冶组的分界标志,后者为长兴期碳酸盐台地基础上快速海侵的产物,与下伏长兴组顶部颗粒岩呈连续沉积。近年来随着二叠系—三叠系地层精细研究工作的深入,区内大冶组/长兴组界线地层取得了新的进展。以浅水碳酸盐岩沉积区为例,包括四川盆地在内的华南地区浅水相区二叠系—三叠系之交普遍发育一套微生物岩。该套微生物岩为特殊环境背景的沉积产物,与下伏长兴组颗粒灰岩呈突变或过渡关系,厚度为数米至十数米不等,且其分布稳定,以树枝状和斑状等特殊外貌为特征,其中产牙形刺 *Hindeodus parvus*,可作为区内长兴组顶部的标志层横向对比(如巫溪尖山剖面、巫溪沙沱剖面)[图7-5(a)和图7-5(b)]。根据川东地区露头剖面揭示,大冶组底部往往由近1m的颗粒灰岩组成,颗粒类型以砂屑或鲕粒为主,仅见少量小有孔虫、介形虫等化石,向上过渡为薄层泥晶灰岩或泥灰岩。

图 7-5　四川盆地东部上二叠统岩石地层分界

(a)大冶组/长兴组分界，巫溪尖山；(b)大冶组/长兴组分界，整合接触，巫溪沙坨；(c)大冶组/大隆组以及大隆组、长兴组分界，巫溪咸水；(d)长兴组/吴家坪组分界，巫溪龙洞

自吴亚生等(2003，2007)通过对贵州紫云生物礁进行研究，最早提出古特提斯域二叠纪末存在海平面下降之后，众多学者在国内贵州罗甸、江西修水和重庆北碚老龙洞、四川华蓥山等地先后证实了华南地区二叠纪末的确存在大规模海平面下降事件，区内长兴晚期局部地貌高点也接受了短期暴露，发育分带清晰的风化壳，与上覆飞仙关组地层呈不整合接触；或经交代作用完全白云石化，与早三叠世早期海侵形成的泥晶灰岩或泥灰岩分界清楚(图 7-6)。

区内钻井剖面主要依据测井曲线特征对大冶组/长兴组分界进行划分。其中，大冶组底部常发育一层较厚的泥岩，具有明显的高自然伽马、低电阻率的特征；长兴组顶部灰(云)岩则具有低自然伽马、较高电阻率的特征，据此较容易确定长兴组的顶界(图 7-7)。值得注意的是，川东及川东北地区不同相区常因大冶组底部或长兴组顶部岩性变化，两者的分界在常规电测曲线上不明显：一种情况是大冶组底部因泥质灰岩相变为泥晶灰岩，其电阻率增高、自然伽马值降低，使之与长兴组分界在电测曲线上不易划分；另一种情况见于长兴组上部发育生物礁的钻井剖面，此时长兴组顶部为潮坪相泥晶白云岩，其电测反映电阻率低、自然伽马值增高，使得大冶组底部界线在电测曲线上也变得不明显。卧龙河地区电阻率与自然伽马值较好地反映了四川盆地东部长兴组—大冶组界线地层测井曲线特征。

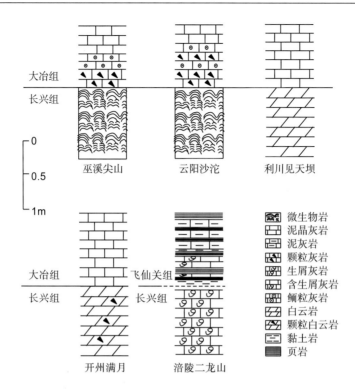

图 7-6　川东地区大冶组/长兴组界面岩性特征(部分剖面引自黎虹玮等，2015)

2. 长兴组/吴家坪组分界

四川盆地吴家坪组整体分布连续，与上覆长兴组呈整合接触。长兴早期在继承吴家坪期地貌格局的基础之上快速海侵，长兴组底部泥质含量相对较高，以深灰色薄层泥灰岩、泥晶灰岩为主，与下伏吴家坪组顶部灰色薄-中层燧石结核灰岩、粒泥岩连续沉积[图 7-5(d)]。

依据电测资料，由于长兴组的底部往往以深灰色泥灰岩、泥岩、泥晶灰岩与下伏吴家坪组浅灰色中薄层硅质灰岩、泥晶灰岩、燧石条带灰岩、海绵灰岩、生物碎屑灰岩分界，因此自然伽马曲线特征在长兴组底部具退积结构的高自然伽马值漂移与下伏吴家坪组区别，吴家坪组顶部表现为高低相间的电阻率曲线变化趋势，与长兴组底部相对平直负偏区分(图 7-8)。

另外，根据古生物划分吴家坪组与长兴组地层，通常以蜓*Codonofusiella* 消失，*Palaeofusulina* 开始出现来确定长兴组底部，同时出现的还有蜓*Gallowayiella*、菊石*Pseudotiolites* 及牙形石 *Enogondolella*、*Subcarionara*、*Subcarinate* 等(图 7-9)。

3. 大隆组顶、底界问题

大隆组广泛分布于川北广元—旺苍、开江—梁平以及川东北城口—鄂西等深水相区，岩性以黑色薄层硅质岩、碳质泥岩和泥晶灰岩为主，厚度为数米至数十米不等。区内城口—鄂西地区广泛出露大隆组地层，顶部以黑色碳质泥岩或硅质岩消失及黄绿-灰白色钙质泥岩或黏土层出现作为与上覆大冶组的分界标志，两者岩性渐变，为连续沉积整合接触。

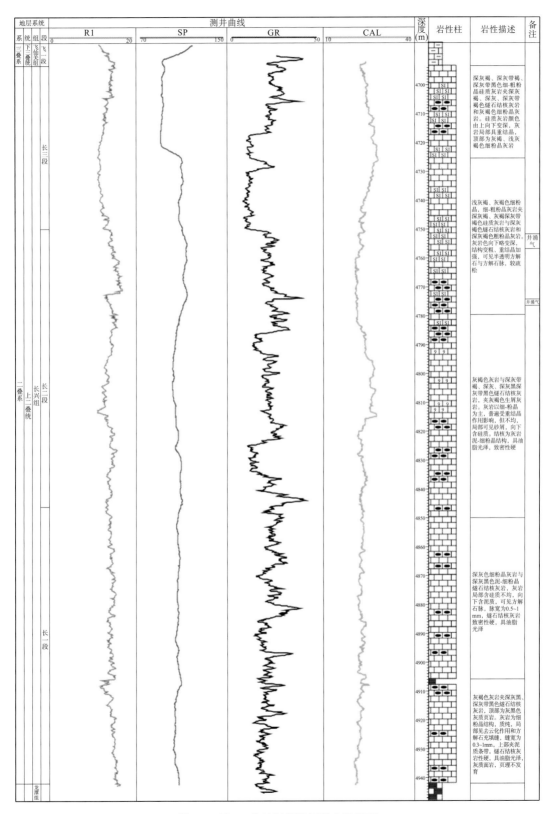

图 7-7　卧 80 井长兴组地层综合柱状图

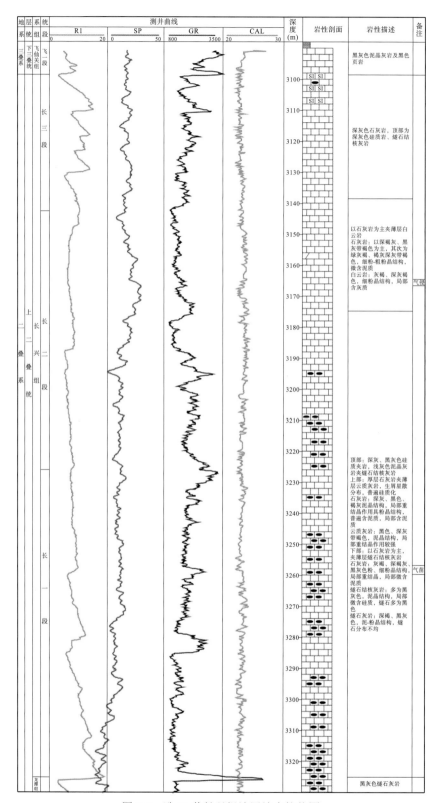

图 7-8　卧 49 井长兴组地层综合柱状图

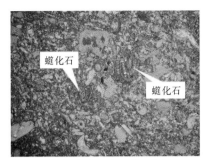
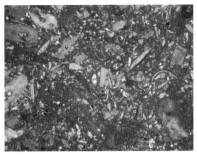

微粉晶含䗴棘屑灰岩，卧102井，长兴组(P_3ch)　泥晶含䗴棘屑灰岩，卧102井，长兴组(P_3ch)
　　　　　　　　　　　　　　　　　　　　　　　 3541.14m

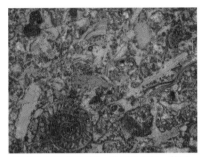

微亮晶生物碎屑灰岩，生屑为海胆、棘屑、　白云石化泥晶生屑云灰岩，生屑为棘屑、介
䗴球粒、介形虫、瓣腮，卧117井，长兴组　形虫、有孔虫、䗴、腕足、腹足、苔藓虫，
(P_3ch)，3951.13m　　　　　　　　　　　卧118井，长兴组(P_3ch)，3825.78m

图 7-9　四川盆地东部长兴组古生物特征

其中，黏土层可与下扬子地区二叠纪—三叠纪之交的火山事件层对应，单层厚 2～5cm，可见凝灰质颗粒或火山石英颗粒。大隆组底部以碳质泥岩或硅质岩首现作为划分标志，与下伏长兴组或吴家坪组灰岩连续沉积，呈整合接触[图 7-5(c)]。

大隆组作为区内二叠系最高岩石地层单元，由于其具有特殊的沉积类型，与长兴组相变明显，长期以来一直被视为等同于晚二叠世长兴期沉积产物。生物地层研究表明，区内大隆组具有明显的穿时性，如鄂西地区大隆组时代属于吴家坪晚期至长兴晚期，具自西向东渐次升高的特征。

4. 长兴组地层划分对比

川东地区长兴组普遍为海相碳酸盐岩沉积，厚度为 100～350m，其地层厚度变化及岩性组合与生物礁滩发育程度密切相关。按照岩性、沉积旋回等特征，长兴组可分为 3 个岩性段，总体反映了长兴期两期海平面升降活动(朱同兴等，1999)。其中，长兴组一段主要由灰-深灰色泥晶灰岩、含燧石结核灰岩以及生屑泥晶灰岩组成，顶部常以泥岩或泥灰岩作为分界，礁灰岩少见。长兴组二段灰岩单层厚度增加，生物群落分异度增高，通常为骨架礁生长和发育的极盛层位。其他岩石类型包括灰白色-灰色亮晶颗粒灰岩、泥晶生屑灰岩及少量凝块石，燧石结核灰岩少见或缺失，顶部以骨架礁灰岩或亮晶颗粒(生屑)灰岩的消失或泥页岩、泥灰岩的出现作为与上覆长兴组三段的分界。长兴组三段岩性主要由泥晶灰岩、泥晶生屑灰岩、亮晶颗粒灰岩、微生物岩组成，局部古地貌高点区多发育颗粒滩沉积，经白云石化交代作用明显(图 7-10)。

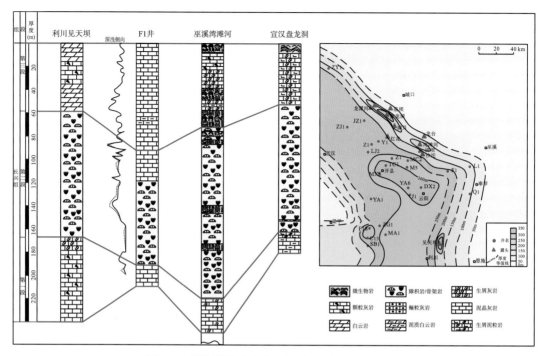

图 7-10　四川盆地东部长兴组地层划分对比及展布

1) 非礁滩相地层剖面

长兴组的三分性比较明显(图 7-7，图 7-8)。通常是以泥页岩的出现作为长兴组第一段与长兴组第二段，以及长兴组第二段与长兴组第三段的划分与对比标志层。将泥页岩作为研究区长兴组各段划分与对比标志层的主要依据有两点，一是泥页岩在区域上分布较为稳定，二是泥页岩的厚度不大。

长一段通常沉积褐灰-深灰色薄-中层状(含)生屑泥晶灰岩，夹燧石条带或含燧石结核，泥质含量较重，以顶部较为明显，电性表现为自然伽马低—中值，变化幅度较大；电阻率上部多为中—高值，变化幅度大；泥质岩中自然伽马增高，电阻率降低。长二段岩性主要为浅灰色-灰色泥-粉晶白云岩、含生屑灰岩和浅灰色-深灰色泥晶灰岩、泥晶生屑灰岩等。电性表现为自然伽马中—低值，通常向上自然伽马值呈负偏移；电阻率中—高值。长三段岩性特征主要为浅灰色-深灰色燧石结核灰岩、含泥泥晶灰岩、灰质云岩及颗粒泥晶灰岩。顶部常发育深灰色-灰色生屑灰岩。电性表现为自然伽马低—中值，变化幅度较小，自下向上呈逐渐增高的趋势；电阻率上部多为中—高值，其中长三段上部变化幅度较大；泥质岩自然伽马增高，电阻率降低。长兴组非礁相地层的三分特征基本反映了长兴期两个海水由深逐渐变浅的沉积旋回。

2) 礁滩相地层剖面

长兴组的岩电特征则随礁体发育情况不同而有明显变化(图 7-11，图 7-12，附图 36)，往往表现为长兴组二段与长兴组三段的泥页岩标志层缺失。另外，礁相灰(云)岩通常质地较纯，色浅，不含燧石结核或燧石条带，自然伽马曲线表现为明显的低平特征。根据其岩性特征、生物组合仍将长兴组发育礁相地层剖面划分为 3 段。

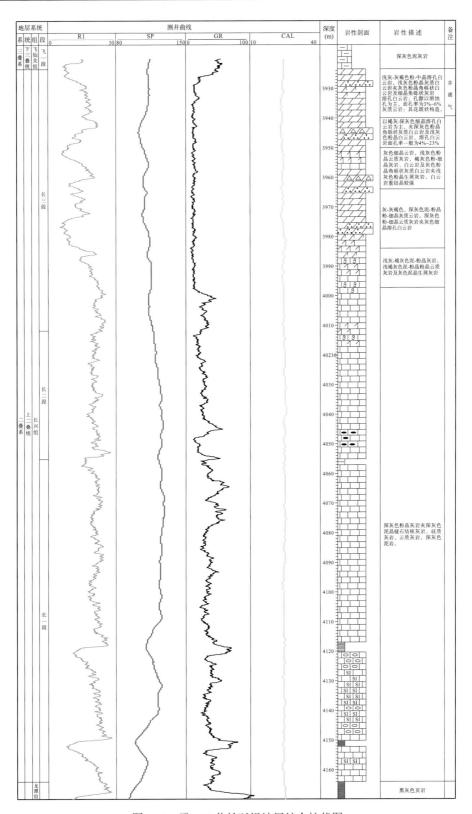

图 7-11　卧 117 井长兴组地层综合柱状图

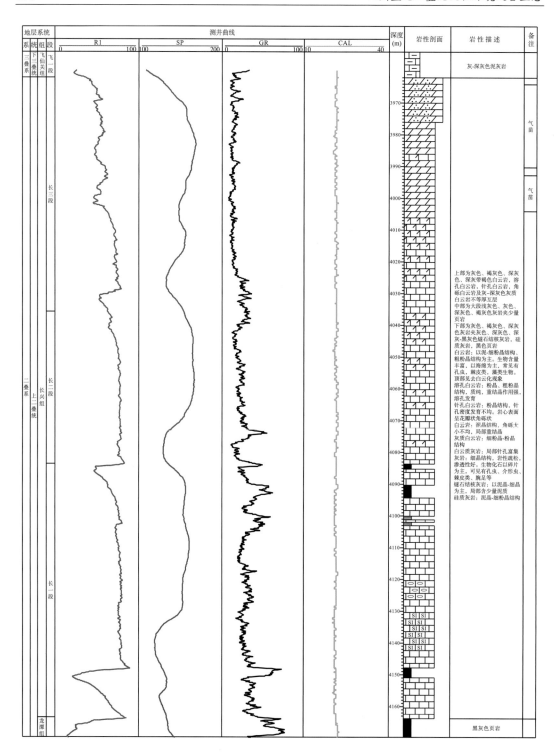

图 7-12　双 18 井长兴组地层综合柱状图

长一段主要沉积一套黑灰色-深灰色薄-中层含硅质条带或团块的灰岩、硅质灰岩等，以泥晶为主，含泥多，水平层理发育，生物化石单调、稀少，纵向上自下而上灰岩中泥质和硅质含量减少，横向上岩性变化不明显，厚度变化较大；或为一套灰白-灰色厚层泥晶生屑灰岩，夹白云岩或白云质灰岩，生屑含量丰富，不含硅质、泥质，电性表现为自然伽马低—中值，变化幅度较大；电阻率上部多为中—高值，变化幅度大；泥质岩中自然伽马增高，电阻率降低。长二段以礁灰(云)岩、颗粒灰(云)岩为主，以造礁生物及附礁生物含量最为丰富，种类多，是研究区内生物礁发育的主要层位之一，电性表现为自然伽马中—低值，通常向上自然伽马值呈负偏移；电阻率上部中—高值，变化幅度较小。长三段以泥晶灰岩，泥晶生屑灰岩、颗粒灰岩、晶粒白云岩夹角砾云岩沉积为主，局部礁灰岩发育。电性表现为自然伽马低值，以低平为特征，自下向上变化趋势不明显；电阻率多为中—高值，其中长三段变化幅度较大。长兴组礁相地层的三段特征亦反映了长兴期两次海水由深逐渐变浅的沉积旋回。

7.1.2　生物地层划分对比

穿时普遍存在原理意味着绝大多数岩石地层单元的划分具有穿时性特征，而生物地层划分对比可以为建立等时地层格架对比提供重要依据。虽然二叠纪末生物灭绝事件导致全球 90%以上的海洋生物种相继绝灭，但该事件过程中牙形刺等微生物体相对受到影响较少，许多晚二叠世牙形刺种属延续至早三叠世，因此，牙形刺在四川盆地上二叠统—下三叠统的生物地层划分中扮演了十分重要的角色。

1. 煤山剖面长兴组生物地层划分

以全球层型剖面——煤山剖面(P-T)为例,自王成源和王志浩(1981)首次对其二叠系进行牙形刺带划分以来，大批学者通过牙形刺化石出现的顺序，对长兴阶生物地层进行了深入研究，目前自吴家坪阶顶部至三叠系底部大致划分为以下牙形刺带：*Clarkina longicuspidata* 带、*Clarkina wangi* 带、*Clarkina.subcarinata* 带、*Clarkina changxingnesis* 带、*Clarkina yini* 带、*Clarkina meishanensis* 带、*Clarkina zhejiangensis–Hindeodus changxingensis* 组合带以及 *Hindeodus parvus* 带(表 7-1)。

Clarkina longicuspidata 带(煤山 4 层以下)：底界不详；顶界 *Clarkina wangi* 首现；该牙形刺带常伴生有丰富的 *Clarkina orientalis* 分子，后者在区域范围内分布广泛且数量众多。该牙形刺带与 *Clarkina wangi* 带的分界被定义为长兴阶与下伏龙潭阶地层的分界。

Clarkina wangi 带(煤山 4a～10 层)：底界 *Clarkina wangi* 首现；顶界 *Clarkina subcarinata* 首现。共生分子包括 *Clarkina prechangxingensis*、*Clarkina subcarinata*、*Clarkina predeflecta* 等。

Clarkina subcarinata 带(煤山 11 层)：底界 *Clarkina subcarinata* 首现；顶界 *Clarkina changxingnesis* 首现。共生分子包括 *Clarkina deflecta*、*Clarkina wangi*、*Clarkina predeflecta* 等。由于该牙形刺带的时限较短，具相似特征的过渡属种可能对界线的精确划分存在影响。

Clarkina changxingnesis 带(煤山 12～22 层)：底界 *Clarkina changxingnesis* 首现；顶界 *Clarkina yini* 首现。共生分子包括 *Clarkina parasubcarinata*、*Clarkina postwangi*、*Clarkina*

表 7-1　全球层型剖面——煤山剖面牙形刺带划分对比（引自 Yuan 等，2014）

统	阶	组	层	Yin et al.,2001	张克信等,2005	Jin et al.,2006	Zhang et al.,2007	Jiang et al.,2007 gondolellid Zone	Jiang et al.,2007 hindeodid Zone	张克信等,2009	Yuan et al.,2010
下三叠统	殷坑阶	殷坑组	29	*I.isarcica* Zone	*Isarcicella isarcica* Zone		*Isarcicella isarcica* Zone		*Isarcicella isarcica* Zone	*Isarcicella isarcica* Zone	*Hindeodus parvus* Zone
			28	*H.parvus* Zone							
			27d	*H.l.-C.m.* Zone / typicalis fauna	*H.parvus* Zone		*I.staeschei* Zone		*I.staeschei* Zone	*I.staeschei* Zone	
			27c				*Hindeodus parvus* Zone	*Clarkina taylorae* Zone	*Hindeodus parvus* Zone	*Hindeodus parvus* Zone	
上二叠统	长兴阶	长兴组	27b	*C.m. fauna*	*H.latidentatus-H typicalis-C.meishanensis* Zone		*Clarkina meishanensis-Hindeodus eurypyge* Zone		*Hindeodus changxingensis* Zone	*Neogondolella taylorae* Zone	*H.changxingensis-C.zhejiangensis* Zone
			27a							*Hindeodus changxingensis* Zone	
			26					*Clarkina meishanensis* Zone			
			25							*Neogondolella meishanensis* Zone	*C.meishanensis* Zone
			24e		*C.yini* Zone		*C.yini-H.praeparvus* Zone	*C.yini* Zone	*H.praeparvus* Zone	*C.yini-C.zhangi* Zone	*C.yini* Zone
			24d								
			24c								
			24b						*H.latidentatus* Zone		
			24a								
			23		*C.changxingensis-C.deflecla* Zone					*C.changxingensis-N.deflecta* Zone	*Clarkina changxingensis* Zone
			22								
			21				*I.=isarcicella C.=Clarkina H.=Hindeodus*				
			17								
			16								*C. subcarinata* Zone
			11								
			10		*C.subcarinala-C.wangi* Zone	*C.wangi* Zone				*C.wangi* Zone	*C. wangi* Zone
			9								
			4a-2								
	吴家坪阶	龙潭组	4a-1								
			3			*C. longicuspidala* Zone				*C.longicuspidata-C.orientalis* Zone	*C. longicuspidata* Zone
			2								
			1								

deflecta 等。该牙形刺带纵向分布时限长，根据牙形刺 *Clarkina changxingnesis* 的演化序列，可进一步将其分为 3 个亚带，分别对应煤山 12～13 层、13～20 层、20～22 层。

Clarkina yini 带（煤山 22～24 层 e）：底界 *Clarkina yini* 首现；顶界 *Clarkina meishanensis* 首现。共生分子包括 *Hindeodus praeparvus*、*Hindeodus typicalis*、*Clarkina postwangi* 等。国内大多数学者将 *Clarkina yini* 首现定义为相当于煤山 24 层底部，但据 Shen 等认为，*Clarkina yini* 可能存在小幅地层穿时，特别在广元上寺剖面中 *Clarkina yini* 首现层位可能较早。Jiang 等（2007）认为，该牙形刺带内 *Hindeodus praeparvus* 的首现层位可对应煤山 24 层 c。

Clarkina meishanensis 带（煤山 25 层）：底界 *Clarkina meishanensis* 首现；顶界 *Clarkina zhejiangensis* 首现。该牙形刺带被认为是辨识二叠纪末生物灭绝层位的重要界线。

Clarkina zhejiangensis-Hindeodus changxingensis 组合带（煤山 26～27 层 b）：底界 *Clarkina zhejiangensis* 首现；顶界 *Hindeodus parvus* 首现。共生分子包括 *Hindeodus changxingensis*、*Hindeodus typicalis*、*Clarkina deflecta* 等。该牙形刺带曾经被归属于 *Clarkina meishanensis* 带内部，近年来更多的研究认为，其应该对应于煤山 26-27 层 b 之间。

Hindeodus parvus 带（煤山 27 层 c～27 层 d）：底界 *Hindeodus parvus* 首现；顶界

I.s.staeschei 首现。共生分子包括 *Hindeodus typicalis*、*Clarkina deflecta*、*Clarkina taylorae* 等。*Hindeodus parvus* 是划分二叠系—三叠系的重要带化石。

除牙形刺外，其他生物化石也可以作为长兴阶生物地层划分的辅助手段，以长兴煤山剖面为例，该剖面长兴阶可划分为 4 个菊石带，自下向上分别为 *Pseudostephanites-Tapashanites* 带、*Pseudotirolites-Pleuronodoceras* 带、*Rotodiscoceras* 带和 "*Otoceras*" 带，其中 *Pseudostephanites-Tapashanites* 带大致对应 *Clarkina wangi* 以及 *Clarkina subcarinata* 带，*Pseudotirolites-Pleuronodoceras* 带大致等同于 *Clarkina changxingensis* 带，*Rotodiscoceras* 带与 *Clarkina yini* 带相当，"*Otoceras*" 带对应 *Clarkina zhejiangensis-Hindeodus changxingensis* 带。另外，关于蟆带的划分近年来研究较少，Zhao 等(1981)将长兴阶划分为 *Palaeofusulina minima* 带和 *Palaeofusulina sinensis* 带，但是两者之间更为精确的划分尚未确定。

2. 四川盆地东部地区大隆组生物地层划分与对比

川东地区深水沉积区大隆组地层牙形刺保存较为完整，以巫溪红池坝剖面为例，巫溪红池坝剖面大隆组出露完整，主要由碳质页岩、泥灰岩及泥晶灰岩等组成。通过该剖面采样及牙形刺分析，共识别出 4 个牙形刺带。按由低到高的顺序依次为 *Clarkina changxingnesis* 带、*Clarkina yini* 带、*Clarkina meishanensis* 带、*Hindeodus parvus* 带。各牙形刺带分述如下：

Clarkina changxingnesis 带(7 层及以下)：底界 *Clarkina changxingnesis* 首现，位于长兴组顶部(0 层)；顶界 *Clarkina yini* 首现。共生分子包括 *Hindeodus typicalis*、*Hindeodus subcarinata*、*Clarkina defleta*。

Clarkina yini 带(8～10 层)：底界 *Clarkina yini* 首现；顶界 *Clarkina meishanensis* 首现。共生分子包括 *Clarkina changxingensis transition to Clarkina yini*、*Clarkina changxingensis transition to Clarkina meishanensis*。

Clarkina meishanensis 带(见于 10 层顶部)：底界 *Clarkina meishanensis* 首现；未见顶。本带以 *Clarkina meishanensis* 较高丰度为特点，未见其他带分子。

Hindeodus parvus 带(见于 13 层底部)：底界 *Hindeodus parvus* 首现；未见顶。共生分子包括 *Hindeodus pareparvus*。

选择长兴煤山剖面长兴组顶部、旺苍罐子坝剖面大隆组及巫溪红池坝剖面大隆组进行生物地层对比(图 7-13)。巫溪红池坝的 *Clarkina changxingnesis* 带(7 层及以下)大致相当于煤山 D 剖面 12～22 层。红池坝剖面表明，*Clarkina changxingnesis* 带底界位于长兴组顶部，其大隆组时限虽略晚于罐子坝剖面，但两者的共同特征表明，大隆组沉积时限均始于 *Clarkina changxingnesis* 带，大致时间对应长兴中期(表 7-2)。*Clarkina yini* 带主要位于煤山 D 剖面 24 层，相当于红池坝剖面 8～10 层下部。由于罐子窑剖面未能识别出明显的 *Clarkina yini* 分子，两者对比性差。红池坝剖面 *Clarkina meishanensis* 带(10 层顶部)大致相当于煤山 D 剖面 25 层。该层黏土层中检出火山成因石英，可与煤山剖面对比，对应二叠纪末生物主灭绝线位置。另外，红池坝剖面 *Hindeodus parvus* 首现于 13 层底部，相当于煤山剖面 27 层 c 底界位置，是重要的二叠系—三叠系分界标志。

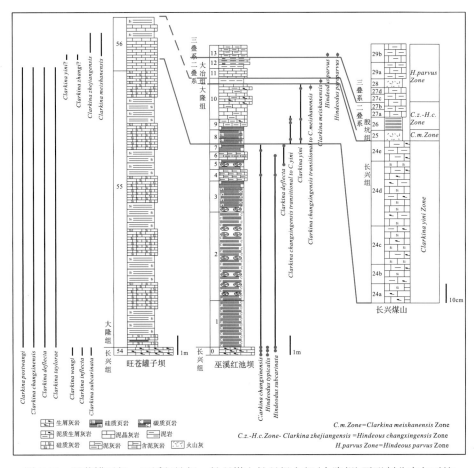

图 7-13　旺苍罐子坝—巫溪红池坝—长兴煤山长兴组上部(大隆组)牙形刺分布与对比

表 7-2　旺苍罐子坝—巫溪红池坝剖面岩石地层与生物地层对比

统	阶	牙形刺带	旺苍罐子坝	巫山红池坝	
下三叠统	印度阶	*Hindeodus parvus*带		*Hindeodus parvus*带	大冶组
上二叠统	长兴阶	*Clarkina zhejiangensis-Hindeodus changxingensis*带			
		*Clarkina meishanensis*带	*Clarkina meishanensis*带	*Clarkina meishanensis*带	大隆组
		*Clarkina yini*带		*Clarkina yini*带	
		*Clarkina changxingnesis*带	*Clarkina changxingnesis*带	*Clarkina changxingnesis*带	
					长兴组
		*Clarkina subcarinata*带	*Clarkina wangi*带		
		*Clarkina wangi*带			

3. 川东地区长兴组生物地层划分与对比

虽然川东地区浅水碳酸盐沉积区长兴组地层中海相生物化石丰富，但牙形刺化石相对破碎和稀少，可能与其埋葬保存条件有关。通过对云阳沙沱、巫溪尖山等长兴组地层牙形刺化石的研究认为，区内长兴阶牙形刺带与煤山剖面及川北上寺剖面具有一定的可比性，区内长兴阶自下而上分为 *Clarkina wangi-Clarkina.subcarinata* 组合带、*Clarkina changxingnesis* 带、*Clarkina yini* 带以及 *Hindeodus parvus* 带，浅水碳酸盐台地相区普遍缺失 *Clarkina meishanensis* 带，可能与长兴末期海平面下降造成的长兴阶顶部地层缺失紧密关联。受海平面下降影响，长兴阶顶部地层可能受到强烈的同生—准同生成岩作用，也可能不利于地层中牙形刺化石的保存（图 7-14）。

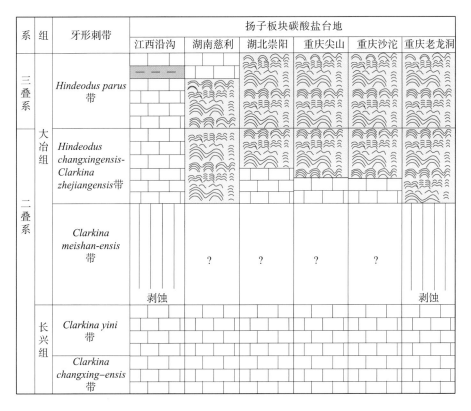

图 7-14　扬子板块浅水碳酸盐沉积区二叠系—三叠系之交的牙形刺分布

（部分数据引自 Yin et al.，2014）

基于川东地区长兴组碳酸盐岩地层的特殊性，本书结合岩石地层划分方法，综合考虑岩性序列和沉积层序，川东地区海相碳酸盐区长兴组三段地层中，长一段大致对应 *Clarkina wangi-Clarkina.subcarinata* 组合带，属于长兴早期；长二段大致对应 *Clarkina changxingnesis* 带，属于长兴中期；长三段大致对应 *Clarkina yini-Hindeodus parvus* 组合带，属于长兴晚期—三叠纪印度期，为跨越二叠系—三叠系界线的地层单元。

7.2　川西—川北地区吴家坪期沉积环境与沉积相

7.2.1　沉积相类型及沉积特征

中二叠世末的峨眉地幔柱活动使四川盆地西南部的康滇古陆成为主要的物源区，其东侧被动大陆边缘的岩石圈张裂作用后发生热沉降，显示相对稳定的区域性沉降特点，沉降速度与大陆边缘板块厚度成反比关系，因此，在同一个时间段中，从远离大陆向大陆内部方向，大陆边缘地壳的沉降幅度呈逐渐减小的趋势，构成原始、平缓的斜坡地貌，导致区内地势具有南西—北东向低角度倾斜的趋势。

1. 剥蚀区与冲积平原

剥蚀区与冲积平原主要位于四川盆地西南部康滇古陆区及周边，其中剥蚀区由灰绿、深灰色厚层致密状、气孔状、杏仁状、斑状玄武岩及含铁玄武岩组成，与之紧临的冲积平原涵盖冲积扇相与河流相两种沉积体。前者岩性以灰绿色、灰色中-厚层状玄武质砾岩和玄武质含砾砂岩为主，砾石分选及磨圆中等偏差。后者常见自下而上由含砾砂岩-粉砂岩-黏土岩构成的正韵律层，韵律层底部往往有冲刷面，与下伏峨眉山玄武岩呈假整合或整合接触，韵律层下部常发育平行层理和槽状交错层理，韵律层上部常见碳屑及植物化石。岩层横向上分布不稳定，快速变薄、尖灭。

2. 滨岸平原与沼泽

滨岸平原分布在与冲积平原相接的近岸环境，位于最高海平面之上，主要受陆上河流控制，岩性以褐黄色、紫红色泥岩、粉砂质泥岩为主，水平层理发育，见少量植物碎片，局部夹透镜状煤层、生屑质泥晶灰岩。此外，在四川盆地西北部江油市通口—坪上一带的吴家坪初期古地貌高点亦可出现此类沉积。滨岸沼泽主要位于最高海平面与平均海平面之间的滨岸地带，在四川盆地西北部除江油市通口—坪上一带外均有出现，因受到海平面脉动式升降影响导致常年积水，有利于植物大量生长，沉积了一套中-薄层状黑色、深灰色、灰黑色含较多碳化植物碎片和植物根茎化石的碳质泥岩或泥岩，间夹薄层状煤线和碳酸盐岩，泥岩中水平层理和生物扰动构造发育，含有少量完整的腕足类，如 *Perigeyerella costellata*、*S.janus*、*Spinomarginifera*、*pseudosintanensis* 等，局部可见陆源的玄武质细砂岩-粉砂岩透镜体。

3. 碳酸盐缓坡

根据水体深度和水动力条件等各方面的特征，可将碳酸盐缓坡相细分为浅缓坡和深缓坡两个亚相。

1）浅缓坡亚相

浅缓坡亚相由陆向海方向按沉积特征可进一步分为潮坪、潟湖和生屑滩等微相。
生屑滩是浅缓坡的主体，位于正常浪基面以上，海水通畅，水动力较强，由于波浪作用，藻类和带壳的底栖动物极其发育，以沉积生屑石灰岩为主，岩层中顺层断续分布的硅质结核发育。生屑灰岩中颗粒含量一般为 10%～60%，最高可达 70%左右。颗粒种类繁多，常见红藻类、绿藻类、腹足类、放射虫、棘皮类、钙球、非有孔虫类、腕足类、介形虫类、四射珊瑚类、苔藓虫类和骨针类等，因晚二叠世吴家坪期为海侵序列，水体相对较深，生屑颗粒分选、磨圆中等偏差，粒间充填物中灰泥基质较亮晶胶结物多。

潮坪微相分布在以明显周期性潮汐活动为特征的平缓倾斜滨岸地带，无强波浪作用，在充分的陆源物质供应条件下，薄-中层状细粒碎屑岩与薄层状碳酸盐岩交互沉积。潮坪环境向海方向，随水体加深依次出现潮上带的白云质-泥质沉积，潮间带的生屑质-泥灰质沉积，潮下带的泥灰质沉积。因次级海平面的脉动式升降，3 个沉积单元在纵向上常形成以多旋回叠复为特征的潮坪组合。

潟湖微相分布于平均低潮线—平均浪基面之间，因受到向海一侧较连续分布的生屑滩的遮挡作用，波浪作用的影响较小，为偏低能环境，处于还原的低能状态，水体循环差，盐度较高，常由深灰色厚-中层状泥晶灰岩、泥质白云岩等组成，水平层理发育，生物化石稀少，黄铁矿和有机质富集。

2）深缓坡亚相

深缓坡亚相属于深水低能环境，位于平均浪基面之下，最大风暴浪基面之上，沉积了一套褐灰、灰黑色、深灰色薄-中层状含生物（屑）泥晶灰岩、生屑泥晶灰岩、泥晶灰岩，岩层中富含近顺层分布的硅质条带。此外，因受到间歇性的风暴浪影响，局部发育风暴成因的颗粒石灰岩生物滩，颗粒碳酸盐岩含量小于 34%，颗粒成分主要为生屑，局部间夹少量下部地层岩屑，粒间由灰泥充填。风暴岩与下伏地层呈侵蚀突变接触，向上渐变为泥晶灰岩和含生物泥晶灰岩等正常低能沉积，总体呈正粒序，偶见丘状交错层理。

7.2.2　晚二叠世吴家坪期沉积演化

四川盆地西部上二叠统吴家坪组是在风化剥蚀面准平原化缓坡的基础上，一次较高海平面（三级）北西—南西方向海侵的产物。吴家坪组沉积初期，海平面缓慢上升，关基井及其西北地势较低的平缓处大范围发育为近岸地带的滨岸沼泽环境，灰色、灰黑色的泥岩、碳质泥岩夹煤层沉积发育。但海侵对地势较高的通口—坪上一带剖面影响不大，主要发育滨岸平原，沉积了一套浅黄红色、紫红色粉砂质泥岩或泥岩，局部夹透镜状煤线。同时，因次级海平面升降，滨岸平原及沼泽沉积环境中或多或少可见一到数层海相沉积夹层。关基井西南方向仍分布为剥蚀区、冲积平原等陆上沉积环境。

晚二叠世吴家坪期的中-晚期发生区域性大规模海侵，物源快速向西南方向后退，四川盆地西北角剑阁长江沟、广元杨家岩等地区快速过渡为深缓坡环境，由中-薄层灰黑色、深灰色泥晶灰岩、硅质灰岩及少量硅质页岩组成，向南西至江油坪上—青川葛底坝一带水体稍浅，发育为浅缓坡环境，主要沉积了一套中-厚层深灰、黑灰色生物（屑）泥晶灰岩，关基井及其西南侧仍为滨岸及陆上环境。

晚二叠世晚期，海水继续向西南推进，关基井西北侧均已演化为深缓坡沉积环境，沉积大量深灰色、灰黑色硅质灰岩（图 7-15，图 7-16）。

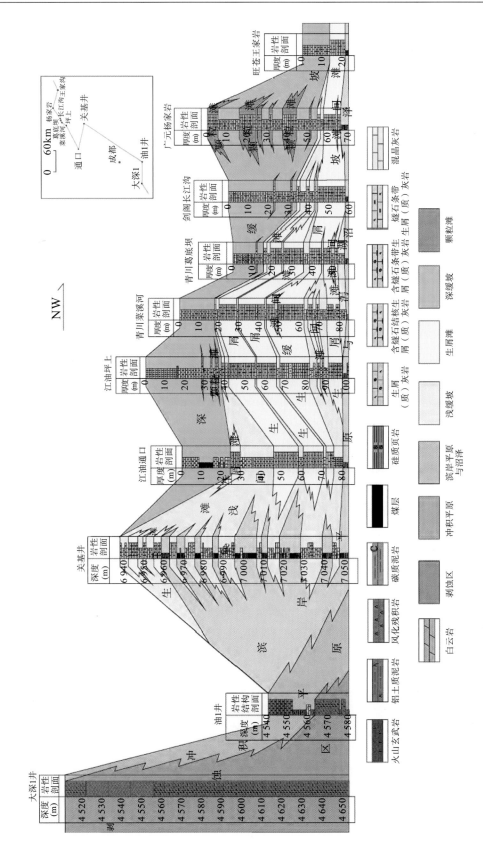

图7-15　四川盆地西部吴家坪组沉积微相对比剖面(引自何江等, 2015)

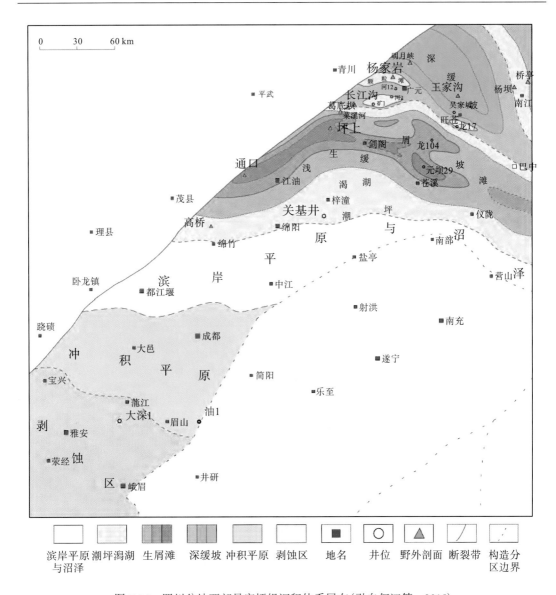

图 7-16　四川盆地西部吴家坪组沉积体系展布(引自何江等，2015)

7.3　开江—梁平海槽南侧长兴期沉积环境与沉积相

研究区为开江—梁平海槽东段位于川东—鄂西地区，包括五百梯、大猫坪、高峰场、黄龙场等构造带，均呈北东—南西向展布，地理位置上自东向西分别跨越了重庆市境内的万州区、开江县和四川省境内的宣汉县，研究区范围北起宣汉、南抵梁平、西至达州、东邻开州(图 7-17)。

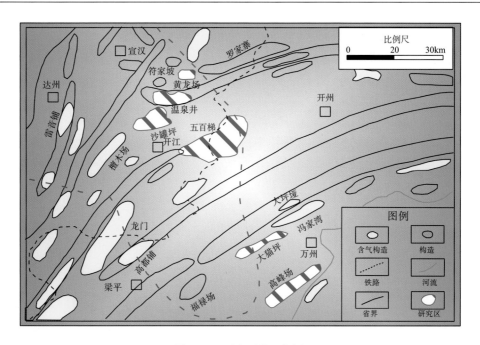

图 7-17　研究区地理位置

7.3.1　沉积相类型及沉积特征

1. 沉积相标志

1) 岩石学特征

通过系统的钻井岩心观察及室内镜下薄片鉴定分析,确定本区长兴组岩石类型主要包括灰岩和白云岩,偶夹薄层状泥(页)岩。其中,灰岩可分为泥晶灰岩、砂屑泥晶灰岩、生屑泥晶灰岩、生屑砂屑泥晶灰岩、亮晶生屑灰岩以及生物礁灰岩等;白云岩可分为泥晶白云岩、生屑白云岩、晶粒白云岩、针孔白云岩、颗粒白云岩、溶孔细晶白云岩及礁云岩等。

(1) 泥晶灰岩。

该类岩石在研究区分布普遍[图 7-18(a)],由泥晶方解石组成,占90%以上,颜色变化较大,为浅灰-深灰色,一般较为致密,常呈中-薄层状,少见厚层块状,生屑少见,主要可见介形虫、腹足、双壳、棘皮、红藻等生物碎屑。裂缝较为发育,且常被方解石所充填,断面常呈贝壳状,有些可见碳质,部分岩心中可见到石膏或石膏假晶以及示底构造、缝合线构造、水平纹层和局部碎裂化的角砾状等现象。其沉积特征表明,该类岩石一般形成于水体较安静的沉积环境中,普遍分布在台地内部开阔静浅水区域和前缘斜坡环境中。泥晶灰岩在沉积时虽含有大量细小晶间微孔,但经过后期压实压溶作用的改造,储集性能极差,一般仅能作为非储集岩类,部分可作为生油岩。局部泥晶灰岩发生白云石化形成泥-粉晶白云质灰岩可具有一定的储集性。

(2) 泥晶-亮晶生屑灰岩。

在本区长兴组中上部地层相对比较发育,主要岩石类型有泥晶-亮晶生屑灰岩、藻屑灰岩、白云石化亮晶生屑灰岩、云质泥晶生物碎屑灰岩等类型［图7-18(b)，图7-18(c)，图7-18(d)］。颜色多变，多为深灰-浅灰色，少数显褐灰色，泥晶结构，生屑分布不均，局部密集，生物有双壳、棘皮、有孔虫、藻类、蟆、介形虫、骨针、钙球、苔藓虫、管壳石以及各类生物碎屑或残余生物碎屑。个别生屑灰岩含砂屑和泥屑。此类型沉积是在静水环境中形成的，可以是原地的生物遗体被碳酸盐泥掩埋，也可以是漂入的外来介屑，不分大小，一起与灰泥掩埋而成，多发育在台地边缘浅滩环境中，台地内部开阔浅水环境中也有发育，其中亮晶生屑灰岩形成能量高于泥晶生屑灰岩和藻屑灰岩，往往构成滩的主体沉积部分，而后者主要出现在滩缘、滩间和潮坪环境。

（3）内碎屑灰岩。

内碎屑按粒径大小可分为砾屑、砂屑、粉屑和泥屑，粒径大小直接反映沉积盆地水动

(a)灰黑色泥晶灰岩，长兴组，天东11井，长0.14m，可见10余条高角度张性裂缝，被方解石充填

(b)深灰色泥晶生屑灰岩，长兴组，峰003-2井，长0.10m，生屑以海百合、腕足、有孔虫、介形虫为主，生屑破碎，局部富集

(c)灰黑色泥晶生屑灰岩，长兴组，天东10井，5-454，可见大量腕足、介壳等生屑

(d)灰色亮晶生屑灰岩，长兴组，云安12-2井，长0.09m，生物主要有棘皮屑、腕足、有孔虫、海绵、珊瑚等，可见示顶底构造

(e)灰黑色砂屑泥晶灰岩，长兴组，天东53井，9-1046，长0.07m，具数条高角度张裂缝，被方解石脉充填，具逆粒序构造

(f)燧石结核泥晶灰岩，云安1井，长兴组，3-106，2292~2300.33m

图 7-18　长兴组主要岩石类型——灰岩类岩心照片

力的性质和能量强度。本研究区钻井岩心较少见，主要可见砂屑灰岩[图 7-18(e)]，一般代表水动力能量较强的浅水碳酸盐台地或浅滩沉积环境。

(4)燧石结核灰岩。

该类石灰岩一般与泥晶灰岩互层或夹于泥晶灰岩中[图 7-18(f)]，性硬，一般为深灰色、褐灰色泥-粉晶结构，燧石为黑褐色半透明-不透明碎片，多为油脂光泽，灰岩为泥晶结构，两者为基底胶结，生物碎片普遍分布，含较多的棘皮、腕足、苔藓虫、骨针、有孔虫等。此类型是选择性交代生物碎屑硅化作用的产物，交代过程可能发生在早、中成岩阶段。研究区主要分布于前缘斜坡环境中，开阔台地潮下带也有分布。

(5)泥晶白云岩。

泥晶白云岩在研究区相对较少见[图 7-19(a)]。典型结构为他形-半自形泥晶结构，一般由小于 0.004mm 的泥晶白云石组成，白云石 Mg/Ca 和有序度低，常发育有裂缝。此类白云岩的成因一般用蒸发泵白云石化模式加以解释，即在干旱炎热的气候条件下，在礁、

(a)灰色泥晶白云岩，黄龙5井，第3次取心第251块，0.11m，鸟眼构造发育

(b)云安12-1井，第1次取心第3块，5059.16~5059.27m，灰色生屑白云岩，腕足定向排列，可见泥纹

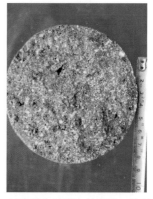

(c)中晶白云岩，长兴组，天东21井，2-88，长0.18m，重结晶现象明显，晶间孔极为发育，物性较好，有机质充填

(d)灰色砾屑白云岩，天东21-4井，长0.13m，砾屑大小为1.5~3cm，偶见少量生屑，主要为腕足、介壳等

(e)灰色含生屑花斑状中晶白云岩，天东21井，第1次取心第31块，长0.17m

(f)灰色花斑状云岩，长兴组，天东74井，2-178，长0.09m，可见缝合线被碳质充填

图 7-19 长兴组主要岩石类型——白云岩类岩心照片

滩顶部或受障壁的潟湖-潮坪环境中，由蒸发浓缩形成的高镁卤水交代灰泥所引起的准同生白云石化作用有关。

(6) 晶粒白云岩和颗粒白云岩。

晶粒白云岩和颗粒白云岩是研究区最重要的储层岩石类型[图 7-19(b)，图 7-19(c)，图 7-19(d)]。白云石晶体大小为 0.05~0.15mm，主要为成岩期白云石晶体重结晶而成，大小较均匀，形态以半自形-自形晶为主。通常这种白云石中残余有较多的原岩泥晶或杂质，在显微镜下呈较脏的棕褐色，白云石重结晶作用明显，并以普遍具"雾心亮边"结构为其显著特征。大多数颗粒白云岩和粉-细晶白云岩的晶间孔较发育，经碎裂化和溶蚀改造形成的晶间溶孔更发育，面孔率一般为 2%~10%，孔隙度为 6%~12%，高者可达 14%~18%，有较好的孔隙性，部分晶间孔被淡水方解石或沥青充填。

(7) 斑状白云岩。

该类岩石由泥晶白云石和粉晶白云石组成[图 7-19(e)，图 7-19(f)]，此类白云岩是在成岩过程中不均匀白云石化和重结晶形成的，由不均匀分布的粉晶白云石集合体构成花斑状或豹皮状构造。

(8) 礁石灰岩。

长兴组生物礁可分为礁灰岩和礁云岩，主要分布于长兴组中上部，区域上处于台地边缘。根据生物的主要造礁机理将生物礁岩石分为骨架岩、障积岩和黏结岩 3 类。各类生物礁岩石造礁生物主要为海绵，水螅、苔藓虫、藻类次之，附礁生物有腕足、双壳、蜓、有孔虫、海百合等。

礁石灰岩是生物礁中的一类较特殊的石灰岩类型，由于区内上二叠统长兴组生物礁比较发育，因此，礁石灰岩的类型也较多。一般按生物礁礁相中生物的作用和生物间的相互关系，可以分为盖覆岩、黏结岩、障积岩、骨架岩等几类。川东地区生物礁主要发育 3 种岩石类型，即海绵障积岩、海绵骨架岩及海绵黏结岩，以海绵障积岩为主，骨架岩次之，黏结岩较少(图 7-20)。

①障积岩。研究区障积岩主要由枝状、丛状海绵及少量苔藓虫等造礁生物构成，有些原地生长，有些无固定生长方向，其间充填大量泥晶方解石、生物碎屑。造礁生物含量较少，一般为 20%~30%，充填物含量多达 60%~70%。其岩石中孔洞多被方解石晶体充填，致使孔洞含量相对较少，一般在 10%左右。铁厂河、盘龙洞、羊鼓洞及开州红花等生物礁，几乎每个剖面上都有发育。根据起障积作用的生物类型可再分为几个亚类，即珊瑚灰岩、串管海绵灰岩、串管海绵-珊瑚灰岩、串管海绵-水螅灰岩。

珊瑚灰岩：起障积作用的是丛状四射珊瑚和卫根珊瑚，其间充填的是灰泥和其他生物(屑)，珊瑚个体完整，基本保持生长状态，呈块状或丘状，其大小是 16cm×15cm，在岩石中的含量为 40%左右，含少量纤维海绵，礁灰岩呈厚层-块状。这类礁灰岩主要分布在长兴组上部，如江油鱼洞梁。

串管海绵灰岩：起障积作用的主要是钙质海绵的串管海绵，少量纤维海绵、苔藓虫和珊瑚，附礁生物是腕足类、有孔虫。串管海绵，粗壮，长约 20cm，宽 3~5cm，分枝状，个体完整，以生长状态保存或呈原地倒伏状，占 35%~40%。纤维海绵呈枝状，苔藓虫为网格状，珊瑚为单体柱状，占 5%。造礁生物之间充填的是灰泥和其他生物。这类礁灰岩

(a)灰色骨架礁灰岩，天东53井，长0.12m，局部可见灰色泥晶灰岩团块　(b)灰色骨架礁灰岩，天东53井，长0.07m，可见大量海绵、珊瑚及海百合茎　(c)灰-深灰色礁灰岩，天东002-3井，长0.13m，生屑主要有有孔虫、海绵等，可见示顶底构造

(d)深灰色生物礁灰岩，天东21-4井，长0.14m，可见脑纹状海绵　(e)深灰色礁灰岩，云安12-2井，3877.18~3877.26m，局部可见礁角砾　(f)灰-浅灰色礁云岩，天东2井，长0.09m，大量海绵黏结缠绕现象，发育溶孔，但比较小

(g)灰色-浅灰色礁云岩，天东10井，第5次取心第454块，长0.09m，可见大量藻黏结现象　(h)天东002-3井，长0.16m，灰-深灰色礁云岩，可见藻黏结现象　(i)灰-深灰色礁角砾白云岩，天东002-3井，砾屑分选差，磨圆差，大小混杂

图7-20　长兴组主要岩石类型——生物礁岩心照片

分布在长兴组中、下部，如南江桥亭和江油坪上，岩层呈厚层-块状，在地貌上显现出丘状，明显具有生物礁的雏形。

串管海绵-珊瑚灰岩：起障积作用的主要是串管海绵和丛状复体珊瑚，两者占 40%左右，从含量上看，串管海绵要多于复体珊瑚。串管海绵的特征与上述特征相似，复体珊瑚是卫根珊瑚，保存为生长状态，个体为柱状，直径为 0.4～1cm，群体大小宽 8～10cm，高 10～15cm。还有少量纤维海绵。附礁生物为腕足类、腹足类、海百合，个体较大、完整。生物之间充填灰泥。岩石呈厚层状-块状，分布于江油坪上长兴组上部。

串管海绵-水螅灰岩：起障积作用的主要是串管海绵和水螅，含量在 40%左右，其中串管海绵要多于水螅。串管海绵的特征与前述特征相似，水螅在川东长兴组生物礁中是一类重要的造礁生物，在研究区的特征为球状，其大小为 15cm×20cm。它们之间有少量附礁生物和灰泥，岩石呈浅灰色厚层-块状，分布于江油坪上长兴组的中部。

②骨架岩。各种海绵、苔藓虫及水螅等生物原地生长，生物间被大量藻包围、黏结，形成骨架，生物间充填泥晶方解石、生物碎屑及砂屑。造礁生物含量为 50%～60%，附礁生物为 10%～20%，充填物为 20%～40%。孔洞丰富，为 20%～30%。盘龙洞生物礁第 10 层为典型骨架岩。

③黏结岩。个体较小的海绵多数无固定生长方向，它们被藻纹层团团包围，形成海绵团块，团块在地层中不均匀分布，其间充填泥晶方解石、生物碎屑等。造礁生物含量为 30%～40%，附礁生物为 10%～20%，充填物为 40%～60%。孔洞非常发育，其间充填方解石晶体。林场生物礁几乎都由海绵黏结岩组成。

(9) 礁白云岩。

礁白云岩在区内长兴组生物礁中上部和顶部较多分布，产状以中-厚层块状为主，斑块状、透镜状、浸染状和条带状少见。含礁的地层具有较一致的剖面结构，即下部泥晶灰岩，其上开始发育生物礁，在礁的发育过程中常伴有颗粒灰岩发育，白云岩通常发育于礁体顶部，形成白云岩礁坪。礁体发生白云石化的程度不同。一般而言，礁体厚度大并形成正地形的区域白云石化程度高，白云岩厚度大；而在礁体厚度小的地方白云石化程度低，有的礁白云岩内常见灰岩夹层。

(10) 礁角砾岩。区内长兴组礁角砾岩分为两种。一种是生物骨架和骨架岩在礁生长过程中受波浪、水流的作用，就地破碎形成各种大小不等的角砾，或受许多附礁生物的钻掘而破碎成碎块。分选一般或较差、磨圆较差，形成于礁坪浅水环境，有时可见角砾外有古石孔藻包壳发育。它们与骨架岩共生或单独成岩，是强水动力的标志之一。另一种就是在礁前斜坡坍塌而成的礁角砾岩。具角砾结构，由造礁生物和非礁生物泥晶灰岩混合组成，大小混杂、磨圆度差。生物门类繁多，常由礁体主要生物构成，也有一些浮游、半浮游生物，如放射虫、有孔虫及硅质海绵骨针等。礁角砾岩砾间常充填灰泥。

钻井取心中常见礁角砾岩夹于礁骨架相及其他岩石微相中，若是大套礁角砾岩发育于礁骨架相及正常斜坡沉积岩类之下，则是礁翼或礁斜坡的特征。礁前斜坡角砾岩常发育于边缘礁的礁前，点礁一般不发育此种岩类。

2) 古生物化石标志

沉积物或地层中的生物化石不仅可用于鉴定地层的地质年代、划分和对比地层，而且也是进行沉积环境分析的重要标志之一。

　　研究区长兴组除含大量串管海绵、纤维海绵、水螅、苔藓虫等造礁生物化石外，其他附礁生物也非常丰富，其中尤其是以有孔虫、蜓等最为丰富，珊瑚、腕足、藻类、牙形刺等也较多。有孔虫的属种代表主要有 *Climacammina* sp.、*Eocrissellaria* sp.、*Henigordius* sp.、*Geinitzina* sp.等，蜓的属种代表主要有 *Codonofusiella* sp.、*Gallowayinella* sp.等，牙形刺的属种代表主要代表有 *Hindeodusminatus Clarkina* sp.、*Hindeodus* sp.等，腕足的属种代表主要有 *Dielasmacf.biplex waagen*、*Squamularia* sp.等，珊瑚的属种代表主要有 *Waagenophyllum* sp.等，藻类的属种代表有 *Succodium* sp.、*Eogoniolina* 等。

　　长兴组生物总体上以原生的造礁生物和各类附礁生物及生物碎屑为主（图 7-21），广泛分布于台地边缘生物礁、滩和前缘斜坡等相带中，各种生物类型和组合方式略有差异（表 7-3）。其中，造礁生物主要为海绵类［图 7-22(a)，图 7-22(b)，图 7-22(c)］，包括串管海绵、纤维海绵和硬海绵，水螅、苔藓虫［图 7-22(d)］和蓝绿藻次之，在各个构造生物礁带其组成基本无大的变化；各种生物或生物碎屑包括棘皮［图 7-23(a)］、骨针［图 7-23(b)］、双壳、腕足、蜓［图 7-23(a)和图 7-23(c)］、藻［图 7-23(d)］、藻屑［图 7-23(e)］、有孔虫、腹足［图 7-23(f)］、管壳石、介形虫、放射虫、三叶虫、钙球、海百合和珊瑚，大小不一，在各构造带其生物类型大体相似只是其丰度略有区别，多呈碎屑状与灰泥混生充填生物礁格架孔隙或堆积于浅滩中。上述生物组合总体反映了浅水动荡和洁净温暖的开阔海域环境特征。

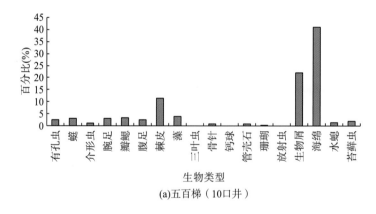

(a)五百梯（10口井）

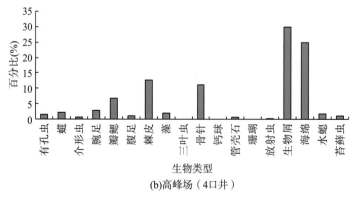

(b)高峰场（4口井）

图 7-21　研究区长兴组五百梯和高峰场构造生物相对含量直方图

表 7-3　碳酸盐岩隆起的生物和非生物特征

特征		碳酸盐岩隆起		
		礁	丘	滩
与生物有关的特征	性质	原地	原地为主	异地或搬运
	生物类型	造礁生物、黏结生物、附礁生物	障积生物或具骨骼的一般生物	一般生物
	数量	丰富，22%~50%	中等-稀少，小于30%	丰富
	形态	个体小，生物密集	个体大，分布稀疏	残枝碎屑
	保存	中等-完好	完好	
	生物结构	钻孔、藻包壳、骨架结构	障积结构、灰泥	缺乏
非生物的特征	地貌	隆起明显	隆起明显或不明显	不明显
	岩石结构	栉壳结构、角砾结构等	泥晶结构	生物碎屑结构、砂屑结构、鲕粒结构
	相序	复杂完整	简单	无
	发育深度	接近浪基面，高能环境	浪基面以下，低能环境	浪基面或浪基面以上，高能环境
	成岩作用	示底构造、渗流沉积、白云石化作用、溶蚀作用、孔隙演化	碎解作用、物理压实及变形作用、硅化作用	亮晶方解石胶结作用等

(a)天池剖面，造礁生物——海绵

(b)天池剖面，造礁生物——海绵

(c)盘龙洞剖面，造礁生物——海绵的骨架结构

(d)造礁生物——苔藓虫的内部结构，细晶苔藓虫白云岩，对角线长0.8mm(-)，天东002-11井，3834.24m

图 7-22　研究区主要造礁生物特征

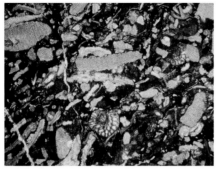
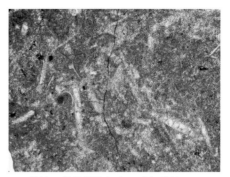

(a)棘皮和䗴，泥晶棘皮灰岩，发育裂缝，对　　　(b)骨针，骨针泥晶灰岩，对角线长0.32mm
角线长0.8mm(-)，天东021-3井，4395.11m　　　(-)，峰18井，4494.00m

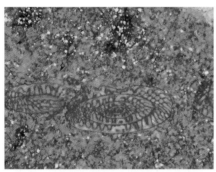
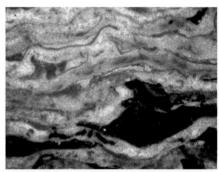

(c)䗴，含䗴屑粉-细晶含云灰岩，对角线长　　　(d)藻纹层，藻纹层灰岩，有机质充填，对角
0.32mm(-)，天东53井，4359.75m　　　　　　　线长0.8mm(-)，天东002-11井，3852.29m

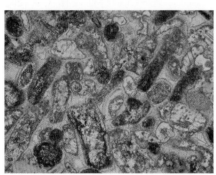
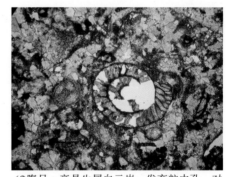

(e)藻屑，亮晶藻屑灰岩，对角线长0.32mm　　　(f)腹足，亮晶生屑白云岩，发育粒内孔，对
(-)，天东21井，3916.17m　　　　　　　　　　角线长0.32mm(-)，天东021-3井，4269.51m

图 7-23　研究区主要附礁生物和各类生物碎屑

大冶组古生物化石以双壳类为主，还产菊石、有孔虫、藻、腹足类、苔藓虫、腕足类等。表明大冶组主要形成于台地内部开阔安静、浅水、斜坡带以及台盆等环境，水体较安静的沉积环境，少量形成于水动力能量较强的浅滩或浅水碳酸盐台地沉积环境。

3)测井相特征

在含油气盆地的钻井地质研究中，非取心段的钻井测井曲线为沉积相和层序地层分析的主要对象,因而建立和分析不同沉积相和层序类型的测井相模型至关重要。

研究区长兴组根据开江—梁平海槽东段地区 17 口井的岩心观察和对应测井曲线的分析以及工区测井资料的实际情况,主要采用补偿中子、补偿密度、深浅侧向、补偿声波以及自然伽马 6 条测井曲线来判定生物礁。深浅侧向主要用来判定钙质含量和含油气、水的情况;自然伽马用来判定生物礁中的泥质含量;补偿声波、补偿中子、补偿密度测井判定礁相与非礁相储层内部孔隙的发育情况。结合测井曲线和岩心或岩屑实物观察描述的综合分析成果,总结研究区生物礁的岩性与测井特征之间的关系,识别生物礁的测井相标志和发育规律,通过这些测井方法的综合运用可以较为可靠地识别出各种生物礁、生物碎屑滩,以及灰岩、白云岩及有效储层。

(1)礁井与非礁井地层分布特征。

研究生物礁,精细地分析地层分布特征是关键,这是由生物礁的特殊生长机理和环境所决定的。表现为生物礁的存在致使生物礁以上地层必然存在相应的补偿关系(表 7-4)。若生物礁发育在长兴组上部,则其上的大冶组地层较邻井减薄;若生物礁发育在长兴组中下部,则扣除生物礁厚度后长兴组地层相应减薄。当然,由于生物礁造成的地层补偿关系是否明显与礁的发育情况以及井通过礁的部位有关,一般来讲,生物礁越发育,井穿过礁主体部位时,其上下地层的补偿关系越明显。根据这个规律,在此基础上统计了大冶组与长兴组的厚度。

对比研究区上覆下三叠统飞仙关组地层与上二叠统长兴组地层厚度的变化规律,可以发现黄龙 4 井与黄龙 2 井、黄龙 5 井、黄龙 9 井具良好的可比性,厚度的变化大体一致,但飞仙关地层的厚度明显小于相邻的 3 口井(表 7-4),说明沉积补偿是在飞仙关时期完成的。以上特征,经对比分析不是因为受断层重复的影响,而是生物礁本身所具有的厚度大于周围同时期地层厚度在测井曲线上的反映,也正是因为生物礁的存在造成了长兴组地层增厚,并表现为沉积的非同步性,从而导致飞仙关组地层减薄,形成典型的披覆现象。

表 7-4　礁井与非礁井大冶组、长兴组地层厚度对比表　　　　　单位:m

地层	峰 3	峰 9	峰 18	峰 19	黄龙 2	黄龙 4
大冶组	428	431.5	374	429	546	308
长兴组	201.0	211.0	351.5	227.0	38	286
合计	629	642.5	725.5	656	584	594
地层	天东 1	天东 2	天东 10	天东 17	黄龙 5	黄龙 9
大冶组	486	394	387	383	406	395
长兴组	105	197	212	160	200	176
合计	524	591	599	543	606	571

(2)非礁段与礁段地层岩性和测井曲线特征。

长兴灰岩的一个重要特点是中至厚层状,颜色以较深的灰色为主,含燧石条带或燧石结核,它具有近似于生物礁的纯洁性,由于燧石毕竟是以薄层状或孤立的团块、结核状分布于灰岩中,纵然在大段地层中出现,自然伽马低值的特征已被围岩所掩盖,使曲线低值抬高，且呈波状起伏，综合其他测井曲线解释，不难加以区别，如高电阻率中锯齿状降低，补偿声波升高和伴随有跳波现象。

以天东 10 井、峰 18 井等为例（附图 37 和附图 38），总结出礁段与非礁段纵向上的具体区别，统计出礁段与非礁段的测井曲线特征（表 7-5），从而形成利用测井资料识别生物礁的新模式。五百梯、大猫坪、高峰场、黄龙场 4 个主要构造带中，选出几个具有代表性的横剖面，研究生物礁在横向上的电性变化特征。

从钻遇的生物礁段测井曲线统计值上分析，自然伽马的变化是很有规律性的，补偿声波的变化有一定的规律。自然伽马主要反映岩层中的泥质含量，由于生物礁生长在高能、清洁、透光性好的浅海环境中，因此，生物礁发育地陆源物质供给少，因而泥质含量极低，在自然伽马曲线上表现为低值。礁后砂滩能量相对较低，泥质含量高于礁核相，因而自然伽马值也高于礁核相。开江—梁平台内海槽东段地区 7 口礁井中生物礁段自然伽马值比非礁相的都要低。表 7-5 列出了各井所钻遇的非生物礁段和生物礁段地层的测井曲线特征，其中对非礁段，在此基础上，进一步统计了晶粒灰岩、生屑灰岩、燧石结核灰岩、泥质灰岩的测井响应特征（表 7-6）。

表 7-5　生物礁段与非礁段测井曲线特征

井名	生物礁段		非礁段	
	GR(API)	DT(μs/ft)	GR(API)	DT(μs/ft)
黄龙 5 井	25.49	45.82	30.53	49.89
天东 021-3	13.88	57.69	19.99	57.62
天东 2	15.85	51.23	23.74	53.78
天东 10	12.48	47.55	21.23	48.72
天东 11	16.67	67.67	21.42	68.91
天东 53	8.97	46.74	18.81	49.09
峰 18	18.41	49.26	22.53	48.32

表 7-6　非礁段 4 种灰岩测井曲线特征

岩性	GR(API)	DT(μs/ft)	LLD(Ω·m)	LLS(Ω·m)
晶粒灰岩	36.7	67.1	18655	9068
生屑灰岩	32.3	70.7	6127	5454
燧石结核灰岩	35.3	67.4	18835	9586
泥质灰岩	46.2	66.5	17179	5671

4）地震相特征

大量的沉积相、地震相综合研究表明，四川盆地川东地区在晚二叠世长兴末期沉积相总体上包括了碳酸盐台地、台地边缘、（前缘）斜坡和海槽 4 种相带，不同沉积相带的区域在长兴组层间时差和顶界振幅变化方面表现出不同的特征（图 7-24）。

沉积相模式 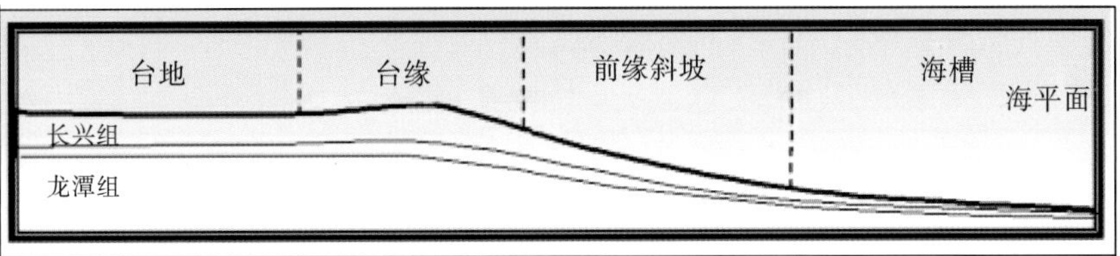	台地	台缘	前缘斜坡	海槽 海平面
	长兴组 龙潭组			

沉积相特征	岩性特征	灰-深灰细粉晶中厚或块状灰岩，含生屑	灰-深灰色块状生屑灰岩（黏结灰岩）云岩，含泥晶生屑灰岩	灰-深灰色碎屑、粉屑、微角砾灰岩	深灰色碎屑、粉屑、泥灰岩，含硅质或燧石结核
	指相生物	腕足、棘屑、钙藻、有孔虫	海绵、水螅、苔藓虫、有孔虫、棘屑、钙藻	有孔虫	放射虫、骨针、钙球、微体有孔虫
	相带	台地	生物岩隆	前缘斜坡	海槽

地震相特征	振幅（长顶）	弱振幅（较连续、弱不乱、呈层、厚度时差大、延伸远）	出现上隆、振幅变弱、上覆层反射结构横向明显变化、窄范围异常地震相、弱振幅（弱而乱）	强振幅（整体呈前积反射结构、向海盆方向呈下超地震相）	强振幅（连续、强振幅和朝深水区方向时差明显减少地震相特征）
	上二叠统时差(ms)	较大	最大	在海槽与台缘之间	最小

图 7-24　川东地区上二叠统沉积相对应地震相特征

(1)台地相。

碳酸盐台地相为一套正常浅海碳酸盐岩较稳定沉积。该相带岩性以细粉晶、中厚层状或块状生屑灰岩为主，富含燧石团块或条带的薄-厚层状暗色生屑粒泥岩、泥粒岩，富含浅海相的钙藻、䗴、有孔虫、腕足类等化石，有时可见粒序层、小型丘状层理等风暴流作用特征。在地震剖面上飞仙关组底部总体表现为较连续的弱-中强振幅反射(弱而不乱，呈层状)，上二叠统层间时差较大且相对稳定，反射层区域横向变化呈较为平行的反射外形结构特征。碳酸盐台地上常发育有点礁，礁体规模较小。发育礁体时，飞仙关组底部地震反射特征有所变化，通常表现为振幅减弱，上二叠统时差增大。

(2)台地边缘相。

台地边缘相水体相对较浅，处于台地与斜坡的转折带，是边缘礁发育的有利区。边缘礁发育的规模较大，即厚度大、面积大，礁体的地质剖面表现为明显的不对称，可以说是不连续堤礁的产物，是我们寻找的主要生物礁类型。其岩性为一套灰、褐灰色块状生屑灰岩，生物以藻、有孔虫、䗴、棘皮、串管海绵为主。从地震剖面上来看，上二叠统长兴组上部反射呈上隆反射外形，由于水体较浅上覆层飞底泥质含量少，振幅明显减弱，上二叠统反射层间时差大，内部反射杂乱。

(3)前缘斜坡相。

前缘斜坡相位于岩隆相与深水海槽相之间的过渡带，跨度较小，在地震剖面上不易划分出来。

(4)海槽相。

海槽相水体相对较深，其岩性也随着水体深度发生横向变化，显示出深水域、半深水域海槽所特有的硅质或燧石结核层。在地震剖面上，大冶组底部反射连续平行，与台地相的主要区别是振幅强，上二叠统反射层层间时差较小。

2. 沉积相特征

四川盆地晚二叠世地貌特征总体保持为由南西向北东方向低角度倾斜的趋势。长兴期，四川盆地为具有少量台沟分割的碳酸盐台地—盆地(海槽、台沟)模式[图 7-25(a)]；至三叠纪早期四川盆地的大部分地区转化为一连陆台地—盆地环境，龙门山岛链成为川北地区的主要物源区[图 7-25(b)]。按 Wilson(1975)有关碳酸盐岩的综合沉积模式，结合具体沉积特征，可将四川盆地北部地区该套地层的沉积相进一步划分为若干亚相和微相(表 7-7)，现分别简述如下。

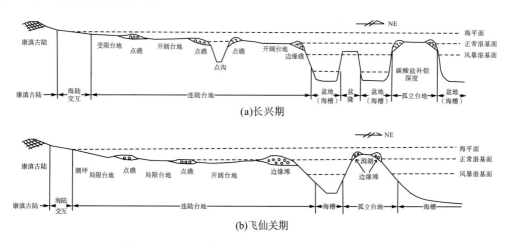

图 7-25　四川盆地长兴期—飞仙关期沉积环境示意图

表 7-7　研究区长兴组沉积相类型及岩性特征

相	亚相	微相	岩性描述
台盆 (海槽)相	碳酸盐岩台盆		灰黑色、深灰色中-薄层骨针泥晶灰岩、泥晶灰岩夹薄层硅质页岩、 火山凝灰岩等
	硅质台盆		灰黑-黑色硅质岩、碳质硅质岩、含生物泥质硅质岩、 钙质石灰岩夹薄层黑色页岩
台地边缘 斜坡相	前缘斜坡	灰泥丘	灰黑色泥粉晶灰岩及生屑灰岩
		浅水斜坡	浅灰色泥-粉晶灰岩
	斜坡脚	深水缓斜坡	深灰-灰色泥晶灰岩
台地 边缘相	边缘礁 (复合体)相	礁基相	深灰色、灰褐色生屑灰岩、藻屑灰岩
		礁核相	浅灰色、深灰色块状生物礁灰岩，海绵骨架礁云岩
		礁坪相	灰色、深灰色泥-粉晶灰质颗粒白云岩，颗粒主要为海绵碎屑、 棘屑、有孔虫等
	边缘滩相	生屑滩	灰色块状生屑灰岩
		鲕粒滩	浅灰色块状鲕粒灰岩
		滩间	深灰-灰色块状泥晶灰岩，含少量生屑
		潮道	灰色白云质颗粒灰岩

续表

相	亚相	微相	岩性描述
开阔台地相	台内浅滩相	生屑滩	灰色块状生屑灰岩
		鲕粒滩	浅灰色块状鲕粒灰岩
	滩间海相	静水泥	深灰-灰色块状泥晶灰岩，偶见白云石化和硅化，含少量生屑
	台内（点）礁相	礁盖	灰色、深灰色泥-粉晶灰质颗粒白云岩，颗粒主要为海绵碎屑、棘屑、有孔虫等
		礁核	浅灰色、深灰色块状生物礁灰岩，海绵骨架礁云岩
		礁基	灰色、深灰色泥-粉晶灰质颗粒白云岩，颗粒主要为海绵碎屑、棘屑、有孔虫等
局限台地相	潟湖		深灰色泥-粉晶白云岩、云质灰岩
	潮坪		包括灰泥坪、泥灰坪、灰坪、膏云坪及膏泥坪等微相

1) 局限台地

局限台地是指障壁岛后向陆一侧十分平缓的海岸地带和极浅水盆地，水体盐度较高。由于该环境距离广海较远，由广海向陆推进的波浪作用受到台地边缘和台内局部高地的消能作用到达近陆一侧时，能量已极大减弱，加之当时台地内水体相对较深，导致水动力条件弱、循环较差，沉积了一套以细粒碳酸盐岩为主的沉积，水平层理和生物扰动构造常见，较高盐度的水体可形成少量的回流渗透白云石化和少量石膏；局部高地可受到一定波浪的改造，形成分布范围窄、规模小的台内点滩（点礁）体沉积；在间歇性风暴作用的影响下，局限台地内也可形成少量灰泥支撑的颗粒岩。

区内局限台地沉积在长兴组局部发育，以沉积页岩、泥灰岩及灰岩为主，偶见薄层泥质云岩，夹石膏、云质石膏。常见暗紫色灰质页岩与深灰色灰岩不等厚互层，顶为泥灰岩与上覆地层嘉一段呈渐变接触。可分为潟湖、灰泥坪、泥灰坪、灰坪、膏云坪及膏泥坪等微相。

局限台地的潟湖，沉积环境闭塞，能量极低，因此沉积物粒度细，岩性多为泥晶灰岩、泥灰岩和白云岩，以发育水平层理为特征，与潮坪沉积最大的区别是有机质含量高而普遍以深灰色的较暗色调为背景。局限台地的膏云坪、膏泥坪、灰泥坪、泥灰坪和灰坪，位于潮间至潮上带的碳酸盐岩沉积区，以发育鸟眼、帐篷构造、窗孔和藻纹层为特征。

2) 开阔台地

开阔台地是指发育在台地边缘生物礁（或浅滩）与局限台地之间的台内开阔浅海环境，主要由泥晶灰岩、生物碎屑灰岩和燧石结核灰岩组成，一般缺乏白云岩。在研究区可分为台内浅滩、滩间海静水泥、台内点礁等微相。

(1) 台内浅滩。

在台地内的局部地貌高地或由沉积作用、生物作用形成的隆起区可受到较强波浪和潮汐作用的改造，形成以鲕粒沉积为主的点滩沉积体。区内台内鲕粒多由浅灰-深灰色鲕粒灰岩组成，鲕粒分布不均，局部密集，粒径为 0.1～0.6mm，砂屑灰岩和生物(屑)灰岩较少，生物(屑)滩偶见。常见中、小型交错层理和波痕等浅水沉积构造，逆粒级递变常见。单个台内点滩沉积体与台地边缘滩相比厚度明显偏薄，横向分布极不稳定，无规律可循，常以薄-厚层状、透镜状夹于大套泥晶灰岩中，与之突变或渐变过渡。

(2)滩间海静水泥。

研究区滩间海静水泥微相主要发育在浪基面以下的潮下静水沉积区，岩性以泥晶-粗粉晶灰岩和泥灰岩为主，夹少量页岩，其中粗粉晶-泥晶灰岩呈浅灰褐、灰褐及深灰色，普遍含有少量泥质，分布较均匀，致密；泥灰岩一般呈深灰色，致密，泥质分布不均，局部含泥较重。

(3)台内点礁。

台内点礁位于台地内部，总体水体能量较弱，礁体周边沉积环境基本一致，因此生物礁基本对称，无礁前和礁后之分，只有礁核和礁翼，并且其规模一般较小。该类型的生物礁零星分布，工区高峰场—石宝寨构造相对发育，在地层中主要表现为大套泥晶石灰岩和含生物(屑)泥晶石灰岩夹中-薄层状和透镜状的生物礁灰岩。

3)台地边缘相

(1)台地边缘浅滩。

台地边缘浅滩位于浅水碳酸盐台地与台地边缘斜坡之间的转折部位，水深从 5～20m 到高出水面，海水循环良好，氧气充足，盐度正常，但由于底质处于移动状态，故不适于海洋生物栖息繁殖。该环境由于受到波浪和潮汐作用的共同控制，水动力条件极强，主要堆积的是以颗粒占绝对优势的滩相沉积体，灰泥组分极少。台地边缘浅滩对周围环境若起到障蔽作用则可形成障壁滩。研究区台地边缘浅滩主要发育在长兴组及大冶组中上部，主要的微相类型为生屑滩、鲕粒滩、滩间和潮道(附图 39)。

①生屑滩。生屑滩岩性为深灰色、灰褐色生屑灰岩，灰岩重结晶作用强，为粉-细晶结构，致密，性脆，一般不同程度地遭受白云石化作用，形成较为有利的储集体(附图 39)。由于该类沉积体形成于较强的水动力条件下，其中发育大量的粒间孔及少量生物体腔孔，是有利于储层形成与演化的沉积相带。

②鲕粒滩。台缘鲕粒滩相岩性为鲕粒灰岩和假鲕粒灰岩，呈深灰带褐色，细粉晶结构，致密，性脆，相比台内鲕滩，其鲕粒粒径较大，厚度明显增加，分布较为稳定，一般平行于岸线连续分布，规模较大，在地层中表现为连续性较好的厚-巨厚层状颗粒岩。由于该类沉积体形成于较强的水动力条件下，颗粒丰富、灰泥基质含量少，其中发育大量粒间孔及少量生物体腔孔，是有利于储层形成与演化的沉积相带。

③滩间。滩间为台缘鲕粒浅滩之间相对较深水的潮下低能灰泥坪沉积区，因受到浅滩的保护而能量低，沉积物粒度细，岩性以泥晶、细-粉晶灰岩为主，呈灰-深灰色，局部含泥较重，偶夹少量砂屑灰岩、藻团粒灰岩。

④潮道。潮道位于台缘滩上的砂屑滩或生屑滩之间的部位，规模小，水动力条件相对较强，岩石类型多为砾屑岩石，砾屑成分多为生屑岩石或鲕粒岩石的碎屑成分。

(2)台地边缘生物礁。

研究区沿开江—梁平台内海槽东段的台地边缘，长兴组生物礁广泛发育，由洋流上升来的来自深水海洋(海槽)的有机质汇聚该处，为生物的繁殖与生长带来了丰富的营养物质；同时，广海的波浪直接作用于台地边缘区，有利于抗浪格架的形成，这些条件给生物礁的形成奠定了良好的基础。但在不同的环境条件下礁体中造礁生物、造屑生物等的发育情况和生态群落组合情况会有较明显差异，从而使生物礁在规模、形态、微相组合等方面都不尽相同。由于生物礁的基本特征与环境条件密切相关，故礁体类型与沉积相带有相应的关系。在生物礁研究中，礁的概念中包含着礁复合体的含义，即生物礁是指礁发展过程中形成的各有关微相的总体或组合。在许多文献中根据对现代礁和地表出露的古代礁的研究结果将礁相细分为骨架相、礁顶相、礁坪相、礁后砂相、潟湖相、斜坡相和塌积相等微相。但在研究井下钻遇的生物礁时，受条件限制很难根据测录井资料识别上述各微相。因此根据实际情况和油气勘探的需要将其简化，划分为礁基、礁核(骨架)和礁坪三大微相。

天东 021-3 井长兴组生物礁位于长兴组上部(附图 40)，按地理位置划为台地边缘礁；按造礁生物类型属于海绵礁；按造礁生物的生态特征划为骨架礁；按生物礁的生长演化序列和环境组合特征，可划分出礁基、礁核和礁坪等微相。

①礁基微相。礁基微相为生物礁生长的基座，位于礁核之下，由生屑滩组成。其岩性特征主要为灰褐色生屑泥-粉晶灰岩，生物碎屑包括棘皮类、蜓、双壳类、有孔虫、藻类、蜓、介形虫、苔藓虫、管壳石等。

②礁核微相。礁核微相位于礁体的中心部位，是礁体的主要组成单元，也是礁体中能够抵抗波浪作用的部分。属潮下高能带沉积环境，由于该带位于浪基面之上，波浪作用强，水深为零到几米，水循环很好，因此，大量底栖造礁生物，如海绵、珊瑚等快速生长、堆积而形成抗浪块体。该生物礁由骨架礁微相组成，由上、下两套骨架岩构成：下部岩性为深灰色生物礁灰岩，造礁生物主要为串管海绵、纤维海绵，部分为水螅，附礁生物有海百合、腕足、双壳、蜓及有孔虫等，基质由泥晶灰岩构成；上部岩性为灰色、浅灰色、褐灰色礁白云岩，白云石化强烈，经淡水改造呈花斑状构造，白云石为粉晶结构，自形-半自形晶。造礁生物以海绵为主，附礁生物为腹足、双壳类、介形虫和少量生物铸型。

③礁坪微相。礁坪是指低潮时部分或全部出露的由死亡的生物礁岩组成的宽阔平地，水深为 1~2m，沉积物主要来自前方被波浪打碎的礁屑，位于礁体的顶部。礁坪微相在礁的纵向演化阶段上处于礁的演化后期，由于常常暴露，白云石化常见。该剖面岩性为浅灰色粉晶白云岩，化石稀少，可代表暴露的礁顶潮坪沉积环境。

4) 台地边缘斜坡相

台地边缘斜坡相包括威尔逊模式中的前斜坡和斜坡脚两个亚相类型，为深水陆棚和浅水碳酸盐台地的过渡沉积，从波基面之上一直延续到波基面以下，但一般位于含氧海水下限之上。该相带的角度可达 30°，主要由各种碎屑组成，堆积在向海的斜坡上。沉积物不稳定，其大小和形状变化极大，可能呈层状，有细粒层，也有巨大的滑塌构造，或为前积层及楔形体岩层。它们可以由碳酸盐岩组成，也可由灰砂组成。广海生物十分丰富。该相带在研究靠近开江—梁平台内海槽的钻井中普遍发育，可识别出灰泥丘、浅水斜坡、深水缓斜坡 3 种沉积微相。

(1)灰泥丘。

灰泥丘仅发育于坡度较缓的前缘斜坡带中、下部，为大量灰岩或泥晶灰岩堆积体，可能由海百合或海绵、苔藓虫等丛生枝状的底栖固着生物捕集及障积作用形成。研究区灰泥丘主要在大猫坪构造局部区域发育,岩性以含生物或含燧石结核泥晶灰岩为主。

（2）浅水斜坡。

浅水斜坡是指缓坡上位于浪基面之下的相对较浅水的沉积区域,岩性为灰色、灰黑色泥晶灰岩,局部白云石化为粉-细晶白云岩,含星散状分布的黄铁矿,含有棘皮和有孔虫等生物碎屑,溶孔不发育。

（3）深水缓斜坡。

深水缓斜坡是缓坡上的深水沉积区,位于碳酸盐台地前缘斜坡下部与台间海槽的过渡带,沉积坡度非常平缓,水体较深,能量很低,基本上处在停滞状态,沉积物以深灰色薄层状泥晶灰岩与燧石结核灰岩为主,夹少量泥页岩。

5）台盆海槽相

台盆是最初由关士聪针对中国古海域的碳酸盐台地沉积特征而提出的一个特殊相带名称,后经曾允孚肯定和修正了其概念,并明确了台内海槽相带在中国古生界碳酸盐台地沉积模式中的发育位置及其研究意义。此相带位于台地斜坡之外向海一侧的深水区,深度一般在 200～300m 以下,该环境已处于氧化界面以下的还原状态,海底平静,水动力条件极差,水体停滞,几乎无底栖生物的存在。对应的广海海面水体循环良好,浮游和漂浮生物繁盛,生物死亡后可完整地沉积于盆地相中。盆地相中形成的产物具有色暗、粒细、水平层理发育、含远洋浮游和漂浮生物化石组合,有时含有少量的火山灰,缺乏浅海生物组合。区内主要分布在长兴期—飞仙关早期的广元—南江—通江—达州—梁平一带。按水体深度和沉积特征又可分为碳酸盐岩台盆和硅质台盆两类。

（1）碳酸盐岩台盆。

碳酸盐岩台盆在川东地区的长兴期发育局限。该相带中沉积了一套中-薄层深灰、黑灰色泥晶石灰岩、硅质泥晶石灰岩夹灰黑色的泥岩,水平层理和韵律层理发育,偶见瘤状构造和小型波痕。生物化石以菊石、微体有孔虫、放射虫、钙球、腕足、骨针和牙形石为主,完整者常见,少破碎,其中菊石以饰有肋瘤的 Pseudotirolitidae 科和 Pleuronodoceratidae 科为主,属种和数量较为丰富,代表性的有 *Pseudotirolites* sp.、*Chaotianoceras cf.Modestum*、*Rotodiscoceras* sp.、*Pseudogastrioceras* sp.、*Pleuronoceras* sp.、*Qiangjiangocecras* sp.、*Minyuexi-aceras* sp.、*M.cf.radiatum* 等;有孔虫主要有 *Multidiscus* sp.、*M.guangxiensis*、*Glomospira* sp.、*G.parva*、*G.ovalis*、*G.regularis*;放射虫主要有 *Porodis-cus* sp.、*Cenellipsis* sp.、*Stylosthaeridae indet.* 等;腕足类仅见 *Crurithyris pigmaea*、*C.chengjiangouensis*,*C.pusilla* 等。

典型岩石微相组合及特征如图 7-26 所示。一方面,碳酸盐盆地环境基本位于氧化界面附近,海水较深,但位于碳酸盐岩补偿深度之上,其水体并不十分平静,时有洋流和底流活动,并带来一定的营氧物质,有利于浮游、漂浮生物的生长;另一方面,由于水体深,沉积底部氧气不足、光照差和水温低,底栖生物难以生存。该环境沉积的水深可能较硅质盆地浅,因一般条件下,灰质的沉积只能在方解石的补偿深度之上。

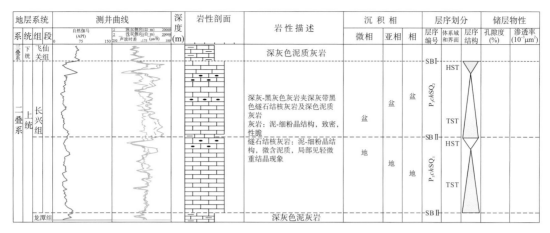

图 7-26 黄龙 2 井长兴组碳酸盐岩台盆相剖面结构

(2)硅质台盆(海槽)。

硅质台盆主要出现于区内长兴期的广元—旺苍—开江—梁平一线,与长兴期对应的硅质盆地沉积区为大隆相区,其相带的形成主要与断层活动有关。长兴期,区内广元、旺苍、南江和开江、梁平一带在东吴运动的影响下,形成多条同生断层或多个断块,断层下降盘或断块下降构成深水盆地,从而有利于硅质岩的形成。区内硅质盆地主要由中-薄层状的灰黑、黑色硅质岩、碳质硅质岩、含生物泥质硅质岩、钙质石灰岩夹薄层黑色页岩组成,水平和韵律层理发育,有机质丰富,并含分散状黄铁矿,局部发生云化,生物化石含量一般为 5%～15%,局部可达 50%,以较完整的浮游和漂浮生物为主,主要有菊石、放射虫和牙形石,局部以腕足占优势。菊石以 Tapashenitidae 科为主,代表性古生物化石有 *Pseudogastriocera* sp.、*Pseudotirolites* sp.、*Huananoceras* sp.、*Qianjiangoceras* sp.、*Sinoceltites* sp.、*Pseudostephanites nodosus*、*Tapashanites* sp.、*T.tenuiocostatus*、*T.chaotianensis*、*T.mingyuexiaensis*、*T.robustus*、*Shevyrevites* sp. 等;牙形石主要有 *Neogondolella*、*N.changxingensis*、*N.subcarinata*、*Enantiogn-athus*、*Prioniodella decrescens*、*Xaniognathus elongatus* 等。

7.3.2 晚二叠世长兴期沉积演化

研究区晚二叠世吴家坪期为一次大规模海平面变化的海侵初期,区内沉积环境中水体浑浊,发育较多的泥质沉积,不利于生物的生长与发育。长兴初期,快速的海侵使区内水体变得清洁,沿海槽流动的洋流顺斜坡向上运动,给城口—鄂西海槽向陆一侧的缓坡坡折部位带来了丰富的营养物质,此时缓坡坡折带的水体可能刚好适应于生物的大量生长与发育,从而形成缓坡坡折带生物礁;随着海侵速度的加快,缓坡边缘生物礁的生长速度逐渐不能赶上海平面与构造升降叠加的上升速度,使生物生长基底变深,最终导致生物礁被淹死,并被较深水沉积物所覆盖,总体形成向上变深的海侵追补型生物礁。而此时的开江—梁平台内海槽水体相对局限,与北部的广旺海槽相对分离,沉积环境不能满足生物礁的生长发育条件,主要沉积一套缓斜坡泥晶灰岩和燧石结核灰岩,局部隆起部位(大猫坪)发育规模很小的灰泥丘沉积,而在五百梯、大猫坪和高峰场一线以东与城口—鄂西海槽之间为开阔台地沉积环境。长兴中、晚期，随着海侵的进行，北部的广旺海槽与城口—鄂西台间海槽进一步扩大，并与开江—梁平台内海槽相连通，沿海槽运动的洋流给缓坡边缘带来了大量的营养物质，易形成生物礁。由于此时海平面的上升速度较早期低，导致该带内生物礁的生长速度超过海平面上升与构造运动叠加而增加的可容空间，当生物礁顶部生长于海平面附近时，可形成向上变浅的海侵并进型生物礁；在较大海平面上升过程中伴随有多个次一级的海平面升降旋回，导致多个海侵并进型生物礁在垂向上叠加。根据上述长兴生物礁生长演化过程，并结合研究区处于开江—梁平台内海槽和城口—鄂西台间海槽之间的特殊古地理格局，建立了包括研究区在内的川东地区沉积模式，研究区主要发育开阔台地、台地边缘生物礁、台地边缘浅滩和前缘斜坡等沉积体系。

图 7-27 代表了区内长兴期近北东向展布的沉积模式。由陆向海一侧分别出现：①未受海洋影响，主要由砾岩、砂岩和泥岩组成的冲积—滨岸平原沉积区，该带在区内无分布；②台地沉积区，根据沉积特征可进一步分为几个沉积相带，即平均高潮线至平均低潮线附近的潮坪区，由暗色泥岩、泥质石灰岩和泥质白云岩组成，平均低潮线以下的受限潟湖区，由暗色泥晶石灰岩夹含生物(屑)泥晶石灰岩组成，平均低潮线以下的开阔潟湖区，主要由较浅色的生物(屑)质泥晶石灰岩与泥晶石灰岩组成；台地边缘的点礁，主要由礁灰岩和白云岩构成，但规模小，台地边缘较高能沉积区，主要由浅色生物礁石灰岩构成，局部白云石化，斜坡沉积区，多由泥晶石灰岩、含生物(屑)泥晶石灰岩夹重力流构成；③盆地沉积区，由暗色硅质岩、硅质石灰岩夹泥岩组成。

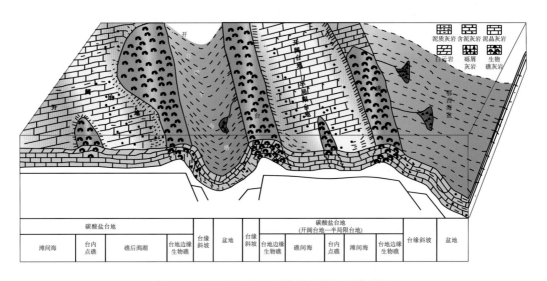

图 7-27　川东地区上二叠统长兴组沉积模式图

7.4　川东卧龙河地区晚二叠世长兴期沉积环境与沉积相

川东卧龙河地区位于重庆市长寿区和垫江县境内，距重庆市区东北150km左右(图7-28)。卧龙河构造南侧为长江，北侧为垫江县城，东侧为重庆—万州高速公路。

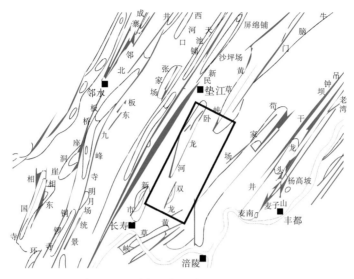

图 7-28　卧龙河气田地理及构造位置

　　卧龙河构造属于四川盆地川东褶皱带中部的一个低背斜构造带，其西侧为大天池及明月峡高陡构造带，其间以垫江长寿向斜相隔，东面隔拔山寺向斜与苟家场高背斜相望，北端卧龙河构造倾没于梁平向斜中，并与黄泥堂高陡背斜呈斜鞍相接。卧龙河构造是西陡东缓的箱状低陡背斜，轴线呈弧弓状向西凸出。卧龙河地区长兴组地层深埋地腹，晚二叠世长兴期，卧龙河地区处于川东碳酸盐台地内部(图 7-29)。

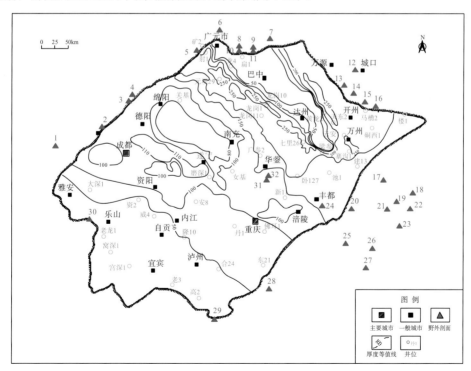

图 7-29　四川盆地长兴组厚度分布图(据杜金虎等，2010)

7.4.1　沉积相类型及沉积特征

1. 沉积相类型

利用区内 50 余口井的录井和测井资料以及 4 口井的岩心和薄片观察资料，充分考虑各种相标志的组合特征，认为区内长兴组整体为碳酸盐台地相开阔台地亚相。

开阔台地对应潮下浅水环境，水体较浅，与广海连通性好，水体循环通畅，盐度正常，各门类生物繁盛。沉积物以各种生物骨屑及灰泥为主，水动力高能带往往富集生屑、砂屑等颗粒沉积。岩石类型主要为泥晶灰岩、(含)生屑泥晶灰岩、泥晶生屑灰岩、亮晶生屑灰岩、亮晶砂屑灰岩等，颜色为浅灰色-深灰色不等，单层厚度一般以中层为主，常发育水平层理、波状层理、交错层理、生物扰动等沉积构造。该亚相广泛分布于区内长兴组，依其所对应地形和水动力条件差异可进一步划分为潮下静水泥、滩间海、台内礁、台内滩微相，各相带沉积特征如表 7-8 所示。

表 7-8　卧龙河构造长兴组沉积相类型及特征

沉积相	亚相	微相	岩性特征	主要发育层位
台地	开阔台地	潮下静水泥	页岩、泥岩、泥灰岩	长兴组一段
		滩间海	泥-粉晶灰岩、燧石结核灰岩、含生屑灰岩	长兴组一段 长兴组二段 长兴组三段
		台内礁	海绵灰岩、藻黏结灰岩、残余海绵云质灰岩	长兴组二段 长兴组三段
		台内滩	生屑灰岩、灰质云岩、晶粒白云岩、溶孔白云岩	长兴组二段 长兴组三段

1) 潮下静水泥微相

该沉积微相发育于开阔台地亚相环境中的相对深水低能区域，水深位于正常浪基面之下，水体能量最低，沉积物以泥质为主，岩性主要为页岩、泥岩、泥灰岩等，颜色以深灰、灰色为主，薄层-页状，水平层理发育，可富含有机质。自然伽马值偏高，纵向上发育于长兴组一段，平面上主要分布于区内中段与南段地区。

2) 滩间海

该沉积微相位于开阔台地上低能环境沉积区，为区内开阔台地的主体，水深位于正常浪基面之下，水体能量低，但水体循环良好，盐度正常，适合各类广盐及窄盐性生物生存。沉积物以灰泥、部分生物碎屑及燧石为主。岩性主要为泥-粉晶灰岩、(含)生屑泥晶灰岩、燧石结核灰岩等(图 7-30)，缺乏白云岩，颜色以灰、深灰、灰黑色为主，薄-中层状，见双壳类、腹足类及少量有孔虫化石等，在泥晶基质下见化石保存完好。区内长兴期滩间海微相普遍发育，受控于台地内部的古地理格局背景。

微晶硅质岩，10×10(-)，长兴组，3900m，
卧118-1井

生屑泥晶灰岩，10×10(-)，长兴组，3864m，
卧118-1井

图 7-30　滩间海微相沉积特征

3) 台内礁

该沉积微相多发育于开阔台地内部古地貌高地，规模较台地边缘礁小，且相带对称，无明显礁前礁后区别，不发育礁前角砾岩。造礁生物以原地群居的海绵、藻类为主(图 7-31)，具有明显的格架构造(如藻类包覆海绵骨架生长等)，附礁生物有螺、有孔虫、腕足等。台内礁由礁基、礁核、礁盖等单元组成，礁基多为生屑灰(云)岩或泥晶生屑灰岩形成的生物硬底。礁核主要由障积岩及黏结岩等组成，水动力条件较弱。礁盖由生屑灰岩或残余生屑白云岩等颗粒岩组成。

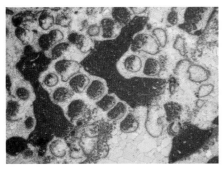 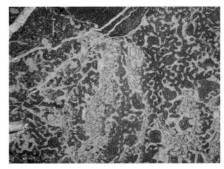

海绵礁灰岩，照片对角线长8mm(-)，长兴组，
3812.82m，卧117井

海绵礁灰岩，照片对角线长8mm(-)，长兴组，
3534.88m，卧102井

图 7-31　台内礁微相沉积特征

4) 台内滩

该沉积微相位于开阔台地内部的地貌高地，沉积界面位于浪基面附近，受潮汐或波浪作用明显，水体能量较高，沉积物以各种颗粒为主，颗粒分选好。区内以沉积生物骨屑为主，台内滩较台内礁更强调高能环境下沉积颗粒的搬运作用，台内滩岩性特征主要为磨圆度较好的生屑灰岩，或生态上不能相容的生物群混合物等组合，成岩过程中常发生白云石化作用(图 7-32)。台内滩在平面上通常呈席状、透镜状展布，一般厚度不大，具有平面上

分布不规则，纵向上不稳定的特征。台内滩微相垂向上主要分布于长二段或长三段，长一段不发育。平面上呈一定规律。

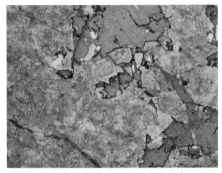 

粉-细晶残余棘皮屑白云岩，溶孔发育，照片对角线长4mm(-)，长兴组，3829.99m，卧118井

残余棘皮屑细-中晶白云岩，晶间溶孔发育，见碳化沥青，照片对角线长4mm(-)，长兴组，3538.00m，卧102井

图 7-32　台内滩微相沉积特征

2. 单剖面沉积相划分

1)卧 117 井(附图 41)

该剖面位于卧龙河构造南段地区，长兴组总厚度为 240.6m。

长兴组各地层自下而上沉积特征如下。

长一段，地层厚度为 108.9m。沉积物以灰泥为主；主要沉积深灰色细-粗粉晶灰岩，其次为深灰色燧石结核灰岩、硅质岩及深灰色泥页岩，指示该地区长一时水体环境相对安静，沉积作用缓慢。发育滩间海微相及潮下静水泥微相。其中，潮下静水泥微相的岩性特征为深灰色泥页岩，该段地层电测显示，自然伽马值相对偏高。

长二段，地层厚度为 45.9m。沉积物以灰泥为主；主要岩性为深灰色粉晶灰岩，其次为燧石结核灰岩、云质灰岩。发育滩间海微相、台内滩微相。其中，台内滩微相岩性为云质灰岩，镜下残余生屑包括蜓类、有孔虫、棘皮类、藻类等，破碎严重。

长三段，地层厚度为 85.8m。主要沉积灰褐-灰色细粉晶-细晶白云岩、深灰-浅灰色灰质白云岩、云质灰岩，白云石多以半自形-自形分布，残余生屑包括海绵、蜓类、棘皮类以及有孔虫，个别层中有机质浸染较重，溶孔很发育，其次为灰色海绵礁灰岩、浅灰-灰色粉晶灰岩及生屑泥-粉晶灰岩。该段发育台内滩微相、台内礁微相及滩间海微相。其中，长三段底部为厚 2.8m 的海绵礁灰岩，造礁生物为串管海绵、纤维海绵及水螅等(范嘉松，2002)，发育台内礁微相。

2)卧 118 井(附图 42)

该剖面位于卧龙河构造中段地区，长兴组总厚度为 233.1m。

长兴组各地层自下而上沉积特征如下。

长一段，地层厚度为 87.15m。沉积物以灰泥为主；主要沉积深灰-浅灰色泥-粉晶灰岩、黑灰色燧石结核灰岩，其次为深灰-浅灰色含生屑泥-粉晶灰岩、生屑泥晶灰岩、深灰色泥灰岩，生屑以藻屑为主，其他包括棘皮类、有孔虫等，生屑多细小，重结晶较重，该段沉积时水体环境相对安静。发育滩间海微相及潮下静水泥微相。其中，潮下静水泥微相的岩性特征为深灰色泥页岩，该段地层电测显示，自然伽马值相对偏高。

长二段，地层厚度为 58.81m。主要岩性为浅灰白色-褐色生屑泥晶灰岩夹粉-细晶白云岩、灰质白云岩，其次为浅灰-褐色泥晶生屑灰岩、白云质灰岩，含生屑泥晶灰岩，生屑包括藻类、𥽥、有孔虫、棘皮类、海绵等，重结晶和白云石化作用局部较强。该段总体表现为下细上粗的逆粒序组构特征，反映水体由深变浅。发育滩间海、台内滩微相。其中，台内滩微相对应岩性特征为浅色粉-细晶白云岩、灰质白云岩等。

长三段，地层厚度为 87.16m。主要沉积深灰色-灰白色泥-亮晶生屑灰岩（以泥晶海绵灰岩为主）、生屑泥晶灰岩，其次为灰-灰白色粉-细晶白云岩、灰质白云岩、白云质灰岩等，生屑主要以海绵、水螅为主，其次为藻类、𥽥、棘皮类等生物。镜下可识别出 *Sphinctoze*、*Inozoa*、*Tubiphtes* 等，部分层位藻类包覆海绵形成格架，海绵内大部分体腔内充填多世代方解石，为典型的礁相沉积。该段发育台内滩、台内礁及滩间海微相，其中台内滩微相的岩性特征主要为粉-细晶白云岩、泥晶生屑灰岩，生屑破碎，具明显异地搬运特征，部分亮晶胶结。

3）卧 49 井（附图 43）

该剖面位于卧龙河构造中段地区，长兴组总厚度为 226.2m。

长兴组各地层自下而上沉积特征如下。

长一段，地层厚度为 98.6m。沉积物以灰泥为主；主要沉积深灰-灰褐色泥-细晶灰岩、黑灰色燧石结核灰岩，其次为深灰-灰褐色含生屑泥-细粉晶灰岩，生屑包括棘皮类、藻类、有孔虫等，重结晶较重，见溶蚀孔及缝合线，该段沉积时水体环境相对安静。发育滩间海微相。

长二段，地层厚度为 83.6m。沉积物以灰泥为主；主要岩性为黑灰-灰褐色泥-细晶含生屑灰岩，其次为深灰-灰褐色含生屑泥-粉晶灰岩、生屑泥晶灰岩，生屑包括棘皮类、藻类、有孔虫等，局部有白云石化现象，发育滩间海微相。

长三段，地层厚度为 44.0m。沉积物以灰泥为主；主要沉积深灰色灰岩、含生屑泥晶灰岩，其次为深灰色燧石结核灰岩、含生屑泥晶灰岩、硅质岩，生屑包括𥽥、有孔虫、瓣鳃类等，生物破碎严重，该段下部泥质含量较高。发育滩间海微相。

4）卧 102 井（附图 44）

该剖面位于卧龙河构造北段地区，长兴组总厚度为 241.5m。

长兴组各地层自下而上沉积特征如下。

长一段，地层厚度为 84.6m。沉积物以灰泥为主；主要沉积浅灰-深灰色泥-粉晶灰岩，局部微含泥，其次为灰褐-深灰色燧石结核灰岩、深灰-灰黑色泥灰岩，反映该地区长一时水动力条件较弱，水体环境相对安静。发育滩间海微相及潮下静水泥微相，其中潮下静水泥微相的岩性特征为深灰-灰黑色泥灰岩，该段地层电测显示，自然伽马值相对偏高。

长二段，地层厚度为 78.0m。沉积物以灰泥和生物骨屑为主；主要岩性为灰褐-灰色泥-粉晶灰岩，其次为泥晶海绵礁灰岩，浅褐灰色粗晶白云岩。礁灰岩中造礁生物主要包括串管海绵、纤维海绵、水螅、藻类，薄片下常见藻纹层包绕海绵生长，礁骨架中常发育示顶底构造(据重庆气矿 A1 四期第 16 批 8 口井数据，2009)；附礁生物包括苔藓虫、有孔虫等。粗晶白云岩中溶蚀孔洞发育。该段总体表现为下细上粗的逆粒序组构特征，反映水体由深变浅。发育滩间海微相、台内滩微相和台内礁微相。其中，台内礁微相岩性为海绵礁灰岩。

长三段，地层厚度为 78.8m。沉积物以灰泥为主；主要沉积灰褐-深灰色泥-粉晶灰岩，局部微含泥，其次为深灰带褐色燧石结核灰岩，反映该地区长三时水体相对安静。发育滩间海微相。

5) 卧 80 井(附图 45)

该剖面位于卧龙河构造北段地区，长兴组总厚度为 248.6m。长兴组各地层自下而上沉积特征如下。

长一段，地层厚度为 95.8m。沉积物以灰泥为主；主要沉积深灰-褐灰色泥-粉晶灰岩、深灰-灰黑色燧石结核灰岩，其次为深灰-褐灰色含生屑细粉晶灰岩及深灰色泥页岩，生屑包括有孔虫、藻类、腹足类等，重结晶较重，见黄铁矿，反映水体环境相对安静。发育滩间海微相及潮下静水泥微相。其中，潮下静水泥微相的岩性特征为深灰色泥页岩，该段地层电测显示，自然伽马值相对偏高。

长二段，地层厚度为 88.6m。沉积物以灰泥为主，其次为生屑；主要岩性为含生屑灰褐色泥-粉晶灰岩，生屑包括有孔虫、藻类、棘皮类等，其次为深灰-黑灰色燧石结核灰岩、灰褐色生屑灰岩。发育滩间海微相、台内滩微相。其中，台内滩微相岩性为生屑灰岩，井下生屑主要为䗴、藻类及有孔虫，局部亮晶胶结。

长三段，地层厚度为 64.2m。沉积物以灰泥为主；主要沉积浅灰褐-褐灰色细粉晶-粗粉晶灰岩，含生屑粉晶灰岩，其次为深灰-灰褐色燧石结核灰岩，生屑包括棘皮类、有孔虫、介形虫等，部分层段有白云石化现象。该段发育滩间海微相。

7.4.2 沉积相对比及平面展布

在单剖面沉积相研究(纵向)的基础上，选取区内资料相对齐全、能控制整个研究区沉积相纵横向变化的单井编制沉积相对比剖面，通过沉积相对比研究，整体上可大致掌握沉积相纵横向变化特征。区内共选取 30 余条单井岩性柱，建立了 8 条沉积相对比剖面，其中东西向 5 条，南北向 3 条，各对比剖面的特征如下。

1) 双 20 井—双 18 井—卧 117 井—卧 118—1 井沉积相对比剖面(附图 46)

本剖面位于研究区南部，呈南西—北东向展布，自西向东依次经过双 20 井、双 18 井、卧 117 井、卧 118-1 井。

长一段沉积时，受长兴早期海侵作用影响，研究区整体水体较深，主要沉积泥晶灰岩、泥灰岩等，较高的泥晶颗粒占比通常认为是一种低能环境的指示(Flgúgl, 2004)。该时期主要发育开阔台地亚相滩间海微相和潮下静水泥微相，横向变化不大。长二段沉积时，海平面下降，受地貌差异影响，卧 118-1 井、双 18 井和双 20 井、卧 117 井先后由滩间海微相演变为台内滩微相，且纵向上长二段台内滩主要岩性为泥晶生屑灰岩、亮晶生屑灰岩，白云石化程度普遍较长三段弱。长三段沉积时，海平面经历了小幅上升和下降的过程，横向上双 18 井，卧 117 井及卧 118-1 井区沉积白云岩及生屑灰岩，厚度较大，发育台内滩微相；卧 117 井长三段下部发育台内礁微相，镜下特征为原地群居造礁生物组合，仅 2.8m。

2) 卧 86 井—卧 123 井—卧 85 井—卧 114 井沉积相对比剖面(附图 47)

本剖面位于研究区南部，呈南西—北东向展布，自西向东依次经过卧 86 井、卧 123 井、卧 85 井、卧 114 井。

长一段沉积时，研究区南部水体较深，主要沉积泥晶灰岩、燧石结核灰岩等，横向变化不大，发育滩间海微相，其中卧 85 井长一段顶部沉积厚约 8.0m 的泥灰岩，发育潮下静水泥微相。长二段沉积时，海平面下降，卧 123 井长二段下部，卧 114 井长二段中部沉积生屑灰岩，发育台内滩微相，厚度不大，其他井区生屑不发育，以沉积泥-粉晶灰岩为主，发育滩间海微相。长三段沉积时，无明显横向变化，主要发育滩间海微相。

3) 卧 116 井—卧 93 井—卧 76 井沉积相对比剖面(附图 48)

本剖面位于研究区中部，呈南西—北东向展布，自西向东依次经过卧 116 井、卧 122 井、卧 67 井、卧 93 井、卧 96 井、卧 90 井、卧 59 井、卧 76 井。

长一段沉积时，研究区中部水体较深，主要沉积泥晶灰岩、燧石结核灰岩等，横向变化不大，普遍发育滩间海微相，其中卧 116 井、卧 122 井、卧 96 井、卧 76 井长一段局部泥质含量较高，发育潮下静水泥微相和滩间海微相。长二段沉积时，海平面下降，卧 67 井、卧 59 井、卧 76 井长二段顶部沉积生屑灰岩，发育台内滩微相，其中卧 59 井区生屑灰岩厚度较大，但无白云石化显示，其他井区以沉积泥-粉晶灰岩为主，发育滩间海微相。长三段沉积时，无明显横向变化，主要发育滩间海微相。

4) 卧 102 井—卧 127 井—卧 75 井沉积相对比(附图 49)

本剖面位于研究区北部，呈南西—北东向展布，自西向东依次经过卧 102 井、卧 127 井、卧 75 井。

长一段沉积时，研究区北部水体较深，主要沉积泥晶灰岩、燧石结核灰岩等，横向变化不大，发育滩间海微相，其中卧 102 井长一段局部泥质含量较高，发育潮下静水泥微相和滩间海微相。长二段沉积时，海平面下降，卧 75 井长二段下部以及卧 102 井、卧 127 井长二段顶部沉积生屑灰岩、白云岩，发育台内滩微相，厚度不大；其中卧 102 井 3533～3537m 主要沉积礁灰岩(据重庆气矿 A1 四期第 16 批 8 口井数据，2009)，造礁生物以串管海绵、水螅、纤维海绵为主，发育藻纹层，镜下见藻纹层包绕海绵生长，发育大量层状晶洞构造、示顶底构造，厚约 4.0m，发育台内礁微相。长三段沉积时，无明显横向变化，主要发育滩间海微相。

5) 卧 103 井—卧 79 井—卧 80 井沉积相对比(附图 50)

本剖面位于研究区北部,呈南西—北东向展布,自西向东依次经过卧 103 井、卧 79 井、卧 80 井。

长一段沉积时,研究区北部水体较深,主要沉积泥晶灰岩、燧石结核灰岩等,横向变化不大,发育滩间海微相,其中卧 79 井、卧 80 井长一段局部泥质含量较高,发育潮下静水泥微相和滩间海微相。长二段沉积时,海平面下降,卧 80 井长二段下部沉积生屑灰岩,发育台内滩微相,厚度不大。长三段沉积时,无明显横向变化,主要发育滩间海微相。

6) 卧 124 井—卧 118 井—双 19 井沉积相对比(附图 51)

本剖面位于研究区南部,呈北西—南东向展布,自北向南依次经过卧 124 井、卧 61 井、卧 123 井、卧 118 井、卧 117 井、双 19 井。

长一段沉积时,主要沉积泥晶灰岩、燧石结核灰岩等,横向变化不大,发育滩间海微相和潮下静水泥微相。长二段沉积时,由于海平面下降,卧 124 井、卧 123 井、卧 118 井、卧 17 井长二段下部沉积生屑灰岩、白云质灰岩及白云岩,发育台内滩微相,其中卧 117 井滩相沉积厚度较大。长三段沉积时,卧 118 井—卧 117 井区处于古地貌高区,长三段中上部沉积一套厚度基本一致的生屑灰岩、白云岩,其中卧 118 井长三段中部岩性经薄片鉴定为海绵礁灰岩,藻灰岩包壳海绵等造礁生物生长,发育台内礁微相;卧 117 井长三段薄片鉴定多为晶粒白云岩,生屑结构难以辨认,或亮晶生屑灰岩,生屑具一定磨圆,推测为异地颗粒堆积,发育台内滩微相,其他井区主要沉积泥-粉晶灰岩或燧石结核灰岩,指示水体能量较低,发育滩间海微相。

7) 卧 20 井—卧 56 井—卧 96 井—卧 92 井—卧 115 井沉积相对比(附图 52)

本剖面位于研究区中部,呈北西—南东向展布,自北向南依次经过卧 20 井、卧 56 井、卧 96 井、卧 92 井、卧 115 井。

长一段沉积时,主要沉积泥晶灰岩、燧石结核灰岩等,主要发育滩间海微相,卧 56 井、卧 96 井、卧 92 井长一段局部泥质较重,发育潮下静水泥微相和滩间海微相。长二段沉积时,海平面下降,主体发育滩间海微相。长三段沉积时,主要沉积泥-粉晶灰岩或燧石结核灰岩,指示水体能量较低,发育滩间海微相。

8) 卧 102 井—卧 91 井—卧 119 井—卧 76 井沉积相对比(附图 53)

本剖面位于研究区北部,呈北西—南东向展布,自北向南依次经过卧 102 井、卧 91 井、卧 119 井、卧 76 井。

长一段沉积时,主要沉积泥晶灰岩、燧石结核灰岩等,发育滩间海微相,卧 91 井、卧 76 井长一段局部泥质较重,发育潮下静水泥微相和滩间海微相。长二段沉积时,海平面下降,卧 102 井、卧 76 井区长二段顶部沉积生屑灰岩、白云岩,发育台内滩微相,其中卧 102 井区长二段沉积厚约 4.0m 的海绵礁灰岩,发育台内礁微相。长三段沉积时,主要沉积泥-粉晶灰岩或燧石结核灰岩，指示水体能量较低，发育滩间海微相。

　　在进行详细沉积相研究的基础上，充分考虑沉积相纵向变化及横向迁移演化，结合区域地质背景及前人研究成果，认为长兴期主体处于碳酸盐台地内部(图 7-33)，其北东方向为开江—梁平海槽，北西方向为蓬溪—武胜台凹。长兴组一段发育潮下静水泥微相及滩间海微相，长兴组二段主要发育滩间海微相、台内礁微相及台内滩微相，长兴组三段发育滩间海微相、台内礁微相及台内滩微相。台内礁及台内滩微相发育受海平面变化及古地理格局影响控制。

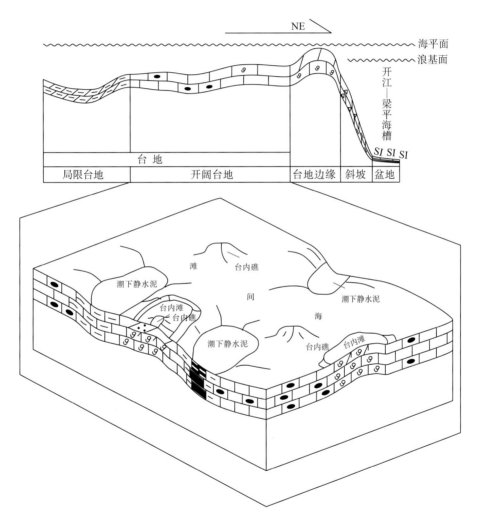

图 7-33　卧龙河构造长兴组沉积相模式图

　　(1)长兴组一段沉积相平面展布特征。区内长兴组一段沉积时，区域海平面上升，长兴组一段总体发育滩间海和潮下静水泥微相。两者纵向组合常表现为正粒序组构特征。其中，潮下静水泥微相以泥质较重为特征，平面上主要分布于区内中部及南部地区，北段鲜有发育。

(2)长兴组二段沉积相平面展布特征。长兴组二段沉积时,区域海平面下降,区内主要发育滩间海、台内滩、台内礁微相。滩间海与台内礁滩纵向组合常表现为逆粒序的组构特征。台内滩微相以高能环境异地堆积的生物骨屑及砂屑为特征,台内礁微相以高能环境原地沉积抗浪生物组合为特征,局部白云石化。结合井震剖面资料,台内滩平面上主要分布于北段卧 80 井区、卧 103 井东、卧 102—卧 127 井区;中段卧 124 井区;南段卧 118 井—卧 118-1 井区、卧 061-1 井区、双 18 井等,其中以卧 061-1 井区、卧 102—卧 127 井区及 118 井—卧 118-1 井区展布面积较大。长兴组二段沉积时台内礁平面上主要分布于区内北部卧 102 井区。

(3)长兴组三段沉积相平面展布特征。区内长兴组三段沉积时,海平面波动,长兴组三段主要发育滩间海微相、台内滩微相及台内礁微相。主要为岩性为晶粒白云岩、溶孔白云岩、礁灰岩,纵向上台内礁滩主要发育于区内南段长兴组二段台内礁滩沉积的基础上,平面上台内(礁)滩主要分布于研究区南部卧 118—卧 118-1 井区、卧 061-1 井区、卧 061-1 井南、双 18 井区附近。

7.5　川东—鄂西地区晚二叠世长兴期沉积环境与沉积相

7.5.1　沉积相类型

在海相碳酸盐岩沉积相及微相研究中,受成岩作用影响较小的灰岩保留有相对完整的岩性组构、岩性序列、生物化石及其组合等沉积学信息,相比之下白云岩经过次生交代作用,原岩的面貌可能部分或完全改变,因此,在实际工作中需要根据白云岩的特征尽可能地恢复原岩性质,尽可能真实地解释沉积微相。根据川东地区长兴组露头岩石中的颗粒和基质类型、沉积组构等特征,结合露头岩石岩性序列研究,参照标准微相类型(Flgúgl,2004),对区内长兴组进行沉积相和微相类型的划分(表 7-9),各相带单元的沉积特征如下。

表 7-9　川东地区长兴期沉积相及沉积微相类型

沉积体系	沉积相	沉积亚相	沉积微相
碳酸盐台地	碳酸盐台地	局限台地	无纹层泥晶灰岩或泥晶白云岩(MF-9)
		开阔台地	具强烈生物扰动的生屑泥晶灰岩(MF-1)
			含生屑泥晶灰岩,生屑保存相对完整(MF-2)
			泥晶生屑灰岩,生屑颗粒具定向性(MF-3)
			泥晶充填的有孔虫-钙藻灰岩(MF-4)
			亮晶胶结或泥晶充填的介壳颗粒灰岩(MF-5)
			含包壳有孔虫的亮晶鲕粒灰岩(MF-6)
			泥晶基质充填的海绵礁灰岩(MF-7)
			微生物岩(生物灭绝后)(MF-8)

续表

沉积体系	沉积相	沉积亚相	沉积微相
碳酸盐台地	碳酸盐台地边缘	台地边缘滩	具包壳结构的藻-有孔虫亮晶生屑灰岩(MF-10)
		台地边缘礁	海绵骨架礁灰岩(MF-11)
			微生物参与的海绵礁灰岩(MF-12)
			微生物岩(生物灭绝前)(MF-13)
	斜坡	缓斜坡	具浊积序列的泥晶生屑灰岩(MF-14)
			细粒颗粒泥晶灰岩(MF-15)
		陡斜坡	滑塌角砾岩(MF-16)
			海百合漂浮岩(MF-17)
			微生物参与的海绵礁灰岩及微生物岩(MF-12，MF-13)
	深水陆棚		含浮游生物的颗粒泥晶灰岩(MF-18)
			泥晶灰岩(MF-19)
			页岩

1. 开阔台地(FZ7)

该相带主要位于晴天浪基面附近，水深从几米至几十米不等。一般与开阔海连通良好，具有正常的盐温条件，水体循环良好，浅水底栖生物丰富；少数情况，尤其当处于台地边缘生物礁滩障壁之后，可能形成小规模的潟湖沉积。该相带沉积物主要由灰泥及颗粒组成，两者的比例受控于波浪和潮汐的簸选效率。颜色为浅灰-深灰色，单层厚度以中层为主，常发育水平层理、波状层理、生物扰动等沉积构造。该相带主要包括以下微相类型(表 7-9)。

1)MF-1 具强烈生物扰动的生屑泥晶灰岩

露头剖面为灰色中层状灰岩，灰岩单层厚度为 20～30cm，常发育生物扰动。薄片中见较为丰富的生屑碎片，保存较为破碎，混杂堆积。特征生物包括海百合、腹足及绿藻等生物。该微相类型对应标准微相 SMF9，总体反映了浪基面以下的较低能环境(图 7-34)。

 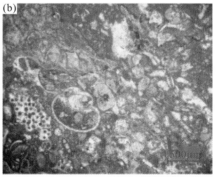

图 7-34 MF-1 具强烈生物扰动的生屑泥晶灰岩

(a)深灰色中层生屑泥晶灰岩，间夹泥质纹层，长兴组三段，万源龙潭河(12 层底部)；

(b)生屑泥晶灰岩，生屑保存完整-破碎，混杂堆积，见腹足、棘皮及绿藻屑，长兴组三段，宣汉羊鼓洞

2）MF-2 含生屑泥晶灰岩，生屑保存相对完整

露头剖面为深灰-灰色中-薄层状灰岩，灰岩单层厚度为 5～20cm，常发育水平层理。薄片中大多数生物保存较为完整，部分壳体破碎，混杂堆积，特征生物以软体动物为主。该微相类型对应标准微相 SMF8，反映了浪基面以下的低能环境（图 7-35）。

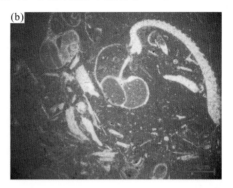

图 7-35　MF-2 保存较为完整的含生屑泥晶灰岩
(a)深灰色薄层含生屑泥晶灰岩，发育水平层理，长兴组三段，云阳沙沱；
(b)含生屑泥晶灰岩，生屑保存大多完整，以腹足、腕足等为主，长兴组二段，万源龙潭河

3）MF-3 泥晶生屑灰岩，生屑颗粒具定向性

露头剖面为灰-浅灰色中层状灰岩，灰岩单层厚度为 20～40cm。薄片中基质由泥晶组成，颗粒主要构成于破碎或被磨蚀的生屑颗粒，常具定向排列，反映生物颗粒从高能环境向低能环境的搬运作用。该微相类型对应标准微相 SMF10，代表了浪基面以下的较低能环境（图 7-36）。

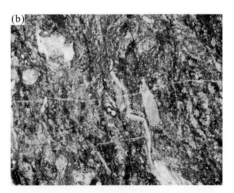

图 7-36　MF-3 泥晶生屑灰岩，生屑颗粒具定向性
(a)灰色中层泥晶生屑灰岩，间夹少许泥纹层，长兴组三段，巫溪尖山(12 层顶部)；
(b)泥晶生屑灰岩，生屑主要由绿藻、腕足、有孔虫、棘皮等组成，普遍经历磨蚀作用，具定向排列，长兴组三段，巫溪尖山

4）MF-4 泥晶充填的有孔虫-钙藻灰岩

露头剖面为浅灰色中-厚层灰岩，灰岩单层厚度为 40～80cm。薄片中具有丰富的底栖

有孔虫或钙藻，后者多破碎严重难以辨识；基质由泥晶组成。该微相类型对应标准微相SMF18，代表了浪基面附近的高能环境，可形成于台地内部的高能滩(图 7-37)。

图 7-37　MF-4 泥晶充填的有孔虫-钙藻灰岩

(a)浅灰色厚层泥晶生屑灰岩，层间缝合线发育，长兴组三段，巫溪田坝(9 层)；
(b)泥晶有孔虫-钙藻灰岩，生屑主要由绿藻、有孔虫及棘皮等组成，普遍经历磨蚀作用，长兴组三段，巫溪尖山

5)MF-5 亮晶胶结或泥晶充填的介壳颗粒灰岩

露头剖面为浅灰色中层生物介壳或颗粒灰岩，区内主要产自二叠系—三叠系之交的微生物岩上部，为二叠纪末生物集群灭绝后浅水碳酸盐台地产物。薄片中含有大量颗粒，其中生物颗粒以介壳和腹足为主，生物分异度低，混杂堆积，之间多为亮晶胶结，灰泥基质少见。该微相类型对应标准微相 SMF12，反映了水体相对动荡的高能沉积(图 7-38)。

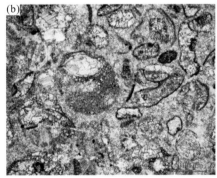

图 7-38　MF-5 亮晶胶结或泥晶充填的介壳颗粒灰岩

(a)浅灰色中层亮晶颗粒灰岩，其中生物颗粒以介壳为主，与下伏微生物岩段岩性区别明显，大冶组底部，巫溪湾滩河(2 层)；
(b)亮晶介壳灰岩，介壳破碎，分选好，之间多为亮晶胶结，灰泥基质少见，大冶组底部，巫溪湾滩河

6)MF-6 含包壳有孔虫的亮晶鲕粒灰岩

露头剖面为薄层状灰岩，层面鲕粒密集分布，层间鲕粒具定向排列。镜下鲕粒含量约占50%，多为圆状—次圆状薄皮鲕，粒度为 0.3～0.7mm，少数核心见被包壳的有孔虫或介形虫。该微相类型与标准微相 SMF15 相似，沉积环境为台地内部的高能地区(图 7-39)。区内主要产

自二叠系—三叠系之交的微生物岩底部。田力等(2014)通过对该类型鲕粒的成因研究认为，可能与特殊时期高二氧化碳分压、低硫酸盐浓度和微生物繁盛的共同作用相关，是灾前生态系和灾后生态系之间的过渡类型，可作为区内二叠纪末浅水相区生物灭绝界线的底界。

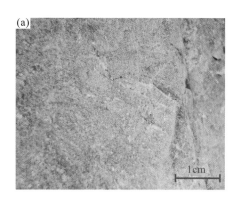
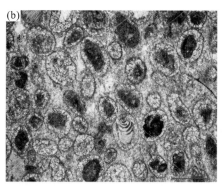

图 7-39　MF-6 含包壳有孔虫的亮晶鲕粒灰岩

(a)浅灰色亮晶鲕粒灰岩，层面鲕粒密集分布，层间鲕粒定向排列，长兴组三段，巫溪尖山；

(b)亮晶鲕粒云质灰岩，以圆状—次圆状薄皮鲕为主，少量鲕粒中见被包壳的厚壁虫及介形虫或其他颗粒，长兴组三段，巫溪尖山

7)MF-7 泥晶基质充填的海绵礁灰岩

露头剖面为浅灰-灰白色块状礁灰岩。生物礁规模整体较小，厚度仅数米至数十米，缺乏明显的礁前重力流和礁后潟湖沉积。该微相类型对应标准微相 SMF7，受造礁生物生长方式等属性控制。薄片下造礁生物包括海绵类、钙质绿藻以及 *Tubiphytes*，后者以侧向匍匐生长为主，骨骼填充密度较高，其他附礁生物包括有孔虫、介形虫、棘皮类等。基质主要由异地泥晶组成，自生泥晶少见。反映了台地内部浪基面附近的高能环境(图 7-40)。

图 7-40　MF-7 泥晶基质充填的海绵礁灰岩

(a)浅灰色生物礁灰岩(红线之下)，生物礁厚度仅数米，缺乏礁前重力流沉积，长兴组二段，开州红花；(b)海绵礁灰岩，纤维海绵倒伏后与 *Tubiphytes* 包覆形成抗浪格架，基质主要为泥晶充填，未受明显白云石化作用，长兴组二段，宣汉羊鼓洞

8)MF-8 微生物岩

二叠纪末生物集群灭绝后，华南地区碳酸盐台地上普遍形成一套微生物岩及其相应的

沉积建造,该微生物岩沉积类型多样,包括树枝状、指状及穿窿状等构造。该微相类型与标准微相均存在较大差异。该套微生物岩只出现在二叠纪—三叠纪之交的浅水碳酸盐台地范围,向深水区则逐渐尖灭,其代表了灾后浅水碳酸盐台地相区的特殊生态建造(图7-41)。

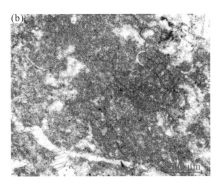

图 7-41　MF-8 微生物岩(生物灭绝后)

(a)树枝状微生物岩,由泥晶和中粗晶碳酸盐矿物所组成,形成垂直层面的枝状体,枝状体的宽度为0.3~1cm,长度为4~15cm,长兴组三段顶部,巫溪尖山;(b)斑状微生物岩,由泥晶暗层与细晶亮层(照片周缘)组成,生屑含量极其单调,主要由介壳和小型有孔虫组成,长兴组三段顶部,巫溪湾滩河

2. 局限台地(FZ8)

该相带与开阔海连通性差,加之水体循环能力较差,从而温盐条件与开阔台地分异明显。该相带受潮汐作用可分异为淡水、咸水甚至超咸水环境,浅水底栖生物分异度普遍较低,薄片中以个体生物为主。沉积物主要由灰泥组成,类似于现代巴哈马潟湖中的碳酸盐泥,可含少量颗粒,早期成岩白云石化作用明显。区内该相带主要以潟湖沉积为主,岩石颜色浅灰色,单层厚度以薄层为主,常发育水平层理、鸟眼构造及小型交错层。主要包括一种微相类型。

MF-9 无纹层泥晶灰岩或泥晶白云岩:露头剖面为浅灰色薄层泥晶灰岩或泥晶白云岩,灰岩单层厚度为4~10cm。水平层理及鸟眼构造常见。薄片中生物化石基本未见,主要或由泥晶基质组成。该微相类型对应标准微相SMF23,代表了局限潟湖环境(图7-42)。

图 7-42　MF-9 无纹层泥晶灰岩或泥晶白云岩

(a)浅灰色薄层泥晶白云岩,发育水平层理及鸟眼构造,长兴组三段,开州满月;
(b)泥晶白云岩,纹层不发育,长兴组三段,万源蜂桶

3. 台地边缘滩(FZ6)

台地边缘滩一般处于正常浪基面之上的透光带之内,平均水深仅数米至十几米,海水循环良好,温盐条件合适。该环境底栖动物丰富,不仅包括适应强水动力条件的底内生物,而且还包括由台地内部及台缘搬运而来的部分生物碎屑,破碎并磨蚀严重。该相带较强的水动力条件使沉积颗粒(包括生屑、砂屑及鲕粒等)具有较好的磨圆和分选性,且较高的沉积速率使其极易暴露于地表接受同生—准同生成岩作用。区内该相带沉积岩颜色以浅灰-灰白色为主,单层厚度为厚层-块状,常发育交错层理和生物扰动构造。主要包括一种微相类型。

MF-10 具包壳结构的藻-有孔虫亮晶生屑灰岩:露头剖面为浅灰-灰白色厚层-块状灰岩,灰岩单层厚度为 30～100m。镜下生物碎屑含量为 60%～80%,其中有孔虫、钙藻、蜓类等丰度高,同时含有部分棘皮类及腕足碎片。化石总体结构特征明显,大多数颗粒具泥晶套,颗粒之间以亮晶胶结为主。该微相类型对应标准微相 SMF11,代表受波浪强烈簸选的台地边缘环境(图 7-43)。

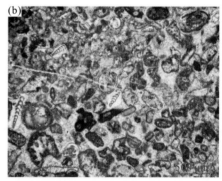

图 7-43　MF-10 具包壳结构的藻-有孔虫亮晶生屑灰岩
(a)灰白色块状亮晶生屑灰岩,少量泥晶充填,长兴组三段,巫溪尖山;
(b)亮晶颗粒灰岩,其中生物颗粒包括有孔虫、蜓、棘皮及绿藻,颗粒外部泥晶化明显,亮晶胶结,长兴组三段,巫溪湾滩河

4. 台地边缘礁(FZ5)

该相带位于碳酸盐台地边缘与斜坡的过渡地区,是浅水沉积和深水沉积之间的重要转换带。由于其处于台地向广海方向的最前端,具有水体能量高、光照及营养丰富等条件优势,适合造礁生物的快速营建,是生物礁发育的有利场所,并以较高的生物碳酸盐产率为特征。该相带底栖群落中生物分异度和丰度非常高,由各类型后生造礁生物、底栖微生物及其他附礁生物组成。该相带主要包括以下微相类型。

1)MF-11 海绵骨架礁灰岩

露头剖面为浅灰-灰白色块状礁灰岩。生物礁规模较大,相带分异明显。薄片中造礁生物和居礁生物群落分异度和丰度较高,其中造礁生物包括大量的纤维海绵、房室海绵及硬海绵等，黏结生物以 *Archaeolithoporella* 及 *Tubiphytes* 为主，造礁生物或直立生长，或倒伏与黏结生物相互包覆形成抗浪结构。其他附礁生物包括有孔虫、介形虫、棘皮类、钙藻等，孔隙以亮晶胶结为主，反映了生物礁体沉积水体总体较浅。该微相类型对应标准微相 SMF7（图 7-44）。

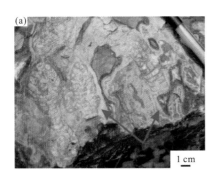
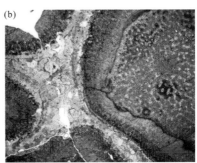

图 7-44　MF-11 海绵骨架礁灰岩

(a)海绵礁灰岩，房室海绵作为骨架原地生长，骨架孔发育，长兴组二段，利川见天坝；
(b)海绵礁灰岩，以纤维海绵为主，黏结生物少见，亮晶胶结，长兴组二段，宣汉盘龙洞

2）MF-12 微生物参与的海绵礁灰岩

露头剖面生物礁规模宏大，主要由浅灰-灰白色块状礁灰岩组成。薄片中生物群落丰度较高，而分异度相对较低，其中凝块石常见，与 *Archaeolithoporella* 及 *Tubiphytes* 包裹缠绕海绵构成格架。其他附礁生物包括有孔虫、腕足、棘皮类、钙藻等，孔隙以亮晶胶结为主。该微相类型对应标准微相 SMF7（图 7-45）。值得注意的是，该微相类型也可在深水斜坡地区发育，但整体规模较小，海绵等后生造礁生物生长方式明显不同于台地边缘环境，群落丰度及分异度相对较低。

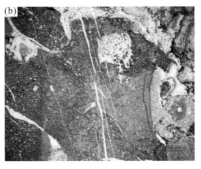

图 7-45　MF-12 微生物参与的海绵礁灰岩

(a)灰白色块状海绵礁灰岩，其中凝块石等微生物建造丰富，长兴组二段，巫溪湾滩河；
(b)微生物参与的海绵礁灰岩，凝块石与海绵相互包裹形成格架，附礁生物稀少，泥晶充填，长兴组二段，巫溪湾滩河

3）MF-13 微生物岩（生物灭绝前）

露头剖面为浅灰-灰白色中层-块状微生物丘或微生物岩，其中微生物丘规模较骨架礁小，相带分异低。薄片中常见底栖微生物作用成因的似球粒、凝块石等自生泥晶与细

粒生屑碎片包裹,或与碳酸盐胶结物一起构成生物格架。该微相类型对应标准微相 SMF7 (图 7-46)。

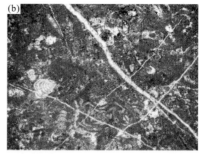

图 7-46　MF-13 微生物岩(生物灭绝前)

(a) 灰白色块状微生物丘,礁体总体规模较小,单个礁体高度不足 2m,长兴组三段,巫溪湾滩河;
(b) 微生物岩,主要由微生物形成的包壳和细粒生屑以及碳酸盐胶结物形成格架,长兴组三段,巫溪湾滩河

该类型微生物岩主要分布于长兴晚期,与生物大灭绝之上的微生物岩内部结构存在明显的特征差异:前者通常形成明显的正向地貌隆起,内部主要由块状-斑状凝块石或自生泥晶与细粒生屑碎片包裹构成格架,生物碎屑见䗴或有孔虫等古生代常见生物,与大灭绝之后浅水碳酸盐台地内部广泛分布具特殊"指状""树枝状"以及"穹窿状"构造的微生物岩区别明显(图 7-47)。

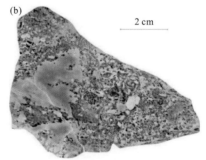

图 7-47　两类微生物岩特征对比(生物灭绝后与生物灭绝前)

(a) 二叠纪—三叠纪之交的枝状微生物岩,镜下由微晶和中粗晶碳酸盐矿物所组成,形成垂直层面的枝状体,枝状体的宽度为
0.3~0.5cm,长度为 2~7cm,巫溪尖山;(b) 长兴期斑状微生物岩,镜下由微生物作用的泥晶暗层与生物颗粒组成,两者相
互包裹,其中生物丰度中等,以有孔虫、䗴及腕足类生物为主,巫溪湾滩河

5. 斜坡(FZ4 ~ FZ3)

斜坡位于台地边缘向海方向具有明显倾斜的过渡地区,普遍低于晴天浪基面,其演化过程受碳酸盐台地生长影响明显。斜坡相带生物类型大多为再沉积的浅水底栖生物和深水底栖生物及浮游生物,沉积物则主要由原地灰泥及源于碳酸盐台地的异地沉积物组成,颗粒粒度变化范围较大。根据斜坡坡度的变化,结合台地边缘几何形态演化,可将斜坡进一

步分为缓斜坡和陡斜坡。前者以细粒碳酸盐岩为主,可发育较好的粒序层理或碎屑流沉积;陡斜坡沉积物相对较粗,富含较多的台地边缘浅水沉积物,为重力作用驱动下发生的块体搬运再沉积。该相带主要包括以下微相类型。

1)MF-14 细粒颗粒泥晶灰岩

露头剖面为深灰色薄-中层状灰岩。薄片中由极细粒颗粒泥晶灰岩或泥晶颗粒灰岩组成,颗粒主要由远离台地的离散的生物碎屑组成,其中常见棘皮及海绵骨针等。该微相类型反映了远离台地或坡度平缓的斜坡环境,对应标准微相 SMF3[图 7-48(a)]。

2)MF-15 具浊积序列的泥晶生屑灰岩

露头剖面为中层状灰岩,层间可见浊积层序。薄片中具有密集充填的礁源生物碎屑,其中递变层理常见。该微相类型主要出现在礁前或礁坡较远处,对应标准微相 SMF5[图 7-48(b)]。

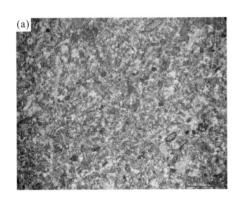 

图 7-48　MF-14 细粒颗粒泥晶灰岩及 MF-15 具浊积层序的泥晶生屑灰岩

(a)极细粒颗粒泥晶灰岩,颗粒主要由粉屑及部分生屑组成,后者以棘皮类碎屑为主,见海绵骨针,见共轴镶边胶结,长兴组一段,巫溪团城;(b)泥晶生屑灰岩,生屑主要由台地边缘礁的搬运再沉积形成,包括腕足、蜓、有孔虫及棘皮碎屑,由密集填充的漂浮岩(蓝色箭头)和相对稀疏的生屑灰岩层(红色箭头)组成递变层理,长兴组二段,巫溪湾滩河

3)MF-16 海百合漂浮岩

露头剖面为灰色中层状灰岩,沉积构造少见。薄片中具有丰富的棘皮动物碎片,破碎程度高,粒度变化较大,泥晶充填,少数为微生物自生泥晶,呈纹层包裹生屑颗粒。该微相类型反映了近台地边缘礁的斜坡环境,对应标准微相 SMF12[图 7-49(a)]。

4)MF-17 滑塌角砾岩

露头剖面为深灰-灰色中层状灰岩。镜下见不同粒径的角砾发育并表现为杂基支撑结构,成分混杂,分选和磨圆较差,砾石成分多源于台地边缘,特别是叠积边缘的重力滑塌沉积物,与共生的深水泥晶灰岩区别明显。该微相类型反映了坡度较陡的斜坡环境,对应标准微相 SMF4[图 7-49(b)]。

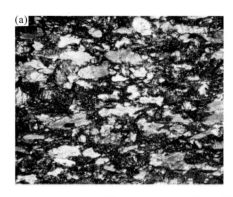

图 7-49   MF-16 海百合漂浮岩及 MF-17 滑塌角砾岩

(a)海百合漂浮岩，泥晶基质支撑，生屑主要由破碎程度不一的海百合碎屑组成，长兴组三段，巫溪湾滩河；

(b)滑塌角砾岩，砾屑次棱角一次圆状，粒径变化较大，主要由来自台地边缘的浅水沉积物组成，长兴组二段，城口庙坝

6. 深水陆棚(FZ2)

该相带位于风暴浪基面之下，主要为贫氧-缺氧环境，沉积物主要由原地灰泥和细粒颗粒组成，具有颜色较深、颗粒破碎程度较高等特征。其中，生物颗粒以浮游生物为主，大多保存完好。该相带主要包括以下微相类型。

1)MF-18 含浮游生物的颗粒泥晶灰岩

露头剖面为深灰色薄-中层状灰岩夹薄层泥质条带。镜下含有丰度不一的浮游生物，如菊石、有孔虫、放射虫、钙球或海绵骨针等。该微相类型可能定向排列或杂乱散布，对应标准微相 SMF3[图 7-50(a)]。

2)MF-19 泥晶灰岩

露头剖面为深灰色薄层灰岩，常发育钙质泥岩条带或夹层。薄片下生物碎屑少见，以钙质海绵骨针为主，有机质及黄铁矿发育，常见生物潜穴。该微相类型对应标准微相 SMF1[图 7-50(b)]。

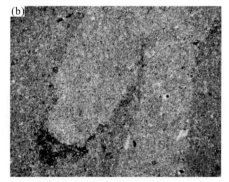

图 7-50   MF-18 含浮游生物的颗粒泥晶灰岩及 MF-19 泥晶灰岩

(a)生屑泥晶灰岩，生屑以放射虫、腕足及钙质海绵骨针为主，具定向排列，大隆组上部，巫溪红池坝；

(b)泥晶灰岩，见少量生屑，以棘皮和介形虫为主，杂乱散布，生物潜穴及黄铁矿发育，大隆组下部，巫溪红池坝

3) 页岩

露头剖面为薄层页岩，水平层理常见，富含有机质。薄片下黏土矿物常见，定向分布，可含有少量生物碎屑或钙质胶结（图 7-51）。

此外，在川东地区开江—梁平海槽及城口—鄂西海槽内，长兴期还发育有黑色硅质页岩或暗色薄层硅质岩（大隆组），见菊石，具有典型的深水盆地相沉积特征。

图 7-51　钙质页岩

(a)钙质页岩，发育水平层理，大隆组顶部，巫溪团城；
(b)钙质页岩，发育水平层理，见腕足及少量极细粒颗粒，大隆组下部，巫溪团城

7.5.2　沉积相对比与沉积演化

以川东地区城口—鄂西海西侧露头剖面为主要研究对象，在露头观察测量和室内沉积微相研究的基础之上，结合生物地层和岩石地层成果，尽可能选取完整露头剖面进行沉积相对比，以检验沉积层序的稳定性。

1. 云阳沙沱—巫溪尖山—巫溪湾滩河—巫溪龙台—巫溪团城长兴组沉积相对比

该对比剖面南西—北东向展布，大致垂直于城口—鄂西海走向方向，自西向东依次经过云阳沙沱、巫溪尖山、巫溪湾滩河、巫溪龙台及巫溪团城剖面（图 7-52）。

地层研究表明，该对比剖面长兴阶地层发育基本完全。长兴早期，自西向东沉积相带分异度相对较低，台地边缘不发育。深水斜坡带缓缓自东向西由巫溪龙台延伸至巫溪湾滩河地区，与巫溪尖山所在开阔台地呈过渡关系。长兴中期，巫溪湾滩河—巫溪尖山一带发育微生物参与的骨架礁以及生屑滩，以上生物建隆作用增加了碳酸盐台地的地形起伏，碳酸盐台地镶边开始形成；巫溪龙台—巫溪团城一线总体以细粒颗粒泥晶灰岩沉积为主，代表深水斜坡-深水陆棚环境，其中巫溪龙台剖面发育小型的生物礁滩，但其规模远小于巫溪湾滩河剖面，生物群丰度相对较低。长兴晚期，受控于海洋理化条件的变化，台地边缘骨架礁普遍消亡，巫溪湾滩河一带的台地边缘以营建微生物丘和微生物岩为主，其规模较骨架礁小，紧邻深水斜坡，向上过渡为开阔台地，主要沉积泥晶颗粒/颗粒泥晶灰岩；巫溪龙台地区则发育厚层状微生物包壳的生屑灰岩；受同生断裂影响，长兴晚期巫溪团城地

区完全为黑色页岩沉积，代表了深水陆棚环境(图 7-52)。

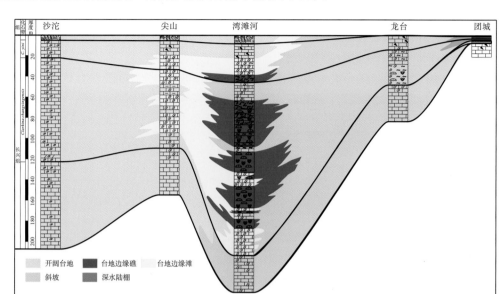

图 7-52　云阳沙沱—巫溪尖山—巫溪湾滩河—巫溪龙台—巫溪团城长兴组地层-沉积相对比

沉积相对比表明，城口—鄂西海西缘长兴期沉积相带连续，纵向上完整地显示了碳酸盐台地的发育演化过程，平面上清楚反映了台地边缘的构筑和迁移过程。研究认为，长兴期碳酸盐台地边缘的生长主要受控于生物建隆作用，同时，同生断层活动对碳酸盐台地的岩相分异影响明显。

2. 利川见天坝—巫溪湾滩河—宣汉盘龙洞—万源蜂桶沉积相对比

该对比剖面东南—西北向展布，大致沿城口—鄂西海台地边缘走向方向，自南向北依次经过利川见天坝、巫溪湾滩河、宣汉盘龙洞及万源蜂桶剖面(图 7-53)。

长兴早期，除万源蜂桶剖面未出露之外，其余剖面总体处于深水斜坡-陆棚环境，其中利川见天坝长一段厚度最大，为薄层含浮游生物泥晶灰岩。长兴中期开始，利川见天坝、巫溪湾滩河以及宣汉盘龙洞剖面均发育规模宏大的台地边缘礁滩沉积，其中巫溪湾滩河剖面台地边缘礁主要由骨架礁及礁丘组成，利川见天坝及宣汉盘龙洞剖面长二段地层受交代白云石化影响强烈，原岩恢复结果难以区分生物礁类型，在此沿用前人研究将其整体解释为骨架礁。长兴晚期巫溪湾滩河及万源蜂桶剖面发育台地边缘生物礁，生物礁类型向微生物丘过渡，上覆开阔台地及局限台地；利川见天坝及宣汉盘龙洞剖面则以台地边缘滩沉积为主，向上过渡为开阔台地及局限台地(图 7-53)。

通过该沉积相对比剖面研究认为，城口—鄂西海西缘长兴期台地边缘相带具有相似的沉积层序。其中，台地边缘礁、滩主要发育于深水斜坡-陆棚环境。巫溪湾滩河剖面长兴组地层发育完全且在生物礁中识别出多种类型，其他剖面(宣汉盘龙洞剖面或利川见天坝剖面)由于受白云石化作用明显，根据残余生屑类型难以精准恢复沉积相类型。巫溪湾滩河剖面沉积相纵向演化序列可为其他剖面的沉积微相研究提供新的思路。

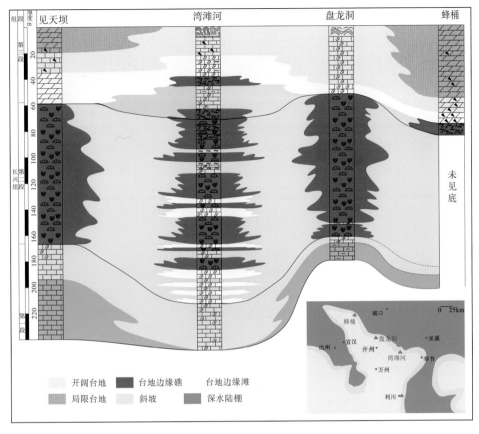

图 7-53　利川见天坝—巫溪湾滩河—宣汉盘龙洞—万源蜂桶长兴组地层—沉积相对比

7.6　四川盆地晚二叠世古地理格局及其控制因素

四川盆地晚二叠世总体处于拉张构造环境(罗志立，2004)。伴随晚二叠世引张作用，四川盆地及周边长兴期北东向与北西向深大断裂相互交切，形成近菱形棋盘断块，并造成断块不均衡升降运动(罗志立等，2004)。古断裂上升盘断阶处形成断隆，成为古地貌高点。虽然现今这些正断裂多表现为逆冲断层，但根据近年来四川盆地上二叠统玄武岩分布、煤田煤种、煤化程度、古地温资料以及地震资料，已经证实城口断裂、万源断裂、方斗山断裂、七曜山断裂以及华蓥山等断裂带张性拉张活动明显，上述深断裂在晚二叠世不仅形成了具有断陷性质的半深海沉积(如开江—梁平海槽和城口—鄂西海槽)，而且在碳酸盐台地内部也构成区域性叠瓦状断裂带，引发碳酸盐台地内部断块不均衡差异升降造成岩相分异。杜金虎等(2010)研究认为，四川盆地长兴组及大冶组厚度分布与古地理格局密切相关，海槽区内长兴组最薄，一般小于 50m；海槽两侧台缘带长兴组厚度最大，平均厚度约为 300m。与长兴组不同，由于早三叠世的填平补齐作用(王一刚等，1998)，海槽内的大冶组厚度较大，开江—梁平海槽内大冶组厚度均在 800m 以上，向台地方向厚度快速递减，至川东方向大部分地区厚度已降至 400～450m。王一刚等(1998)

对开江—梁平地区相距 20km 范围之内长兴期沉积地层进行研究认为，向台地方向长兴组属于浅水碳酸盐岩沉积(水深为 30~50m)，向开江—梁平海槽方向岩性则以硅质岩为主，代表深水沉积(水深可大于 200m)，短距离内存在明显岩相差异很有可能是因张性断裂活动使台地破裂拉陷而造成的，实际上，在岩相分界附近处，的确存在一组北西向深大正断层(图 7-54)，控制开江—梁平海槽地区古地理格局的分布及发育。同时，杜金虎等(2010)研究也证实长兴期四川盆地受拉张活动影响发生北西向基底断裂活动，盆地自北东向南西方向分别发育城口—鄂西海槽、开江—梁平海槽、蓬溪—武胜台凹，形成盆地尺度上的"三隆三凹"古地理格局(图 7-54)。区域拉张伸展活动对四川盆地晚二叠世碳酸盐台地、碳酸盐台地边缘以及斜坡和深水陆棚的沉积建造特征、沉积演化和配置等具有明显的控制作用。

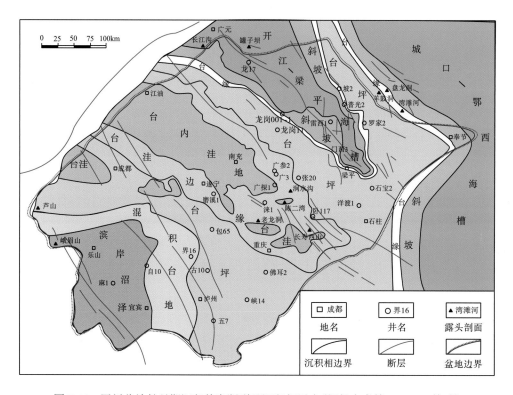

图 7-54　四川盆地长兴期沉积基底断裂及沉积相展布(据杜金虎等，2010，修改)

7.6.1　碳酸盐台地边缘礁滩与同沉积断裂活动

晚二叠世长兴期四川盆地以浅海台地相碳酸盐岩沉积为主(王一刚等，1998；何鲤等，2008)。长兴期除台地边缘普遍发育生物礁、滩外，在远离台缘带的台地内部依然有大量礁滩体的发育(朱同兴等，1999)。控制生物礁发育及分布的因素主要有古地理格局、海平面变化等(王一刚等，1998，2006；马永生等，2006；何鲤等，2008；刘治成等，2011)。在海平面变化相对稳定的情况下，生物礁发育及展布主要受古地理格局的控制(谭秀成等，2012)。

1. 长兴早期——具宽缓斜坡的碳酸盐台地

长兴早期,四川盆地整体沉积相带呈弧形分布。川东地区自西向东水体总体逐渐加深。受基底断裂控制影响,断层下降盘开始形成断陷,接受较深水碳酸盐岩斜坡-深水陆棚沉积,在鄂西地区率先发育深水硅质岩盆地。上升盘断阶相对隆升地区主要为开阔台地相沉积,两者自然过渡,台地边缘相带不明显或欠发育。

以城口—鄂西海槽西缘为例,长兴早期,区内自西向东依次发育开阔台地相、斜坡相以及深水陆棚相,其中斜坡相与开阔台地相自然过渡,前者相带宽缓并延伸至深水陆棚方向,以原地灰泥沉积为主,含少量碎屑流沉积,主要分布于通江铁长河—万源蜂桶—开州满月—巫溪尖山一线。开阔台地沉积区以西主要以低能环境的颗粒泥晶灰岩为主,其中生物颗粒丰度普遍较低,以泥晶充填为主,生物礁滩欠发育。

2. 长兴中期——同生断裂活动增强,台地镶边开始形成

长兴中期,同生张性断裂活动开始增强。通过沉积记录和生物地层对比,在开江—梁平海槽区和城口—鄂西海槽附近,深水相沉积范围有所扩大,原先部分碳酸盐斜坡环境迅速演化为深水陆棚(广元旺苍罐子坝剖面与巫溪红池坝剖面大隆组),接受碎屑岩沉积(图 7-55)。

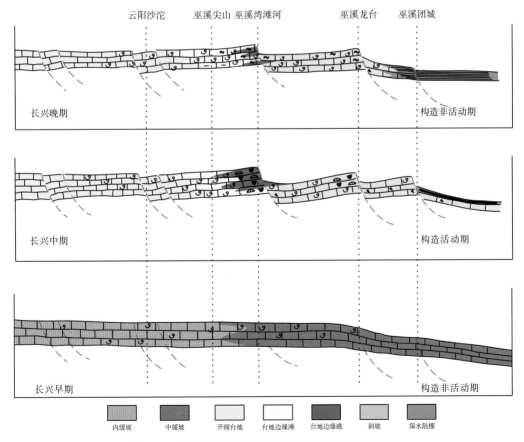

图 7-55　长兴期受同生拉张断裂影响的沉积演化模式

不仅如此，强烈的断裂活动在斜坡相带和开阔台地相带也开始发育不同样式的断隆和断陷，形成了川东地区特殊的台-槽相间和台内棋盘格状堑垒构造格局，由此形成的岩相分异进一步影响并控制了该时期沉积格局的演化。

由于基底同生张性断裂带的活动具有阶段性分段活动特征，在城口—鄂西海西缘地区，断裂带上升盘地区往往形成具有差异性的古地貌高地，强烈活动地带逐渐形成台地镶边，主要分布于通江铁厂河—万源蜂桶—宣汉盘龙洞—巫溪湾滩河—利川见天坝一线，水体相对较浅，有利于发育潮下生物碎屑砂坝和生物所营建的碳酸盐建隆，并以纵向加积-进积型沉积序列向广海方向推进。斜坡带下部等断裂带发育较弱地区，地貌差异则相对较小，虽然局部地貌高点也有小型的生物礁滩发育，但分布相对局限(如巫溪龙台剖面)。该时期受台地边缘生物礁、滩叠置发育的影响，台地边缘开始向外生长和扩张，同时斜坡带的坡度开始变陡(图 7-55，图 7-56)。

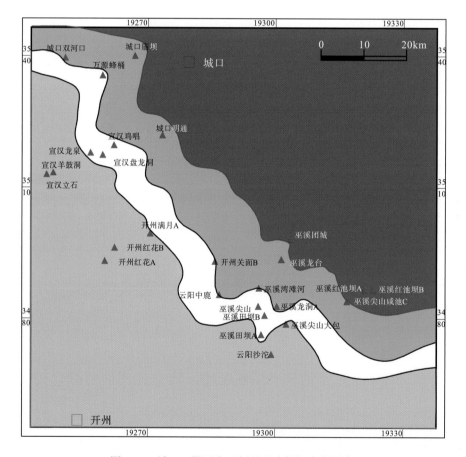

图 7-56 城口—鄂西海西侧长兴中期沉积相展布

3. 长兴晚期——台地镶边的发展和演化

长兴晚期，同生张性断裂活动开始减弱，以生物礁为代表的高效"碳酸盐工厂"对碳酸盐台地边缘的发育演化起到了重要且积极的作用，加速了碳酸盐台地边缘的构筑过程。

随着台地边缘正向隆起的增加，斜坡带进一步变陡，与深水相区沉积分异明显(图7-56，图7-57)，生物礁中造礁生态群落也逐渐发生演替(详见第8章内容)。

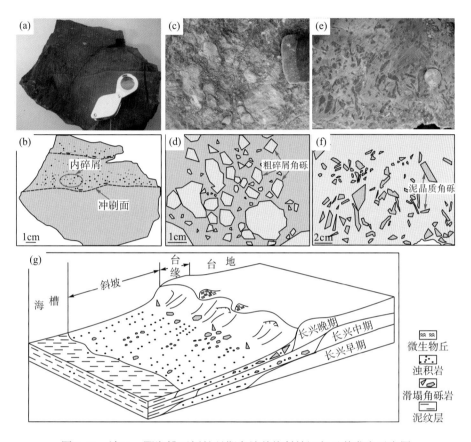

图7-57 城口—鄂海槽西侧长兴期台地前缘斜坡沉积及其发育示意图

(a)钙屑浊积岩，巫溪龙台长兴组一段，岩样标本照片；(b)钙屑浊积岩，以正粒序为特征，底部发育冲刷面，巫溪龙台长兴组一段，(a)图标本素描图；(c)滑塌角砾岩，基质成分为斜坡相泥晶灰岩，城口庙坝长兴组三段，露头照片；(d)滑塌角砾岩，颗粒支撑结构，城口庙坝长兴组三段，(c)图露头素描图；(e)滑塌角砾岩，基质成分为斜坡相泥晶灰岩，万源龙潭河大冶组底部，露头照片；(f)滑塌角砾岩，基质支撑结构，万源龙潭河大冶组底部，(e)图露头素描图

7.6.2 碳酸盐台地内部礁滩与同沉积断裂活动

谭秀成等(2012)总结四川盆地东部地区长兴组礁滩分布规律与基底断裂的关系，指出基底断裂活动通过引发断块差异升降而改变台地内部古地理面貌，进而实现对台地内部生物礁滩发育及展布规律的控制，古断裂带上升盘断阶处形成断隆，成为生物礁发育有利区。尽管现今多表现为逆冲断层，早期的正断层被改造而难以发现，但通过细致观测，仍然可在地震剖面中辨识出残存的小型正断层痕迹(图7-58)。

童崇光(2000)通过研究川中地区隐伏断层和裂缝系统及其与油气的关系，认为台内断裂可能是以隐伏断裂形式存在，即对表层构造的控制现象较弱，但反映在沉积体上有

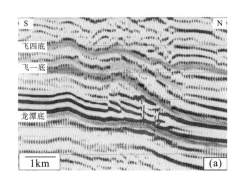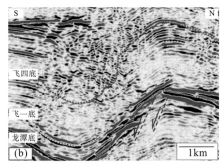

图 7-58　四川盆地正断层发育典型地震反射剖面

(a) 龙岗地区南北向二维测线；(b) 黄龙场地区南北向三维测线

所不同。其中，北西向线性构造主要作 310° 方位延伸，多断续分布，规模较大，斜贯整个川中地区。自东北向西南可以分为 5 个带，且南部构造活动规模大于北部。张奇等 (2010) 通过对四川盆地川中地区长兴组和大冶组沉积相和地震相的研究，证实了在武胜—蓬溪—盐亭一带存在蓬溪—武胜台凹 (李秋芬等，2018；梁霄等，2019)。台凹不是 Y 字形断裂带组成的地堑型凹陷，而是由向北东倾的主要拉张断裂带控制。断裂上盘的遂宁台内高带为蓬溪—武胜台凹断陷时形成的相对上升盘；沉降断块本身形成向北抬斜的抬斜断块，以南充断裂带为枢纽，发生旋转而抬升掀斜，产生广安抬斜高带。蓬溪—武胜台凹南陡北缓 (图 7-59)，控制了台内古地貌高带的形成与发育，也对生物礁滩的分布起到了控制作用 (图 7-60)。

　　晚二叠世—早三叠世初期，这些张性断裂正处于同沉积活动期，形成的堑垒构造格局影响并实际控制了四川盆地东部长兴期古地理格局的分布 (谭秀成，2012)。事实上，四川

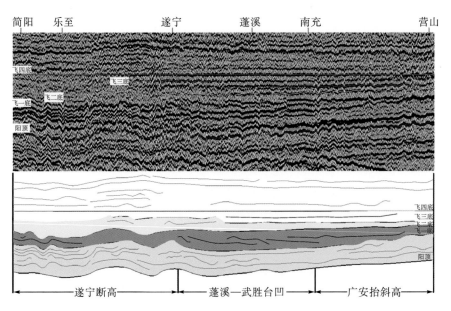

图 7-59　蓬溪—武胜台凹地震反射特征 (飞四底层拉平剖面)

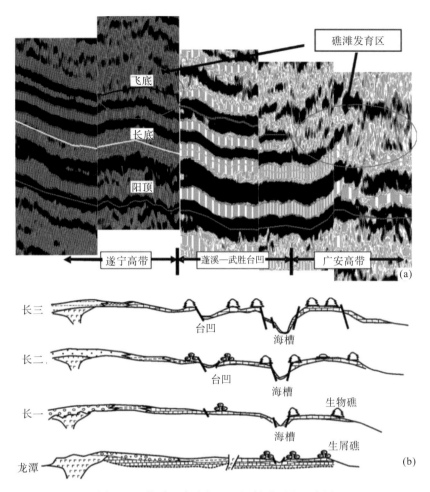

图 7-60　蓬溪—武胜台凹沉积-构造对比示意图

(a)蓬溪—武胜台凹及两翼高带地震相对比图；(b)四川盆地长兴期沉积-构造模式示意图(北东向)

盆地长兴期由拉张构造运动形成的古地理格局，主要表现为 NE-SW 向与 NW-SE 向地貌差异，对台地内部，特别是川东卧龙河地区的地质作用影响明显。

区内长兴期在海平面变化相对稳定的情况下，古地理格局主要控制沉积相，特别是礁滩相的展布。对区内沉积记录的分析是研究其古地理格局的一种可靠手段。在川东卧龙河地区，从南西至北东方向，表现为南段双 18 井、卧 117 井等地区长兴组地层厚度较大，自卧 123 井向北方向地层厚度明显减薄，直至区内北段卧 43 井、卧 75 井、卧 80 井区附近地层厚度明显增厚，区内南北段与中段地区长兴组地层厚度差异可达 90m，平均为 50～60m。岩性方面，在研究区南西部，长兴组上部岩性多为浅色礁灰岩或白云岩(118 井—卧118-1 井区)，表现为浅水环境的沉积特征，沉积时水动力强；向北及北东方向，岩性突变为灰色-深灰色灰岩或燧石结核灰岩，局部富含泥，沉积水体变深，水动力条件较弱；至研究区北段，长兴组岩性变为浅色灰岩或白云岩，反映水体变浅，水动力条件增强。岩性变化及地层厚度差异反映了长兴期古地貌变化(附图 54)。

相对而言，区内大冶组沉积时，在研究区内南段及北段地区，由于继承了长兴期古地理格局，水体相对开阔、水动力条件相对较强，在飞仙关早期(大致为飞仙关二段沉积时)沉积了有利于形成油气储集的鲕粒滩，如南段 118 井—卧 118-1 井区、北段卧 102 井、卧 66 井等地大冶组底部见少量泥灰岩，下部普遍发育一定厚度的鲕粒滩；而中段地区大冶组底部多发育较厚深水还原环境的页岩沉积，下部未见鲕粒等浅水高能环境沉积。由于大冶组沉积时的填平补齐作用，区内中段地区沉积厚度普遍大于南段和北段地区，地层厚度差异大致表现为 50~60m，与长兴组地层差异互补性良好(附图 55)。

根据本区长兴组及长兴组内部地层厚度及岩性变化，结合上覆大冶组沉积厚度及岩性特征，可将卧龙河地区分为 3 个区域：南部高区，分布于卧龙河构造南部古地貌相对较高部位，大致在卧 061-1 井—卧 123 井—卧 117 井地区；中部低区，为卧龙河构造中部古地貌相对低部位，大致在卧 102 井以南、卧 123 井以北地区，北部高区，分布于卧龙河构造北部古地貌相对较高部位，大致位于卧 102 井—卧 80 井以北区域。区内西南段与东北段较高，中部较低的水下地貌格局，对本区长兴期沉积环境、沉积岩特征及沉积相带展布具有明显的控制作用。

在地质历史中，沉积相带的展布及发育与区域大地构造和区域古地貌特征的关系十分密切，区域大地构造和区域古地貌单元的不同特征是控制沉积相带展布及发育的主要因素之一(张廷山等，2008)，晚二叠世长兴期，川东卧龙河地区古地貌特征表现为西南段地区和东北段地区较高，中段地区相对较低(附图 56，附图 57)，根据区内和周边钻井以及物探资料分析，在研究区内，沿水体相对较浅的高部位(如卧 117 井，卧 102 井)向水体较深的低部位(如卧 115 井，卧 120 井，卧 89 井)地层厚度明显变厚。岩性从动荡的浅水沉积特征向安静的较深水沉积特征变化。

沉积相是沉积环境和所沉积岩性的综合反映，受古地理格局的影响十分明显(张廷山等，2011)。晚二叠世长兴期，卧龙河地区的古地理格局控制了本区沉积相带的展布，形成了具有高低起伏水下地貌特征的碳酸盐台地内部沉积。根据对区内不同地貌特征岩性特征的详细刻画，划分出潮下静水泥、滩间海、台内礁、台内滩微相。台地内部礁、滩的分布受区内古地貌格局影响，一方面，礁滩体的发育往往会在地貌上形成相对的隆起，另一方面，生物礁滩体往往选择在古地貌高部位进行建造，与地貌低洼地区分界明显。

台地内部礁、滩微相在长二段及长三段沉积时期最为发育。该环境下水体循环良好，水动力条件最强，易于原地造礁生物的发育和生屑等各种颗粒的堆积。代表岩性为浅色礁灰岩和生屑灰岩，生物组合显示多为浅水相生物。处于地貌高部位的台内滩常遭受混合水白云石化作用，导致台内滩及台内礁白云石化现象较为普遍。根据地震数据分析，区内南段台内礁、滩相主要分布于卧 061-1 井、118 井—卧 118-1 井区，呈北西—南东方向带状分布。

潮下静水泥及滩间海微相主要分布于区内低区，总体水体较深，能量较低，沉积大套深灰-灰黑色灰岩、燧石结核灰岩，生屑含量相对较少。其中，潮下静水泥主要以泥质沉积为主，指示安静较深环境。虽然在整个长兴期间，潮下静水泥与滩间海微相均有发育，受古地理格局控制，其主要分布于区内中部及南部地区。

晚二叠世时期四川盆地受拉张应力影响，同生断裂发育，控制了长兴期古地理格局的形成和演化；卧龙河地区长兴期古地理格局影响控制了沉积相带的发育与展布。两者究竟存在何种联系？区内是否存在同生断裂，并通过影响地形变化实现对古地理格局及生物礁滩发育展布的控制？此次试图通过对区域构造活动及区内沉积记录的进一步研究，探讨区内构造活动对古地理格局影响控制的合理性。

卧龙河地区紧邻蓬溪—武胜台凹，处于蓬溪—武胜台凹的东南地区，区内南段高区卧118井台内滩、卧061-1井台内礁滩，在走向上平行且紧邻遂宁台内高带，与涞1井礁、磨溪1井生物滩及华蓥山众多地面礁实际处于一个生物礁发育带上；区内北段高区卧102井台内礁紧邻广安台内高带，与广3井礁、广探1井礁及地面华蓥山涧水沟礁处于一个生物礁发育带上。研究区内南段高区呈带状分布明显，其古地理格局形成机制很可能与蓬溪—武胜台凹相似。

通过对沉积记录的进一步研究，长兴组沉积早期，区内长兴组自南向北地层厚度大致表现为北厚南薄；区内南段包括中段地区长兴组底部发育代表较深水还原环境的泥质灰岩或泥页岩，北段地区（如卧80井、卧103井、卧102井等地）长兴组底部泥质不发育，水动力条件明显高于区内南段与中段地区。

长兴组沉积中晚期，区内自南向北北段与南段地区长兴组地层厚度增大，普遍厚于区内中段地区。岩性特征变化更为明显，长兴组二段沉积时，区内北段与南段地区发育礁滩相沉积，指示浅水动荡环境；不同特征表现为南段地区台内礁滩持续发育至长兴组顶部，并广泛遭受溶蚀作用（图7-61），相比北段地区，长兴组三段沉积时则停止发育礁滩微相，白云岩厚度相对较薄或不发育。

浅灰色溶孔角砾白云岩，粉晶结构，4744.5m，　　　浅灰色溶孔白云岩，长兴组三段，卧117井
长兴组三段，卧061-1井

图7-61　卧龙河地区南段长兴组三段白云岩岩心照片

通过区内长二时与长三时沉积相平面展布对比研究，南段高区礁滩发育呈明显线状分布，而北段高区礁滩未表现出明显规律。

结合前述区域同生断层分布，推测在研究区南段高区向北深水方向发育一条北西—南东向同生正断层。该断层形成于长兴早期，断裂活动造成区内南段高区持续相对抬升，对应中段低区持续下降，影响控制了卧龙河地区长兴期古地理格局，进一步控制了区内长兴期礁滩发育及展布（图7-62）。

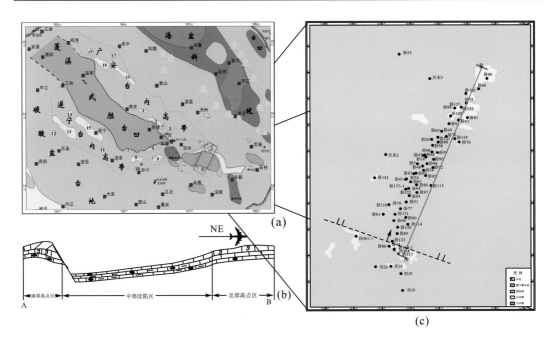

图 7-62　卧龙河地区同生正断层分布(推测)

(a)卧龙河地区位置分布图；(b)卧龙河地区沉积-构造示意图(推测)；

(c)卧龙河地区长兴期台内礁滩断层平面分布

第8章　四川盆地晚二叠世古生态与古环境

现代及地史时期海洋典型的底栖动物群主要包括生物礁群落和平底生物群落等，大多分布于有氧的水层-沉积物界面之间，是海洋生态系统能量流动和物质循环中的重要参与者，具有重要的生态学功能。受海洋环境理化条件异质性影响，海洋底栖动物群在时空上通常表现为不同的生态功能，使其对多种环境胁迫具有敏感的特异性响应特征，从而具有重要的环境指示作用。

自工业革命以来，由于人类对化石燃料的使用、土地利用方式改变等原因，二氧化碳等温室气体含量不断升高，对全球气候和生态环境产生了显著影响，如已经证实的"北极放大效应"，导致近年来北纬地区国家冬季大规模寒潮频发、夏季酷热现象常态化等，受此影响，现今赤道附近具环境敏感指示功能的珊瑚礁已经出现大规模白化现象。极端气候现象的发生、生态环境的恶化以及现代海洋底栖生物群的变化均表明三者存在紧密关联。不仅如此，地史重大转折期，海洋底栖动物群一方面表现为质变式的生物演替过程，另一方面由于其充分记录了转折期地质作用和生物危机过程，也可以完整反映地球各圈层耦合节点处的地质作用形式和过程。

晚二叠世长兴期华南地区处于赤道附近，适宜的海洋理化环境条件促进了底栖动物群的繁盛，然而二叠纪末的全球生物集群灭绝事件导致其遭遇毁灭性打击，超过90%的海洋物种相继灭绝，使整个海洋的生态系结构发生了巨大改变。目前关于生物危机事件的原因争论较多，包括火山活动、气候变化、海水缺氧、水体酸化、富营养化及海平面变化等。同位素等地球化学指标已经明确指示，华南地区大灭绝期间伴生有剧烈的同位素地球化学指标变化，并持续至早三叠世。海洋生态环境在生物灭绝主幕之前是否存在变化，或如何变化？海洋生态环境的变迁会促使海洋底栖动物群做出相应的响应和反馈，如晚二叠世微生物广泛参与生物礁系统建隆作用，以造礁生物为格架的骨架礁在灭绝之前的提前消亡，有孔虫在二叠纪—三叠纪之交地层中的阶段性灭绝等。然而到目前，由于众多学者在探索PTB事件过程中的生物群应对环境变迁的情况不同，且由于不同沉积环境中的生物危机过程可能存在空间差异和时间先后，使生物危机事件中的海洋生态环境变迁过程，仍然没有得到充分的认识，且纷繁复杂的生物危机事件的过程难以对生物危机机制进行有效约束。

以生物礁为例，吴亚生等(2003, 2007)认为华南地区长兴期骨架礁顶界为 *Clarkina yini* 带，其与大灭绝界线(MEB)之间存在一定距离，但由于华南地区大部分长兴期骨架礁顶部存在暴露或剥蚀，可导致记载生物礁生态系统绝灭过程的地层记录不完整，进而无法有效约束当时的海洋生态环境变迁。底栖微生物生态系在环境变化的重要指示功能已经开始受到重视，但以往的研究主要集中于在二叠系—三叠系之交的微生物岩，其被认为是环境复苏的标志，对于大灭绝前底栖微生物生态系在生物礁中的作用目前还没有得到充分的探讨。

实际上，生物大灭绝主幕事件之前的生物危机过程必然对地球表层系统的物质、能量循环产生很大的影响。晚二叠世生物危机事件中，不同水深的海洋底栖动物群如何应对环境压力？海洋中不同沉积背景下生态环境的演化过程是否一致？不同沉积环境中海洋生态环境的演化与生物危机事件存在何种关联？华南地区不仅发育连续的二叠系—三叠系界线地层剖面，而且沉积环境多样，相带分异明显，从陆相、滨岸相、碳酸盐台地相、斜坡相到深水陆棚相都具有完整的地层记录。同时四川盆地具有跨越 P-T 之交的完整海、陆相地层，生物类群多样。本章选取四川盆地东部城口—鄂西海槽西侧深入开展晚二叠世沉积环境与古生态研究。研究区位于上扬子板块四川盆地东部，主要包括南大巴山台褶带及川东高陡断褶带北部的局部地区。东邻滇黔川鄂台褶带，北与秦岭断褶系相接(图 8-1)。通过对其沉积记录进行翔实的研究，分析不同沉积相区关键底栖生态群落发育演化过程及其控制因素，对比不同沉积相区晚二叠世海洋生态环境演化，对于深化二叠纪末全球灭绝事件研究，揭示生物与环境协同演化具有重要的科学意义。

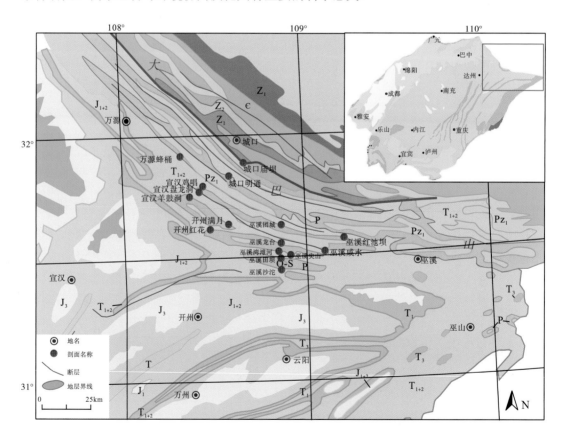

图 8-1　四川盆地东部地质图及露头剖面位置

8.1　晚二叠世长兴期浅水底栖动物群演化

晚二叠世长兴期浅水相区主要分布于晴天浪基面附近的碳酸盐台地和台地边缘相区，由于其水体循环良好，盐温条件正常，沉积物主要由异地生物颗粒、原地造礁生物、骨骼生物破碎或微生物作用形成的灰泥等组成，具有底栖动物群丰富、分异度高等特征。区内晚二叠世长兴期主要的底栖动物群包括生物礁及浅水平底动物群，后者以有孔虫动物群最为典型，进一步分为非蟆有孔虫和蟆类有孔虫。作为区内晚二叠世长兴期浅水环境的重要载体，生物礁生态系和有孔虫动物群的基本特征、组合形式及其分布等演化过程研究，可为区内晚二叠世长兴期生态环境演化研究提供良好的素材和依据。

8.1.1　生物礁系统基本特征

生物礁主要由底栖造礁生物(如海绵、层孔虫、苔藓虫、珊瑚、水螅等)、黏结生物(如结壳红藻、蓝藻等)和障积生物(如绿藻、部分珊瑚和部分苔藓虫及固着直立生长的海百合等)等原地建造，具有明显黏结结构，格架或障积构造的典型抗浪生物构造。其中，以后生造礁生物为主的骨架礁(生态礁)长期以来被认为是构成生物礁系统的主体部分，但随着近年来生物礁结构精细解剖研究的深入，非骨架型微生物岩及钙质微生物岩在生物礁系统中的作用受到广泛重视。

1. 生物礁类型

生物礁是记录海洋生态环境演化和碳循环作用的重要载体。生物礁的生长过程通常包括后生钙质生物的分泌作用、微生物作用等多种机制，由此产生的生物礁格架主要由两类碳酸盐组成，一类为专营钙化生物分泌的酶控型碳酸盐，如珊瑚、海绵等后生造礁生物；另一类则是以底栖微生物作用和同沉积海底胶结物为代表的非酶控型碳酸盐。地史时期大量的骨架礁生态系和底栖微生物生态系构成底栖共生的例证表明，微生物作用形成的微生物岩在骨架礁的形成和稳固方面发挥着重要作用。底栖微生物生态系具有重要的造礁作用，微生物丘或其他碳酸盐建隆同样可以出现在浅水高能环境。

华南二叠纪造礁旋回主要由中二叠世茅口期造礁旋回和晚二叠世长兴期造礁旋回组成，其中后者是川东地区乃至华南生物礁最为繁盛的时期，表明当时生态环境相对正常，生物礁广泛分布于贵州紫云、湖南慈利、鄂西—川东等扬子板块边缘地区(图 8-2)。根据Webby(2002)对生物礁的类型划分和川东地区长兴期生物礁系统的现实存在情况，对四川盆地东部生物礁系统进行划分(表 8-1)。

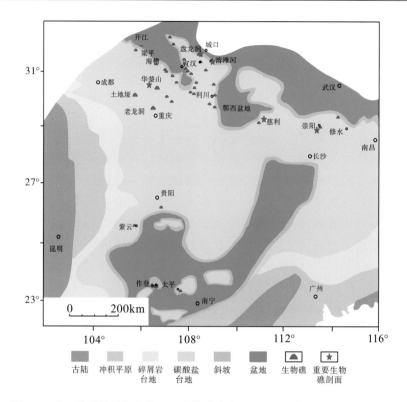

图 8-2 晚二叠世长兴期古地理及生物礁分布(据刘丽静等，2014，部分修改)

表 8-1 生物礁基本分类

生物礁系统	分类及说明(定义部分参考 Flgúel and Kiessling, 2002)
骨架礁	即生态礁，通常指由后生造礁生物及生物作用形成的原地生物骨架支撑建造，具地貌突起和横向上受限制的抗浪生物建隆。根据造礁生物类型可进一步划分为海绵礁、珊瑚礁等
礁丘	为骨架礁与微生物丘的过渡类型，含有较丰富的生物骨架，但其来源可能介于原地和异地之间，仅形成部分有限格架的碳酸盐建造。微生物或微生物成因的细粒基质支撑成为重要组构类型，后生造礁生物和微生物及其作用对礁丘的形成几乎同等重要
微生物丘	主要由底栖微生物或微生物作用成因形成主要格架的碳酸盐建隆，微生物丘内部明显缺少原地生物骨架，可含有相对稀少的后生造礁生物或生物碎屑，供钙化微生物或生物作用包裹缠绕形成格架，其稳定性来自基质的支撑作用。

1) 骨架礁

骨架礁即生态礁，通常指由后生钙质造礁生物及生物作用形成的原地生物骨架支撑建造，具地貌突起和横向上受限制的抗浪生物建隆。长兴期骨架礁中的造礁生物多样，主要以钙质海绵、水螅、苔藓虫、珊瑚等后生造礁生物为主(图 8-3)。由于这些底栖滤食性生物通常无法主动捕食，需要清洁动荡的水流，以保证氧气和食物的供给，所以骨架礁的发育需要具有良好高能环境条件，同时，该环境背景促使骨架礁具有快速碳酸盐建造和堆积速率，骨架礁内部钙化骨架相互接触，具有较高的骨架/基质比值，形态上具明显的地貌隆起。

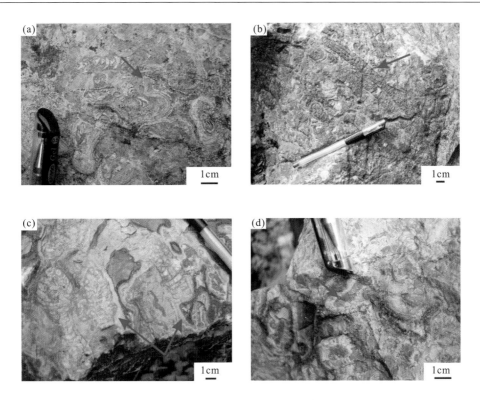

图 8-3　长兴期骨架礁典型造礁生物

(a)*Archaeolithoporella*，利川见天坝；(b)、(c)房室海绵，利川见天坝；(d)纤维海绵，利川见天坝

川东地区长兴期骨架礁中造礁生物以钙质海绵为主，包括分节的房室海绵（*Sphinctozoans*）和不分节的纤维海绵（*Inozoans*）等(图 8-4)，具有由文石和高镁方解石组成的骨骼，造礁生物间孔隙部分被亮晶胶结物充填，垂向上常与生屑滩或礁丘相互叠置，规模宏大，平面上主要呈点状或串珠状分布于碳酸盐台地或台地边缘等高能相区。地史时期的骨架礁与现代海洋珊瑚礁分布相似，均处于正常的热带或亚热带浅海环境，水深一般不超过 20m。

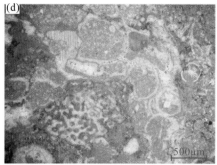

图 8-4　长兴期骨架礁中主要后生造礁生物

(a)房室海绵，宣汉盘龙洞；(b)、(c)纤维海绵，开州红花；(d)房室海绵和纤维海绵相互包覆，宣汉羊鼓洞

　　川东开州红花生物礁按地理位置可划为台内点礁；按造礁生物类型属于海绵礁。通过对红花生物礁剖面的野外丈量和观测研究，发现其经历了 4 期礁体的旋回演化过程，礁内岩性和生物演化具有规律性，按生物礁的生长演化序列和环境组合特征，可划分出礁基、礁核和礁盖等微相，其中礁基主要由生物碎屑滩组成，是生物礁的生长基座，礁核是形成生物礁抗浪块体的主体部分，主要由骨架礁组成(图 8-5)。

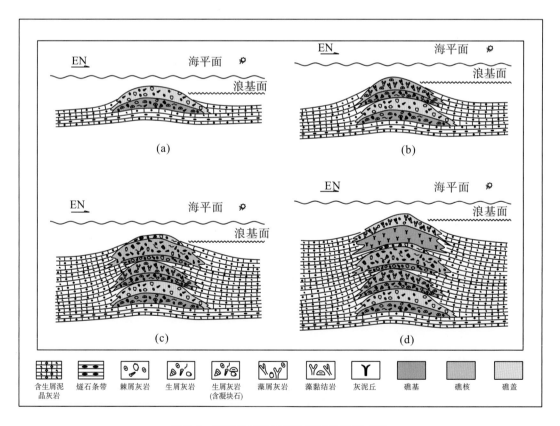

图 8-5　开州长兴组红花生物礁分布模式图

2) 微生物丘

地史时期由底栖微生物主导的生物礁类型在前寒武纪和显生宙时期广泛存在, 通常指以底栖微生物或微生物成因形成主要格架的碳酸盐建隆。底栖微生物的造礁过程与后生造礁生物形成的骨架礁区别明显, 后者直接由后生造礁生物分泌形成钙质骨骼, 而底栖微生物的碳酸盐沉积则存在多种过程, 包括沉积颗粒捕获、生物矿化作用等, 后者能在一定程度上改变周围环境的理化参数。例如, 底栖微生物可以借助光合作用吸收重碳酸盐, 并在细胞体内将其转化为二氧化碳(重碳酸盐泵), 以促进碳酸盐沉淀和钙化作用, 或使之具有捕获、黏结沉积物颗粒的能力。虽然目前就以上过程的细节认识仍较为肤浅, 但底栖微生物的重要作用使其成为生物礁系统中不可或缺的组成部分。

由于微生物细胞有机质极易降解, 因此极少被保存为化石, 但由底栖微生物钙化作用形成的微生物岩可以作为微生物建造的重要识别标志。Flügel (2004) 指出, 受控于底栖微生物对水体能量的敏感性质, 微生物岩的形状和结构与沉积环境或沉积相带关系密切。区内长兴期浅水相区水体能量较高, 生物礁中的古石孔藻(*Archaeolithoporella*)、管壳石(*Tubiphytes*)以及自生泥晶可能属于复杂的微生物作用成因, 后者在薄片中可总结归纳为高密度细粒泥晶结构。另外, 由乳白色或蔷薇色组成的具凝块组构的凝块石、建设性泥晶套、平底晶洞构造等也是其作用下的产物, 可以作为判别微生物丘的重要标志(图 8-6, 图 8-7)。相对而言, 区内似球粒和层状或波状泥晶结构较为少见。

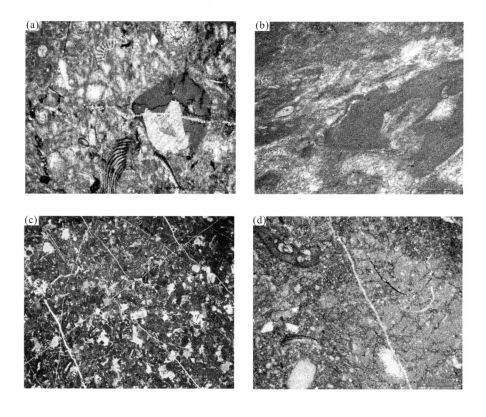

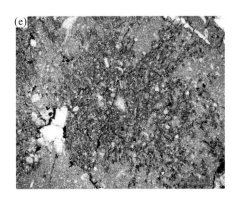
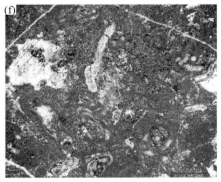

图 8-6　巫溪湾滩河剖面长兴期微生物丘主要特征

（a）、（b）*Tubiphytes* 包覆生物颗粒；（c）生物颗粒外部的建设性泥晶套；（d）、（e）凝块石，斑状凝块组构，其中的泥晶部分被
推测属于微生物作用形成的碳酸盐结构；（f）自生泥晶包裹生物颗粒，其中隐约见纹层结构

图 8-7　巫溪湾滩河剖面长兴期微生物丘岩样

M—乳白色具凝块组构的凝块石；B—生物碎屑；S—平底晶洞构造；F—有孔虫

　　由于底栖微生物可以根据环境变化组成不同群落（自养型和异养型），因此其具有较强的环境适应能力：在特殊的生态环境条件下，底栖微生物也可以通过黏结、捕获适量的颗粒或与同沉积胶结物一起形成微生物丘，现代黑海海底缺氧环境中发现的高达 4m 的微生物丘即为例证，但即便如此，钙离子浓度较高、二氧化碳溶解度较低的海水似乎更有利于以蓝细菌为代表的底栖微生物钙化作用的发生，反映底栖微生物的钙化主要受海洋 pH 的控制。区内长兴期微生物丘主要分布于浅水高能碳酸盐台地边缘和前缘斜坡相区，前者由于海浪搅动加速二氧化碳的耗散，一定程度上促进了微生物丘的生长。

　　3）礁丘

　　礁丘为骨架礁与微生物丘的过渡类型。该类型生物礁中造礁生物既包括钙质海绵等后生生物，也包括大量的底栖微生物，造礁方式多样。

　　由于其通常含有较丰富的后生生物骨架，可以通过结壳形成部分有限格架，但由于礁丘中后生造礁生物的占比较骨架礁小，且造礁生物往往为死后搬运形成，所以由底栖微生物或微生物作用成因的细粒基质（自生泥晶）支撑或包覆联结成为礁丘的重要组构类型（图 8-8），其相互黏结或通过包覆后生造礁生物可形成典型的障积构造（图 8-9）。前

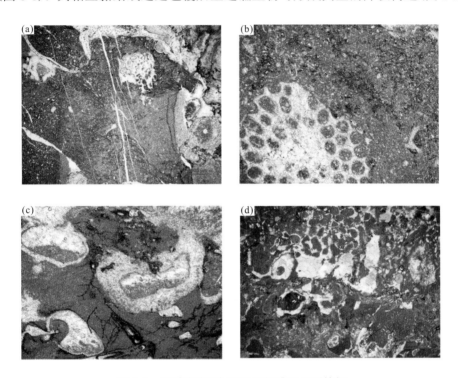

图 8-8　巫溪湾滩河剖面长兴期礁丘主要特征

(a)、(b)凝块石包裹骨架生物；(c)*Tubiphytes* 包覆骨架生物；(d)*Archaeolithoporella* 及自生泥晶包裹骨架生物

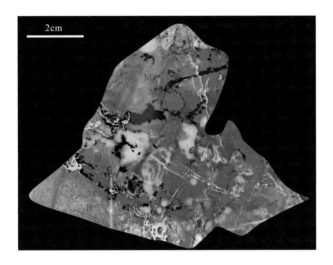

图 8-9　巫溪湾滩河剖面长兴期微生物丘岩样

M—乳白色具凝块组构的凝块石；B—生物碎屑；S—房室海绵

人提及的"海绵-藻礁"类型即具有礁丘的典型特征，由于该类型生物礁的造礁过程普遍具有微生物参与，其发育环境与微生物丘类似。

除上述类型之外，川东地区长兴期还具有由微生物作用结壳形成层状生物建造，其中包含有粗粒的生屑沉积，具建设性泥晶套包裹等特征，但由于其不具备显著的地貌隆起，将该类型划归为微生物岩。

2. 长兴期生物礁组合形式

生物礁作为重要的有机碳酸盐组构类型，在川东地区主要分布于碳酸盐台地及台地边缘相区。受长兴期内不同的生态环境影响控制，生物礁系统内不同类型的造礁生物(后生钙质造礁生物、微生物等)通过参与造礁的行为，形成了长兴期不同的生物礁组合序列。目前川东地区大多数上二叠统含礁剖面因遭受强烈白云石化作用，原岩结构可能难以保留。相对而言，巫溪湾滩河剖面长兴组生物礁相地层整体连续发育，且受成岩作用影响较小，保留有充分的原始地质记录，为从时间序列上深入研究川东地区生物礁组合形式提供了范例(图8-10)。

1)骨架礁-礁丘组合

骨架礁-礁丘组合主要发育于长兴中期，大致对应于 *Clarkina changxingensis* 带(图8-11)。自下向上生物礁组合总体由骨架礁及礁丘构成，下部骨架礁规模较大，主要生长于海百合、腕足、䗴等生物碎屑构筑的硬底之上，生物碎屑颗粒之间常常由同沉积胶结物充填；礁丘则主要发育于骨架礁之上。沉积序列研究表明，该组合主要分布于台地边缘滩(FZ6)以及台地边缘礁(FZ5)(图8-11)。

骨架礁中以骨架岩为主，障积岩次之。骨架岩中后生造礁生物丰富，包括保存完好的纤维海绵、房室海绵和少量水螅，其中房室海绵 *Sollasia* 以丛状、枝状为主，多以倒伏形态产出，周围分布同沉积胶结物；纤维海绵 *Peronidella* 常常由 *Archaeolithoporella* 包覆联结，结壳之间孔洞发育。相比之下，障积岩基质中灰泥含量相对较高，常见 *Tubiphytes* 及 *Archaeolithoporella* 包覆于后生造礁生物之上。骨架礁中附礁生物颇为丰富，包括棘皮类、钙藻、腕足、有孔虫等，通常富集于骨架生物之间。

宏观角度上，礁丘的规模较骨架礁小。礁丘中原地后生造礁生物明显减少，且保存较为破碎，主要由不规则的 *Tubiphytes* 及 *Archaeolithoporella* 相互缠绕或包覆相对细小或破碎的造礁生物构成抗浪格架。另外，由自生泥晶作用构成的凝块石也占有较大比例。这些由底栖微生物作用形成的微格架在一定程度上充当了礁基或礁盖的角色，使原本松散的碎屑颗粒通过黏结作用变得稳定，为纵向叠置发育的骨架礁的建造油奠定了基础。值得注意的是，个别骨架礁-礁丘旋回中礁丘缺失，骨架礁之上直接覆盖棘皮屑滩沉积，可能与沉积速率高有关。

2)礁丘-微生物丘组合

礁丘-微生物丘组合主要发育于长兴中-晚期(图8-11)，大致对应于 *Clarkina yini* 带下部。该生物礁组合中微生物丘普遍发育，自下而上由微生物丘-礁丘构成旋回叠置。沉积序列研究表明，该组合主要分布于台地前缘斜坡(FZ3~FZ4)和台地边缘礁(FZ5)之间。

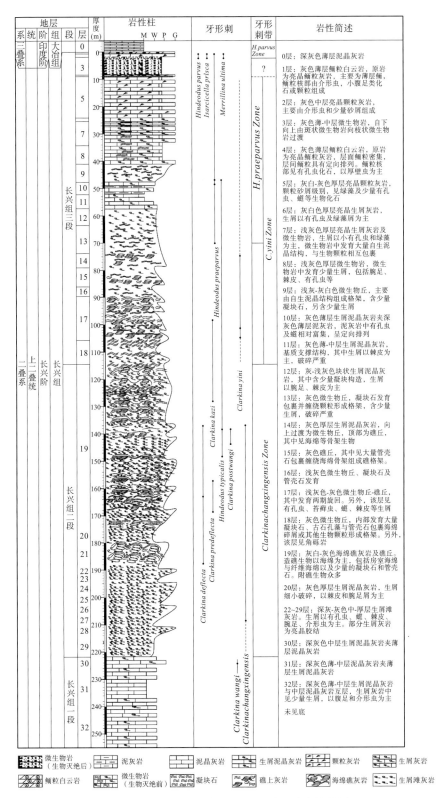

图 8-10　巫溪湾滩河剖面长兴组地层综合柱状图

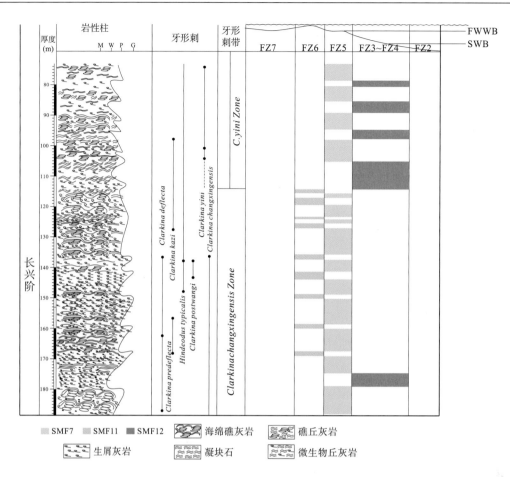

图 8-11　巫溪湾滩河剖面长兴期骨架礁-礁丘(*Clarkina changxingensis* 带)组合
及礁丘-微生物丘(*Clarkina yini* 带下部)组合

该组合中微生物丘规模较小，内部主要由 *Tubiphytes*、*Archaeolithoporella* 及凝块石相
互作用并包裹生物颗粒形成微格架，其中生物颗粒多为异地搬运成因，破碎程度不同，包
括有孔虫、棘皮及腕足等，原地造礁生物几乎未见。起包覆作用的 *Tubiphytes* 形态各异，
在被包覆生物颗粒表面形成全部或局部的包壳，厚度不等；*Archaeolithoporella* 包裹生物
颗粒，但特有的纹层结构相比骨架礁中不十分明显；凝块石或细粒自生泥晶通过黏结颗粒
构成一些大小不等相互支撑的微生物格架。

礁丘的总体特征与前述骨架礁-礁丘组合中大体一致，但该组合海绵等后生造礁生物
进一步减少或趋于破碎，黏结生物以不规则 *Tubiphytes* 为主，周围常被微生物作用的自生
泥晶充填。

3) 微生物丘-微生物岩组合

微生物丘-微生物岩组合主要发育于长兴晚期，大致对应于 *Clarkina yini* 带上部或
Hindeodus praeparvus 带下部(图 8-12)。该组合中海绵等后生造礁生物基本消失，下部主
要由微生物丘组成，向上微生物丘厚度减薄，由地貌隆起微生物丘向中-厚层状微生物岩

过渡(图 8-12)。沉积序列研究表明,该组合主要分布于台地前缘斜坡(FZ3～FZ4)和台地边缘礁(FZ6)之间。

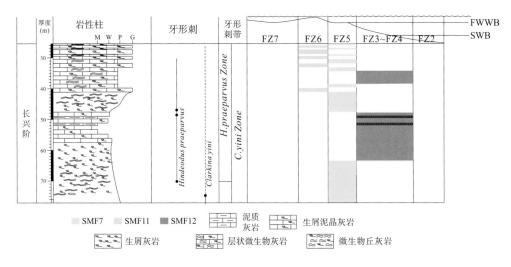

图 8-12　巫溪湾滩河剖面长兴期微生物丘-微生物岩组合(*Clarkina yini* 带上部)

该组合中单个微生物丘最大厚度可达近 10m,但横向延伸性差,内部主要由凝块石组成,由斑状高密度泥晶结构的凝块石包裹颗粒构成格架,颗粒以生物碎屑为主,含少量砂屑,另见平底晶洞构造。微生物丘上覆微生物岩,内部主要由底栖微生物对生物碎屑颗粒形成包壳,即建设性泥晶套,一方面增加了颗粒表面的稳定性,另一方面同生胶结物相互连接颗粒形成微格架。由于该类微生物成因的生物层横向延伸较远(中-厚层),且地貌凸起不明显,已经不属于生物礁范畴。

传统研究认为,长兴晚期的骨架礁是在正常生长背景下突然消亡的,且受海平面下降影响,生物礁顶部存在不同程度的剥蚀。巫溪湾滩河剖面长兴组地层发育齐全,生物礁组合形式表明,由于长兴中-晚期骨架礁生态系与底栖微生物生态系的协同演化,生物礁类型发生渐进式的生态演替作用。

8.1.2　生物礁系统演化

1. 长兴期生物礁系统的生态演替

晚二叠世长兴期是华南地区生物礁形成的繁盛时期,二叠纪末受生物灭绝事件影响,生物礁系统遭受了彻底破坏,从此全球进入了长达 10Ma 的无礁期。王生海等(1996)认为,长兴末期后生造礁生物丰度和分异度最高,标志着长兴期骨架礁达到极盛,随后受二叠纪末海洋生态环境的影响,骨架礁生物群面貌在正常演替背景下突然消亡。但近年来更多翔实的生物礁地层记录研究已经证明,华南大部分剖面晚二叠世长兴期骨架礁的礁顶与生物灭绝界线存在一定的距离,且由于受晚二叠世末期海平面下降的影响,原先被认为连续的礁相剖面可能存在地层缺失和沉积间断(如贵州紫云剖面、重庆老龙洞剖面等),可能导致生物礁演化序列中断或缺失。虽然学术界对底栖微生物在生物礁系统中的贡献程度争论不一，但毋庸置疑，地史时期的生物礁广泛存在骨架礁生态系和微生物生态系共生的实例，长兴期骨架礁生态系与底栖微生物生态系在生物礁系统演化中分别扮演何种角色？长兴晚期骨架礁的崩溃是否意味着与之共生的底栖微生物随之消亡？以上问题还需要进行连续礁相沉积剖面高精度生物地层限定与对比研究。

川东地区典型连续生物礁剖面研究表明，长兴期生物礁系统自下而上总体由骨架礁-礁丘组合、礁丘-微生物丘组合、微生物丘组成，根据其组合类型可将其分为 3 个期次，时间跨越 *Clarkina changxingensis* 带—*Clarkina yini* 带，属于长兴中-晚期。

1) 第一期次

骨架礁-礁丘主要分布于 *Clarkina changxingensis* 带内。生物礁内部以海绵为主的后生造礁生物丰富，包括保存完好的 *Peronidella*、*Sollasia* 及 *Amblysiphonella* 等，丰度一般为 50%～60%，与此同时，*Archaeolithoporella* 等皮壳状生物也较为繁盛，其或匍匐生长构成硬底，或缠绕造礁生物形成支撑结构。纵向上生物礁由多套旋回叠置或侧置构成，包括骨架礁、微生物参与的礁丘及少量的微生物丘(图 8-13)。该阶段底栖微生物作用形成的非酶控碳酸盐是生物礁格架中不可或缺的组成部分。

2) 第二期次

礁丘-微生物丘主要分布于 *Clarkina yini* 带下部。该期次生物礁内造礁群落开始发生变化，后生造礁生物开始减少，海绵等骨架生物趋于变小，或以生屑形式赋存于地层中，后者被认为其来源可能为异地搬运作用形成。广泛存在凝块石或 *Tubiphytes* 对生物颗粒或小型海绵体的包裹或包覆现象，前者表明底栖微生物群落与后生造礁生物死亡后留下的硬体部分的相互作用，使底栖微生物逐渐成为主要的礁格架建造者；后者则在很大程度上反映了该时期后生造礁生物群生长形态的变化(图 8-13)。后生造礁生物是在正常演替过程中逐渐衰亡的，底栖微生物生态系逐渐发展，占据骨架礁生态位，渐进式完成对骨架礁生态系的演替过程。

3) 第三期次

长兴期微生物丘主要分布于 *Hindeodus praeparvus* 带下部。该时期随着原先海绵等后生造礁生物群落的解体，底栖微生物已经发展成为主要的造礁生物(图 8-13)，微生物丘中含绿藻、海百合屑及少量小有孔虫、蜓类等。长兴晚期微生物丘最终消失于 *Clarkina yini* 带顶部或 *Hindeodus praeparvus* 带上部，上覆颗粒滩沉积，至此，古生代生物礁系统遭受彻底破坏并消亡。

前人研究显示扬子地区多条上二叠统—下三叠统地层剖面中生物群落演替具有较好的可比性。本次通过四川华蓥山、巫溪湾滩河、宣汉盘龙洞、慈利康家坪以及湖北崇阳剖面(图 8-14)进行生物群对比。

结果显示，以上剖面长兴期骨架礁均未发育至二叠系—三叠系界线，在生物集群灭绝界线之前(标注红线)已经消亡(图 8-14)。Tong 等(2000)和谢树成等(2011)根据华南长兴期绝大部分骨架礁在灭绝界线之下消亡的现象，指出华南礁生态系早于非礁相生物灭绝。

巫溪湾滩河剖面表明，海绵等后生造礁生物的消失层位大致界定于 *Hindedous praeparvus* 带底部，大致相当于煤山剖面 24 层 c 位置，但区域上骨架礁生态系的崩溃是否具有同时性尚需更多剖面高精度生物地层的对比研究。

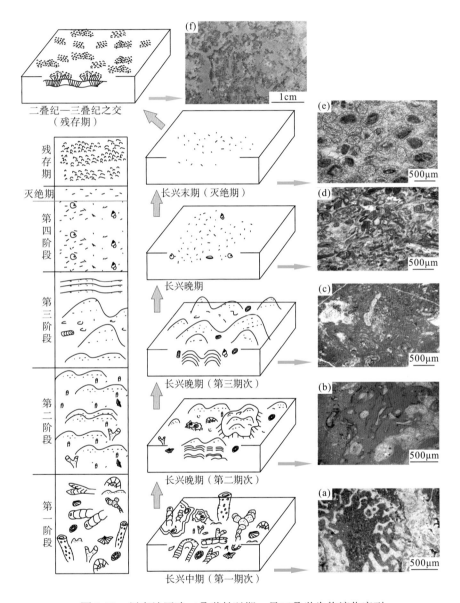

图 8-13 川东地区晚二叠世长兴期—早三叠世生物演化序列

(a)海绵骨架岩；(b)*Tubiphytes* 包覆骨架生物；(c)微生物岩，自生泥晶包裹生物颗粒，其中隐约见纹层结构；(d)含有孔虫-绿藻屑颗粒灰岩；(e)具有孔虫包壳的亮晶鲕粒灰岩；(f)生物集群灭绝后的微生物岩，具枝状及穿隆状构造

多数剖面在长兴期骨架礁和生物集群灭绝界线之间，还存在一段钙质绿藻-有孔虫-海百合群落的生屑灰岩。在巫溪湾滩河剖面，可与长兴晚期微生物丘及微生物岩发育层位对比。受长兴晚期华南地区大规模海退事件影响，区域上许多生物礁剖面长兴阶顶部地层存

在不同程度的暴露, 可能导致华南地区生物礁生态系灭绝过程记录的不完整, 巫溪湾滩河剖面长兴期微生物丘记录则在很大程度上补充了长兴期生物礁系统的演化过程。

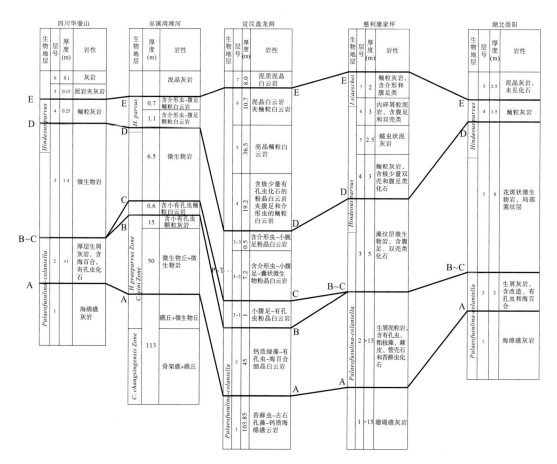

图 8-14　四川华蓥山—巫溪湾滩河—宣汉盘龙洞—慈利康家坪—湖北崇阳晚二叠世—早三叠世生物
群演替对比 (据刘丽静等, 2014, 部分修改)

A 线之下为后生造礁生物; A 线为后生造礁生物灭绝线; A～B 线, 钙质绿藻-有孔虫-海百合群落; B 线为生物集群灭绝线;
C 线为生物集群灭绝后微生物岩底界; D 线为生物集群灭绝后微生物岩顶界; E 线为早三叠世深水沉积泥晶灰岩底界

　　巫溪湾滩河长兴期生物礁系统的演化过程表明, 长兴中-晚期骨架礁生态系与微生物生态系曾经在生物礁系统演化中相互依存, 长兴末期 (*Hindeodus praeparvus* 带下部), 随着海绵等后生造礁生物的消亡, 底栖微生物生态系繁盛, 生物礁系统经历了骨架礁生态系向底栖微生物生态系的渐进式演替过程。底栖微生物生态系作为生物礁系统中造礁群落最后的幸存者, 其作用形成的微生物丘代表了晚古生代生物礁系统的最后面貌。

　　2. 生物礁系统演化与环境响应

　　一方面, 地史时期骨架礁生态系主要发育以钙质骨骼为代表的生物碳酸盐建造, 该过程吸收海洋和大气中的二氧化碳, 对大气-海洋碳循环过程起到了重要的调节作用。另一方面，骨架礁生态系的演化过程对海洋温度、盐度及水体营养化程度等环境因素的影响十分敏感，几乎环境中任何的抑制因素均可造成骨架礁生态系的消亡。虽然地史时期骨架礁生态系曾经经历多次快速衰亡和重建，但晚二叠世骨架礁生态系间断时期长达 10Ma，期间漫长而复杂的环境变化因素不可忽略。吴亚生等（2006）通过对比研究四川华蓥、重庆北碚和贵州紫云等礁相剖面，认为长兴期生物礁系统演化过程划分为两幕：首幕表现为钙质海绵等狭适性生物灭绝和骨架礁生态系崩溃；次幕发生于骨架礁顶部与大灭绝界线之间，主要包括小腹足类，小型钻孔生物以及介形类等广适性生物，即便这种认识可能受礁相地层完整性局限，但是生物礁系统多幕式演化认识为我们认识长兴晚期的浅水海洋生态环境变迁提供了有别于传统的独特视角。

巫溪湾滩河长兴期礁相沉积地层完整，晚二叠世长兴期生物礁系统总体经历了骨架礁生态系—底栖微生物生态系的渐进式演替过程。以海绵为代表的骨架礁主要分布在 *Clarkina changxingensis* 带（第一期次），部分后生造礁生物与底栖微生物构筑形成的礁丘及微生物丘分布于 *Clarkina yini* 带下部（第二期次），在此期间，由于礁体内部不同部位环境多样，能为不同类型的造礁生物提供栖息环境，形成了底栖微生物生态系和骨架礁生态系等多种造礁生物群落，微生物生态系渐进式占据骨架礁生态系的生态空间（图 8-15）。

从 *Hindeodus praeparvus* 带开始（第三期次），对环境具有敏感指示功能的骨架礁生态系最终消亡，反映了此时浅水碳酸盐台地及台地边缘环境已经不适合骨架礁生态系生存，同时，长兴期骨架礁的崩溃对海洋-大气的碳循环也会造成很大影响，碳同位素曲线明确指示骨架礁生态系灭绝后海洋环境发生频繁波动的变化。相比骨架礁生态系，底栖微生物生态系则具有更强的环境适应能力，可以根据环境条件的变化，自发调整其群落组成，以适应不同的环境，不容易受到水体缺氧、温度升高等环境因素的影响。骨架礁消亡之后，底栖微生物生态系通过黏结生物颗粒等方式建立起一定规模的格架，很快进入良性循环发展阶段，并呈现出规模性繁盛（图 8-15），同时伴生少量小有孔虫、蜓、绿藻及介形虫等其他生物。

作为地球系统重要的分解者和生产者的组成部分，底栖微生物生态系与骨架礁生态系具有相似的生态功能，在碳循环中发挥着关键的驱动作用，对海洋及其沉积物碳固定通量和生态环境的调节具有重要贡献，生物礁系统演化过程类似于 Gaia 理论中的雏菊世界模型。即便如此，随着长兴末期海洋生态环境向极端情况发展，底栖微生物生态系作为古生代生物礁系统最后的造礁群落，最终消失于 *Clarkina yini* 带顶部或 *Hindeodus praeparvus* 带上部。底栖微生物生态系的消亡不仅是对生物礁系统的重要打击，同时也反映当时的地球表层系统受到了致命破坏。碳同位素变化表明，微生物生态系崩溃与碳同位素负偏几乎一致。上覆亮晶颗粒灰岩层中仅含有少量广适性生物，如介形虫、小有孔虫、腹足和双壳类等，这些生物群在灭绝界线附近最终消失，以鲕粒灰岩沉积代表了生物灭绝时期浅水相区极端恶化的生态环境（图 8-15）。

由于骨架礁生态系和底栖微生物生态系两者对环境胁迫具有不同的响应特征，晚二叠世生物礁系统中骨架礁生态系向底栖微生物生态系的演替过程明显受控于长兴晚期不同期次环境因子的抑制作用。川东地区浅水碳酸盐台地相区在二叠纪末生物灭绝之前的海洋生态环境已经开始发生改变，同时，这种渐进式演替过程充分表明，长兴晚期的海洋生态环境已经出现持续动荡变化和阶段性恶化，直至生物灭绝的来临。

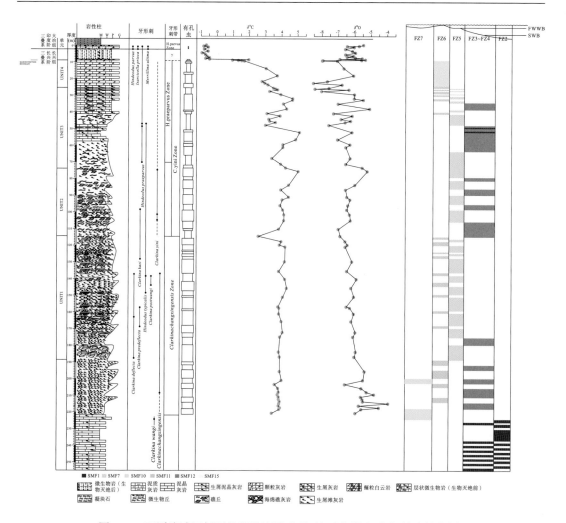

图 8-15　巫溪湾滩河剖面长兴组地层-生物-地球化学-沉积相综合柱状图

3. 生物礁系统演化与台地边缘的构筑

碳酸盐台地边缘的构筑过程由不同时空内沉积物的加积或进积作用产生。研究碳酸盐台地边缘沉积相变化特征及沉积相展布可以综合反映地史时期海平面升降、区域大地构造演化、古气候、古生态、沉积物生产率及沉积物输入量等环境因素的变化，并能够揭示全球及区域因素对碳酸盐台地演化的控制。许多现代及古代碳酸盐台地边缘都发育有骨架礁，虽然生物格架发育直接影响沉积相带的组成和分布，但是骨架礁在碳酸盐台地边缘演化过程中所扮演的角色还不完全清楚。目前微生物在碳酸盐台地生物礁的建造作用受到广泛关注，高压异常环境利于微生物生态系繁盛，在重大环境转折期，微生物碳酸盐沉积往往成为碳酸盐台地边缘的主要贡献者。

川东地区长兴早期，具典型镶边碳酸盐台地尚未形成，台地与斜坡之间不具明显坡折。斜坡与开阔台地直接相连，前者相带宽阔，碎屑流发育，垂向呈正粒序变化，底部与下伏岩层突变接触，该时期斜坡相重力滑塌等沉积构造欠发育(图 8-16)。

　　长兴中期开始(*Clarkina changxingensis* 带)，川东地区以开江—梁平海槽和城口—鄂西海槽为代表的深水沉积区的发育，标志着区内同沉积断裂活动的增强；同时在深水沉积区周缘断阶相对隆升地区，水体相对较浅，对该时期生物碳酸盐建隆起到积极作用，区内碳酸盐台地边缘地区生物礁开始繁盛，特别是后生造礁生物的发育，形成了一系列以海绵障积岩和海绵骨架岩为主的台地边缘骨架礁(如宣汉盘龙洞、巫溪湾滩河等地区)。一方面，由于后生造礁生物正向营建速率较高，台地边缘礁滩的发育在垂向上构成进积-加积组合序列，促进碳酸盐台地镶边形成。另一方面，已固结或半固结的台地边缘浅水沉积物在重力作用驱动下常发生大规模的块体搬运和再沉积作用，使台地前缘斜坡开始迅速变陡(图 8-16)。

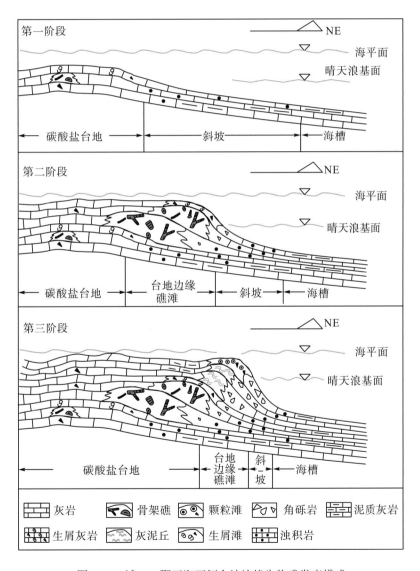

图 8-16　城口—鄂西海西侧台地边缘生物礁发育模式

长兴晚期(*Clarkina yini* 带),随着后生造礁生物为代表的优势种属逐步被底栖微生物生态系取替,底栖微生物占据骨架礁生态空间,在台地边缘形成微生物丘及微生物岩,该叠置组合具有较高的碳酸盐沉积速率,与其上覆滩相沉积叠置组合,进一步促进台地边缘正向地貌的发育。该阶段台地前缘斜坡普遍发育滑塌角砾岩等重力流沉积,使斜坡坡度达到最大,最终形成了区内较为陡峭的台地边缘(图8-16)。

8.1.3 典型浅水平底动物群

川东乃至整个华南地区上二叠统海相地层分布广泛,其中非䗴有孔虫和䗴类有孔虫化石尤其丰富。由于非䗴有孔虫及䗴类有孔虫主要适应底栖生活,大多分布于有氧的水层-沉积物界面之间,是重要的浅水平底生态动物群和海洋食物链中的一级消费者,在其生态系中拥有特殊的表现形式,特别是其对海洋理化条件的依赖性较强,因此非䗴有孔虫和䗴类有孔虫对生态环境的变迁具有敏感的指示功能。通过其演化过程,可以有利于丰富晚二叠世浅水相区海洋底栖生态系的演变过程,同时有助于正确认识晚二叠世浅水相区海洋生态环境演化历程。

1. 有孔虫类型

现今对地史时期有孔虫分类一般依据有孔虫壳质成分和壳壁结构进行划分,即网足虫亚目、串珠虫亚目、小栗虫亚目、䗴亚目、轮虫亚目及内卷虫亚目。晚二叠世是古生代有孔虫的繁盛时期,但大多数有孔虫未能跨越二叠纪末的生物灭绝界线。川东地区上二叠统长兴阶地层中产出的有孔虫化石以串珠虫亚目、䗴亚目及内卷虫亚目占优势。

1)串珠虫亚目

由于其具有易石化保存的胶结型壳体,串珠虫亚目在有孔虫动物的演化中具有时限长、分布广泛的特点。川东地区长兴阶地层中主要包括球旋虫属 *Glomospira dublicata Lipina*、*Glomospira elegans Lipina* 等。串珠虫亚目中的许多古生代类型均穿越了二叠系—三叠系的灭绝界线,其中以砂盘虫超科最为典型,具简单胶结壳的砂盘虫超科甚至在早三叠世晚期出现阶段性高峰,明显早于其他有孔虫类型乃至其他动物群的复苏和辐射。

2)䗴亚目

作为复杂而又富有特色的大型晚古生代原生动物类,䗴亚目与内卷虫同属有孔虫中具钙质微粒壳的类型,但䗴亚目个体较大,往往具有复杂的隔壁和旋脊以及分层的壳壁结构。晚古生代䗴亚目不断演化发展,直至晚古生代末期迅速灭绝,是二叠纪末生物灭绝事件中较为典型的生物类群。川东地区长兴阶地层中主要包括 *Palaeofusulina*、*Nankinella*、*Sphaerulina* 以及 *Reichelina* 等。值得注意的是,䗴类有孔虫的主要衰退时期并非发生于二叠纪末,而是在中二叠世末期。晚二叠世䗴类有孔虫新生属种较少,二叠纪末该类群全部灭绝。

3）内卷虫亚目

内卷虫亚目与䗴亚目关系密切，也是晚古生代最为繁盛的海洋生物类群之一。相比之下，内卷虫类在晚古生代始终处于兴盛时期，该类群 6 个超科在二叠纪末全部灭绝，有少量成员（3 个超科）残存至三叠纪晚期，即使如此，后者仅个别属种跨越二叠纪末的生物灭绝界线。川东地区长兴阶地层中主要包括格涅茨虫 *Geinitzina gigantea* K.M.-Maclay、*Geinitzina uralica* Suelimanov 等；厚壁虫 *Pachyphloia lanceolata* K.M.-Maclay、*Pachyphloia multiseptata* Lange、*Pachyphloia solida* K.M.-Maclay、*Pachyphloia ovata* Lange、*Pachyphloia solida* K.M.-Maclay、*Pachyphloia* paraovata K.M.-Maclay、*Pachyphloia paraovata maxima* K.M.-Maclay、*Pachyphloia robusta* K.M.-Maclay、*Pachyphloia guangxiensis* 等；柯兰尼虫 *Colaniella nana* K.M.-Maclay 等；古串珠虫 *Palaeotextularia gibbosa minima* Lipina、*Palaeotextularia eogibbosa* Putrya、*Palaeotextularia angusta*（Reitlinger）、*Palaeotextularia gibbosaeformis*（Reitlinger）、*Palaeotextularia primitiva*（Reitlinger）等；筛串虫 *Cribrogenerina verbeeki* Lange、*Cribrogenerina* cf.*nana* Lin、*Cribrogenerina verbeeki* Lange、*Cribrostomum maximum* Lee et Chen 等；球瓣虫 *Globivalvulina globosa* Wang、*Globivalvulina kantharensis* Reichel、*Globivalvulina laxa*（sp.nov.）、*Globivalvulina globosa* Wang 等，其余还包括巴东虫（*Padangia*）及德克虫（*Deckerella*）等。内卷虫亚目在区内长兴期极为丰富，其集群灭绝发生于二叠纪末，属灭绝率达 93%，种灭绝率为 98%。

4）小栗虫亚目

该类群具有特征性的不分层似瓷质壳体。其在古生代地层中一般不占优势地位，川东地区晚二叠世长兴阶地层中以类半金线虫（*Hemigordius*）为主，包括 *Hemigordius guangdongensis*（Hao et Lin）、*Hemigordius hubeiensis*（Lin）、*Hemigordius discoides*、*Hemigordius specialis*、*Hemigordius parvus* 等。

5）轮虫亚目

轮虫亚目是唯一发源于晚古生代时期的钙质透明多孔壳类群。由于其在种级水平上通常具有较高的分异度，所以在晚古生代有孔虫类别组成中常常占有一定的优势。该亚目包括两个超科，其中节房虫超科（Nodosariacea）在上二叠统中较为常见，川东地区晚二叠世长兴阶地层中主要包括节房虫 *Nodosaria mirabilis caucasica* K.M.-Maclay、*Nodosaria bella* Lipina、*Nodosaria tenuiseptata* Lipina、*Nodosaria mirabilis caucasica* K.M.-Maclay 等；假橡果虫 *Pseudoglandulina fallax*，*Pseudoglandulina inflataeforma* Lin，Li et Zheng，*Pseudoglandulina paracomica* K.M.-Maclay 等；叶形虫 *Frondicularia laxa*（sp.nov）、*Frondicularia palmata* Wang、*Frondicularia guangxiensis* Lin 等。瓶虫类虽然在属级水平上演化较为稳定，但在种级水平上于二叠纪末存在明显的衰减，直至中三叠世才开始复苏。该亚目有孔虫是二叠纪末生物灭绝事件后重要的残存生物类群。

综上，晚二叠世长兴期有孔虫动物群的优势类群主要由丰度和分异度较高的钙质微粒壳组成的䗴亚目和内卷虫亚目组成，二叠纪末有孔虫动物群的灭绝主要是内卷虫和䗴类的灭绝。

2. 有孔虫组合

综合川东地区长兴期碳酸盐台地剖面有孔虫动物群的分布特征,在川东地区长兴组地层建立一个蜓类化石组合和四个非蜓有孔虫化石组合。

1) *Palaeofusulina* 组合

该组合分布于长兴阶中-上部。组合类型以 *Palaeofusulina* 为主,其他包括 *Reichelina*、*Nankinella* 等。*Palaeofusulina* 属以纺锤形为特征,壳圈包卷较松,隔壁强烈褶皱而规则,旋壁具双层结构为特点,分异度相对较低。川东地区长兴阶可辨识以 *Palaeofusulina sinensis* Shen 为主的生物分子,共生分子还包括 *Reichelina changhsingensis* Sheng et Chang、*Reichelina pulchara* K.M- Maclay、*Nankinella orientalis* R.M-Macley 等,均为华南地区长兴期常见分子。该组合主要产自具包壳结构的藻-有孔虫亮晶生屑灰岩、礁丘及微生物丘中,反映了水体能量较高的台地边缘环境。

2) *Pseudoglandulina-Pachyphloia* 组合

该组合在长兴阶地层中均有分布,但丰度较低。组合包括 *Pachyphloia lanceolata* K.M.-Maclay,*Pachyphloia multiseptata* Lange,*Pachyphloia lanceolata maxima* K.M.-Maclay,*Pachyphloia ovata* Lange,*Pseudoglandulina conica* Wang,*Pseudoglandulina fallax*,*Frondicularia laxa*(sp.nov),*Frondicularia palmata* Wang,*Pseudoglandulina inflataeforma* Lin,Li et Zheng,*Pseudoglandulina paracomica* K.M.-Maclay,*Pseudovidalina parallella* Lin 等,该组合中除少部分有孔虫发育于含保存相对完整生屑的泥晶灰岩中,大多数产出于经强烈生物扰动的生屑泥晶灰岩或泥晶生屑灰岩中,普遍代表了水体较为动荡的开阔台地环境。

3) *Geinitzina-Nodosaria-Palaeotextularidae* 组合

该组合主要分布于长兴阶中-上部。组合包括 *Cribrogenerina cf.raphanina* Xu,*Cribrogenerina hemisphaera* Lin,Li et Sun,*Cribrostomum maximum* Lee et Chen,*Cribrogenerina oviformis*(Morozova),*Palaeotextularia longiseptata* Lipina,*Palaeotextularia gibbosa minima* Lipina,*Palaeotextularia eogibbosa* Putrya,*Palaeotextularia angusta*(Reitlinger),*Palaeotextularia gibbosaeformis*(Reitlinger),*Palaeotextularia primitive*(Reitlinger),*Nodosaria catenibulliformis* Xu,*Nodosaria longissima* Suleimanov,*Geinitzina gigantea* K.M.-Maclay,*Geinitzina uralica* Suelimanov,*Frondicularia laxa*(sp.nov),*Frondicularia palmata* Wang 等,该组合为川东地区长兴中-晚期典型有孔虫组合,主要产自碳酸盐台地或台地边缘具包壳结构的藻-有孔虫亮晶生屑灰岩或泥晶充填的有孔虫-钙藻灰岩中,沉积环境水体能量较高,部分破碎的有孔虫壳体表明其死亡后可能经历了波浪的搬运。

4) *Glomospira-Globivalvulina* 组合

该组合主要分布于川东地区长兴阶上部地层中。组合包括 *Globivalvulina kantharensis* Reichel、*Globivalvulina laxa*(sp.nov.)、*Globivalvulina globosa* Wang、*Glomospira dublicata* Lipina、*Glomospira elegans* Lipina、*Glomospira ishimbaica* Lipina、*Glomospira regularia* Lipina、*Globivalvulina globosa* Wang 等。该组合分异度一般，分布相对局限。开阔台地中含保存相对完整的生屑泥晶灰岩或具定向排列的泥晶生屑灰岩中常见该组合类型，台地边缘等高能地区多为破碎较为严重的生物壳体，指示其生长可能更适宜水体能量中等环境。

5）*Colaniella* 组合

Colaniella 是华南地区长兴阶具代表性的非蜓有孔虫类型，形态独特、结构精细：房室高穹隆状，呈叠瓦状强烈超覆，内部由具纵向放射状排列的隔壁组成。主要分布于长兴阶中-上部，前人多以 *Colaniella* 作为长兴阶重要的标准化石。川东地区长兴阶 *Colaniella* 较为少见，包括 *Colaniella nana* K.M.-Maclay、*Colaniella* Likhare 等。该组合主要产出于具包壳结构的藻-有孔虫亮晶生屑灰岩以及生屑具定向排列分布的泥晶生屑灰岩中，壳体破碎严重，保存程度总体较差，其生长环境可能为水体能量较低环境。

3. 长兴期有孔虫分布

通过对巫溪湾滩河剖面长兴组地层采样及镜下观察，共鉴定出非蜓有孔虫 13 属，分别为 *Hemigordius*、*Palaeotextularia*、*Geinitzina*、*Glomospira*、*Cribrogenerina*、*Climacammina*、*Frondicularia*、*Pachyphloia*、*Agathammina*、*Pseudoglandulina*、*Nodosaria*、*Globivalvulina* 及 *Colaniella*。区内蜓类有孔虫有 5 属，分别为 *palaeofusulina*、*Reichelina*、*Nankinella*、*Codonofusiella* 及 *Sphaerulina*，可进一步划分为 *Gallowaiinella meitianensis* Chen、*Palaeofusulina sinensis* Sheng、*Reichelina changhsingensis* Sheng et Chang、*Sphaerulina crassispira* Lee、*Nankinella discoides* Lee。

垂向分布上，巫溪湾滩河剖面非蜓有孔虫及蜓类有孔虫分布趋势相对一致。*Clarkina changxingensis* 带内，非蜓有孔虫及蜓类有孔虫相对繁盛，其中非蜓有孔虫以 *Palaeotextularia*、*Cribrogenerina*、*Pachyphloia* 及 *Pseudoglandulina* 相对富集（图8-17），蜓类则包括 *palaeofusulina*、*Reichelina*、*Nankinella* 等，该时期有孔虫动物群表现为较高的丰度和分异度。*Clarkina yini* 带开始，沉积环境总体稳定，但非蜓有孔虫如 *Palaeotextularia*、*Glomospira*、*Cribrogenerina* 及 *Nodosaria*，蜓类 *Nankinella* 相对增多，其他属种含量则相对减少（图8-17）。*Clarkina yini* 带上部或 *Hindeodus praeparvus* 带下部，有孔虫动物群丰度和分异度开始发生明显变化，其中有孔虫动物群整体以 *Glomospira-Globivalvulina* 组合为主（图 8-17），其他有孔虫组合相对减少，同时有孔虫化石含量也开始出现震荡性减少。*Hindeodus praeparvus* 带上部，有孔虫动物群中 *Glomospira-Globivalvulina* 组合也开始减少，但 *Pachyphloia* 有相对增多的趋势，蜓类有孔虫如 *palaeofusulina* 仅在个别层位可见。至生物灭绝界线，有孔虫动物群基本消失，其中蜓类有孔虫彻底消亡（图8-17）。

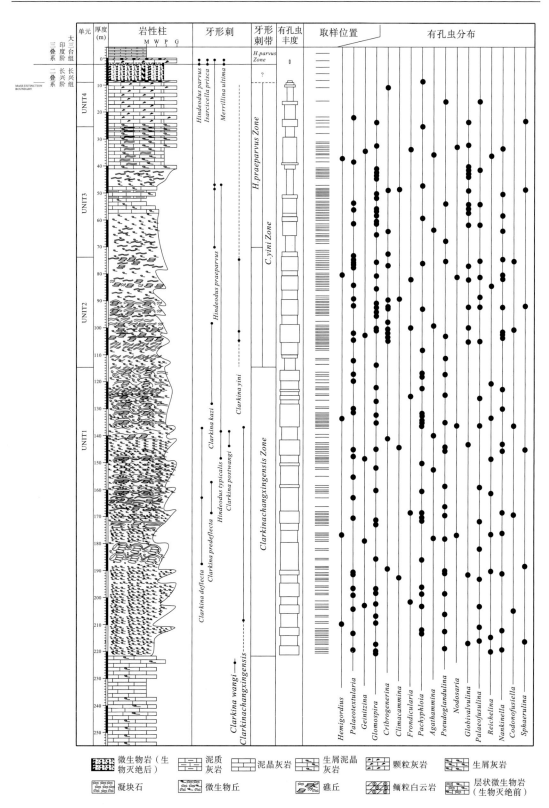

图8-17　巫溪湾滩河剖面长兴组有孔虫分布

8.1.4　有孔虫演化与环境响应

随着二叠纪—三叠纪生物集群灭绝事件研究的深入，近年来在浙江长兴煤山剖面针对浅水平底动物群开展了许多高分辨率化石记录研究，其中腕足动物研究表明，二叠纪末生物集群灭绝事件导致 73%的腕足动物科和 81%的属灭绝，然而就腕足动物群是否在界线附近一次性灭绝还存在广泛的争论。Jin 等(2006)认为，有孔虫的地层记录对解释重大地史转折期的地球环境和生命过程具有至关重要的作用。古生代有孔虫主体灭绝(80%以上物种)在界线之下数十厘米处，但仍有少数种属延伸至界线附近，甚至界线之上才最终消失，然而关于二叠纪晚期有孔虫动物群灭绝幅度、过程等问题尚缺乏清楚的模式。

煤山剖面长兴阶有孔虫分布表明，有孔虫动物群丰度在 25 层和 28 层分别出现两次明显的骤减变化。25 层和 28 层的黏土层将二叠纪—三叠纪之交的有孔虫动物群分割为 3 个不同数量级别的阶段：第一阶段为 13～24 层，大致对应 *Clarkina changxingensis* 带和 *Clarkina yini* 带，该阶段平均单张薄片有孔虫化石数量达 32.5 个。第二阶段为 25～27 层(过渡层)，即 *Clarkina meishanensis* 带、*Clarkina zhejiangensis-Hindeodus changxingensis* 组合带以及 *Hindeodus parvus* 带，该阶段平均单张薄片仅含有孔虫化石 4.1 个。第三阶段即 28 层以上，仅有个别有孔虫属出现(图 8-18)。

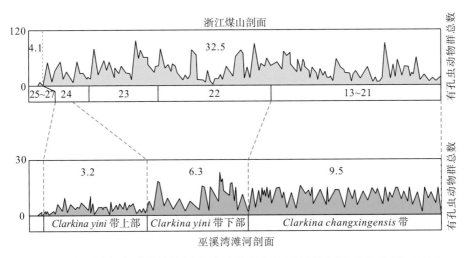

图 8-18　长兴煤山及巫溪湾滩河有孔虫动物群丰度变化(煤山剖面据宋海军，2012)

除此之外，通过精细分析晚二叠世长兴晚期有孔虫动物群丰度变化表明，一方面，煤山剖面有孔虫动物群实际在 22～24 层已经开始出现变化，自 22 层开始，有孔虫属种的丰度已经呈现出明显频繁波动式变化；另一方面，24 层中部开始，有孔虫属种出现渐变式衰减(图 8-18)。

川东巫溪湾滩河剖面长兴中期有孔虫化石均相对密集，其中在 *Clarkina changxingensis* 带内，剖面平均单张薄片有孔虫化石数量达 9.5 个，且具有较高的分异度。然而自 *Clarkina yini* 带开始，巫溪湾滩河剖面有孔虫含量开始发生变化，其中 *Clarkina yini* 带下部平均单张薄片有孔虫数量介于 2.0~13.5 个之间,平均为 6.3 个; *Clarkina yini* 带上部或 *Hindeodus praeparvus* 带下部开始,有孔虫含量在频繁波动变化中逐渐衰减,平均为 3.2 个,且分异度明显降低,此次有孔虫属种衰退并没有得以恢复,至大灭绝界线附近,蜓类有孔虫群全部消亡(图 8-18)。

巫溪湾滩河剖面长兴期主要处于台地边缘环境,沉积环境总体稳定,且生物碳酸盐沉积速率较高,高精度化石采样可以基本排除化石在地层中的模糊效应。通过对比煤山剖面有孔虫化石垂向分布和演化,认为两者在有孔虫化石含量方面存在相同或相似的变化趋势:长兴晚期 *Clarkina yini* 带开始,有孔虫动物群已经开始出现变化,且至生物灭绝主幕时期,海相碳酸盐区有孔虫动物群含量的确出现过渐变式衰减(图 8-18)。

对比巫溪湾滩河剖面以有孔虫动物群为代表的浅水平底动物群落和生物礁系统演化过程,认为两者也具有相似的演化特征。以骨架礁生态系为主的第一期次阶段,有孔虫动物群丰度较高,分异明显。第二期次开始,随着海绵等后生造礁生物逐渐衰减和消亡,有孔虫动物群分异度开始降低,丰度呈现出频繁波动式变化。第三期次开始时,骨架礁生态系彻底消亡,有孔虫动物群化石含量也发生相应的阵发性衰减,其中蜓类最终消亡于大灭绝界线,仅有少量非蜓有孔虫穿越界线,且小型化明显。

有孔虫动物群和生物礁生态系作为典型的浅水底栖生物群,对长兴晚期环境的变迁具有相似的环境响应特征,应该说这绝对不是偶然的结果。典型浅水底栖动物群的演化均反映出二叠纪末生物灭绝之前,浅水相区生态环境已经呈现出一系列不稳定性征兆,并促使浅水相区底栖动物群产生了相应的响应和反馈。

8.2　晚二叠世长兴期深水底栖动物群演化

川东地区晚二叠世长兴期深水环境主要指风暴浪基面之下的低能陆棚环境,沉积物主要由原地灰泥、细粒颗粒以及泥质组成,具有颜色较深,泥晶/颗粒比较高等特征,主要分布于具有断陷半深海性质的城口—鄂西海区域。区内晚二叠世长兴期典型深水环境的平底动物群以造迹生物为主,长兴中-晚期大隆组地层中富含多种遗迹化石,作为晚二叠世长兴期深水环境的重要载体,大隆组遗迹化石充分反映了长兴中-晚期深水平底动物群的生命活动、生态习性和生活环境,为研究晚二叠世长兴期深水底栖生物的殖居过程和海洋环境的变迁相互作用提供了良好素材。

8.2.1　遗迹化石的基本类型

与地史时期生物的全部或部分形成实体化石不同,遗迹化石注重生物在沉积物表面或内部活动的行为习性表现,这些遗迹化石并非生物骨骼部分,但却可以直接提供与生物习性相关的信息。

川东地区大隆组沉积时限为长兴中-晚期,普遍为深水陆棚-盆地相沉积,其中巫溪红池坝剖面大隆组地层出露完整(图 8-19),遗迹化石丰富,产遗迹化石 9 属 14 种。根据其中造迹生物的行为习性分类(图 8-20),大隆组遗迹化石可划分为 5 类。

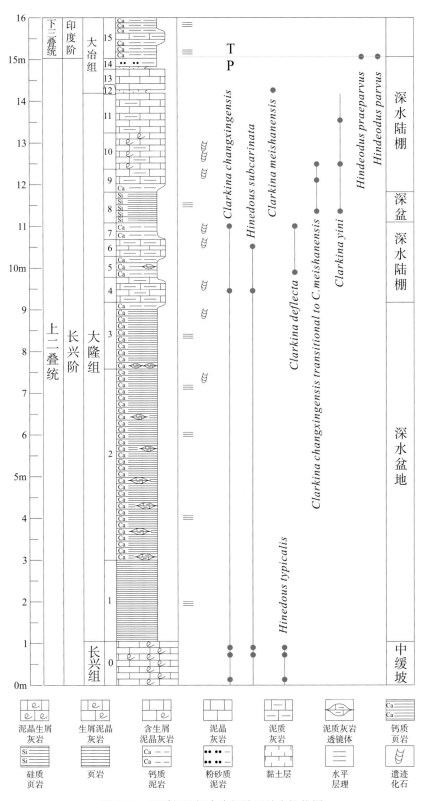

图 8-19　巫溪红池坝大隆组地层综合柱状图

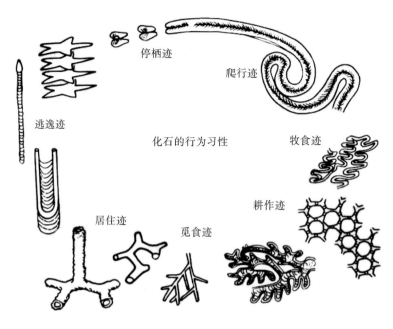

图 8-20　遗迹化石行为习性分类举例

1. 居住迹

居住迹主要指供滤食性等内生动物长期居住的构造,其潜穴壁通常较厚,并具有衬里,耐风化不易坍塌。一般情况,居住迹可以具备多种形态,包括垂直潜穴如(*Skolithos*)、垂直 U 形潜穴(如 *Diplocraterion*)或者 Y 形分支潜穴(如 *Thalassinoides*)。以上穴居动物往往生活于浅水透光带,生物死亡后被后期沉积物充填,常形成内生全浮雕。

川东地区大隆组居住迹以 *Thalassinoides* 为主,可能是小型甲壳动物的居住兼觅食地,分布于含泥泥晶灰岩层中,普遍保存为表生迹,分布于层面。

2. 停栖迹

停栖迹是反映动物在软底质上产生的栖息痕迹,其轮廓大致与造迹生物腹侧对应,如三叶虫类形成的 *Rusophycus*,双壳类形成的 *Lockeia* 等。大多数动物形成的停栖迹主要产生在浅水透光区内,并具有一定的趋流性。但也有少数产生于较深水区。

川东地区大隆组停栖迹以 *Rusophycus* 为主,为三叶虫等节肢动物停息或者隐蔽产生的痕迹,分布于泥质灰岩层中,普遍呈表生迹,数量相对较少。

3. 觅食迹

觅食迹主要指由半固着或者内生腐食动物形成的潜穴,由于在潜穴内残存动物粪便并与沉积物混合,可形成半月形的主动充填构造(如 *Muensteria*)或者潜穴一端部分分枝(如 *Phycodes*),以及树枝状探索性系统的 *Chondrites* 等,其形态主要反映了造迹动物在基底觅食的过程。虽然觅食动物多样,可包括蠕虫类、节肢及软体类动物等,且形成的觅食构造多有不同,但觅食迹通常以具备在沉积物表面存在连通潜穴开口,潜穴内往往具有主动充填构造为特征，与其他遗迹化石类型区别明显。

川东地区大隆组觅食迹包括 *Chondrites*、*Treptichnus*、*Palaeophycus*、*Taenidium*，其中以 *Chondrites* 最为常见，为树枝状分枝构造，平行层面分布，其潜穴普遍具有沉积物表面开口。主要分布于含泥灰岩层和钙质页岩层中，普遍保存为内生迹。

4. 牧食迹

牧食迹主要指造迹生物运动和啮食活动中形成的痕迹。该类型遗迹一般遍布沉积物表层，表明该类型造迹生物倾向于最大限度牧食沉积物，明显不同于觅食生物构筑探索性潜穴觅食，牧食迹与运动相关联，而觅食迹与居住迹相关。

川东地区大隆组的牧食迹包括 *Planolites*、*Cochlichnus*，主要分布于含泥灰岩和钙质页岩层中，呈表生迹保存，*Planolites* 呈短管弯曲状，数量较多，*Cochlichnus* 呈蛇曲形。

5. 耕作迹

耕作迹代表一种特殊的牧食迹，包括系列雕画迹，为一系列复杂的几何形水平潜穴通道。目前耕作迹所反映的造迹生物行为习性尚存在争议，可能包括一些小型造迹生物永久居住和觅食的活动，其采用耕作和诱捕相结合的方式觅食。现代深海中曾发现过耕作迹，但并未发现现代生物如何建造该潜穴系统，也未发现雕画迹与造迹生物共同保存的现象。

川东地区大隆组的耕作迹主要为 *Protopaleodictyon*，呈不规则的网格状，普遍分布于碳质页岩中，保存为表生迹。

8.2.2　遗迹化石组构类型

遗迹组构主要指沉积物中经过生物侵蚀和生物扰动作用保存的总体结构和构造特征。遗迹组构不仅记录了各时期沉积物中的生物扰动，同时也反映了遗迹学属性与沉积学属性的相互作用。与传统遗迹化石的研究方式不同，遗迹组构的属性取决于沉积底质的化学、物理和生态性质，以及造迹生物在沉积基底上的各项生命活动，其强调沉积物中遗迹化石之间的空间上和时间上的相互关系，以及遗迹化石在不同深度或世代阶层上保存的可能性和特定条件等方面。

根据遗迹化石的形态特征和梯序分布、丰度和分异度，以及沉积岩受生物扰动程度的不同，结合沉积学分析，川东地区巫溪红池坝剖面大隆组共识别出 6 类遗迹组构：自下而上主要为 *Palaeophycus tubularis* 遗迹组构、*Palaeophycus heberti* 遗迹组构、*Chondrites type-B* 遗迹组构、*Treptichnus bifurcus* 遗迹组构、*Planolites montanus* 遗迹组构和 *Palaeophycus striatus* 遗迹组构。

1. *Palaeophycus tubularis* 遗迹组构

该遗迹组构分布于大隆组 *Clarkina changxingnesis* 带中部（第 2 层顶部），岩性为灰黑色碳质页岩，下伏地层是大隆组底部碳质页岩含泥灰岩透镜体，上覆钙质页岩泥质灰岩透镜体。

1) 遗迹学特征

该遗迹组构主要由 *Palaeophycus tubularis* 组成（图 8-21），个别层位见少量 *Protopaleodictyon* cf.*submontanum* 及 *Planolites punctatus*。*Palaeophycus tubularis* 呈简单的无分枝的圆柱状潜穴，直或弯曲，表面光滑，无衬壁，见叠覆现象，垂直或倾斜分布在地层底面，潜穴直径为 3～10mm，可见长度为 20～40mm，填充物与围岩一致。在该遗迹组构中偶见保存不完的 *Protopaleodictyon* cf.*submontanum*，潜穴呈蛇曲形不规则的网格状，部分网孔封口，蛇曲形通道的弯曲顶端分枝稍长，直径为 3～5mm，成分为深灰色碳质页岩，平行于层面呈底生凸痕产出。另见少量 *Planolites punctatus*，遗迹多呈疹状，不规则分布于层面之上。

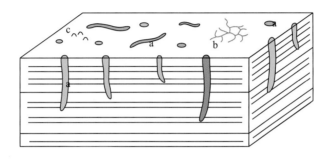

图 8-21 *Palaeophycus tubularis* 遗迹组构中遗迹化石的组成与分布

a—*Palaeophycus tubularis*；b—*Protopaleodictyon* cf.*submontanum*；c—*Planolites punctatus*

2) 沉积学特征

该遗迹组构产出于大隆组底部，主要沉积灰黑色碳质页岩，水平层理发育；该层下伏地层及上覆地层中常见泥质灰岩透镜体，单个透镜体可达 40cm×60cm，顺层分布，可能为浊流作用形成（图 8-22），该事件在沉积时间歇性发生，可能为底质水提供了相对富氧和营养的条件。

图 8-22 *Palaeophycus tubularis* 遗迹组构产出层位沉积特征

(a)黑色碳质页岩，发育泥质灰岩透镜体，大隆组底部，第 2 层，巫溪红池坝；

(b)黑色碳质页岩，水平层理发育，大隆组底部，第 2 层，巫溪红池坝

3）遗迹组构解释

沉积学特征表明，该时期普遍为低能-安静的深水盆地环境，一般不适合底栖生物生存。虽然该层遗迹组构分异度相对较高，但生物扰动量低，层面扰动指数为 1～2。*Palaeophycus* 潜穴以垂直于层面为主，直径大多在 5mm 左右。目前对 *Palaeophycus* 的生态习性分类有两种观点，包括居住迹和觅食迹，其中前者可能反映相对富氧环境，后者可能属贫氧-富氧环境。一方面，该层沉积时受间歇性浊流沉积影响，可能带来较为丰富的营养物质和间歇性的富氧底质水体，而 *Palaeophycus* 极有可能是浊流事件后造迹生物短期觅食的结果。另一方面，受浊流沉积物快速堆积的影响，*Palaeophycus* 与沉积界面斜交或直接沿垂直方向发展，总体以向上开口为主以保持水道和空气流通。即使如此，该遗迹组构总体形成于低能-安静的贫氧深水盆地环境。

2. *Palaeophycus heberti* 遗迹组构

该遗迹组构分布于大隆组 *Clarkina changxingnesis* 带上部（第 3 层顶部），由遗迹化石 *Palaeophycus heberti* 和 *Taenidium irregularis* 共同组成（图 8-23），层面产较丰富菊石化石（图 8-24），下伏地层为钙质页岩，未见遗迹化石，上覆地层为发育 *Chondrites type-B* 遗迹组构的薄层泥质灰岩。

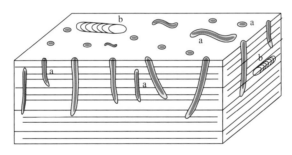

图 8-23　*Palaeophycus heberti* 遗迹组构中遗迹化石的组成与分布
a—*Palaeophycus heberti*；b—*Taenidium irregularis*

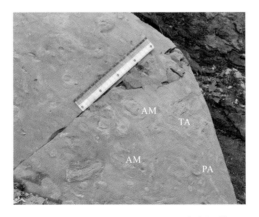

图 8-24　*Palaeophycus heberti* 遗迹组构
PA—*Palaeophycus heberti*；TA—*Taenidium irregularis*；Am—*Ammonite*

1) 遗迹学特征

该遗迹组构主要由遗迹化石 *Palaeophycus heberti* 组成（图 8-24），并含少量 *Taenidium irregularis* 等共生分子。*Palaeophycus heberti* 为管壁光滑无饰，具有较厚衬壁的直或微弯曲的管状潜穴，构造简单，填充物与围岩一致。该遗迹化石产状多样，但以垂直和高角度倾斜于层面分布为主，少数平行于层面分布。潜穴在平面上呈椭圆状、圆点状，少数呈条带状，剖面上多为倾斜的 I 型或 J 型。潜穴可见长度为 2～10cm，单个潜穴直径变化较大，为 4～10mm 不等，总体为 5～7mm。潜穴由两部分组成：内部的灰色潜穴充填物和外部的灰白色衬壁，厚度通常为 5mm 和 2mm。相比之下，*Taenidium irregularis* 为具新月形回填构造的圆柱形潜穴，无衬壁，充填物与围岩一致，潜穴直径为 2.5cm，长度约为 6cm，新月形回填构造间距约为 4mm。

2) 沉积学特征

该遗迹组构主要产自灰色薄层钙质泥岩层面之上（图 8-24），生物扰动深度可达 10cm。该层段开始灰质明显增多，且化石丰富，除遗迹化石外，层面见丰富菊石，以壳体腹面嵌以层面，壳体以胎壳为中心在一个平面内沿顺时针旋卷（图 8-24）。

3) 遗迹组构解释

该遗迹组构中产相对丰富的遗迹化石和浮游生物化石，生物扰动量为 30%，表明该沉积时期水体含氧量相对升高。但包括 *Taenidium* 在内的遗迹化石主要见于遗迹相 *Zoophycos* 中，仍指示深水低能环境。*Palaeophycus heberti* 具厚衬壁且遗迹潜穴多数以垂直或高角度倾斜于层面（图 8-24），可能是该造迹生物在造迹过程中受沉积底质的影响。

沉积底质的性质直接影响了底栖生物的生活及活动痕迹的保存，汤底背景下，造迹生物活动痕迹不易保存，而软底中生物扰动痕迹即使能够保存下来，也较模糊而无法识别其构造。如果生物要在软底质中建造潜穴，则需要加固潜穴壁，而 *Palaeophycus heberti* 的厚衬壁主要起加固潜穴的作用。另外，*Palaeophycus heberti* 直径差距较大，为 4～10mm 不等，表明造迹生物在幼年期就可能分泌黏液建造衬壁，当造迹生物长到一定阶段时，旧的潜穴显得小导致无法居住而放弃潜穴并建造新的潜穴。

综上所述，该遗迹组构形成于沉积底质松软、水体营养物质相对丰富，含氧量逐渐升高的深水陆棚环境中。

3. *Chondrites type-B* 遗迹组构

该遗迹组构分布在大隆组 *Clarkina changxingnesis* 带上部（第 4 层中-上部），由单一的遗迹化石 *Chondrites type-B* 组成（图 8-25）。下伏钙质泥岩中发育 *Palaeophycus heberti* 遗迹组构，上覆钙质页岩中见含泥灰岩透镜体，遗迹化石未见。

1) 遗迹学特征

Chondrites type-B 为细小的潜穴系统，直径约为 1mm，可见长度为 1～12mm 不等。

该遗迹化石产状多样，以水平或近水平分布为主，斜穿地层为辅。潜穴在层面上呈椭圆状、枝状、羽状，为Ⅰ型、Y型或树形分枝，分枝级别为 2～3 级不等，遗迹化石之间常存在明显交切现象(图 8-25)。潜穴充填物为较围岩色浅的泥质灰岩，可能为沉积生物消化有机质所致，成分与寄主岩相似，并呈内迹保存在薄层泥质灰岩中(图 8-26)。

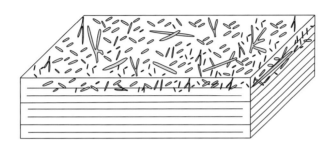

图 8-25　*Chondrites type-B* 遗迹组构中遗迹化石的组成与分布

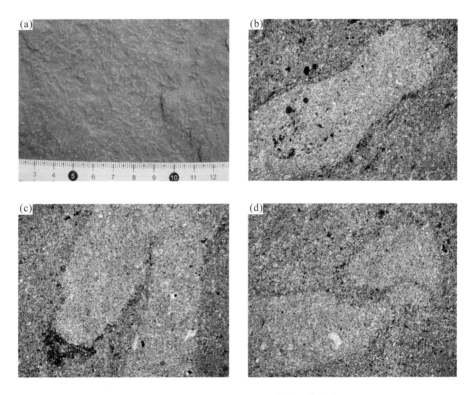

图 8-26　*Chondrites type-B* 遗迹组构特征

(a)*Chondrites type-B* 层面分布特征，第 4 层；(b)、(c)*Chondrites type-B* 分枝特征；(d)*Chondrites type-B* 交切特征

2)沉积学特征

该遗迹组构主要分布在薄层灰色泥质灰岩层面之上，宿主层面具轻微的起伏，生物扰动深度较低，大致为层面向下 0～3cm，不排除后期成岩压实作用的影响。潜穴充填物周边常见黄铁矿集中分布，另见少量海绵骨针(图 8-26)。

3）遗迹组构解释

Chondrites type-B 是该遗迹组构中唯一的生物扰动构造，现行关于 *Chondrites* 的造迹生物、造迹方式有两种代表性观点，其一认为 *Chondrites* 是由某类固着蠕虫类生物运用其可伸展触手以后退的方式开拓沉积底层形成的；其二认为 *Chondrites* 是在缺氧环境中以化学合成细菌为食的蠕虫动物所营造的化学共栖构造，造迹者首先将触手伸进软底沉积物，然后逐渐回缩，造迹生物从处于还原条件下的沉积物中提取化学自养细菌为食。因此 *Chondrites* 兼有觅食迹、居住迹和耕作迹的特点。目前学术界通常将 *Chondrites* 作为一种特殊的贫氧-缺氧环境的遗迹化石标志，其中当 *Chondrites* 具直径大于 2mm，低-中等丰度或分异度，交切关系简单，阶层类型单一，寄主层颜色较浅等特征时被认为指示贫氧或近常氧环境；当 *Chondrites* 具直径细小，约为 1mm，高丰度低分异度，或交切关系复杂，多阶层共存的浅表阶层或最深阶层，寄主层颜色深，有机碳含量高时被认为指示极度缺氧环境，同时该环境很少有其他化石。

巫溪红池坝剖面 *Chondrites type-B* 遗迹组构普遍表现为遗迹化石丰度高，分异度低，潜穴直径小（1mm），潜穴分枝且相互之间存在交切和叠伏等特征，对沉积底质扰动强度大，扰动量大于 50%，且扰动深度低，层面生物扰动指数（BPBI）达到 4 级，表明沉积时期沉积速率较低，沉积环境总体稳定，有利于掘穴动物连续改造底质。该层面仅见 *Chondrites type-B* 遗迹种，反映该时期底质只适合 *Chondrites* 造迹生物在极端缺氧的生态环境下生存。因此，该遗迹组构形成于含氧量极低，并连续发生缓慢、低速沉积作用的深水陆棚环境，阶层类型属浅阶层-复杂的梯序类型。

4. *Treptichnus bifurcus* 遗迹组构

Treptichnus bifurcus 遗迹组构分布于 *Clarkina changxingnesis* 带顶部（第 7 层顶部），含少量 *Planolites montanus* 和 *Rusophycus hanyangensis*，上覆地层为黑灰色薄层硅质页岩，未见遗迹化石。

1）遗迹学特征

该遗迹组构主要由遗迹化石 *Treptichnus bifurcus* 组成，遗迹为直或弯曲的圆柱状潜穴，并呈"之"字形有规律地沿两侧交替分叉，"之"字形夹角为 20°～50° 不等，遗迹的大小、栖管的直径和长度，以及分叉的间距变化较大，直径为 1～2mm，长度为 5～30mm，分叉间距为 0.6～7mm。栖管无管壁，表面光滑无纹饰，与层面平行，遗迹之间存在交切现象，栖管内的充填物与围岩的岩性不同。层面生物扰动量为 20%～30%，垂向上生物扰动量小于 5%，对原生沉积构造的破坏低。此外，在 *Treptichnus bifurcus* 遗迹组构中还含有少量 *Planolites montanus* 和 *Rusophycus hanyangensis* 等共生分子（图 8-27）。

2）沉积学特征

该遗迹组构保存在薄层钙质泥岩的层面上，扰动厚度为 0.5～5cm，层面经风化后有轻微的起伏，在剖面上则表现为深灰色不连续的团块状，局部发育水平层理。层内含少量生物碎屑，主要为菊石壳体，生物碎屑均平行于层面分布。

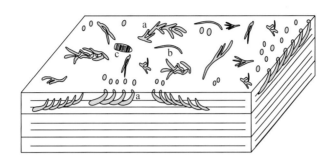

图 8-27　*Treptichnus bifurcus* 遗迹组构中遗迹化石的组成与分布
a-*Treptichnus bifurcus*；b-*Planolites montanus*；c-*Rusophycus hanyangensis*

3）遗迹组构解释

目前关于 *Treptichnus bifurcus* 的造迹生物类型及其生态习性分类仍存在不同观点，其中杨式溥等（2004）认为是不明生物的觅食潜穴，而 Seilacher 和 Hemblen（1966）则认为属于进食潜穴。巫溪红池坝剖面 *Treptichnus* 的栖管段从前一栖管段近中部的管壁直接分出后，有一段较为平缓的潜穴，后在近口孔附近潜穴管向上弯曲，通达沉积物表面，潜穴管内的充填物与围岩的岩性相同，为主动充填，因此推测 *Treptichnus* 是造迹生物以居住觅食为目的的潜穴，受造迹生物生长和沉积物增厚的影响，造迹生物须废弃原有的居住潜穴，并在原有潜穴的基础上开拓新的潜穴。该遗迹组构中其他遗迹属较少，且生物扰动深度浅，扰动指数为 2～3，说明该时期沉积底质处于贫氧的氧化还原界面附近（图 8-27）。

5. *Planolites montanus* 遗迹组构

该遗迹组构主要分布于 *Clarkina yini* 带中部（第 9 层），以 *Planolites montanus* 为主，分布于薄层泥质灰岩中-上部。下伏地层为黑灰色薄层硅质页岩，未见遗迹化石，上覆灰色薄层含泥灰岩。另外，*Planolites montanus* 遗迹组构在 *Clarkina changxingnesis* 带顶部（第 6 层）也有出现，但分异度相对较低，共生分子仅有个别 *Rusophycus hanyangensis*。

1）遗迹学特征

分布于 *Clarkina yini* 带中部的 *Planolites montanus* 遗迹组构由多类遗迹化石组成，包括 *Planolites montanus*、*Planolites beverleyensis* 和正弦曲线弯曲的螺旋状的 *Cochlichnus anguineus*（图 8-28）。其中，*Planolites montanus* 是以平行于层面和层间为主的简单管状潜穴，偶有高角度倾斜潜穴，潜穴无衬壁，其充填物为较围岩色浅的泥质灰岩，且与周围的边界清晰、光滑。潜穴管的直径较均匀，大多集中为 5～8mm，最小直径为 3mm，最大不超过 10mm，潜穴的水平延伸长度不等，为 2～10cm。该遗迹组构中亦见少量 *Planolites beverleyensis* 和 *Cochlichnus anguineus*，其中 *Planolites beverleyensis* 与 *Planolites montanus* 的区别在于前者个体较大，弯曲平缓，长约 20cm，宽约 6mm（图 8-29）；*Cochlichnus anguineus*

图 8-28 *Planolites montanus* 遗迹组构中遗迹化石的组成与分布

a—*Planolites beverleyensis*；b—*Planolites montanus*；c—*Cochlichnus anguineus*

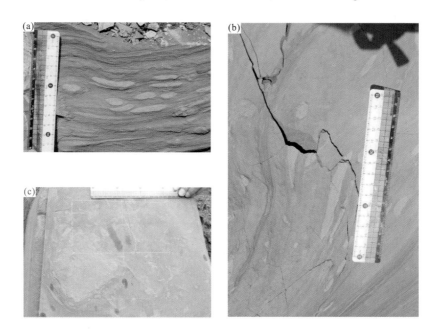

图 8-29 *Planolites montanus* 遗迹组构

(a)、(b)层间照片；(c)层面照片

为层内水平螺旋的管状潜穴，其潜穴管的直径约为 2mm，螺旋的环径为 3～4mm，每两个螺旋环的间距为 5～6mm，颜色与围岩一致。

上述遗迹化石分布在薄层泥质灰岩中，显示出一定的顺序，其中 *Planolites montanus* 近水平分布于层间和层面之上，局部潜穴具交切现象；*Planolites beverleyensis* 与 *Cochlichnus anguineus* 则平行分布于层面，其扰动仅约为 3mm。该遗迹组构可识别出多期次的生物扰动，具体表现为 *Planolites montanus* 造迹生物最先殖居，其上开始出现 *Planolites beverleyensis* 与 *Cochlichnus anguineus*，三者共存。

2）沉积学特征

该遗迹组构发育时期，灰质组分含量增多，较高的灰质/泥质比反映水体趋于变浅。遗迹组构发育特征表明，该遗迹组构至少有两期生物扰动发生，早期主要为 *Planolites montanus* 扰动，后期则以 *Planolites montanus* 扰动为主，并伴随 *Planolites beverleyensis*、*Cochlichnusanguineus* 及其他造迹生物的扰动(图 8-29)。

3)遗迹组构解释

虽然 *Planolites* 造迹生物能够适应各种深度的环境，但其通常在沉积物-水界面附近较浅处富集，水平或近水平活动，属于浅层并且较安静的低能环境中的造迹者。该遗迹组构分异度中等，生物扰动量为 20%左右，造迹生物沿沉积底质平面造迹，说明当时水体中营养物质和含氧量等均相对较高，适宜生物生存。另外，潜穴的个体大小各异，反映造迹生物的种类不同，大小不同(图 8-28)。该遗迹组构的另一特征是早期生物扰动量大，而晚期生物扰动类型多，反映该时期水动力条件发生变化，促使造迹生物垂直于层面造迹，潜穴类型也开始复杂化。总之，该遗迹组构形成于水体相对较浅、相对富氧及营养物质相对丰富的深水陆棚环境。

6. *Palaeophycus striatus* 遗迹组构

该遗迹组构分布于 *Clarkina yini* 带上部的含生屑泥质泥晶灰岩中(10 层下-中部)，其下伏地层为发育 *Planolites montanus* 遗迹组构的泥质灰岩，上覆泥晶灰岩及黏土层，后者为华南深水相区二叠纪末生物灭绝事件的重要标志层。

1)遗迹学特征

该遗迹组构由 4 类遗迹化石组成，分别为平行于层面分布为主的 *Palaeophycus striatus*、*Palaeophycus wutingensis*、*Taenidium satanassi* 及 *Thalassinoides suevicus*(图 8-30)。其中，*Palaeophycus striatus* 主要分布于含生屑泥质泥晶灰岩层面之上，但也见垂直或与层面高角度斜交的潜穴，无分枝但具有交切简单的粗大的管状结构，填充物与围岩一致，直径为 1～2.5cm，可见长度为 5～9cm，潜穴表面见连续的纵向条纹，具薄衬壁。相比之下，*Palaeophycus wutingensis* 潜穴表面为不规则斜纹。*Taenidium suevicus* 为层内多分枝的三维潜穴系统，在层面表现为分枝的潜穴管，分枝夹角约为 50°。直径为 0.7～2cm，较为均

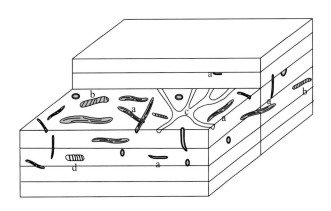

图 8-30　*Palaeophycus striatus* 遗迹组构中遗迹化石的组成与分布

a—*Palaeophycus striatus*；b—*Palaeophycus wutingensis*；c—*Thalassinoides suevicus*；d—*Taenidium satanassi*

匀；潜穴的充填物为浅土黄色(风化色)泥质灰岩。该遗迹化石发育潜穴壁，填充物与围岩的界线较清晰，通常在层面上扰动较大，层间则相对较少。*Taenidium satanassi* 遗迹呈微弯曲的管状潜穴，不分枝；直径约为 3～5mm，可见长度为 2cm；无衬壁，具新月形回填构造，呈一系列互相衔接的圆柱充填，分段组成弯曲的柱；底迹保存，平行于层面分布。*Palaeophycus striatus* 的抗风化能力强，尤其是在剖面的上部，由于周围泥质岩层风化剥蚀，使得该遗迹化石突出剖面上十分明显。

2）沉积学特征

根据遗迹组构发育层段可将其进一步划分为两类岩性组合：下部含生屑泥质灰岩夹泥质泥晶灰岩和上部含泥泥晶灰岩夹含生屑泥质灰岩。生物扰动几乎全部发育在下部岩性组合单元中，且见头足类生物化石碎屑；上部岩性组合中生物扰动微弱，分异度较低，仅见个别 *Palaeophycus striatus*，潜穴直径不足 1cm（图 8-30）。

3）遗迹组构解释

Palaeophycus striatus 为该遗迹组构中主要生物扰动构造，以平行于层面分布为主，扰动深度低，主要为 0.5～10cm，层面扰动指数为 1～3，潜穴之间无分枝，但偶见交切现象。该层下部岩性组合中 *Palaeophycus striatus* 是造迹生物觅食和进食活动留下的简单潜穴，潜穴管较粗，普遍在 1cm 以上，代表安静但营养丰富的沉积环境，同时该遗迹化石发育 1～2mm 的薄衬壁，表明沉积底质为软底，生物造迹过程中需不断加固潜穴（图 8-31）。另外，下部岩性组合中遗迹组构中也发育少量 *Thalassinoides suevicus*、*Palaeophycus wutingensis*、*Taenidium satanassi* 遗迹化石，*Thalassinoides suevicus* 的三维潜穴系统反映了造迹生物较

图 8-31 *Palaeophycus striatus* 遗迹组构

a—*Palaeophycus wutingensis* 及 *Palaeophycus striatus*；b—*Palaeophycus striatus*；c—*Thalassinoides suevicus*

强的造迹能力,也间接说明了当时的沉积环境适宜造迹生物掘穴(图 8-31)。该遗迹组构发育于水体安静稳定、富氧、富营养物质、沉积速率低及沉积底质软的深水陆棚环境中。该层段上部岩性组合中仅见少量单一的 *Palaeophycus striatus*。

8.2.3 遗迹组构分布和演化

1. 遗迹学特征垂向分布和演化

遗迹组构遗迹学特征的垂向分布和演化主要指从遗迹化石类型(分异度)、生物扰动量(丰度)、生物扰动的行迹类型(生态习性)、遗迹化石的阶层(扰动深度)等方面进行的研究。

1) 分异度

遗迹组构分异度在一定程度上反映造迹生物种类和造迹生物习性的多样性,通过对巫溪红池坝大隆组剖面遗迹分异度统计表明(图 8-32),长兴中-晚期遗迹组构整体分异度不高,整体由单一至四种遗迹种变化。在 *Clarkina changxingensis* 带内,自下而上分异度总体表现为由低值向高值再向低值变化的趋势,高值出现在 2 层顶部遗迹组构 *Palaeophycus tubularis* 中。*Clarkina yini* 带下部开始,遗迹组构分异度出现小幅度增加,最高值出现在 10 层中部遗迹组构 *Palaeophycus striatus* 中,该遗迹组构中发育少量 *Thalassinoides suevicus* 的三维潜穴系统,在一定程度上反映了造迹生物种类的繁盛和造迹生物习性的进化。*Clarkina yini* 带上部,遗迹化石最终全部消失。

仅依靠遗迹组构分异度在反映造迹生物种类和生物习性等方面仍存在一定的局限性,究其原因包括造迹生物反复对沉积物扰动,可能导致很多先形成的浅层遗迹化石被破坏而无法保存。所以应结合生物扰动强度、阶层等多重参数综合考虑。

2) 丰度

在巫溪红池坝大隆组剖面遗迹组构中,遗迹化石总体沿层面分布,因此可以通过统计层面生物扰动强度来代表该层的扰动强度。选用十字交叉法对每层造迹生物的扰动量进行统计,生物扰动量总体为 10%~55%。在 *Clarkina changxingensis* 带内,自下而上扰动强度表现为由低值向高值再向低值变化的趋势,高值出现在 4 层顶部遗迹组构 *Chondrites type-B* 中。*Clarkina yini* 带下部开始,遗迹组构扰动强度出现小幅度增加,最高值出现在 10 层中部遗迹组构 *Palaeophycus striatus* 中。*Clarkina yini* 带上部随着造迹生物的消失,扰动强度迅速降低(图 8-32)。

遗迹组构的扰动量强度一般受殖居窗长短、沉积环境稳定性共同影响。在沉积环境趋于稳定的条件下,殖居窗的长短与造迹生物的数量和扰动时间呈正相关关系。川东巫溪红池坝剖面长兴中-晚期整体处于深水陆棚环境,沉积环境相对稳定,然而在 *Clarkina changxingensis* 带内遗迹组构 *Chondrites type-B* 扰动强度最高,表明该时期只有少量 *Chondrites* 在内的造迹生物可以在恶劣的条件下长期进行生命活动。长兴晚期(*Clarkina yini*

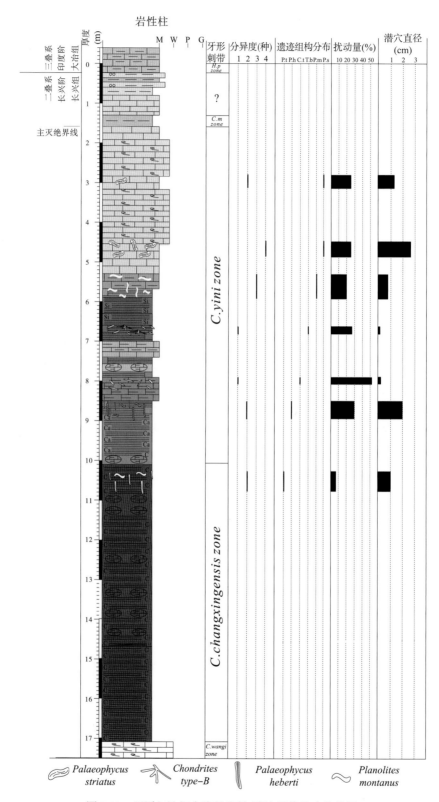

图 8-32 巫溪红池坝大隆组岩性-遗迹组构综合柱状图

下部)随着生物扰动量的降低和分异度的提高,包括 *Palaeophycus striatus* 在内的多类造迹生物可能曾经经历短暂多变的殖居过程。

3)扰动深度

扰动深度是指生物扰动可达到的水界面-沉积物以下的深度,代表了造迹生物对沉积底质的改造深度,以及造迹生物向沉积物内的活动深度。现今地层记录中的生物扰动构造往往经历成岩作用影响,进而与原始扰动深度存在差异。

巫溪红池坝大隆组剖面层间遗迹化石相对少见,通过对潜穴长度及其分布形态的研究可以在一定程度上判断遗迹组构的相对扰动深度。统计表明,在 *Clarkina changxingensis* 带内,遗迹组构扰动深度整体呈现出减小的趋势。在 *Clarkina yini* 带开始时情况一度好转,且该时期内栖生物的活动空间从层内逐渐向层面移动并适应新环境。*Clarkina yini* 带上部,遗迹化石整体消失(图 8-32)。

4)扰动阶层

由于沉积物内部物理化学条件存在差异,故深水底栖生物群落普遍具有垂向分带的现象,即不同种类的生物生活在不同深度的沉积地层中,具体表现为生物种类可生活在水-沉积物界面,或者水-沉积物界面下数厘米甚至几米以下的更深处。通过研究生物扰动构造在沉积物中的垂向分布(阶层),可以完整体现深水底栖生物的垂向分带。根据扰动构造在水-沉积物界面下的不同深度,将阶层划为浅阶层、中阶层、深阶层 3 个大类。通常简单的阶层类型只有一种阶层类型,扰动深度强度不限,潜穴之间交切现象少见;而复杂的阶层类型具浅、中、深阶层的生物扰动共存,且扰动深度深,扰动强度大,潜穴之间普遍存在交切现象。

川东巫溪红池坝剖面 *Clarkina changxingensis* 带内发育的 *Palaeophycus tubularis*i 遗迹组构、*Palaeophycus hebert* 遗迹组构中的遗迹化石分子相对单一,生物扰动潜穴交切现象少见,但生物扰动不仅出现在层面或层内浅处,同时也向沉积物中延伸,岩层记录中达 4～5cm,属浅-中阶层-简单梯序类型[图 8-33(a)和图 8-33(b)]。*Clarkina changxingensis* 带内发育的 *Chondrites type-B* 遗迹组构生物扰动量大,虽然扰动深度较小,岩层记录中仅为 5～20mm,但生物扰动潜穴之间相互交切现象明显,潜穴的原始形态常因生物的反复扰动而难以识别,属于浅阶层-复杂梯序类型[图 8-33(c)]。而该复杂梯序类型反映了 *Chondrites* 殖居窗较长的特征。*Clarkina changxingensis* 带内 *Planolites montanus* 遗迹组构遗迹化石分子单一,生物扰动潜穴交切现象少见且生物扰动深度低,属于浅阶层-简单梯序类型。相比之下 *Clarkina yini* 带内 *Planolites montanus* 遗迹组构生物扰动深度相对较高,属浅-中阶层,但即使 *Planolites beverleyensis* 及 *Cochlichnus anguineus* 共存,该时期遗迹潜穴交切现象也少或未见,同样属简单的梯序类型[图 8-33(e)]。*Clarkina yini* 带内 *Treptichnus bifurcus* 遗迹组构生物扰动较低且无交切现象,属于浅阶层-简单梯序类型[图 8-33(d)]。*Palaeophycus striatus* 生物扰动深度为 0.7～10cm,交切现象简单,属于浅-中阶层类型[图 8-33(f)]。

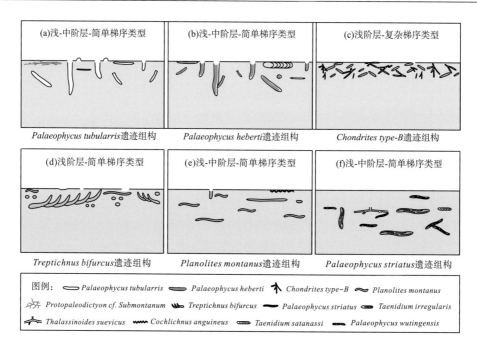

图 8-33　巫溪红池坝大隆组遗迹组构阶层-梯度类型

2. 沉积学特征垂向分布和演化

根据巫溪红池坝大隆组实测剖面相应的遗迹学和沉积学信息对沉积环境的综合分析，区内大隆组主要为深水陆棚-盆地相沉积，深水环境中含氧量、水动力条件等对深水底栖平底生物群的分布起着至关重要的作用和影响。

在 *Clarkina changxingensis* 带内，*Palaeophycus tubularis* 遗迹组构主要受浊流的控制，表现为间歇性充氧的沉积环境，并能迅速开拓生境，含氧量耗散后又恢复为原始生态环境，属受浊流影响的深水盆地沉积。*Palaeophycus heberti* 遗迹组构主要以垂直于层面的具厚衬壁的觅食潜穴为主，反映了沉积底质松散，含水量高，层间水和孔隙水都属于相对富氧的深水陆棚沉积环境。*Chondrites type-B* 遗迹组构时期属深水陆棚相沉积，该时期遗迹化石单一，但生物扰动强烈，后者代表了少量 *Chondrites* 在内的造迹生物在底层水贫氧且孔隙水缺氧条件下长期的殖居过程。*Treptichnus bifurcus* 遗迹组构和 *Planolites montanus* 遗迹组构遗迹化石单一，生物扰动中等，代表了低能稳定的深水陆棚沉积环境。

在 *Clarkina yini* 带内，以 *Palaeophycus striatus* 遗迹组构和 *Planolites montanus* 遗迹组构层面上的觅食迹与牧食潜穴为主，遗迹化石直径较大，有机质丰富，均反映了沉积时为相对富氧环境的低能深水陆棚环境。但由于其相对较低的扰动强度和相对简单的梯序类型，均指示其殖居窗短，且环境不稳定。*Clarkina yini* 带上部随着遗迹化石及实体化石的消失，且在 *Clarkina yini* 带上部地层中，代表还原环境的黄铁矿普遍发育，生态环境最终转向缺氧并不断恶化。

8.2.4　遗迹组构演化及其环境响应

地史时期遗迹组构主要受环境条件控制，因此具有生态意义。虽然某些遗迹组构可代表多种遗迹群落的古环境变化，但是通过研究连续完整的遗迹组构的垂向分布可以为解释深水平底动物群演化提供有效帮助，进而为深入了解并揭示长兴中-晚期深水相区生态环境演化提供必要的证据。

前文述及，*Clarkina changxingensis* 带中下部主要为碳质页岩等深水盆地沉积，仅见 *Palaeophycus tubularis* 遗迹组构，具高角度倾斜于剖面、分异度相对较高、潜穴类型简单、丰度较低等特征，其较低的生物扰动强度和较高的分异度特征反映该遗迹组构殖居时间较短，以觅食迹为主的造迹群落特征反映底质水体属于贫氧-富氧环境，该时期总体处于水体低能-缺氧环境。*Palaeophycus tubularis* 遗迹组构可能是间歇性浊流对底质水充氧期间造迹生物觅食形成的。浊流发生时，能够迅速地给盆底带来相对富氧的底质水和营养，有利于造迹生物潜入沉积层进行内部觅食，并促使一些能适应突发性有利环境的机会种，短期内迅速开拓生境，增大居群。

Clarkina changxingensis 带中上部主要为深水陆棚沉积，沉积灰质泥岩与泥质灰岩，自下而上分别发育 *Palaeophycus hebert*、*Chondrites type-B*、*Planolites montanus* 及 *Treptichnus bifurcus* 遗迹组构，这些发育于深水陆棚环境中的生物扰动强度明显高于盆地环境，虽然 *Palaeophycus hebert* 遗迹组构、*Planolites montanus* 遗迹组构以及 *Treptichnus bifurcus* 遗迹组构均以浅阶层简单梯序类型为主，但上述遗迹组构具有相对中等的分异度，其中仍存在以垂直或高角度倾斜于层面的潜穴类型，代表了相对富氧的贫氧环境。唯有 *Chondrites type-B* 遗迹组构中分异度最低，只有 *Chondrites type-B* 单一的遗迹分子，生物扰动强度高，为浅阶层复杂梯序类型，代表了该时期少量 *Chondrites* 在内的造迹生物在底层水贫氧且孔隙水缺氧条件下长期的殖居过程，反映了该时期深水陆棚曾一度处于特殊的缺氧环境。

Clarkina yini 带中遗迹化石主要产自深水陆棚相环境，自下而上依次发育 *Planolites montanus* 及 *Palaeophycus striatus* 遗迹组构，具扰动强度相对较低、分异度较高等特征，整体为浅-中阶层-简单梯序类型。其中，*Palaeophycus striatus* 遗迹组构中发育少量 *Thalassinoides suevicus*、*Palaeophycus wutingensis*、*Taenidium satanassi*，后者具潜穴系统复杂等特征，以上遗迹组构特征均反映了 *Clarkina yini* 带开始时，多样性造迹生物曾经一度繁盛甚至进化，生态环境可能经历过水体含氧量升高的过程，然而由于其均表现为较短的殖居窗特征，深水相区生态环境的好转很有可能是暂时和不稳定的，这种不稳定的生态环境随着 *Clarkina yini* 带上部遗迹化石的整体消失，沉积物中富含代表还原环境的黄铁矿而急剧恶化。

一般说来，深水陆棚环境相对深水盆地更适合造迹生物生存，然而在 *Clarkina yini* 带上部遗迹化石已经整体消失，泥晶灰岩中富含代表还原环境的黄铁矿沉积。深水相区造迹生物群演化表明，川东地区深水陆棚环境在 *Clarkina changxingensis* 带时限内，已经出现缺氧的征兆，*Clarkina yini* 带内深水相区生态环境动荡变化，至 *Clarkina yini* 急剧恶化，直至生物集群灭绝。

8.3　晚二叠世晚期海洋生态环境演化

碳循环是指碳在地球表层系统(岩石圈、水圈、大气圈以及生物圈之间)以 CO_3^{2-} 或 HCO_3^-、CO_2 或有机碳等形式相互转换和运移的过程。显生宙以来,生物在全球碳循环中起着至关重要的作用。二叠纪末生物灭绝事件是显生宙以来最大规模的生物集群灭绝事件,已有研究表明,二叠系—三叠系之交地球表层系统碳循环确实发生过重大变化,该时期海洋的无机碳同位素组成($\delta^{13}C$)出现规模性负偏现象,两者在时间上存在一致性。

目前关于引起二叠纪末碳同位素负偏的原因仍存在许多争论,包括火山活动造成的大量二氧化碳释放和海洋缺氧,海底甲烷水合物的释放或是多重地质事件的叠加等。海洋碳通量变化与海洋生态环境演化存在紧密关联,正确认识碳循环异常原因对了解晚二叠世晚期海洋生态环境的演化具有重要意义。本章节通过选择川东地区不同沉积相带典型地层剖面的无机碳同位素变化进行深入研究,试图为进一步认识晚二叠世长兴晚期海洋环境变迁和生物危机事件过程提供新的思路。

8.3.1　浅水相区碳同位素演化序列

1. 台地边缘相区碳同位素演化序列

巫溪湾滩河剖面地层连续完整,长兴期总体处于台地边缘环境,垂向上依次发育台地边缘骨架礁、礁丘及微生物丘等生物建造,其中富含海绵、绿藻、非蜓有孔虫、蜓类、海百合、腕足以及蓝细菌等生物。本次研究基于该剖面上二叠统上部取得的 86 件碳氧同位素样品。为减少后期成岩作用影响,样品采集时尽量避开了方解石脉和风化较强的露头,且在相同层位尽量选择泥晶质灰岩,以尽可能保留古海洋原始无机碳同位素组成信息。室内分析中,样品经双目镜严格挑选后在玛瑙研钵中研磨至 200 目左右,经烘干在 72.6℃ 条件下与 100% 磷酸反应 12h 以上,再经液氮冷却分离并收集纯二氧化碳气体,随后交由西南大学地理科学学院同位素质谱仪(Thermo-Finnigan DELTA Plus V)测试并换算为 $\delta^{13}C$(VPDB 标准),$\delta^{13}C$ 测试结果误差小于 0.1‰(表 8-2)。

表 8-2　巫溪湾滩河剖面 $\delta^{13}C$ 及 $\delta^{18}O$ 分析结果

Sample ID	$\delta^{13}C_{VPDB}$ (‰)	$\delta^{18}O_{VPDB}$ (‰)	Sample ID	$\delta^{13}C_{VPDB}$ (‰)	$\delta^{18}O_{VPDB}$ (‰)
S1	−0.682	−5.462	S44	3.981	−6.538
S2	−0.799	−5.703	S45	4.29	−5.57
S3	−0.78	−6.41	S46	5.03	−5.21
S4	−0.53	−6.01	S47	4.44	−5.96
S5(三叠系)	−0.79	−6.60	S48	3.97	−6.54
S6(二叠系)	−0.57	−6.21	S49	4.411	−6.442

Sample ID	$\delta^{13}C_{VPDB}$ (‰)	$\delta^{18}O_{VPDB}$ (‰)	Sample ID	$\delta^{13}C_{VPDB}$ (‰)	$\delta^{18}O_{VPDB}$ (‰)
S7	-0.92	-5.89	S50	4.10	-6.26
S8	-0.71	-6.66	S51	3.91	-6.41
S9	-0.62	-6.11	S52	4.07	-6.47
S10	-0.59	-6.44	S53	4.15	-6.26
S11	0.10	-5.93	S54	4.14	-6.23
S12	-0.437	-5.576	S55	3.83	-6.94
S13	0.10	-6.87	S56	2.68	-6.80
S14	1.98	-5.36	S57	4.00	-6.54
S15	0.94	-5.67	S58	3.901	-6.4
S16	1.39	-7.85	S59	4.247	-6.572
S17	1.54	-7.90	S60	4.227	-6.189
S18	1.70	-7.09	S61	3.84	-6.471
S19	3.04	-6.64	S62	4.235	-5.836
S20	3.701	-6.08	S63	4.464	-6.23
S21	2.78	-7.69	S64	4.15	-6.01
S22	2.98	-8.49	S65	3.853	-6.448
S23	3.19	-6.73	S66	3.92	-6.25
S24	3.50	-7.67	S67	3.96	-6.02
S25	3.671	-8.418	S68	4.05	-6.15
S26	3.75	-6.34	S69	4.194	-5.898
S27	3.27	-8.01	S70	3.853	-6.045
S28	3.96	-6.00	S71	3.815	-5.818
S29	4.672	-6.089	S72	3.90	-5.98
S30	4.66	-5.43	S73	3.90	-5.32
S31	4.19	-7.00	S74	4.05	-5.47
S32	4.35	-5.16	S75	3.65	-6.62
S33	3.16	-7.39	S76	3.796	-5.551
S34	3.903	-6.15	S77	3.83	-5.29
S35	3.21	-6.81	S78	3.88	-5.56
S36	3.26	-6.25	S79	3.91	-5.45
S37	3.63	-6.64	S80	3.852	-5.701
S38	3.00	-7.65	S81	3.886	-5.605
S39	5.15	-6.15	S82	3.42	-5.80
S40	4.89	-7.09	S83	3.744	-4.77
S41	4.13	-6.30	S84	3.795	-5.48
S42	4.13	-6.52	S85	3.871	-3.812
S43	3.41	-6.30	S86	3.92	-4.45

1) 碳同位素分布

以生物灭绝线(具包壳的鲕粒灰岩层)为界,取巫溪湾滩河剖面二叠纪末主灭绝界线之下 $\delta^{13}C$ 样品 73 个,分布范围为 0.94‰～5.15‰,均值为 3.73‰,具有相对较高的正值。自下而上,*Clarkina changxingensis* 带内的灰岩中具有相对平稳、较高的碳同位素值,$\delta^{13}C$ 分布范围为 3.42‰～4.46‰,均值为 3.94‰,平均变化率仅为 3.7%。在 *Clarkina yini* 带内,$\delta^{13}C$ 分布范围为 0.94‰～5.15‰,均值为 3.58‰,平均变化率为 20.64%,其中 *Clarkina yini* 带下部的灰岩中碳同位素开始呈现频繁波动变化,$\delta^{13}C$ 分布范围为 2.68‰～5.03‰,均值为 4.07‰;*Clarkina yini* 带上部或 *Hindeodus praeparvus* 带的灰岩中碳同位素频繁波动,变化强烈(图 8-34),且伴有缓慢降低变化,$\delta^{13}C$ 分布范围为 0.94‰～5.15‰,平均为 3.37‰。

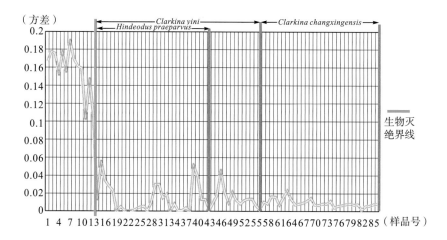

图 8-34　巫溪湾滩河剖面碳同位素方差分布

相比之下,该剖面灭绝界线之上 $\delta^{13}C$ 下降幅度明显,其中样品为 13 个,分布范围为 −0.80‰～0.10‰,平均值仅为 −0.56‰。

2) 二叠纪末生物灭绝前碳同位素的演化序列

前已述及,巫溪湾滩河剖面长兴期生物礁系统总体经历了骨架礁生态系到底栖微生物生态系的演替过程。以海绵为代表的骨架礁生态系主要分布在 *Clarkina changxingensis-Clarkina yini* 带下部(第一期次及第二期次),以发育后生造礁生物为主的骨架礁和底栖微生物普遍参与造礁行为的礁丘为主;有孔虫生物群丰度及分异度相对较高。灰岩中的 $\delta^{13}C$ 为 2.68‰～5.03‰,平均为 4.05‰,平均变化率仅为 5.89%,与下伏生屑滩相沉积期 $\delta^{13}C$ 均值为 3.9‰,变化不大,碳同位素总体变化较为稳定(图 8-35)。

第三期次(*Hindeodus praeparvus* 带下部),随着骨架礁生态系崩溃,底栖微生物生态系占据骨架礁生态系的生态位,一度呈现出规模性繁盛,自下向上由微生物丘向中-厚层微生物岩过渡;有孔虫动物群丰度表现出不稳定的变化,同时分异度普遍降低;灰岩中 $\delta^{13}C$ 为 3.00‰～5.15‰,其中在微生物丘中 $\delta^{13}C$ 总体偏低;$\delta^{13}C$ 平均为 3.94‰,较前两期次降低 0.11‰；δ^{13}C 平均变化率为 12.33%，较前两期次升高 6.44%，以上特征均表明，该时期碳同位素总体以波动变化为主(图 8-36)。

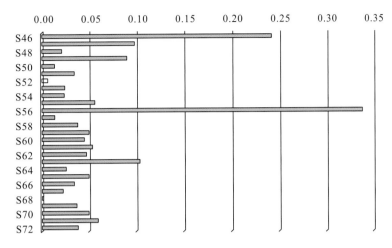

图 8-35　第一期次及第二期次 δ^{13}C 瞬时变化率

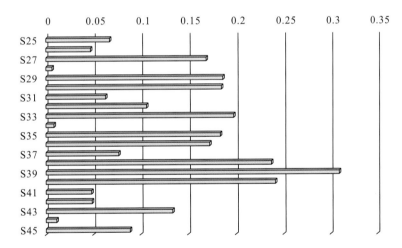

图 8-36　第三期次 δ^{13}C 瞬时变化率

　　第四期次(*Hindeodus praeparvus* 带上部)，作为地球系统重要的分解者和生产者，该期次开始时底栖微生物生态系最终消亡，仅含有少量广适性生物，如介形虫、小有孔虫、腹足和双壳类等生物；有孔虫动物群丰度及分异度迅速降低。灰岩中 δ^{13}C 为 0.94‰～3.70‰，平均为 2.43‰，较第二期次降低 1.51‰；δ^{13}C 平均变化率为 34.4%，较第二期次升高 22.07%。以上特征均表明，该时期碳同位素以负偏为主，且伴有频繁波动变化(图 8-37)。

　　巫溪湾滩河剖面上二叠统上部碳同位素垂向演化表明，长兴晚期第三期次开始，碳同位素开始发生明显频繁波动式变化，与生物礁系统生态演替事件联系紧密；第四期次随着古生代生物礁系统的最终消亡，碳同位素发生阶段性负偏，并持续发展，直至二叠纪末生物灭绝来临。

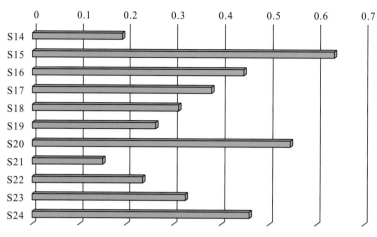

图 8-37　第四期次 $\delta^{13}C$ 瞬时变化率

2. 浅水相区碳同位素演化序列对比

碳酸盐台地及碳酸盐边缘均属于浅水碳酸盐相区,利用相同生物带在不同沉积相带的等时性可以用来确认浅水相区碳同位素演化的相对时间序列,进而可以精确反映同时期不同相带碳同位素的演化特征和趋势。崔莹等(2009)通过对川东华蓥楼房湾二叠系—三叠系剖面岩性、生物地层及地球化学进行综合研究认为,该剖面长兴阶地层发育基本完整,长兴期总体处于开阔台地环境,生物礁不发育,可作为区内典型碳酸盐台地剖面进行碳同位素纵向对比。

巫溪湾滩河剖面 *Clarkina changxingensis* 带内碳同位素显示相对稳定(平均变化率为3.7%), *Clarkina yini* 带内碳同位素则呈现出强烈频繁波动变化特征(平均变化率为20.64%),在 *Clarkina yini* 带上部碳同位素随着微生物生态系的消亡开始缓慢降低。类似的现象也发生在碳酸盐台地内部,华蓥楼房湾剖面 *Clarkina changxingensis* 带内碳同位素稳定变化(平均变化率为6.4%),碳同位素在 *Clarkina yini* 带内强烈频繁波动(平均变化率为54.15%),在 *Clarkina yini* 带顶部出现幕式负偏(图 8-38)。

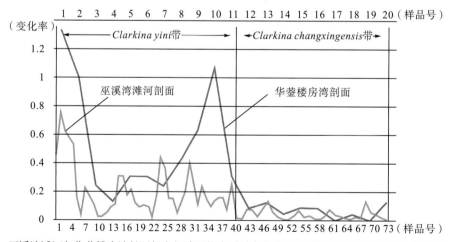

图 8-38　巫溪湾滩河与华蓥楼房湾长兴组上部碳同位素瞬时变化率对比(华蓥楼房湾数据引自崔莹等,2009)

另外,巫溪湾滩河剖面较华蓥楼房湾剖面长兴组上部地层中总体具有相对较高的碳同位素值,这可能与沉积环境的水体深度相关,宋海军(2012)曾在其博士论文中指出,二叠纪晚期古特提斯洋的碳同位素值总体与水体深度(1000m 内)呈负相关关系。

8.3.2　深水相区碳同位素演化序列

巫溪红池坝剖面长兴期沉积地层完整,总体处于深水陆棚-盆地环境,垂向上遗迹化石丰富,类型多样。作为深水相区重点研究剖面,本研究在该剖面大隆组中取得 14 件碳酸盐岩碳氧同位素样品。样品在挑选过程中尽可能选择泥晶灰岩,以更全面地反映古海洋环境信息。室内分析方法同前,由澳实分析(广州)检测公司测试,并换算为 $\delta^{13}C$(VPDB标准),$\delta^{13}C$ 测试结果误差小于 0.1‰(表 8-3)。

表 8-3　巫溪红池坝剖面 $\delta^{13}C$ 及 $\delta^{18}O$ 分析结果

Sample ID	$\delta^{13}C_{VPDB}$ (‰)	$\delta^{18}O_{VSMOW}$ (‰)
S1	−2.5	26.1
S2	0.1	23.2
S3	0.05	22.4
S4	0.2	23.1
S5	0.1	22.6
S6	0.3	22.4
S7	0.2	22.2
S8	0	22.7
S9	0.2	22.3
S10	−0.3	23
S11	0	22.1
S12	−0.3	22.8
S13	−0.5	22.5
S14	0.7	23.2

1. 碳同位素分布

以生物主灭绝线(黏土层)为界,在巫溪红池坝剖面二叠纪末灭绝界线之下取 $\delta^{13}C$ 样品 13 个,碳同位素分布范围为-1‰~0.7‰,均值为 0.06‰,具有相对较低的碳同位素值。自下而上,*Clarkina changxingensis* 带内灰岩碳同位素已经呈现出频繁波动变化的趋势,$\delta^{13}C$ 分布范围为-0.5‰~0.7‰,均值为-0.03‰。*Clarkina yini* 带内,$\delta^{13}C$ 分布范围为0.05‰~0.2‰,均值为 0.15‰,振幅相对较小,可能与取样密度有关。相比之下,该剖面灭绝界线之上 $\delta^{13}C$ 迅速降低至-2.5‰,降幅明显(图 8-39)。

在巫溪红池坝剖面,$\delta^{13}C$ 普遍较低,一方面,可能与其中碳酸盐矿物的含量相关(泥质灰岩或灰质泥岩),另一方面,陆源风化物质对海洋的输入也可能影响了该剖面的碳同位素值。

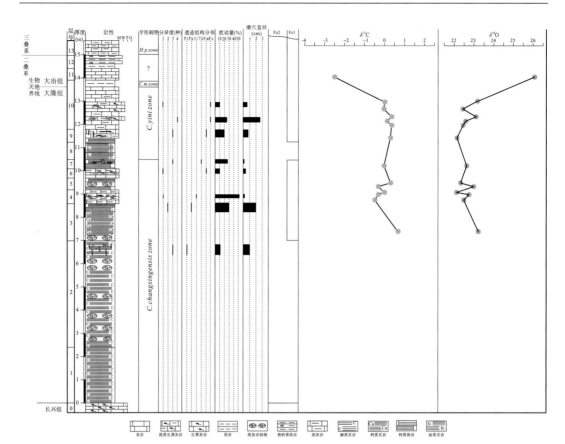

图 8-39　巫溪红池坝地层-遗迹组构-地球化学-沉积相综合柱状图

2. 二叠纪末生物灭绝前碳同位素的演化序列

前已述及，巫溪红池坝剖面长兴期垂向上主要分布 6 类遗迹组构。以 *Palaeophycus tubularis* 为代表的遗迹组构主要分布于 *Clarkina changxingensis* 带下部，总体代表了水体低能-缺氧环境。灰岩中的 $\delta^{13}C$ 值为 0.7‰，相对较高。

Clarkina changxingensis 带上部分别发育 *Palaeophycus hebert*、*Chondrites type-B*、*Planolites montanus* 及 *Treptichnus bifurcus* 遗迹组构，其中 *Palaeophycus hebert* 遗迹组构、*Planolites montanus* 遗迹组构以及 *Treptichnus bifurcus* 遗迹组构代表了相对富氧的贫氧或富氧环境，而 *Chondrites type-B* 遗迹组构则反映特殊的缺氧环境。该时期灰岩中 $\delta^{13}C$ 的分布范围为-0.5‰～0.2‰，均值为-0.15‰，显示出一定幅度的变化(图 8-39)。

Clarkina yini 带下部开始分别依次发育 *Planolites montanus* 及 *Palaeophycus striatus* 遗迹组构，造迹生物曾经一度繁盛甚至进化，显示生态环境曾经一度转好，该时期灰岩中 $\delta^{13}C$ 的分布范围为 0.05‰～0.2‰，均值为 0.15‰(图 8-39)，但是随着 *Clarkina yini* 带上部开始，造迹生物群整体消失，仅见极少量生屑和分布广泛的黄铁矿沉积，表明深水相区 *Clarkina yini* 内生态环境十分不稳定，并且伴有生态环境不同程度地加速恶化，直至二叠纪末生物灭绝来临。

8.3.3　晚二叠世长兴期海洋生态环境演化

地球表层系统中,如将海洋中的碳作为整体碳库考虑,碳源即是大气向海洋输送的碳,包括二氧化碳或甲烷等温室气体的释放等,其水化学过程对碳同位素分馏影响较大。通过碳酸盐岩中 $\delta^{13}C$ 对碳循环信息的记录,可以反映大气二氧化碳的同位素组成特征,进而为深入理解海洋生态环境的变迁提供思路。同时,川东地区长兴组浅水与深水剖面均具良好的牙形刺记录,为不同沉积相带海洋生态环境的演化提供了精细的时间格架。

1. 碳循环幕式变化

华南地区浙江煤山、广元上寺、贵州紫云等地区在二叠纪末生物灭绝界线事件层附近,碳同位素通常表现为强烈的负偏现象,被认为对应二叠纪末的主灭绝线。近年来随着高精度海相碳同位素研究的深入,更多的学者认识到华南地区碳同位素在界线层强烈负偏之前,已经开始出现降低的趋势(图 8-40)。例如,浙江煤山剖面,从 23 层顶部到 24 层,$\delta^{13}C$ 呈现出长期阶段式负偏。另外,在广元上寺、南阿尔卑斯以及巴基斯坦盐岭等地均有相似的变化,Baud 等(1989)指出特提斯地区 $\delta^{13}C$ 最大负偏之前存在频繁波动变化的过程,虽然负偏的幅度和过程仍存在争议,但这些证据已经表明,在灭绝主幕之前,海洋生态环境已经发生变化。

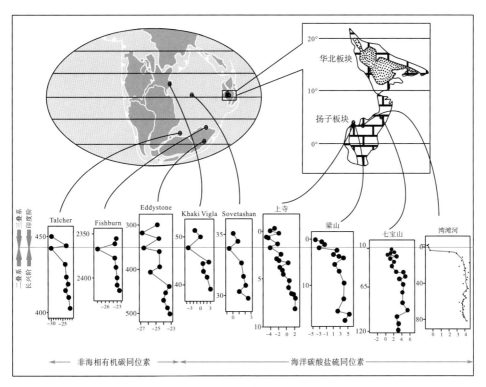

图 8-40　长兴组上部碳同位素分布对比(其他地层剖面数据引自李玉成,2003;Retallack et al.,2006)

　　华蓥楼房湾、巫溪湾滩河以及巫溪红池坝剖面上二叠统上部地层中碳同位素曲线对比表明，长兴中-晚期浅水碳酸盐岩相区中 $\delta^{13}C$ 表现相似，即长兴晚期开始，碳同位素已经呈现出规模性和阶段式的负偏，其具有长期性、伴有强烈频繁波动变化等特征(图 8-41)，表明长兴晚期大气-海洋碳循环受到不同环境因子影响，这些征兆预示着生物危机的序幕正在逐渐展开。

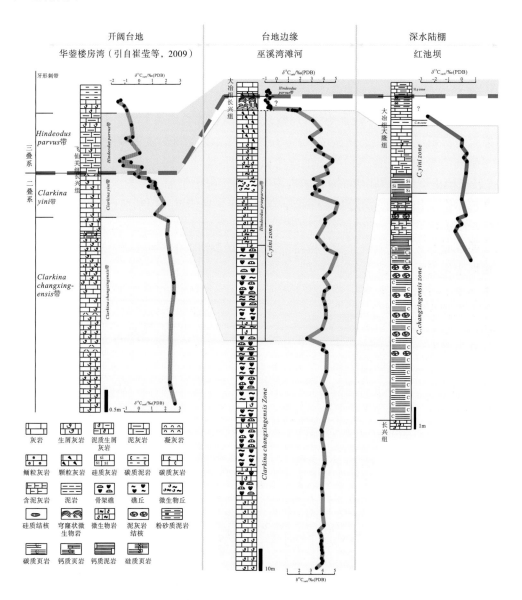

图 8-41　长兴中-晚期开阔台地-深水陆棚环境碳同位素分布对比

　　通过牙形刺生物地层厘定及不同沉积相带的剖面 $\delta^{13}C$ 对比，长兴晚期不同沉积相带的碳同位素负偏范围存在差异。在浅水碳酸盐台地和碳酸盐台地边缘相区，$\delta^{13}C$ 的不稳定变化主要始于 *Clarkina yini* 带中，且在 *Clarkina yini* 带上部开始表现为阶段式负偏。其中，巫溪湾滩河剖面长兴晚期的阶段性负偏大致相当于煤山剖面 24 层 c。深水陆棚相区，δ^{13}C 早在 *Clarkina changxingensis* 带上部已经呈现不稳定变化（δ^{13}C 分布范围为-0.5‰～0.7‰），同时在负偏相应的位置发育遗迹组构 *Chondrites type-B*，反映两者存在紧密关联。

晚二叠世长兴晚期浅水相区与深水相区中 δ^{13}C 均表现出规模性和阶段性的负偏变化，其中深水相区 δ^{13}C 早在 *Clarkina changxingensis* 带上部已经呈现不稳定变化，时间序列早于浅水碳酸盐岩相区（图 8-41）。长兴晚期不同沉积相带碳同位素的演化不仅反映晚二叠世海洋生态环境存在漫长的阶段性演化过程，同时在深水和浅水相区生态环境的演化序列存在时间差异。

2. 底栖动物群与环境的幕式变化

国内学术界大多主张二叠纪末生物灭绝过程由多幕式的地内成因事件组成，其中 Yin 等（2014）通过浙江煤山剖面翔实的地层记录，将集群灭绝事件的主幕对应煤山剖面 25～26 层（事件层），以大量生物集群灭绝为特征，且伴有明显的全球碳循环变化等特征，已经得到学术界的广泛认可。然而，关于该幕事件的起始时间仍存在众多争议。Yin 等（2014）认为其最早出现在煤山剖面 24 层 e 或特提斯地区其他剖面的相当层位；谢树成等（2011）通过分子化石研究认为，煤山剖面 23 层开始，已经出现透光带缺氧事件等。目前为止，受限于研究资料的不足等因素，关于晚二叠世生物危机起始时间及不同生物群的衰亡模式，仍然众说纷纭，缺少足够令人信服的证据。

本书基于对川东地区晚二叠世长兴晚期系列生物与环境事件讨论，特别是不同沉积相带长兴晚期的底栖动物群演化与碳循环变化，将主幕前的海洋环境变化（序幕）划分为 4 个阶段（图 8-42）。

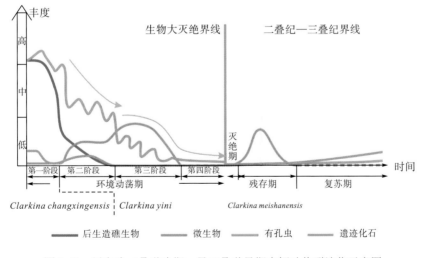

图 8-42　川东晚二叠世晚期—早三叠世早期底栖动物群演化示意图

1）第一阶段（*Clarkina changxingensis* 带上部）

该幕事件主要出现在川东地区深水陆棚环境，以 *Chondrites type-B* 遗迹组构发育为特征，以具有较长的殖居窗为特点，反映水体阶段性缺氧的特征；同时，该时期 $\delta^{13}C$ 呈现出阶段性震荡负偏变化(分布范围为-0.5‰～0.7‰)，与同期遗迹组构的分布及演化序列吻合。该阶段与 Xie 等(2007)在煤山剖面 23 层缺氧事件层相比，具更低层位，且该阶段在浅水碳酸盐台地及碳酸盐边缘相区未表现出明显的变化。

2)第二阶段(*Clarkina yini* 带下部)

在川东地区浅水相区表现明显，以 $\delta^{13}C$ 开始呈现频繁波动变化为特征，其中在台地边缘相区，随着海绵等造礁生物不断衰减，底栖微生物相对繁盛，至该阶段结束时，底栖微生物生态系基本完成了对海绵等骨架礁生态系的取替，并占据原有骨架礁生态空间构筑微生物丘及微生物岩，有孔虫动物群丰度频繁波动。深水陆棚环境中主要由遗迹组构 *Planolites montanus* 及 *Palaeophycus striatus* 组成，该阶段内生物扰动强度趋于降低，在一定程度上反映了环境压力的加剧。

3)第三阶段(*Clarkina yini* 带上部)

在川东地区浅水和深水碳酸盐相区均有体现。浅水碳酸盐相区，$\delta^{13}C$ 呈现出频繁波动变化和阶段性负偏变化特征，其中在碳酸盐台地边缘相区，$\delta^{13}C$ 平均变化率为 12.33%，该阶段台地边缘相区的底栖微生物生态系逐渐消亡，有孔虫动物群丰度及分异度阶段式降低。深水陆棚相区造迹生物基本消失。

4)第四阶段(*Hindeodus praeparvus* 带上部—主灭绝幕)

在川东地区浅水和深水碳酸盐相区均有体现，浅水碳酸盐相区，$\delta^{13}C$ 呈现阶段性负偏变化特征，其中在台地边缘相区，随着古生代生物礁系统的最终崩溃，螆类有孔虫趋于消亡，$\delta^{13}C$ 平均变化率达 34.4%。深水陆棚相区泥晶灰岩中富含指示还原环境的黄铁矿，反映了海洋生态环境不断恶化的过程。

以上 4 个阶段发生的系列生物与环境事件在晚二叠世长兴晚期连续发生，跨越层位大致对应煤山剖面 21～25 层，映射了生物与环境的协同演化过程。在这里需要强调的是，晚二叠世长兴晚期海洋环境变化相关因素还包括晚二叠世晚期陆地风化作用增强、海平面下降等，这些事件使晚二叠世晚期海洋环境极度不稳定，其中各种环境因素又存在极度频繁的内部变化，不断加速生物危机进程，并扩大范围，其集体效应最终导致了全球背景下的生物集群灭绝事件发生。

8.4　晚二叠世海洋底栖动物群演化动力学机制

显生宙时期，地球曾经经历过 5 次规模性的集群灭绝事件，其中最大规模灭绝事件发生在二叠纪末，大于 90%的海洋生物种及 70%的陆地生物先后灭绝，使整个海洋的生态系结构发生了巨大转变，并深刻影响了地球生命的演变。目前关于该事件的原因争论较多，包括火山活动、气候变化、海水缺氧、水体酸化、富营养化及海平面变化等，但大多集中于二叠系—三叠系之交界线地层的研究,关于晚二叠世海洋环境的变迁及生物危机事件过程的研究还缺少足够的重视,如同达尔文在《物种起源》中描述:物种的灭绝过程更趋向于一个缓慢的过程,如同疾病是死亡的先驱一样,至于地史重大转折期看似突然的生物集群灭绝事件,则很有可能是因为地质记录的不完整造成的。在二叠纪末生物集群灭绝事件来临之前,地球表层生态环境经历了长期不稳定的动荡过程。

8.4.1　海洋底栖动物群演化与多重环境事件

1. 海洋缺氧事件

由于海洋底栖生态动物群大多为好氧生物,因此二叠纪末大范围的缺氧环境可能是导致底栖生态动物整体消亡的主要原因。过去的证据主要源于黄铁矿微球粒的形貌结构、同位素组成及生物标志化合物等。其中,Brennecka 等(2011)通过大贵州滩二叠纪末碳酸盐岩中铀同位素的分析,认为二叠纪末生物集群灭绝事件主要是源于环境缺氧,然而该认识由于缺少足够的剖面对比略显局限。近年来,更多的学者意识到二叠纪末的缺氧事件可能率先发生于深水相环境,其中 Bottrell 等(2006)认为晚二叠世末期可能仅海洋深部水体存在缺氧,如煤山剖面的分子化石研究表明煤山剖面长兴晚期已经出现透光带缺氧硫化现象,正常的含氧底质水不断被短时间尺度的缺氧事件打断,呈现出频繁波动的特点,但是以上的观点均缺少足够的生物证据。

川东地区深水陆棚相区 *Clarkina changxingensis* 带上部,自下而上发育多种遗迹组构,包括 *Palaeophycus hebert*、*Chondrites type-B*、*Planolites montanus* 及 *Treptichnus bifurcus*,以上遗迹化石记录与频繁波动的碳同位素集中反映了长兴中期开始,深水相区底层水环境已经出现频繁缺氧的特征,长兴晚期的环境压力最早可能始于深水相区。该时期浅水相区未表现出明显的变化,这可能与当时氧化还原界面的变化有关(图 8-43)。Algeo 等(2007)通过硫同位素和其他地化指标研究,认为二叠系—三叠系之交化学跃层呈现出持续向上迁移的变化特征,深水相地区可能长时间处于水体连续缺氧环境,并随着缺氧水团的持续扩大,逐渐涌向浅水地区,最终导致浅水相区的缺氧。张廷山等(2014)通过微量元素指出,长兴晚期微生物丘发育时期,浅水相区水体含氧量才开始出现明显的减少,时间序列晚于深水相区。目前关于当时的化学跃层变化原因尚不清楚,可能与火山活动有关,后者形成的温室效应可导致海洋化学跃层向上迁移。

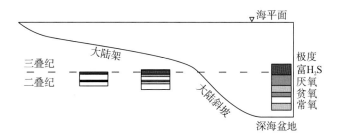

图 8-43　晚二叠世晚期浅水-深水缺氧事件变化示意图

广元上寺地区 PTB 附近层段样品研究报道指出，广元上寺剖面长兴期水体缺氧层段始于 *Clarkina wangi* 带上部到 *Clarkina.subcarinata* 带中下部，而长兴中-晚期底质水体的缺氧程度则逐渐减弱，直至事件层附近。该认识明显不同于川东地区(巫溪湾滩河剖面及巫溪红池坝剖面)或下扬子地区(长兴煤山剖面)，这可能与区内长兴期同生断裂的发育有关。前已述及，四川盆地长兴期系列海槽的形成主要受控于拉张作用，在海槽区形成早期，深水地堑区相对闭塞，环境局限，可能导致深水相区底质水体分层并趋于缺氧，随着长兴中期引张作用的增强，水体循环畅通，原先深水相区缺氧环境可能得以暂时性的缓解。

2. 海洋高温事件

二叠纪—三叠纪之交全球气候曾经发生过巨大的变化。目前而言，早三叠世的温室气候已经得到普遍认同，但关于二叠纪末全球气候的变化过程，仍存在一定的争议。虽然已有的研究均表明长兴晚期大气二氧化碳含量明显升高(长兴晚期第四阶段)，后者作为重要的温室气体，驱动了长兴晚期大气和海洋温度的显著升高。但在煤山剖面、广元上寺以及南盘江地区长兴晚期均存在氧同位素正偏现象，区内巫溪湾滩河剖面长兴晚期第四阶段也具有类似的变化趋势。虽然古生代碳酸盐岩的氧同位素值更容易受到成岩作用影响，但其相似的正偏变化规律应该能定性反映长兴晚期海水氧同位素的变化。

事实上，根据氧同位素分馏原理，不仅冰川，水蒸气中也富集轻氧同位素(^{16}O)，地史时期海水的氧同位素组成与海水的温盐条件均具有紧密关联。温度的升高不仅可以使冰川消解，同时海水受强烈蒸发作用影响，向水蒸气变化的过程可使剩余海水中富集重氧同位素(^{18}O)，况且晚二叠世极地地区并没有关于冰盖的报道。因此，长兴晚期海水氧同位素的变化很有可能是由于温度升高引起海水盐度的变化而导致的。长兴晚期样品中发现了许多指示高盐度的生物标志化合物，说明当时海水的蒸发作用非常强烈。

海洋后生生物受含氧量的影响，热耐受性普遍较低，现代大堡礁珊瑚在温度高于 31 ℃时即停止生长。长兴晚期，随着大气中二氧化碳含量的不断增高，温度上升，对温度要求较高的骨架礁生态系可能率先受到影响，骨架礁格架不断减少，增长速度降低，同时，底栖微生物生态系开始繁盛，骨架礁生态系的衰退和消亡过程可能与长兴晚期海水中温度的变化关联紧密。

3. 海洋酸化事件

大气中二氧化碳浓度的升高不仅能使气温上升，而且会使海水逐渐酸化，后者会导致底栖海洋生物钙化能力降低，影响其生长发育。例如，海洋酸化可能影响钙藻的营养代谢等其他生理作用，对钙藻类钙化作用产生抑制。Clarkson 等(2015)利用采自沙特 Musandam 晚二叠统—下三叠统连续沉积剖面的样品进行硼同位素分析，结合数学建模方法，分析了PTB 附近的古海水 pH，认为长兴晚期(大致对应 *Hindeodus praeparvus* 带)，大气中高含量的二氧化碳首先中和了晚二叠世碱性海水，而后西伯利亚大火山省火山大量喷发的二氧化碳使海洋迅速酸化。

研究区 *Hindeodus praeparvus* 带下部底栖微生物生态系作为生物礁系统中最后的幸存者，曾经一度繁盛，而底栖微生物生态系中促使碳酸盐发生沉淀作用的主要生物——蓝细菌的生长和钙化作用受海洋中 pH 的影响明显。长兴晚期随着大气二氧化碳浓度的增高，海水开始由碱性向酸性过渡，好碱性水体的蓝细菌可能受到影响，底栖微生物的衰退和消亡过程可能与长兴晚期 *Hindeodus praeparvus* 带开始海水 pH 的降低有关。

4. 其他事件

关于引起长兴晚期生物危机的事件还有许多假说，如海平面变化事件、甲烷释放等，其中前者被认为会导致浅海底栖动物群生存环境急剧减少，然而引起全球海平面变化往往比较缓慢，生物礁等浅海底栖动物群落可以有足够的时间通过垂向或侧向迁移来适应这种变化，且目前关于甲烷的释放过程和事件以及对生物危机的作用机理尚不清楚，关于深海甲烷的聚集和喷发模型尚且需要地质证据的进一步检验。

8.4.2　火山活动对海洋环境条件的驱动

大规模的火山活动可以将巨量的喷发物由岩石圈输送至地表系统，进而造成地表系统气候和环境的快速变化，因此地史时期与板块运动及地幔柱相关火山活动常常被认为是气候和环境变化的重要驱动因素，后者随着大火成岩省研究的深入在近年来受到广泛重视。

地幔柱引起火山喷发使岩浆脱气并释放多种气体，包括水蒸气、二氧化碳、二氧化硫、硫化氢等，不同的气体对气候及海洋环境影响的效应及时限不同，如火山硫化物可在大气圈内形成酸雨、二氧化碳可导致地表气温升高等，后者在大气中往往具有较长时间尺度（可达 1×10^6 年）。Wignall（2001）通过模型估算了二叠纪—三叠纪之交的西伯利亚玄武岩喷发的碳总量达到 2×10^{19}g，并指出高二氧化碳进入大气圈能够导致当时地表温度出现长时间变暖。因此西伯利亚大火成岩省火山活动也成为众多学者关注二叠纪末生物灭绝事件的焦点。

近年来通过对大火成岩省 U-Pb 年龄数据的研究表明，西伯利亚火山主喷发时间为 $252 \sim 250$Ma，主要活动时间为三叠纪早期。然而在火山喷发之前，上升的热地幔柱头可以通过与地层中的煤层、有机质或碳酸盐岩接触发生热变质作用，释放大量的二氧化碳等温室气体，使其迅速进入大气圈中，并产生系列的正反馈作用，包括海底天然气水合物的释放、海水中氧溶解度的降低等效应。碳同位素垂向分布显示，晚二叠世长兴晚期碳同位素出现不稳定负偏现象，表明温室效应可能在长兴期已经开始，并具有长期性特征。

第一阶段，在温室条件下，海水表层温度上升较快，可能造成海水表层和底部温度产生差异，进一步导致深水相区底层水出现缺氧的特征，在深水相区 *Chondrites type-B* 遗迹组构发育，并表现为浅阶层-复杂梯序类型；深水相区碳同位素阶段性震荡负偏（表 8-4，图 8-44）。第二阶段，海水温度升高，贫氧水团上移，浅水底栖微生物生态系逐渐取替骨架礁生态系，有孔虫动物群丰度频繁波动，生物通过渐进式自我调节完成负反馈作用；同时，温室气体的增多加速大陆风化速率，硅酸盐风化间接消耗二氧化碳对碳循环起到了调节作用，使浅水相区长兴期碳同位素出现频繁波动变化（表 8-4，图 8-44）。第三阶段，随着温室效应的不断发展，海水升温，海水贫氧水团开始扩散，海水 pH 开始降低，生命活动已经难以为继自身生存环境，在浅水相区底栖微生物生态系逐渐消亡，有孔虫动物群丰度和分异度快速降低，深水相区遗迹化石消失；浅水相区及深水碳同位素均出现震荡式负偏（表 8-4，图 8-44）。第四阶段，温室效应进一步增强，海水蒸发作用强烈，海水贫氧并趋于酸化，最终导致浅水相区蜓类有孔虫消亡；浅水相区及深水碳同位素负偏明显（表 8-4，图 8-44）。

表 8-4　受火山活动驱动的生物-地球化学响应

生物危机阶段	主要事件	牙形刺带	生物响应			碳循环响应	其他地化指标响应
			浅水底栖生物		深水底栖生物		
			生物礁系统	有孔虫动物群	遗迹化石		
第一阶段	深水相区缺氧	*Clarkina changxinge-nsis* 带顶部	骨架礁正常发育	丰度及分异度正常	*Chondrites type-B* 遗迹组构表现为浅阶层-复杂梯序类型	深水相区 $\delta^{13}C$ 阶段性震荡负偏变化明显	—
第二阶段	海洋升温，贫氧水团上移	*Clarkina yini* 带下部	后生造礁生物逐渐消亡，以底栖微生物生态系为主的微生物丘繁盛	丰度频繁波动	*Palaeophycus striatus* 遗迹组构等发育，多样性造迹生物小规模繁盛	浅水相区 $\delta^{13}C$ 阶段性震荡变化明显	微量元素显示水体开始呈现贫氧
第三阶段	海洋升温，pH 开始降低，贫氧水团开始扩散	*Clarkina yini* 带上部	底栖微生物生态系逐渐消亡	丰度阶段式降低，分异度降低	遗迹化石消失	浅水相区及深水相区 $\delta^{13}C$ 阶段性震荡负偏变化明显	微量元素显示水体贫氧
第四阶段	海洋高温，pH 进一步降低，贫氧水团扩散	*Hindeodus praeparvus* 带上部—主灭绝幕	生物礁系统消亡	蜓类有孔虫逐渐消亡	遗迹化石消失	浅水相区及深水相区 $\delta^{13}C$ 负偏变化明显	氧同位素显示海水蒸发作用强；微量元素显示水体贫氧

　　推测区内晚二叠世受西伯利亚大火成岩省地幔柱隆升活动的驱动，温室效应形成和发展，海洋缺氧-升温-酸化等系列连锁事件不断增强，加速生物危机过程，可能是导致浅水相区骨架礁生态系-底栖微生物生态系以及深水相区造迹生物演化的主要原因（图 8-44）。由于目前的研究只涉及四川盆地东部地区，在整个华南地区乃至特提斯地区尚缺乏大区域综合对比，所以目前对长兴晚期环境的驱动机制可能仍存在许多缺失和遗漏之处。但不可否认，包括火山活动在内的综合作用对地球气候和海洋理化条件的确产生过重大影响，随着海洋生态环境的不断恶化，最终导致显生宙以来最大规模的生物集群灭绝事件。川东地区长兴中-晚期开始，底栖生物群演化过程揭示，不同相区海洋生态环境已经表现为多期次的不稳定状态，其不断扩大导致生物危机呈现多阶段性特征。同时，晚二叠世底栖动物群演化记录充分体现出在重大地质转折期将至时，生物与环境的协同关系。

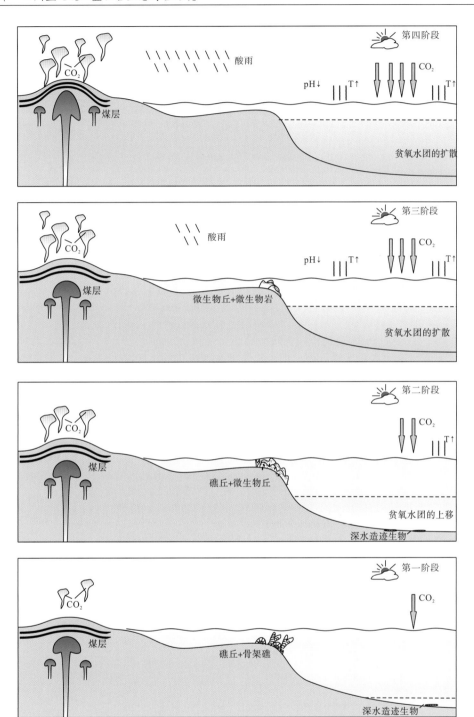

图 8-44 受火山活动驱动的海洋生态环境演化模式

主要参考文献

陈洪德, 钟怡江, 侯明才, 等, 2009.川东北地区长兴组-飞仙关组碳酸盐台地层序充填结构及成藏效应[J].石油与天然气地质, 30(5): 539-547.

陈建强, 周洪瑞, 王训练, 2004.沉积学及古地理教程[M].北京: 地质出版社: 1-253.

陈荣坤, 1996.华北地台中晚寒武世沉积层序中生物丘构造研究[J].沉积学报, 14: 49-56.

陈阳, 朱正杰, 张瑞刚, 等, 2018.渝东南地区梁山组层位与时代[J].矿物学报, 38(04): 380-386.

崔莹, 刘建波, 江崎洋一, 2009.四川华蓥二叠-三叠系界线剖面稳定碳同位素变化特征及其生物地球化学循环成因[J].北京大学学报: 自然科学版, 45(3): 461-471.

杜金虎, 徐春春, 汪泽成, 等, 2010.四川盆地二叠-三叠系礁滩天然气勘探[M].北京: 石油工业出版社: 1-160.

范嘉松, 齐敬文, 周铁明, 等, 1990.广西隆林二叠纪生物礁[M].北京: 地质出版社: 1-128.

范嘉松, 吴亚生, 2002.川东二叠纪生物礁的再认识[J].石油与天然气地质, 23(1): 12-18.

顾家裕, 马锋, 季丽丹, 2009.碳酸盐岩台地类型、特征及主控因素[J].古地理学报, 11(01): 21-27.

郭正吾, 邓康玲, 韩永辉, 1996.四川盆地形成与演化[M].北京: 地质出版社.

何斌, 徐义刚, 王雅玫, 等, 2005.用沉积记录来估计峨眉山玄武岩喷发前的地壳抬升幅度[J].大地构造与成矿学, 29(3): 316-320.

何斌, 徐义刚, 肖龙, 等, 2003.峨眉山大火成岩省的形成机制及空间展布: 来自沉积地层学的新证据[J].地质学报, 77(2): 194-202.

何江, 郑荣才, 胡欣, 等, 2015.四川盆地西部晚二叠世吴家坪组沉积体系[J].石油与天然气地质, 36(01): 87-95.

何鲤, 罗潇, 刘莉萍, 等, 2008.试论四川盆地晚二叠世沉积环境与礁滩分布[J].天然气工业, 28(1): 28-33.

侯德封, 杨敬之, 1939.四川盆地中的几种地形与其形成史[J].地质论评, 4(05): 315-322.

侯增谦, 卢记仁, 等, 2005.峨眉地幔柱轴部的榴辉岩-地幔岩源区: 主元素、痕量元素及 Sr、Nd、Pb 同位素证据[J].地质学报, 79(2): 200-216.

黄涵宇, 何登发, 李英强, 等, 2017.四川盆地及邻区二叠纪梁山-栖霞组沉积盆地原型及其演化[J].岩石学报, 33(04): 1317-1337.

黄汲清, 1932.中国南部之二叠纪地层[M].实业部地质调查所, 国立北平研究院地质学研究所: 12.

金玉玕, 王向东, 尚庆华, 等, 1999.中国二叠纪年代地层划分和对比[J].地质学报(02): 97-108.

乐森璕, 1929.重庆贵阳间地质要略[R].地质调查所地质汇报: 11.

黎虹玮, 唐浩, 苏成鹏, 等, 2015.四川盆地东部涪陵地区上二叠统长兴组顶部风化壳特征及地质意义[J].古地理学报, 17(4): 477-492.

李国辉, 李翔, 宋蜀筠, 等, 2005.四川盆地二叠系三分及其意义[J].天然气勘探与开发, 28(03): 20-25.

李鹭光, 2011.四川盆地天然气勘探开发技术进展与发展方向[J].天然气工业, 31(01): 1-6.

李秋芬, 苗顺德, 李永新, 等, 2018.四川盆地川中地区盐亭-潼南海槽台缘带二叠系长兴组储层特征及成因探讨[J].地球科学, 43(10): 3553-3567.

李玉成, 2003.华南二叠/三叠纪过渡时期同位素旋回地层——碳酸盐岩地层对比及成因解释指标[M].合肥: 中国科学技术大学出版社.

李悦言, 1941.四川叙永县之含水火坭矿[J].地质论评, 6(Z2): 285-290.

梁霄, 童明胜, 梁锋, 等, 2019.晚二叠世盐亭—蓬溪拉张槽东段特征及其对四川盆地中部长兴组油气成藏的控制作用[J].天然气地球科学, 30(02): 176-189.

刘成英, 朱日祥, 2009.试论峨眉山玄武岩的地球动力学含义[J].地学前缘, 16(2): 52-64.

刘建波, 江崎洋一, 杨守仁, 等, 2007.贵州罗甸二叠纪末生物大灭绝事件后沉积的微生物岩的时代和沉积学特征[J].古地理学报, 9(5): 473-486.

刘丽静, 姜红霞, 吴亚生, 等, 2014.中国南方晚二叠世-早三叠世礁生物礁区生物群落演替序列与古环境变化——以四川盆地东北部盘龙洞剖面为例[J].中国科学: 地球科学, 44(4): 617-633.

刘平, 2010.贵州矿产与峨眉地幔柱演化阶段的成因联系探讨[J].贵州地质, 27(1): 5-12.

刘树根, 王一刚, 孙玮, 等, 2016.拉张槽对四川盆地海相油气分布的控制作用[J].成都理工大学学报(自然科学版), 43(01): 1-23.

刘治成,张廷山,党录瑞,等,2011.川东北地区长兴组生物礁成礁类型及分布[J].中国地质,38(5):1298-1311.

刘祖彝,王哲惠,1939.四川涪陵彭水铁矿及附近之煤田地质[J].地质论评,4(05):347-362,405-410.

罗志立,2009.峨眉地裂运动和四川盆地天然气勘探实践.新疆石油地质,30(4):419-424.

罗志立,雍自权,刘树根,等,2004.“峨眉地幔柱”对扬子板块和塔里木板块离散的作用及其找矿意义[J].地球学报,25(5):515-522.

吕炳全,瞿建忠,1989.下扬子地区早二叠世海侵和上升流形成的缺氧环境的沉积[J].科学通报,34(22):1721-1724.

马永生,郭旭升,郭彤楼,等,2005.四川盆地普光大型气田的发现与勘探启示[J].地质论评,(04):477-480.

马永生,牟传龙,郭旭升,等,2006.四川盆地东北部长兴期沉积特征与沉积格局[J].地质论评,52(1):25-31.

芮琳,赵嘉明,穆西南,等,1984.陕西汉中梁山吴家坪灰岩的再研究[J].地层学杂志,(03):179-193,241.

盛金章,1962.中国的二叠系.全国地层会议学术报告汇编[M].北京:科学出版社:1-95.

盛莘夫,1940.四川峨边县金口河附近地质及水晶矿[J].地质论评,5(Z1):85-90.

施春华,胡瑞忠,颜佳新,2004.栖霞组沉积地球化学特征及其环境意义[J].矿物岩石地球化学通报,23(2):144-148.

四川省地质矿产局,1991.四川省区域地质志[M].北京:地质出版社.

宋海军,2012.二叠纪-三叠纪之交有孔虫和钙藻的灭绝与复苏[D].武汉:中国地质大学:1-235.

宋谢炎,侯增谦,等,2002.峨眉山玄武岩的地幔热柱成因[J].矿物岩石,22(4):27-32.

谭秀成,罗冰,江兴福,等,2012.四川盆地基底断裂对长兴组生物礁的控制作用研究[J].地质论评,58(2):277-284.

腾格尔,刘文汇,徐永昌,等,2004.鄂尔多斯盆地奥陶系海相沉积有效烃源岩的判识[J].自然科学进展,14(11):1249-1256.

田力,童金南,孙冬英,等,2014.江西乐平沿沟二叠纪-三叠纪过渡期沉积微相演变及其对灭绝事件的响应[J].中国科学:地球科学,44(10):2247-2261.

童崇光,1992.四川盆地构造演化与油气聚集[M].北京:地质出版社:1-128.

童崇光,2000.新构造运动与四川盆地构造演化及气藏形成[J].成都理工学院学报,27(2):123-130.

王成源,王志浩,1981.浙江长兴地区二叠纪龙潭组、长兴组牙形刺及其生态和地层意义[M]//中国微体古生物学会第一次学术会议论文选集.北京:科学出版社.

王生海,范嘉松,1996.贵州紫云二叠纪生物礁的基本特征及其发育规律[J].沉积学报,14:66-74.

王学军,杨志如,韩冰,2015.四川盆地叠合演化与油气聚集[J].地学前缘,22(03):161-173.

王一刚,文应初,洪海涛,等,2006.四川盆地及邻区上二叠统-下三叠统海槽的深水沉积特征[J].石油与天然气地质,27(5):702-714.

王一刚,文应初,张帆,等,1998.川东地区上二叠统长兴组生物礁分布规律[J].天然气工业,18(06):10-15.

王争鸣,2003.缺氧沉积环境的地球化学标志[J].甘肃地质学报,12(2):55-58.

吴汉宁,吕建军,朱日祥,等,1998.扬子地块显生宙古地磁视极移曲线及地块运动特征[J].中国科学(D辑:地球科学),28(S1):69-78.

吴胜和,冯增昭,何幼斌,1994.中下扬子地区二叠纪缺氧环境研究[J].沉积学报,12(2):29-36.

吴熙纯,1984.川西北晚三叠世海绵点礁的古生态特征[J].成都地质学院报,1:43-54.

吴熙纯,2009.川西北晚三叠世卡尼期硅质海绵礁—鲕滩组合的沉积相分析[J].古地理学报,11(2):125-142.

吴亚生,范嘉松,姜红霞,等,2007.二叠纪末生物礁生态系绝灭的方式[J].科学通报,52(2):207-214.

吴亚生,范嘉松,金玉玕,2003.晚二叠世末的生物礁出露及其意义[J].地质学报,77(3):289-296.

吴亚生,姜红霞,廖太平,2006.重庆老龙洞二叠系-三叠系界线地层的海平面下降事件[J].岩石学报,22(9):2405-2412.

肖龙,徐义刚,何斌,2003.峨眉地幔柱-岩石圈的相互作用:来自低钛和高钛玄武岩的Sr-Nd和O同位素证据[J].高校地质学报,9(2):207-217.

谢树成,殷鸿福,史晓颖,等,2011.地球生物学-生命与地球环境的相互作用和协同演化[M].北京:科学出版社.

熊永先,1940.川黔间之铜矿溪层[J].地质论评,5(04):309-318,380.

徐义刚,何斌,黄小龙,等,2007.地幔柱大辩论及如何验证地幔柱假说[J].地学前缘,14(02):1-9.

徐义刚,钟孙霖,2001.峨眉山大火成岩省:地幔柱活动的证据及其熔融条件[J].地球化学,30(1):1-9.

颜佳新,杜远生,1994.冰川发育对赤道地区碳酸盐沉积环境和沉积作用的影响[J].地质科技情报,13(3):48-54.

颜佳新,刘新宇,2007.从地球生物学角度讨论华南中二叠世海相烃源岩缺氧沉积环境成因模式[J].地球科学:中国地质大学学报,32(6):789-796.

杨敬之,吴望始,张遴信,等,1979.我国石炭系分统的再认识[J].地层学杂志,3(03):173,188-192.

杨式溥,张建平,杨美芳,2004.中国遗迹化石[M].北京:科学出版社:78-80.

姚军辉, 罗志立, 孙玮, 等, 2011.峨眉地幔柱与广旺-开江-梁平等拗拉槽形成关系[J].新疆石油地质, 32(1): 97-101.

曾鼎乾, 1984.四川华蓥山二叠系调查追记[J].中国地质科学院院报, (02): 109-117.

张帆, 文应初, 强子同, 等, 1993.四川及临区晚二叠统吴家坪碳酸盐缓坡沉积[J].西南石油学院学报, 2(1): 34-41.

张奇, 屠志慧, 饶雷, 等, 2010.四川川中地区晚二叠世蓬溪-武胜台凹对台内生物礁滩分布的控制作用[J].天然气勘探与开发, 33(4): 1-7.

张廷山, 边立曾, 俞剑华, 等, 2000.陕西宁强早志留世灰泥丘中微生物及其造岩意义[J].古生物学报, 39(02): 263-266.

张廷山, 陈晓慧, 姜照勇, 2008.四川盆地古生代生物礁滩特征及发育控制因素[J].中国地质, 35(5): 1017-1030.

张廷山, 陈晓慧, 刘治成, 等, 2011.峨眉地幔柱构造对四川盆地栖霞期沉积格局的影响[J].地质学报, 85(08): 1251-1264.

张廷山, 杨巍, 伍坤宇, 2014.川东北二叠纪长兴晚期微生物丘: 大灭绝事件过程的预兆?[J].微体古生物学报, 31(3): 229-242.

张招崇, Mahoney J J, 王福生, 等, 2006.峨眉山大火成岩省西部苦橄岩及其共生玄武岩的地球化学: 地幔柱头部熔融的证据[J].岩石学报, (06): 1538-1552.

张招崇, 王福生, 2002.峨眉山大火成岩省中发现二叠纪苦橄质熔岩[J].地质论评, 48: 448.

赵家骧, 1942.中国西南部二叠纪玄武岩成因及时代之检讨[J].地质论评, 7(Z2): 131-144, 245-246.

赵金科, 梁希洛, 郑灼官, 1978.论大隆组的层位[J].地层学杂志, 2(01): 48-54.

赵亚曾, 1929.Geological Notes In_4 Szechuan[J].中国地质学会志, 2(02): 139-154.

赵亚曾, 黄汲青, 1931.秦岭山及四川之地质研究 中英文合编[M].实业部直辖地质调查所秘密.

朱传庆, 徐明, 等, 2010.峨眉山玄武岩喷发在四川盆地的地热学响应[J].科学通报, 55(6): 474-480.

朱森, 吴景祯, 1939.嘉陵江观音峡及天府煤矿区之地质观察[J].地质论评, 4(Z1): 153-160, 295-299.

朱同兴, 黄志英, 惠兰, 1999.上扬子台地晚二叠世生物礁相地质[M].北京: 地质出版社: 1-110.

Ahr W M, 1973.The carbonate ramp: an alternative to the shelf model[J].GCAGS-Transactions, 23: 221-225.

Aitken J D, 1967.Classification and envronmental significance of cryptalgal limestones and dolomites, with illustration from Cambrian and OrdoVcian of southwestern Alberta[J].Journal of Sedimentary Petrology, 37: 1163-1178.

Algeo T J, Hannigan R, Rowe H, et al., 2007.Sequencing events across the Permian-Triassic boundary, Guryul Ravine(Kashmir, India)[J].Palaeogeography, Palaeoclimatology, Palaeoecology, 252: 328-346.

Baud A, Magaritz M, Holser W T, 1989.Permian-Triassic of the Tethys: Carbon isotope studies [J].Geologische Rundschau, 78: 649-677.

Bottrell S H, Newton R J, 2006.Reconstruction of changes in global sulfur cycling from marine sulfate isotopes [J].Earth Science Reviews, 75: 59-83.

Brennecka G A, Herrmann A D, Algeo T J, et al., 2011.Rapid expansion of oceanic anoxia immediately before the end-Permian mass extinction [J].Proceedings of the National Academy of Sciences of the United States of America, 108(43): 17631-17634.

Brunton F R, Dixon O A, 1994.Siliceous sponge-microbe biotic associations and their recurrence through the Phanerozoic as reef mound constructors [J].Palaios, 9: 370-387.

Campbell I H, Griffiths R W, 1990.Implications of mantle plume structure for the evolution of flood basalts[J].Earth and Planetary Science Letters, 99: 79-93.

Chafetz H S, Buczynski C, 1992.Bacterially induced lithifcation of microbial mats[J].Palaios, 7: 277-293.

Clarkson M O, Kasemann S A, Wood R A, et al., 2015.Ocean acidification and the Permo-Triassic mass extinction [J].Science, 348(6231): 229-232.

Couch E L, 1971.Calculation of Paleosalinities from Boron and Clay Mineral Data[J].AAPG Bulletin, 55(10): 1829-1837.

Cox K G, 1989.The role of mantle plumes in the development of continental drainage patterns[J].Nature, 342: 873-877.

Elliott G F, 1968.Permian to Palaeocene calcareous algae(dasycladaceae)of the Middle East[J].Bulletin of the British Museum Historical, 4: 1-111.

Ezaki Y, Liu J B, Adachi N, 2003.Earliest Triassic microbialite micro-to megastructures in the Huaying area of Sichuan Province, South China: Implications for the nature of oceanic conditions after the end-Permian extinction[J].Palaios, 18(4-5): 388-402.

Flgúgl E, 2004.Microfacies of carbonate rocks: Analysis, Interpretation and Application [M].Springer-Verlag Burlin Heidelberg: 1-976.

Flgúel E, Kiessling W, 2002. A new look at ancient reefs [A]//Kiessling W, Flúgel E, Golonka J. Phanerozoic reef patterns.SEPM Special Publication: 3-10.

Griffiths R W, Campbell I H, 1991.Interaction of mantle plume heads with the Earth's surface and onset small-scale convection[J].Journal of Geophysical Reaeach，96：18275-18310.

Jiang H S，Lai X L，Luo G M，et al.，2007.Restudy of conodont zonation and evolution across the P/T boundary at Meishan section，Changxing，Zhejiang，China，environmental and biotic changes during the Paleozoic-Mesozoic transition［J].Global and Planetary Change，55：39-55.

Jin Y G，Wang Y，Henderson C M，et al.，2006.The Global Boundary Stratotype Section and Point(GSSP)for the base of Changhsingian Stage(Upper Permian)［J].Episodes，29：175-182.

Keith M H，Weber J N，1964.Isotopic Composition and Environmental Classification of Selected Limestones and Fossils[J].Geochimica et Cosmochimica Acta，28：45-56.

Kirkland B L，Chapman R L，1990.The fossil green alga Mizzia：a tool for interpretation of paleoen Vroment in the Upper Permian Capitan reef Complex，Southeastern New Mexico[J].Phycol.，26：569-576.

Larsen T B，Yuen D A，1997.Fast Plume Heads：Temperature-Dependent Versus Non-Newtonian Rbeology[J].Geophys.Res.Lett.，24：1995-1998.

Mark Feldmann，Judith A.Mckenzie，1998.Stromatolite-Thrombolite Associations in a Modern Environment，Lee Stocking Island，Bahamas[J].Palaios，13：201-212.

Moore L，Knott B，Stanley N，1984.The stromatolites of Lake Clifton，Western Australia[J].Search，14：309-314.

Morgan W J，1971.Convection plumes in the lower mantle[J].Nature，230：42-43.

Osleger D A，Read J F，1991.Cyclostratigraphy of Late Cambrian carbonate sequences[J].SEPM，67(7)：801-828.

Planavsky N，Ginsburg R N，2009.Taphonomy of modern marine Bahamian Microbialites[J].Palaios，2009，24(1)：5-17.

Pratt B R，1982.Stromatolitic framework of carbonate mud mounds [J].Journal of Sedimentary Research，52：1203-1227.

Read J F，1985.Carbonate platform facies models[J].American Association of Petroleum Geologists Bulletin，69：1-21.

Retallack G J，Metzger C A，Greaver T，et al.，2006.Middle-Late Permian mass extinction on land ［J].Geological Society of America Bulletin，118(11-12)：1398-1411.

Seilacher A，Hemleben C，1966.Beitrage zur Sedimentation and Fossilfuhrung des Hunsruckschiefers，teil 14，spurenfauna and bildungstiefe der hunsruckschiefer(Unterdevon)［J].Notizblatt des Hessisches Landesamt fur Bodenforschung zu Eiesbaden，94：40-53.

Senes J，1967.Repartition bathymetrique des algus fossilisables ou Mediterraee[J].Geol.Sbornik，18：141-150.

Shackleton N J，1967.Oxygen isotope analyses and Pleistocene temperatures re-assessed[J].Nature，215：15-17.

Sheng J Z，Jin Y G，1994.Correlation of Permian deposits in China[J].Palaeoworld，4(14)：14-113.

Tong J，Shi G R，2000.Evolution of the Permian and Triassic Foraminifera in South China ［J].Amsterdam:Elsevier,18(00)：291-307.

Tsien H H，1994.Contribution of reef building organisms in reef carbonate[J].Cour.Forsch-Inst.Senckenberg，172：95-102.

Webby B D，2002.Patterns of Ordivican Reef Development ［M］// Kiessling W，Flúgel E，Golonka J.Phanerozoic reef patterns.SEPM Special Publication，72：129-179.

Wells J W，1965.Treatise on Marine Ecology and Paleoecology ［M].America：Geol.Soc.America Memoir：773-782.

Wendt J et.al.，1997.The world's most spectacular carbonate mud mounds(middle devonian，algerian sahara)［J].Journal of Sedimentary Research，67(3)：424-436.

White R S，Mckenzie D，1995.Mantle plumes and flood basalts[J].Journal of Geophysical Research，100(B9)：17543.

Wignall P B，2001.Large igneous provinces and mass extinctions ［J].Earth Science，53：1-33.

Wilson J L，1975.Carbonate Facies in Geologic History[M].Berlin：Springer Berlin Heidelberg：1-471.

Wray J J，1977.Late Paleozoic Calcareous Red Algae[M].Berlin：Springer Berlin Heidelberg：167-176.

Xie S C，Pancost R，Huang J，et al.，2007.Changes in the global carbon cycle occurred as two episodes during the Permian-Triassic crisis ［J].Geology，35(12)：1083-1086.

Yin H F，Jiang H S，Xia W C，et al.，2014.The end-Permian regression in South China and its implication on mass extinction ［J].Earth-Science Reviews，137：19.

Yuan D X，Shen S Z，Henderson M C，et al.，2014.Revised conodont-based integrated high-resolution timescale for the Changhsingian Stage and end-Permian extinction interval at the Meishan sections，South China ［J].Lithos，204：220-245.

Zhao J K，Sheng J Z，Yao Z Q，et al.，1981.The Changhsingian and the Permian-Triassic boundary in South China [J].Bulletin of the Nanjing Institute of Geology and Palaeontology，2：1-112.

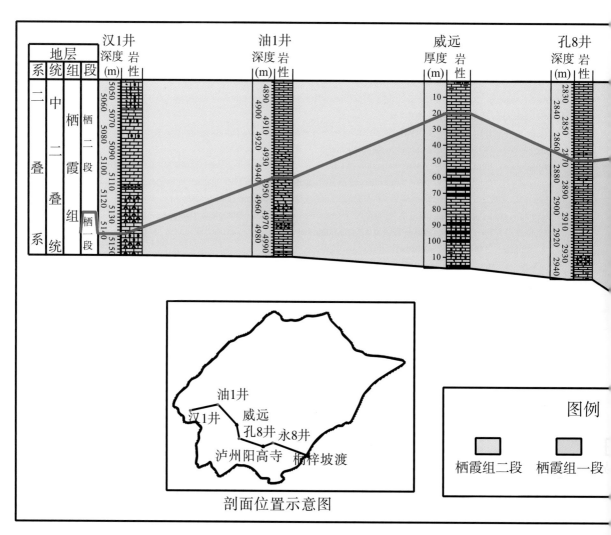

附图1　汉1井—孔8井—桐梓坡渡栖霞组地层对比剖面

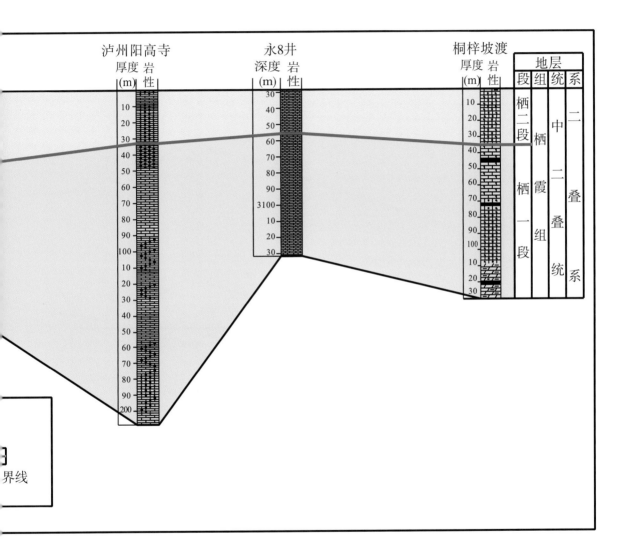

泸州阳高寺　永8井　桐梓坡渡

界线

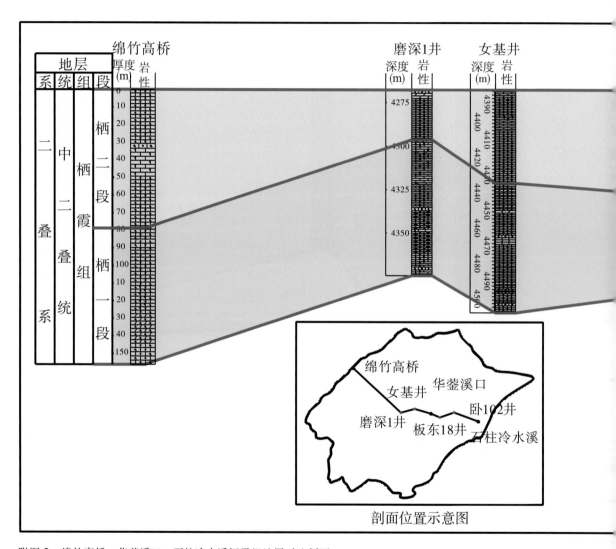

附图2 绵竹高桥—华蓥溪口—石柱冷水溪栖霞组地层对比剖面

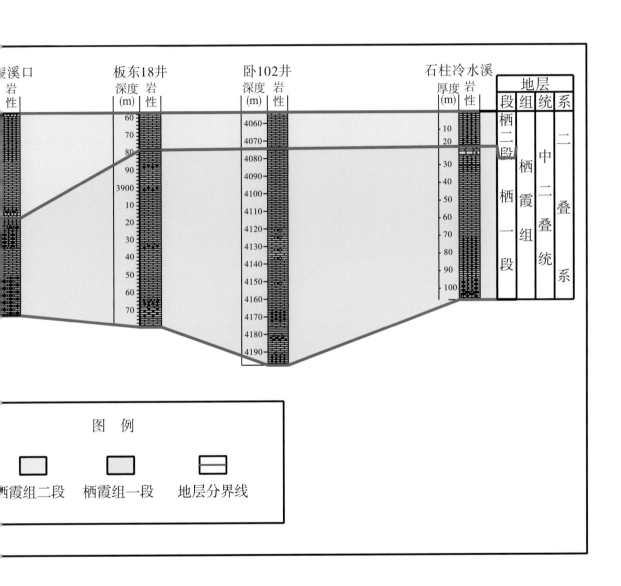

图例

栖霞组二段　　栖霞组一段　　地层分界线

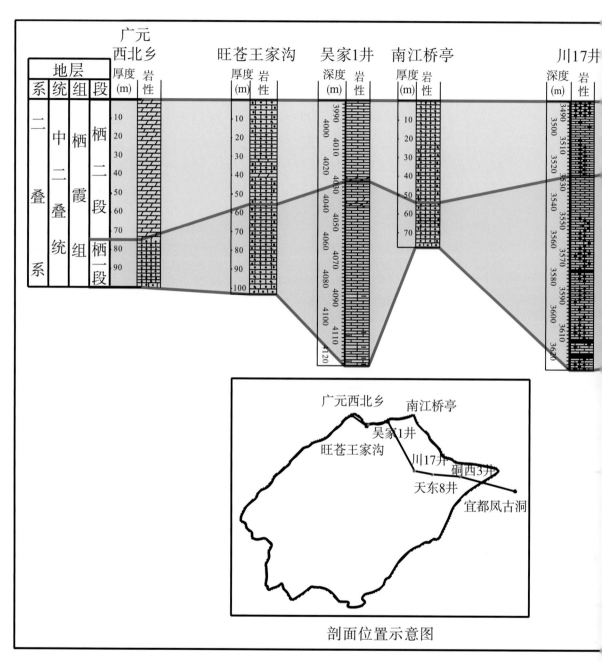

附图3 广元西北—川17井—宜都凤古洞栖霞组地层对比剖面

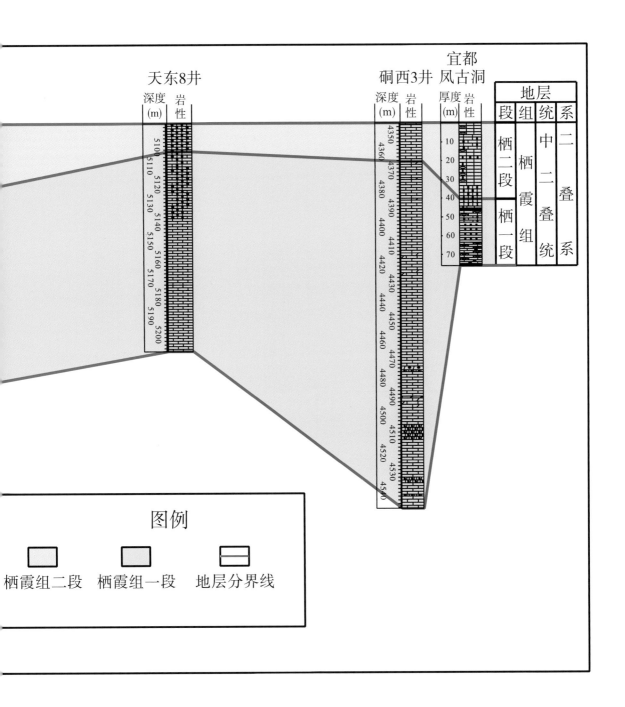

天东8井

| 深度(m) | 岩性 |

5100
5110
5120
5130
5140
5150
5160
5170
5180
5190
5200

硐西3井

| 深度(m) | 岩性 |

4350
4360
4370
4380
4390
4400
4410
4420
4430
4440
4450
4460
4470
4480
4490
4500
4510
4520
4530
4540

宜都
风古洞

| 厚度(m) | 岩性 |

10
20
30
40
50
60
70

地层			
段	组	统	系
栖二段	栖霞组	中二叠统	二叠系
栖一段			

图例

栖霞组二段　栖霞组一段　地层分界线

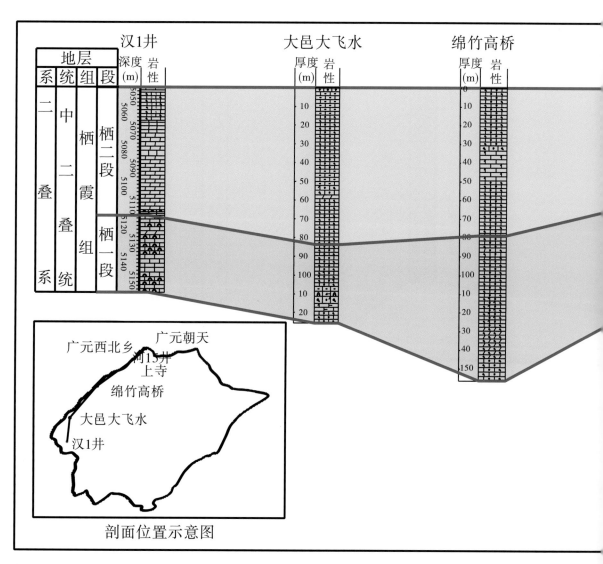

附图 4　汉 1 井—广元长江沟—广元朝天栖霞组地层对比剖面

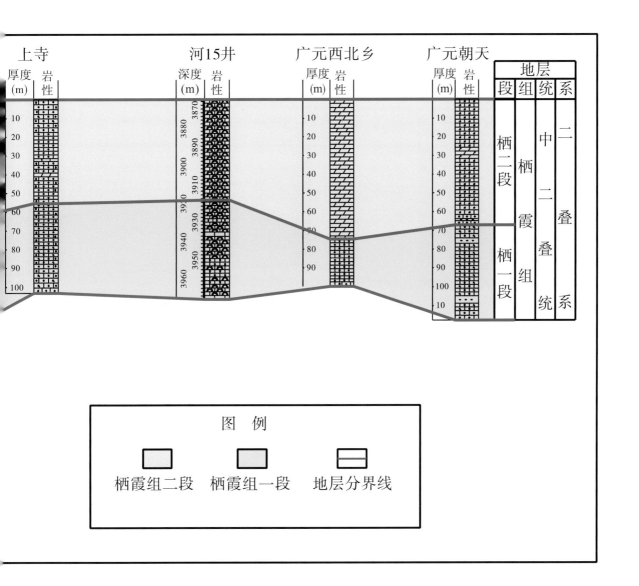

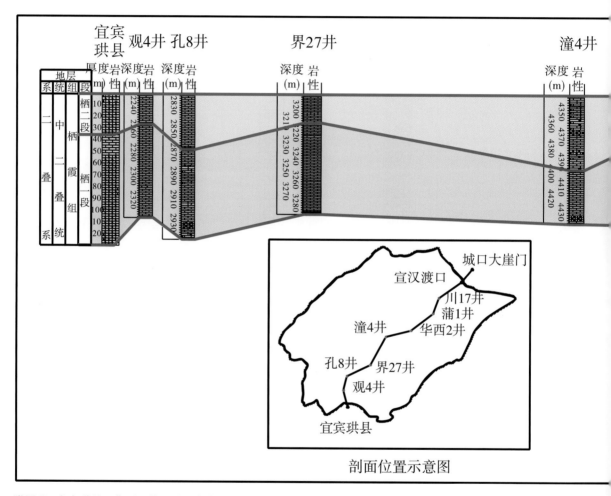

附图5 宜宾珙县—华西2井—城口大崖门栖霞组地层对比剖面

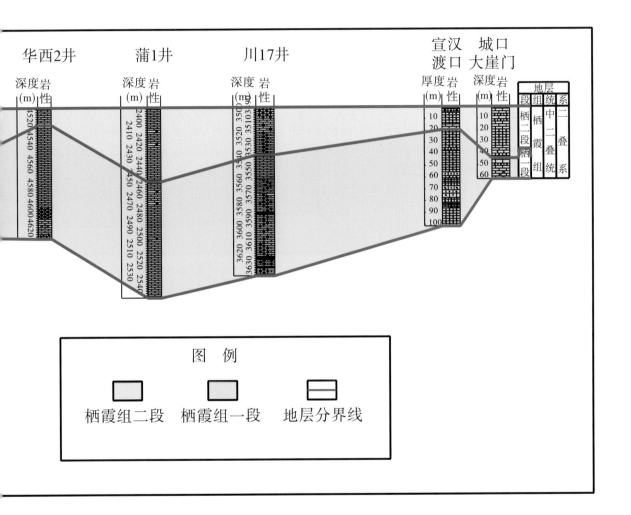

华西2井　　蒲1井　　　川17井　　　　　宣汉　城口
　　　　　　　　　　　　　　　　　　　　　　渡口　大崖门

					地层		
					段	组	统	系

图　例

栖霞组二段　　栖霞组一段　　地层分界线

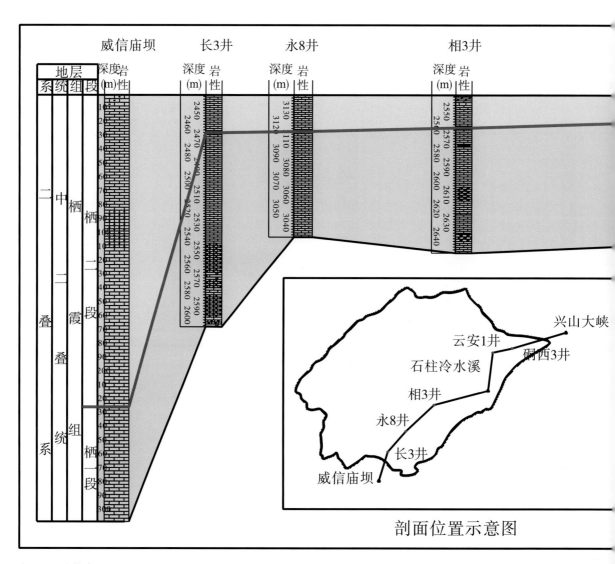

附图 6　威信庙坝—相 3 井—兴山大峡口栖霞组地层对比剖面

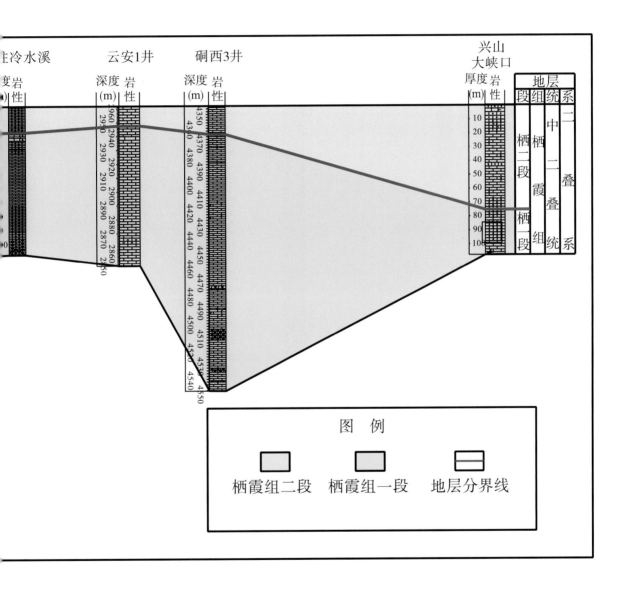

图例

栖霞组二段　　栖霞组一段　　地层分界线

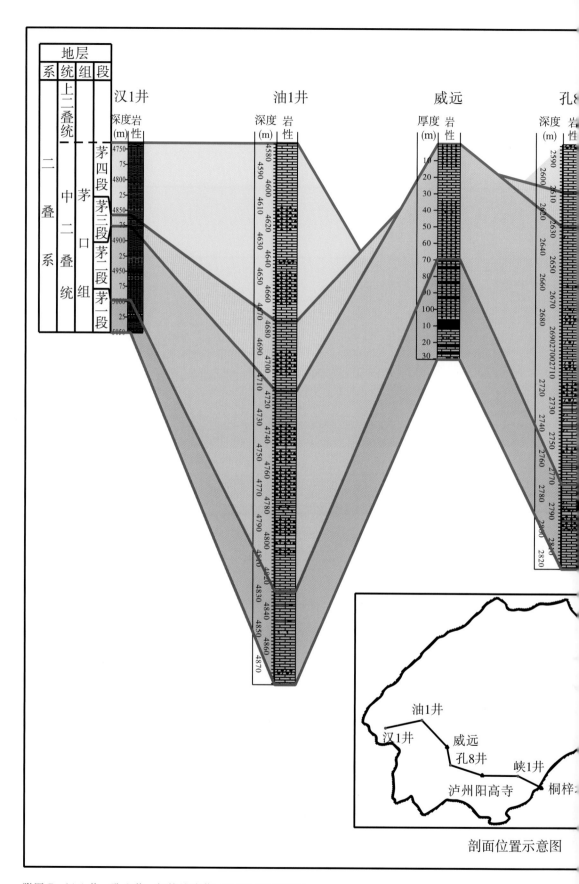

附图 7　汉 1 井—孔 8 井—桐梓坡渡茅口组地层对比剖面

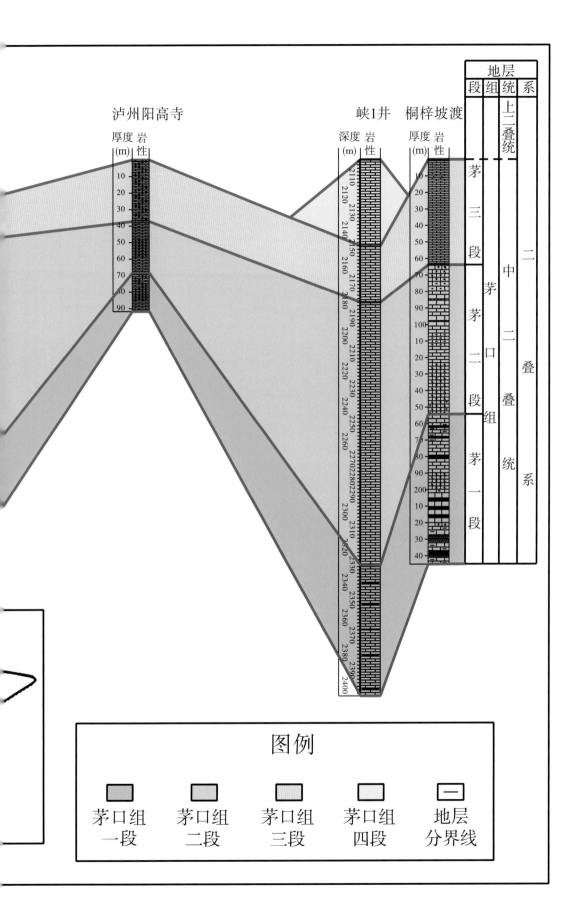

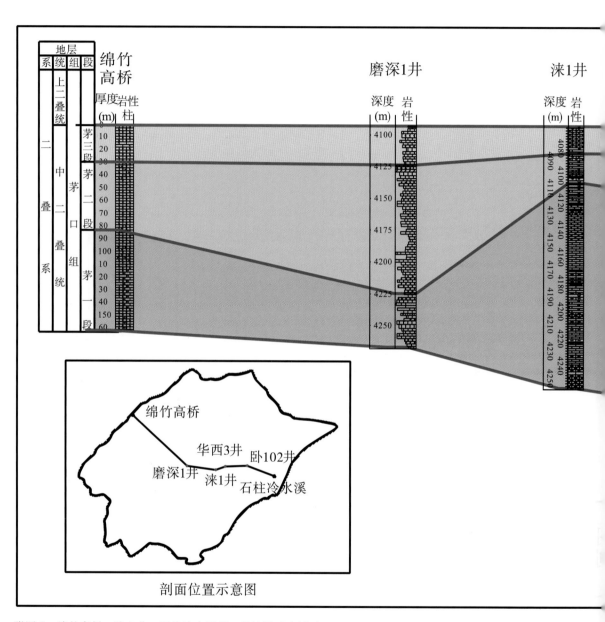

附图 8　绵竹高桥—涞 1 井—石柱冷水溪茅口组地层对比剖面

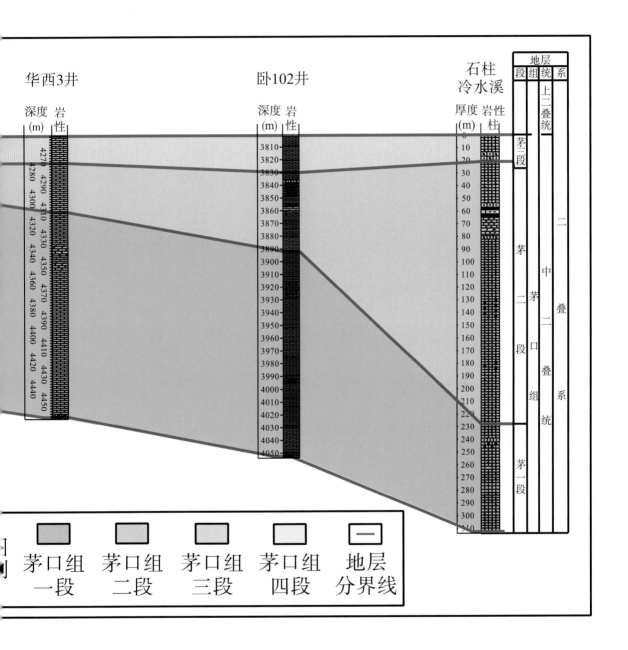

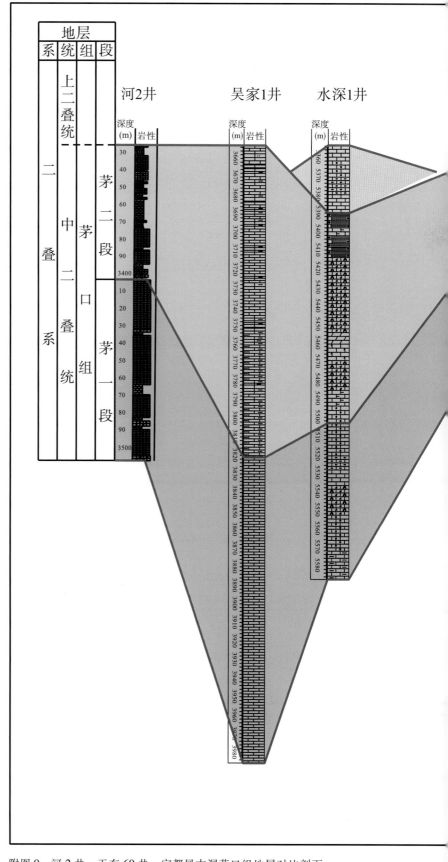

附图 9　河 2 井—天东 69 井—宜都凤古洞茅口组地层对比剖面

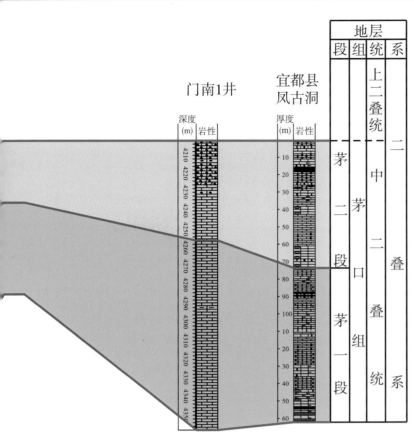

地层			
段	组	统	系
		上二叠统	
茅二段	茅口组	中二叠统	二叠系
茅一段			

门南1井

宜都县
凤古洞

深度
(m) 岩性

厚度
(m) 岩性

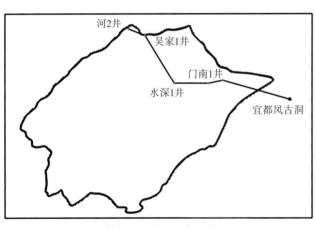

剖面位置示意图

图例

茅口组一段	茅口组二段	茅口组三段	茅口组四段	地层分界线

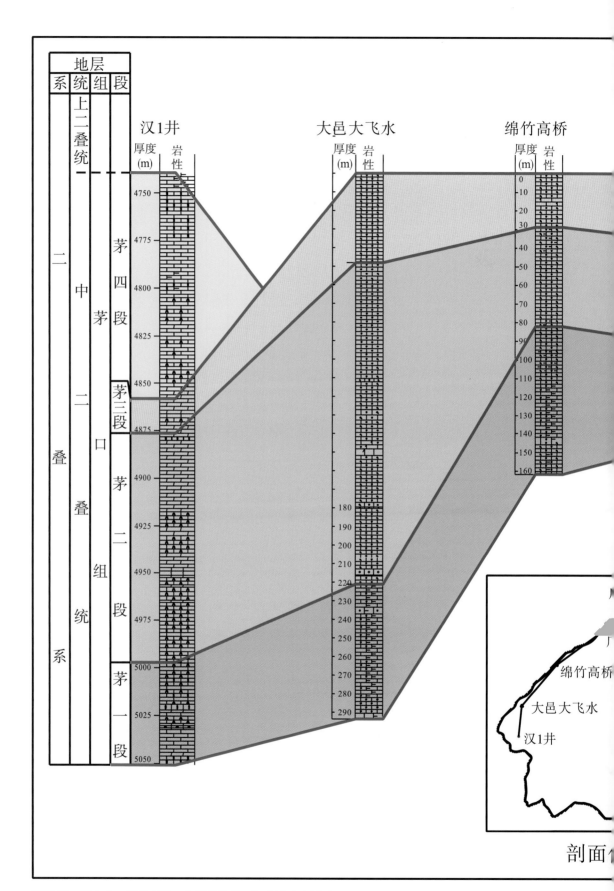

附图 10　汉 1 井—绵竹高桥—广元朝天茅口组地层对比剖面

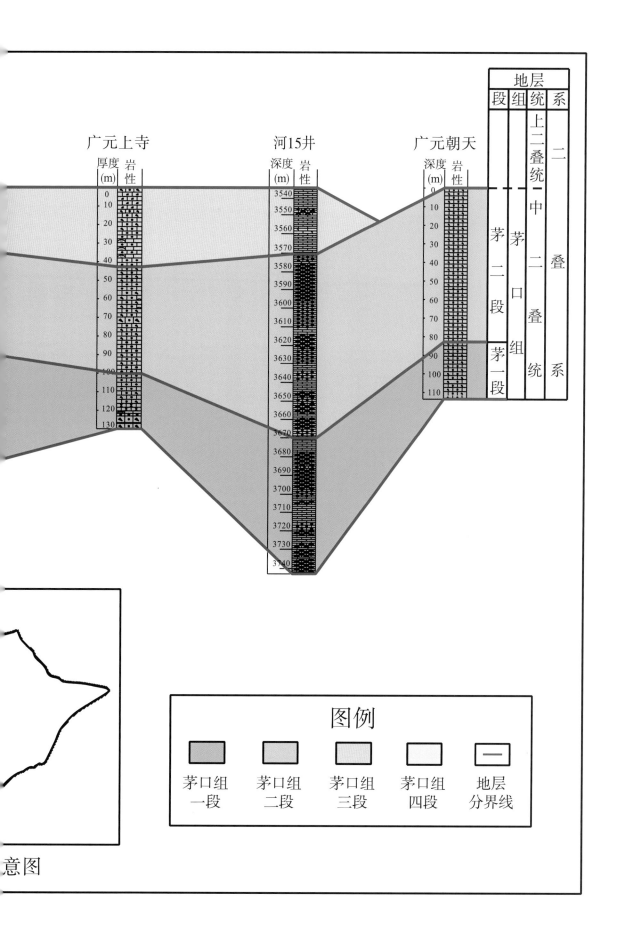

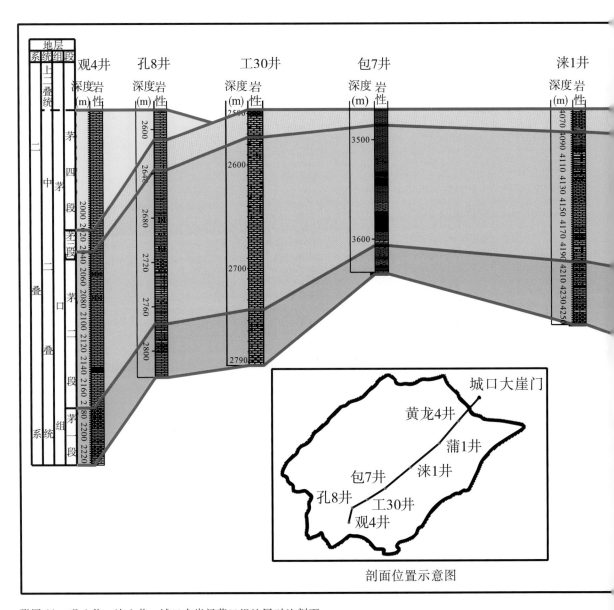

附图 11　观 4 井—涞 1 井—城口大崖门茅口组地层对比剖面

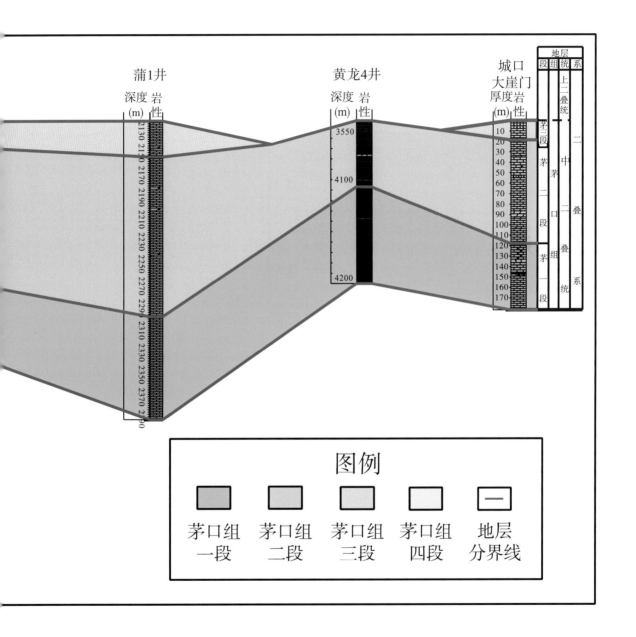

蒲1井　　　　　　　　　　黄龙4井　　　　　　　　　城口
　　　　　　　　　　　　　　　　　　　　　　　　　　大崖门
深度　岩　　　　　　　　深度　岩　　　　　　　　厚度　岩
(m)　性　　　　　　　　(m)　性　　　　　　　　(m)　性

图例

| 茅口组一段 | 茅口组二段 | 茅口组三段 | 茅口组四段 | 地层分界线 |

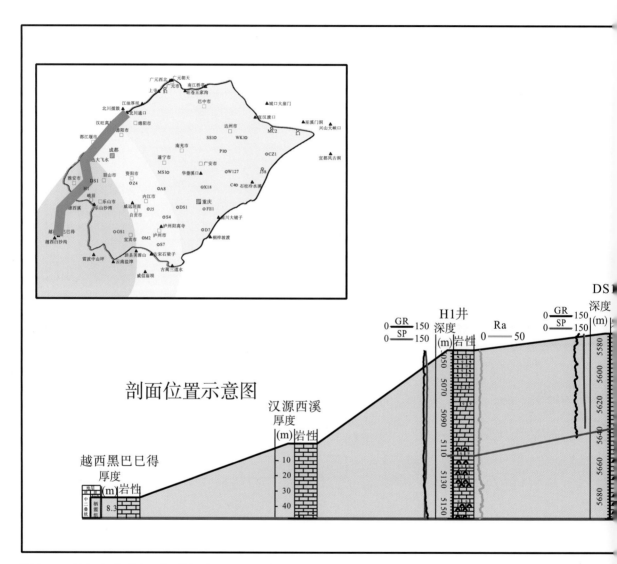

附图 12　峨眉地幔柱影响区 Ⅰ~Ⅲ栖霞组地层对比剖面

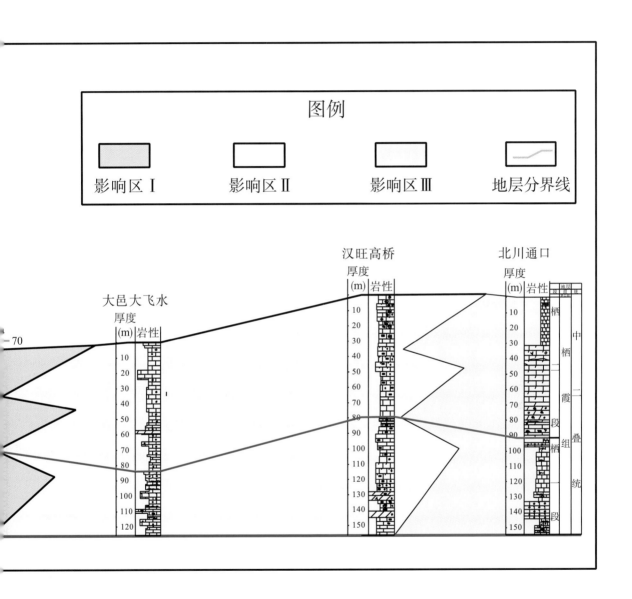

广元西北乡阳新统地层沉积相综合柱状图

0　10　20m

系	统	组	段	野外分层号	分层厚度(m)	累计厚度(m)	岩性柱	沉积构造	岩性描述	微相	亚相	相
二叠系	乐平统 吴家坪组					0						缓坡型
	阳新统	茅口组	第三段	12	18.6	10		≈	灰黑色厚层-块状含生屑泥晶灰岩，顶、底各夹一层厚20-30cm的泥质条带	上带	深缓坡	
				11	28.8	20			灰黑色厚层-块状竹叶状灰岩，可见大量泥质条带"包卷"，具有浓重的沥青气味，富含生屑，含量为30%~45%，主要有腕足、蜒、藻屑、介壳等			
				10	10.1	30			灰黑色中厚层生屑泥晶灰岩、砂屑泥晶灰岩，夹缝合线、生屑破碎严重，含量在45%左右，主要有腕足、蜒、藻屑、苔藓虫等			
			第二段	9	9.54	40 / 50			灰黑色含生屑泥晶灰岩、泥晶生屑灰岩，镜下可见有机质条纹，主要破碎者居多，腕足刺、轮藻、棘屑、苔藓虫等			
				8	30.9	60 / 70 / 80			灰黑色生屑泥晶灰岩，顶部见2-3层燧石条带，生屑保存完整至破碎，但以破碎居多，含量在37%~70%之间，介形虫、苔藓虫、棘屑等			
			第一段	7	3.51	90 / 100			灰白色糖状白云岩，以透镜状形式产出	上带	浅缓坡	
				6	9.53	110			浅灰色亮晶生屑泥晶灰岩，生屑破碎严重，主要有棘屑、介形虫、蜒、藻屑、苔藓虫等			
				5	8.50	120		◄	灰色中厚层生屑泥晶灰岩，生屑有含量在45%左右，局部生屑富集，生屑主要有棘屑、腕足、介形虫、腹足等，微裂缝发育			
				4	3.60	130			灰色中厚层含生屑泥晶灰岩，夹少量泥质条带，可见少量砂屑，局部含量在45%左右，生屑主要有蜒、管壳、腕足、苔藓虫、介形虫、腹足等			

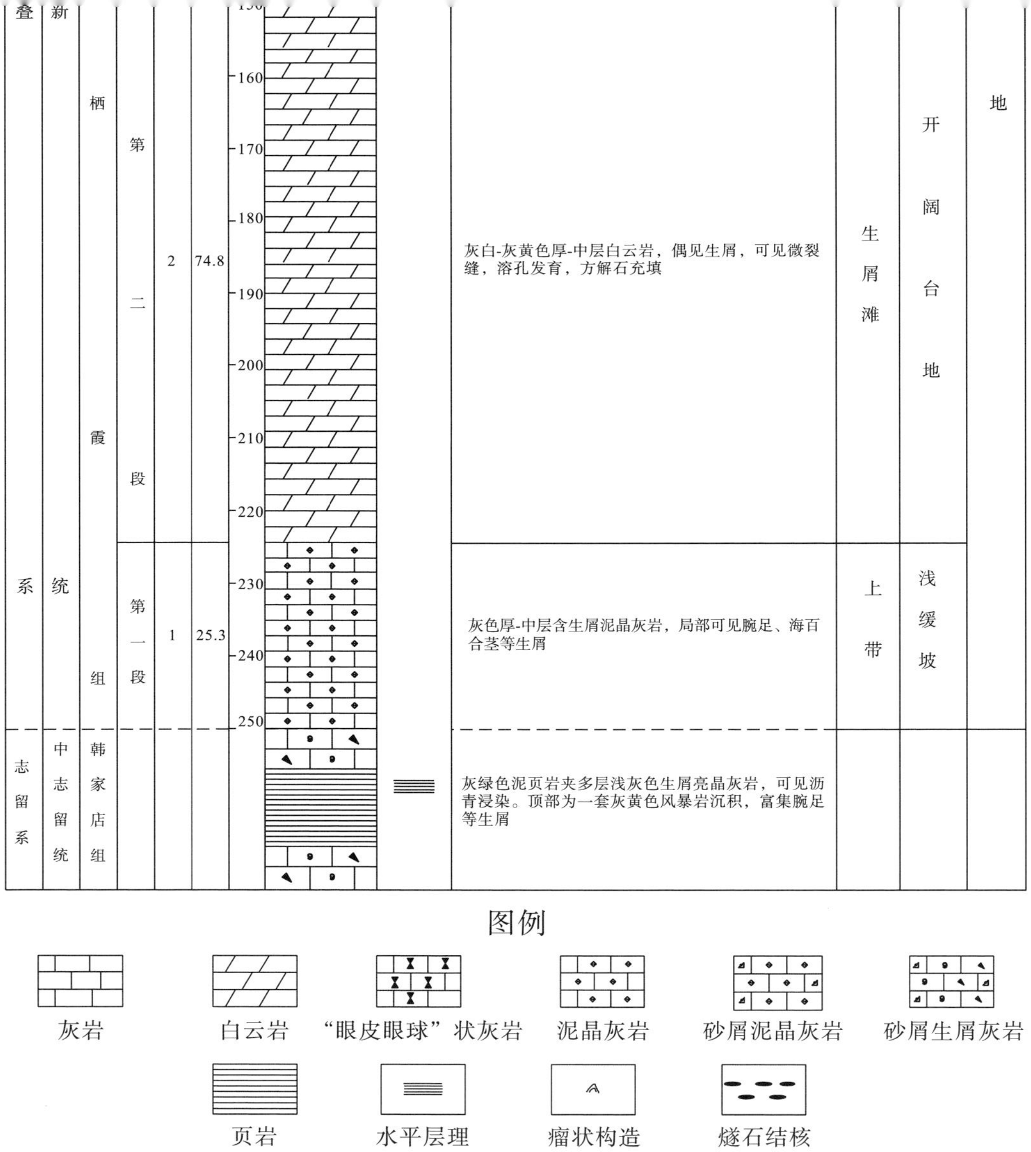

图 例

灰岩　白云岩　"眼皮眼球"状灰岩　泥晶灰岩　砂屑泥晶灰岩　砂屑生屑灰岩

页岩　水平层理　瘤状构造　燧石结核

附图 14　广元西北地层-沉积相综合柱状图

系	统	组	段	野外层号	分层厚度 (m)	累计厚度 (m)	岩性柱	沉积构造	岩性描述	微相	亚相	相
	乐平统	龙潭组		38	22.1	0 / 10			灰白色厚层-块状含粉屑泥晶灰岩			
				37	11.5	20			灰白色厚层-块状含粉屑生屑泥晶灰岩			
				36	6.81	30			下部厚4.5m,为灰色厚层泥晶灰岩;上部厚2.31m,为灰色厚层细晶灰岩,颜色下部变浅,可见生屑			
				35	21.5	40 / 50			下部厚7.31m,为灰色厚层泥晶灰岩;上部厚13.98m,为灰色厚层泥晶灰岩,其中泥晶灰岩颜色较深			
				34	4.3	60			下部厚1.5m,为灰色厚层生屑泥晶灰岩,局部重结晶成细晶灰岩;下部厚2.8m,为灰色厚层生屑泥晶灰岩,裂缝晶洞发育,且沿裂隙局部为泥质(层面)			
				33	0.97				底部厚0.05m,为黑色钙质页岩;中部厚0.9m,为灰色中层泥晶灰岩夹黑色薄层钙质泥岩;顶部厚0.02m,为黑色含生屑泥晶灰岩			
		茅口组		31	0.71 / 9.96	70			灰色中层粉晶灰岩夹黑色薄层泥质灰岩,发育鲕石团块 / 底部厚3.28m,为灰色中层泥晶灰岩夹黑色薄层钙质泥岩,呈"眼球眼皮"构造发育;中部厚6.23m,为灰色泥晶灰岩夹黑色薄层钙质泥岩,发育泥团块及鲕石团块;顶部厚0.45m,为深灰色中层泥晶灰岩夹黑色薄层生屑泥晶灰岩			
				30	8.76	80			下部厚7.87m,为灰色中层泥晶灰岩夹黑色薄层钙质泥岩,色;上部厚14.7m,为灰色含生屑泥晶灰岩	上斜坡带	浅缓坡	缓坡
				29	22.6	90 / 100			下部厚2.84m,为灰色中层泥晶灰岩夹黑色薄层钙质泥岩;上部厚5.92m,为灰色中层泥晶灰岩夹黑色薄层生屑泥晶灰岩			
				28	4.40	110			下部厚2.67m,为灰色中厚层含粉屑生屑泥晶灰岩,裂缝发育(大小为0.5cm×2cm)及裂缝溶孔;上部厚1.73m,为灰色中层含生屑泥晶灰岩与黑色薄层钙质泥岩,呈"眼球眼皮"构造			
				27	8.66	120			为灰色中层含生屑泥晶灰岩与黑色钙质泥岩,呈"眼球眼皮"构造			
				26	11.7	130			下部厚7.35m,为灰色粉屑泥晶灰岩;上部厚4.37m,为灰色中层泥晶灰岩夹黑色薄层钙质泥岩			
				25	19.7	140			下部厚6.72m,为灰色中厚层生屑泥晶灰岩与黑色泥晶灰岩互层,"眼球眼皮"变薄变少,局部重结晶呈粉晶灰岩;上部厚1.9m,为灰色中层泥晶灰岩夹黑色薄层生屑泥晶灰岩			
				24	7.87	150			下部厚5.57m,为灰色中层泥晶灰岩,局部重结晶呈粉晶灰岩,上部厚2.3m,为灰色中层泥晶灰岩夹黑色薄层生屑泥晶灰岩,局部重结晶呈粉晶灰岩;富凝块状质的结核,上部呈"眼球眼皮"构造			
				23	8.80	160			下部厚1.4m,为灰绿紫黑色含钙质泥岩夹中层泥晶灰岩,中部为灰色中层泥晶灰岩,上部为灰绿色生屑泥晶灰岩,生屑泥晶灰岩,中部为灰色中层泥晶灰岩;富凝块状质的结核,上部呈"眼球眼皮"构造,局部重结晶呈粉晶灰岩			

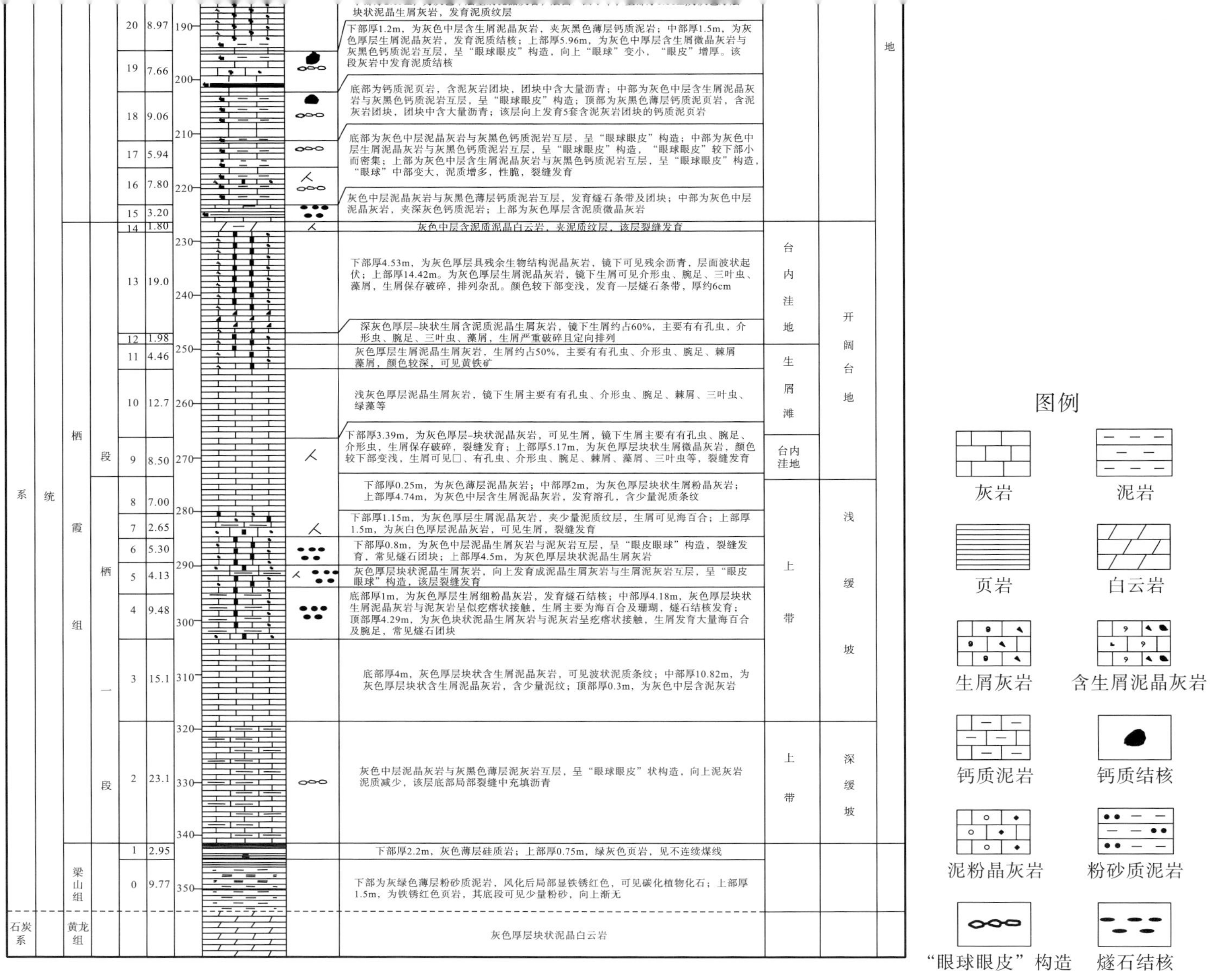

图例

泥岩	白云岩	含生屑泥晶灰岩	钙质结核	粉砂质泥岩
灰岩	页岩	生屑灰岩	钙质泥岩	泥粉晶灰岩	"眼球眼皮"构造	燧石结核

附图 15 华蓥溪口剖面地层-沉积相综合柱状图

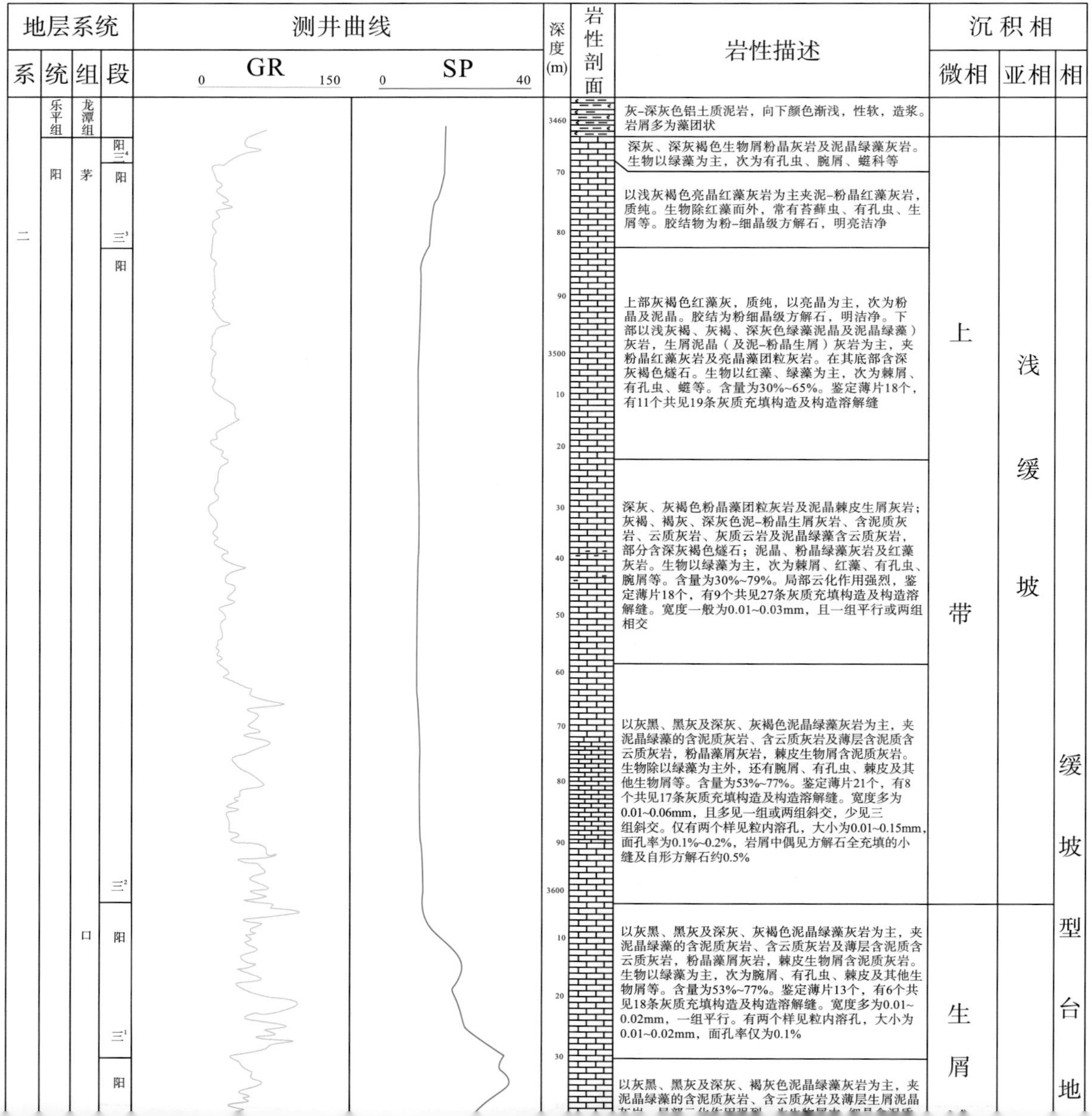

地层系统
系
统
组
段
测井曲线
GR
0
150
SP
0
40
深度(m)
岩性剖面
岩性描述
沉积相
微相
亚相
相
二
乐平组
龙潭组
阳
茅
口
阳三4
阳
三3
阳
三2
阳
三1
阳
3460
70
80
90
3500
10
20
30
40
50
60
70
80
90
3600
10
20
30
灰–深灰色铝土质泥岩，向下颜色渐浅，性软，造浆。岩屑多为藻团状
深灰、深灰褐色生物屑粉晶灰岩及泥晶绿藻灰岩。生物以绿藻为主，次为有孔虫、腕屑、蜓科等
以浅灰褐色亮晶红藻灰岩为主夹泥–粉晶红藻灰岩，质纯。生物除红藻而外，常有苔藓虫、有孔虫、生屑等。胶结物为粉–细晶级方解石，明亮洁净
上部灰褐色红藻灰，质纯，以亮晶为主，次为粉晶及泥晶。胶结为粉细晶级方解石，明洁净。下部以浅灰褐、灰褐、深灰色绿藻泥晶及泥晶绿藻）灰岩，生屑泥晶（及泥–粉晶生屑）灰岩为主，夹粉晶红藻灰岩及亮晶藻团粒灰岩。在其底部含深灰褐色燧石。生物以红藻、绿藻为主，次为棘屑、有孔虫、蜓等。含量为30%~65%。鉴定薄片18个，有11个共见19条灰质充填构造及构造溶解缝
深灰、灰褐色粉晶藻团粒灰岩及泥晶棘皮生屑灰岩；灰褐、褐灰、深灰色泥–粉晶生屑灰岩、含泥质灰岩、云质灰岩、灰质云岩及泥晶绿藻含云质灰岩，部分含深灰褐色燧石；泥晶、粉晶绿藻灰岩及红藻灰岩。生物以绿藻为主，次为棘屑、红藻、有孔虫、腕屑等。含量为30%~79%。局部云化作用强烈，鉴定薄片18个，有9个共见27条灰质充填构造及构造溶解缝。宽度一般为0.01~0.03mm，且一组平行或两组相交
以灰黑、黑灰及深灰、灰褐色泥晶绿藻灰岩为主，夹泥晶绿藻的含泥质灰岩、含云质灰岩及薄层含泥质含云质灰岩，粉晶藻屑灰岩，棘皮生物屑含泥质灰岩。生物除以绿藻为主外，还有腕屑、有孔虫、棘皮及其他生物屑等。含量为53%~77%。鉴定薄片21个，有8个共见17条灰质充填构造及构造溶解缝。宽度多为0.01~0.06mm，且多见一组或两组斜交，少见三组斜交。仅有两个样见粒内溶孔，大小为0.01~0.15mm，面孔率为0.1%~0.2%，岩屑中偶见方解石全充填的小缝及自形方解石约0.5%
以灰黑、黑灰及深灰、灰褐色泥晶绿藻灰岩为主，夹泥晶绿藻的含泥质灰岩、含云质灰岩及薄层含泥质含云质灰岩，粉晶藻屑灰岩，棘皮生物屑含泥质灰岩。生物以绿藻为主，次为腕屑、有孔虫、棘皮及其他生物屑等。含量为53%~77%。鉴定薄片13个，有6个共见18条灰质充填构造及构造溶解缝。宽度多为0.01~0.02mm，一组平行。有两个样见粒内溶孔，大小为0.01~0.02mm，面孔率仅为0.1%
以灰黑、黑灰及深灰、褐灰色泥晶绿藻灰岩为主，夹泥晶绿藻的含泥质灰岩、含云质灰岩及薄层生屑泥晶
上带
生屑
浅缓坡
缓坡型台地

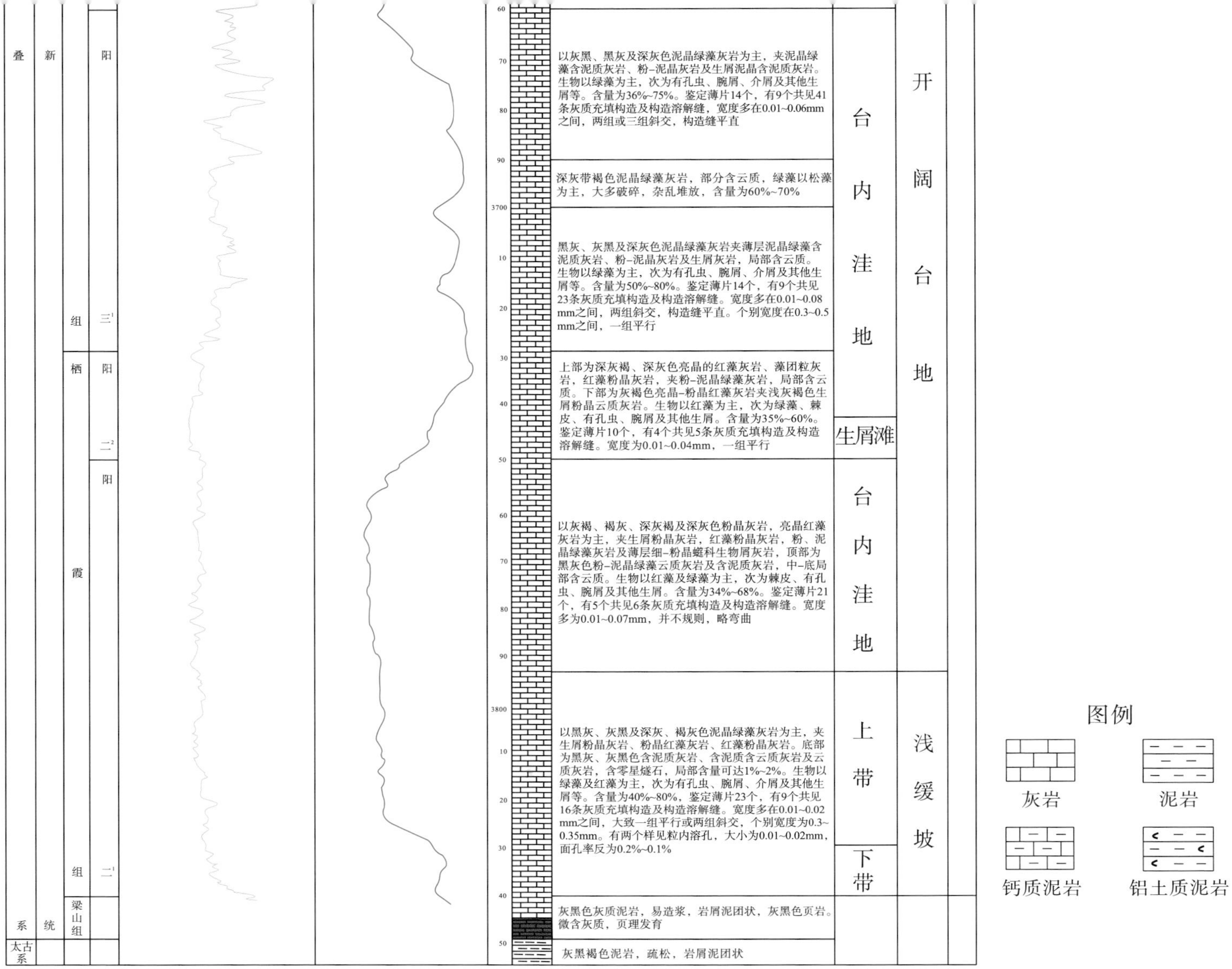

附图 16　包 7 井沉积相综合柱状图

图例

泥岩	铝土质泥岩
灰岩	钙质泥岩

沉积相带：开阔台地　台内滩　地　生屑滩　台内滩　地　浅缓坡　上带　下带

地层：叠系（新）　三阳　二阳　阳　茅口组　栖霞组　梁山组　二叠系　大古界

系	统	组	段	野外层号	分层厚度(m)	累计厚度(m)	岩性柱	沉积构造	岩性描述	沉积相 微相	沉积相 亚相	沉积相 相
二叠系	乐平统	吴家坪组	第三段	22	17.0	0—10			底部为一套90cm厚的黄灰色黑色碳质页岩，俗称主坡页岩，上部为灰色薄层泥晶灰岩，向上溶洞发育，发育大量缝合团块，团块顺层分布，且溶蚀后形成大量溶洞，偶见介壳、骨针等生屑及少量泥纹			
		茅口组		21	5.00	20			灰色厚层生屑泥晶灰岩，生屑主要有介壳、棘屑、腕足等，生屑破碎严重，具一定向排列特征，少量生屑被硅化，生屑含量为17%~33%	上	深缓坡	缓
			第二段	20	37.6	30—40—50			灰色中层泥晶灰岩，下部"眼球眼皮"构造发育，上部发育硅质条带，偶见生屑硅化及微裂缝；灰色中层状生屑泥晶灰岩，遇酸冒泡。下部为灰色中层泥晶生屑灰岩，含生屑量较多，生屑主要有介壳、腕足、藻屑等，生屑含量为28%~55%，中部为（含）生屑泥晶灰岩，并可见少量生屑被硅化，生屑破碎严重，生屑含量为16%~31%，上部可见少量砂屑，局部可见硅质结核及零星分布的白云石菱形晶体，顶部为生屑泥晶灰岩，生屑主要有介壳、腕足、棘屑等，生屑含量为39%~42%			
	阳新统			19	4.36	60			深灰色厚层生屑泥晶灰岩，遇酸冒泡。生屑主要有介壳、螺、腕足等，生屑破碎，介壳、腕足等富集			
				18	4.71	70			灰色中层（含生屑）泥晶灰岩，有孔虫、海百合、腕足等少量生屑富集	带	坡	
				17	8.54				灰色中-厚层生屑泥晶灰岩，遇酸冒泡，生屑主要有腕足、藻屑、棘屑等，生屑含量为22%~54%，有机质含量较高			
				16	7.36	80			灰色中层（含）生屑泥晶灰岩，遇酸冒泡，生屑主要有介壳、藻屑、棘屑、腕足，有孔虫等，含少量有机质			
			第一段	15	6.97	90			灰色中层含砂生屑泥晶灰岩，可见少量缝合石结核，"眼皮眼球"构造发育，结核大小为1.5mm×2cm。介壳、腕足等，生屑破碎严重，局部重结晶，偶见砂屑，生屑含量为9%~32%，生屑分布不均			
				14	26.9	100			灰色中层状生屑泥晶灰岩，"眼皮眼球"构造发育，镜下可见藻屑、介壳、棘屑、腕足等，局部富集生屑，手标本下可见方解石脉...			

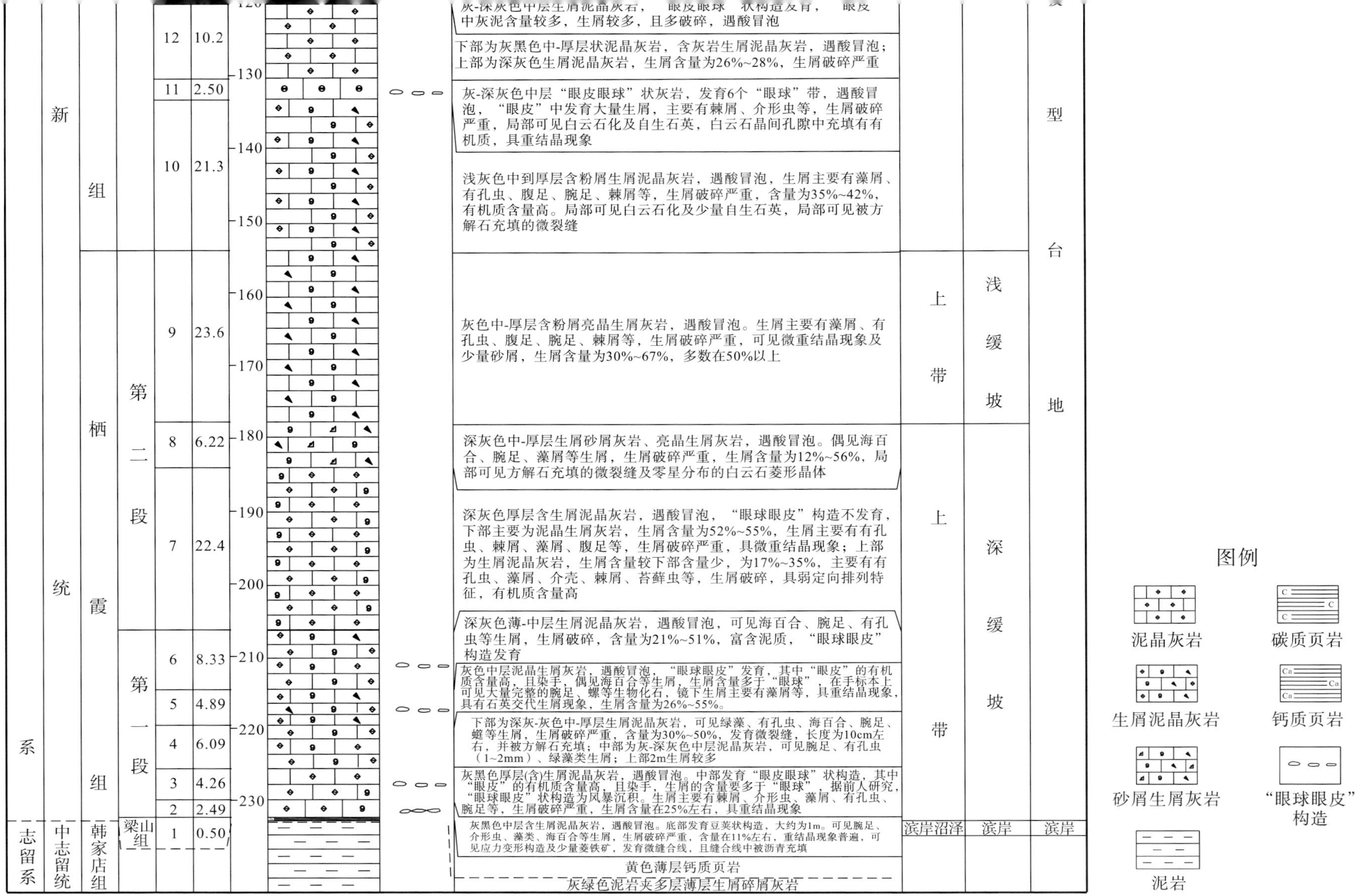

图例

	碳质页岩		钙质页岩		"眼球眼皮"构造
	泥晶灰岩		生屑泥晶灰岩		砂屑生屑灰岩
					泥岩

附图17 南江桥亭剖面地层-沉积相综合柱状图

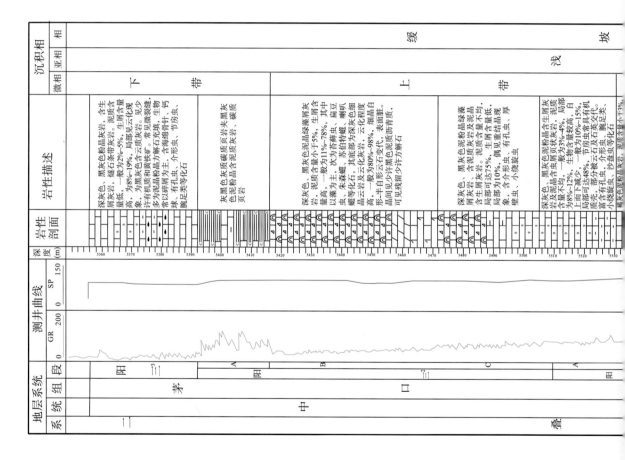

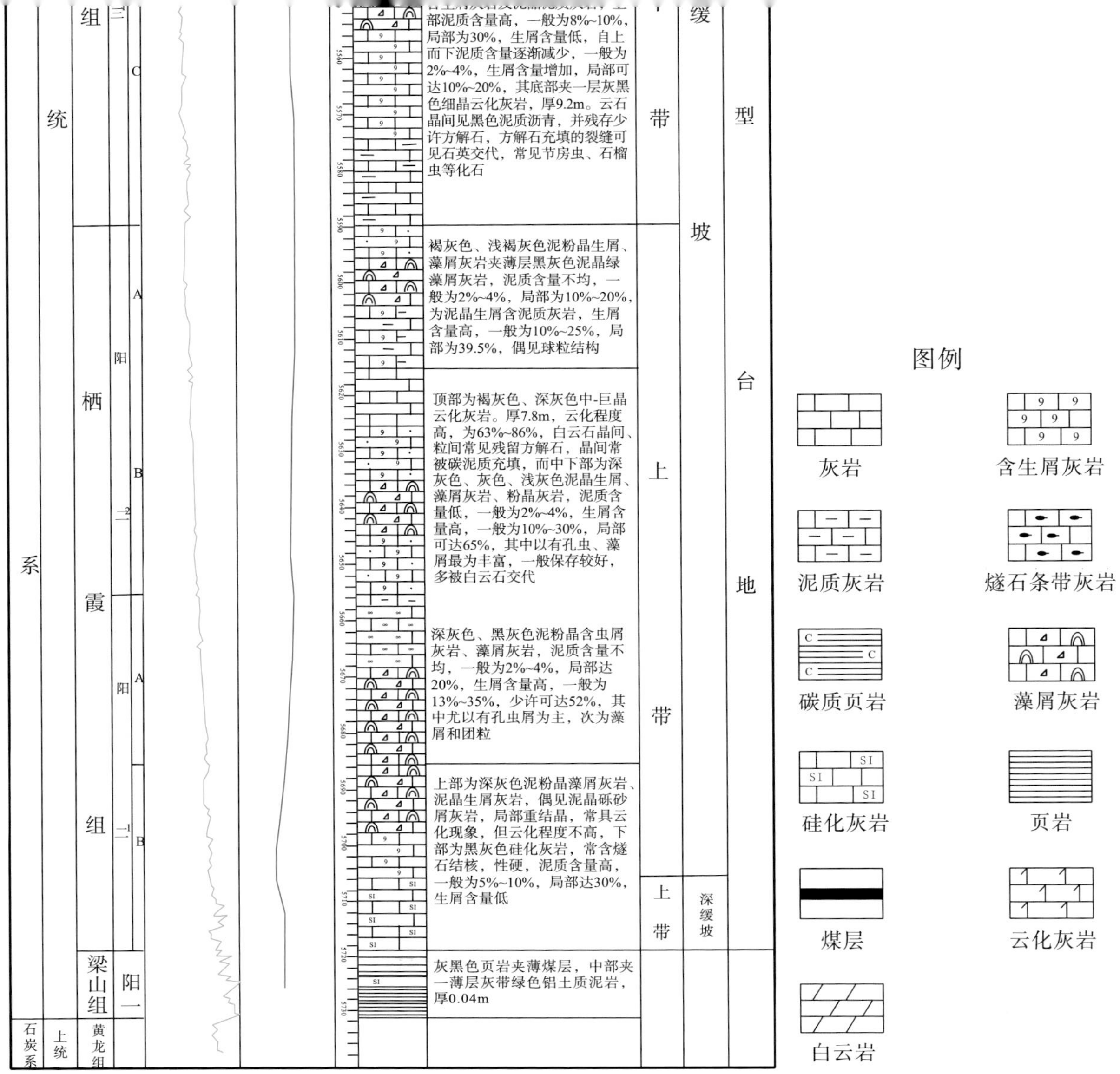

含生屑灰岩　砾石条带灰岩　藻屑灰岩　页岩　云化灰岩

灰岩　泥质灰岩　碳质页岩　硅化灰岩　煤层　白云岩

台地型　缓坡

缓坡　上斜带　上斜带　深缓坡

上斜带

岩性描述（自下而上）：

褐灰色、浅褐色泥粉晶生屑藻屑灰岩夹薄层黑色泥质绿泥质灰岩，泥质含量不均，一般为2%~4%，局部为10%~20%，生屑含量一般为10%~25%，局部为39.5%，偶见鲕粒结构。

顶部为褐灰色、深灰色中-巨晶云化灰岩，厚7.8m，云化程度高，为63%~86%，白云石晶粒间常见残留方解石，前中下部为深褐碳质泥质充填，灰色、粉晶灰岩、泥晶灰岩、藻屑灰岩，泥质含量低，一般为2%~4%，局部可达10%，其中以有孔虫、藻屑最为丰富，一般保存较好，多数以白云交代。

深灰色、黑色藻屑灰岩含中屑，泥质含量不均，一般为2%~4%，局部达20%，生屑含量高，一般为13%~35%，少许可达52%，其中以藻屑为主，次为藻屑和团粒。

上部为深灰色泥粉晶藻屑灰岩，偶见生屑灰岩，屑灰岩、泥晶灰岩，局部具鲕砂化现象，但云化程度不高，下部为黑色硅化灰岩，常含燧石结核，性硬，泥质含量高，一般为5%~10%，局部达30%，生屑含量低。

灰黑色页岩夹薄煤层，中部夹一薄层灰带绿色铝土质泥岩，厚0.04m

5560　5570　5580　5590　5600　5610　5620　5630　5640　5650　5660　5670　5680　5690　5700　5710　5720　5730

组　统　系

栖霞组　茅口组　阳二　阳一　梁山组　黄龙组　上统　石炭系

附图18　水深1井地层-沉积相综合柱状图

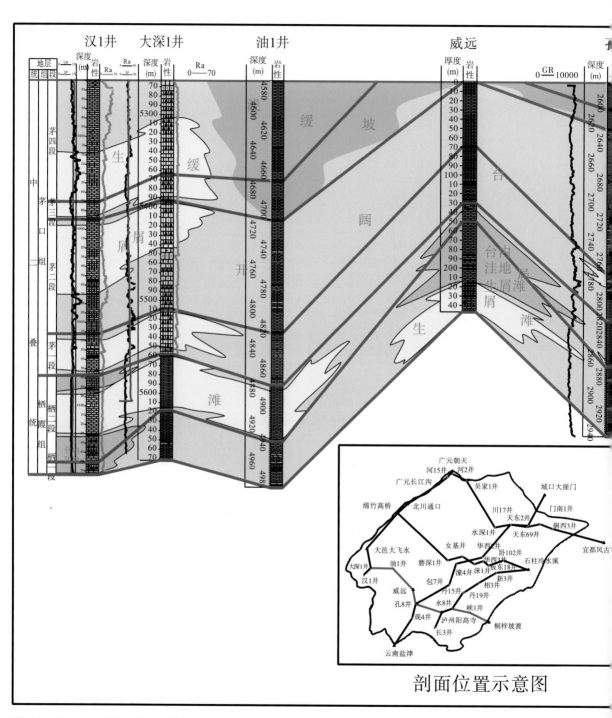

附图19　汉1井—孔8井—桐梓坡渡沉积相对比剖面

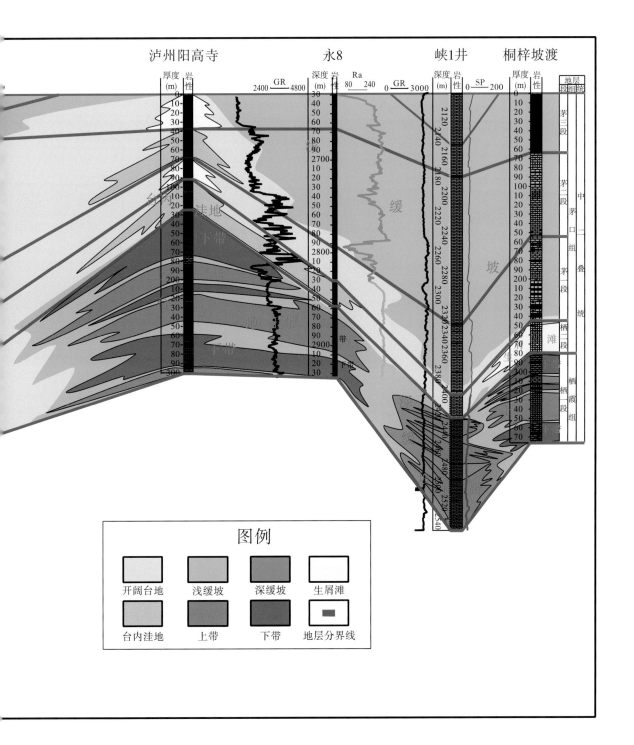

图例

开阔台地	浅缓坡	深缓坡	生屑滩
台内洼地	上带	下带	地层分界线

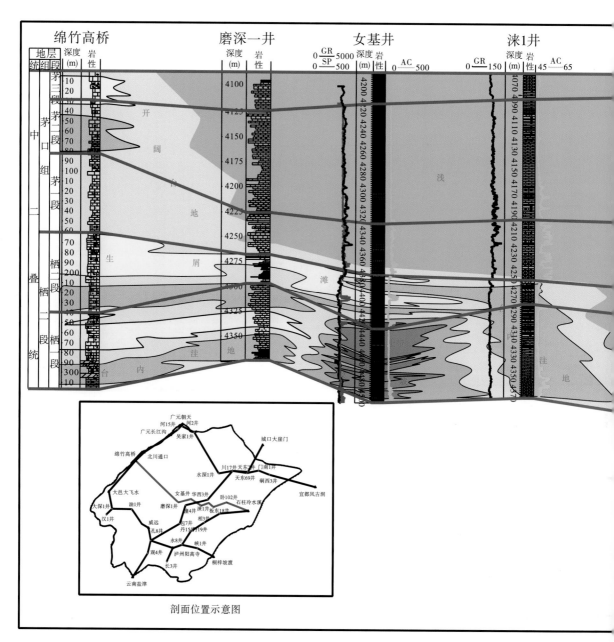

附图20　绵竹高桥—涞1井—石柱冷水溪沉积相对比剖面

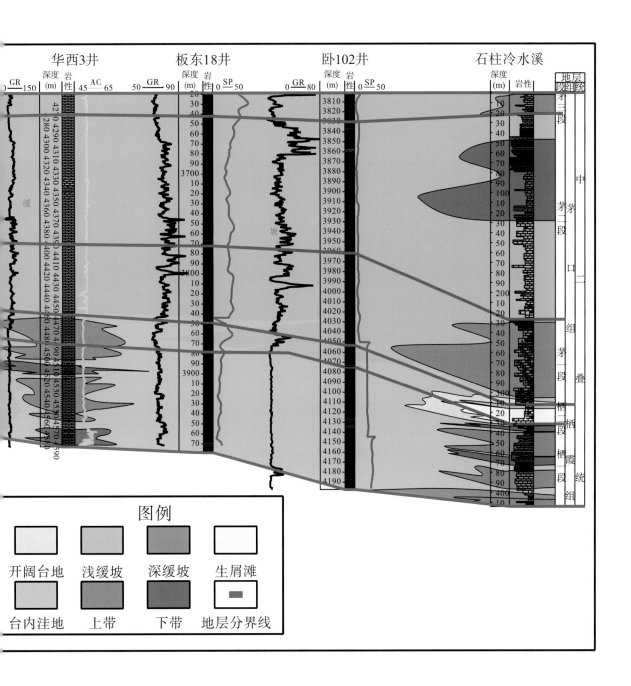

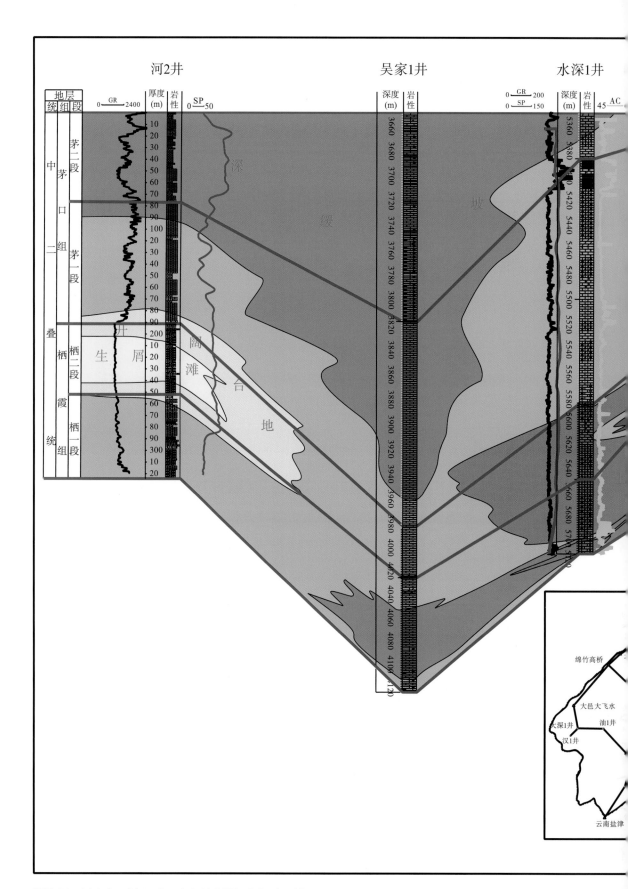

附图 21　河 2 井—川 17 井—宜都风古洞沉积相对比剖面

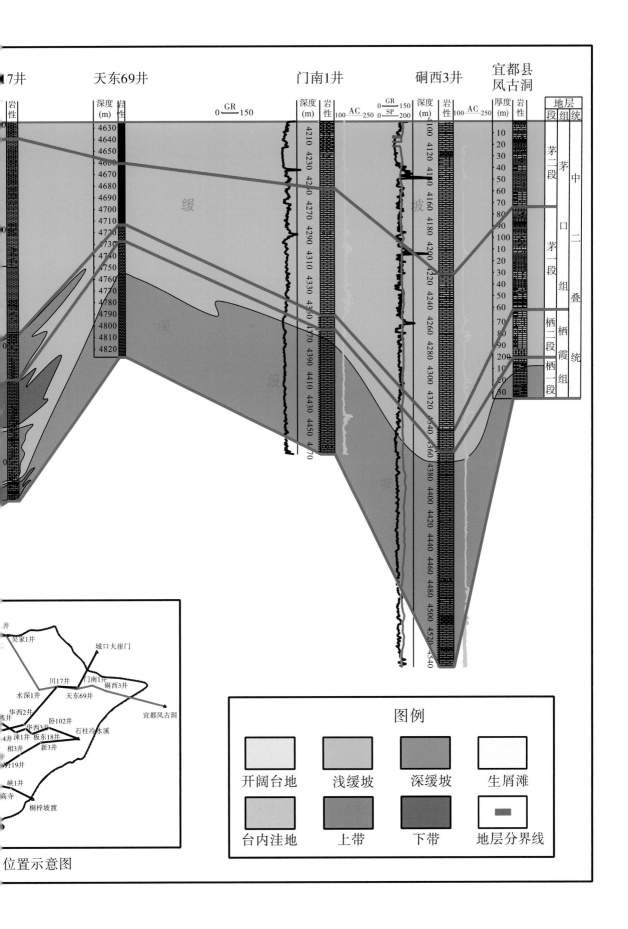

图例

开阔台地　　浅缓坡　　深缓坡　　生屑滩

台内洼地　　上带　　下带　　地层分界线

位置示意图

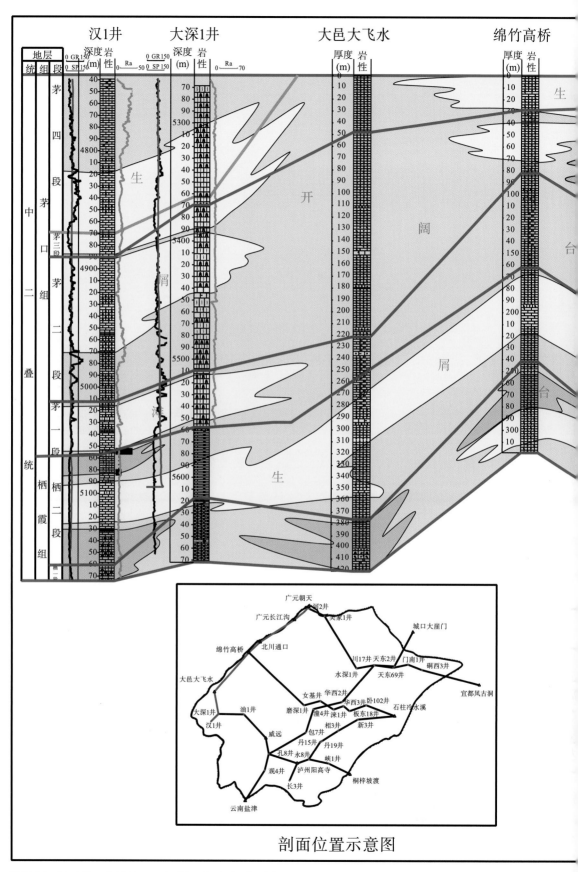

剖面位置示意图

附图 22　汉 1 井—北川通口—广元朝天沉积相对比剖面

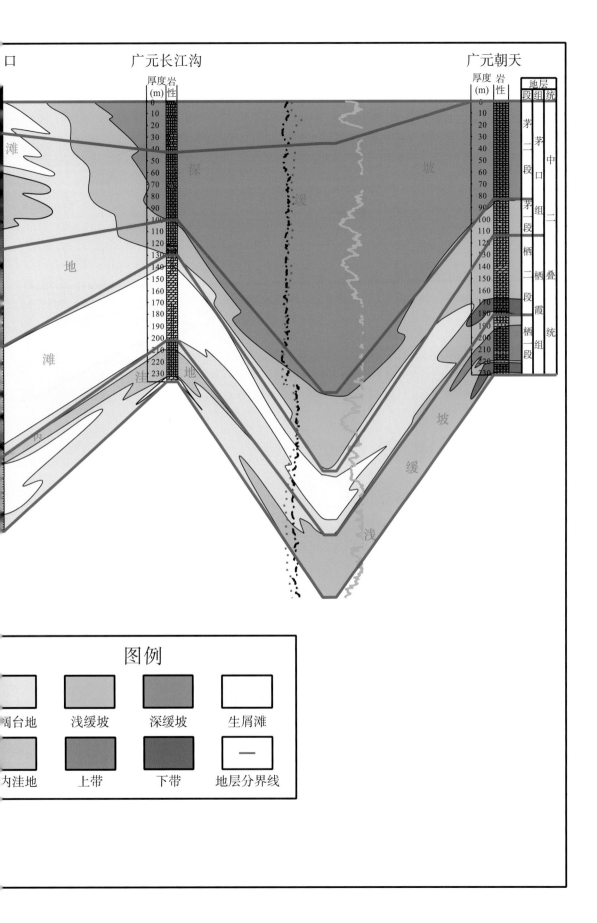

广元长江沟　　　　　　　　　　广元朝天

厚度 岩
(m) 性

厚度 岩
(m) 性

地层

段 组 统

茅
二
段

茅
口
组

中
二

叠
统

茅一段

栖
二
段

栖
霞
组

统

栖
一
段

深

缓

地

滩

洼

滩

内

坡

缓

浅

坡

缓

浅

图例

阔台地　　浅缓坡　　深缓坡　　生屑滩

为洼地　　上带　　　下带　　　地层分界线

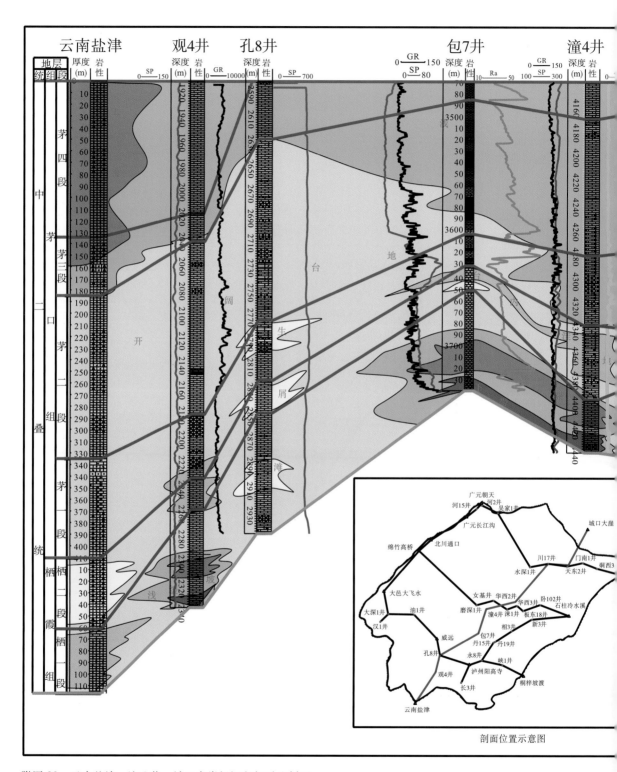

附图 23　云南盐津—潼 4 井—城口大崖门沉积相对比剖面

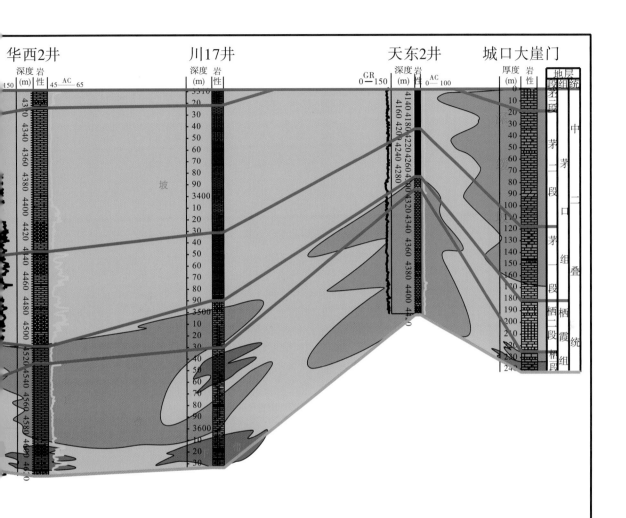

华西2井　　　　　川17井　　　　　天东2井　城口大崖门

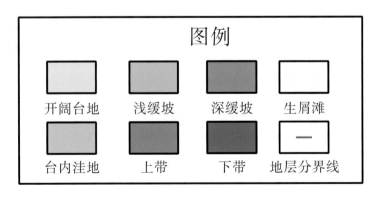

图例

开阔台地	浅缓坡	深缓坡	生屑滩
台内洼地	上带	下带	地层分界线

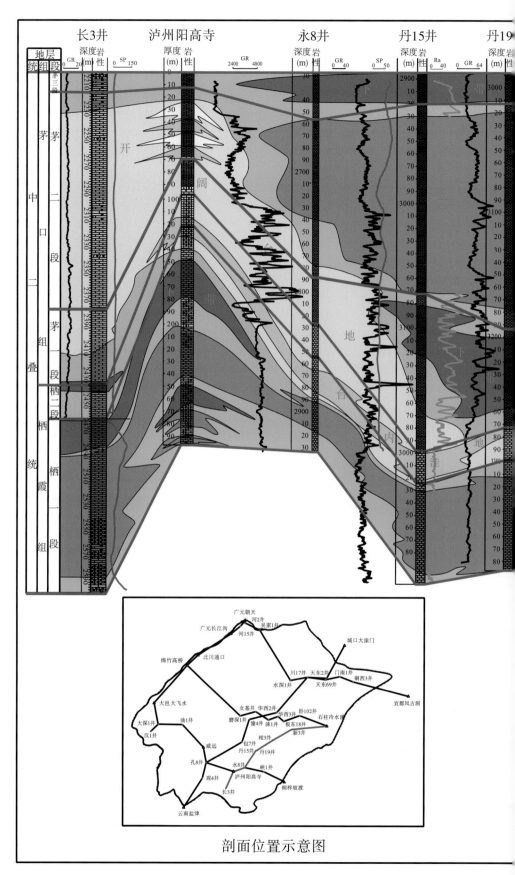

剖面位置示意图

附图24　长3井—丹19井—石柱冷水溪沉积相对比剖面

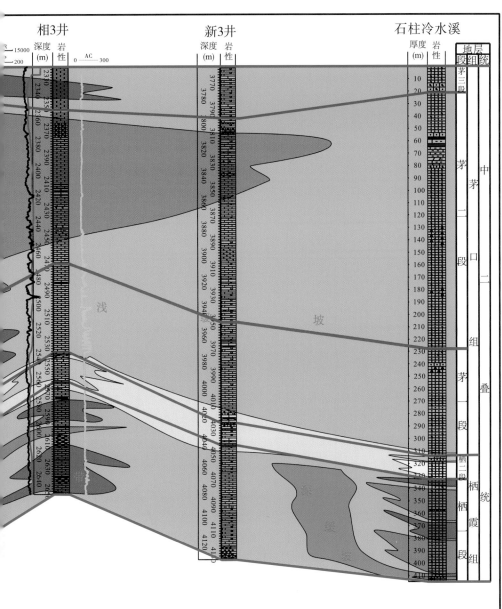

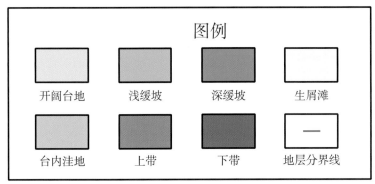

图例

开阔台地　　浅缓坡　　深缓坡　　生屑滩

台内洼地　　上带　　下带　　地层分界线

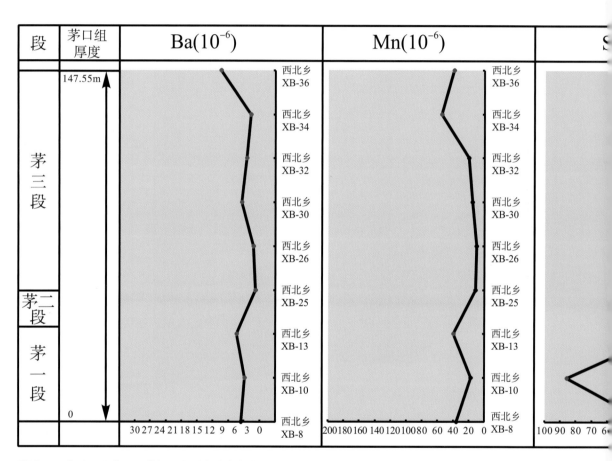

附图 25 广元西北茅口组微量元素纵向分布与海平面变化

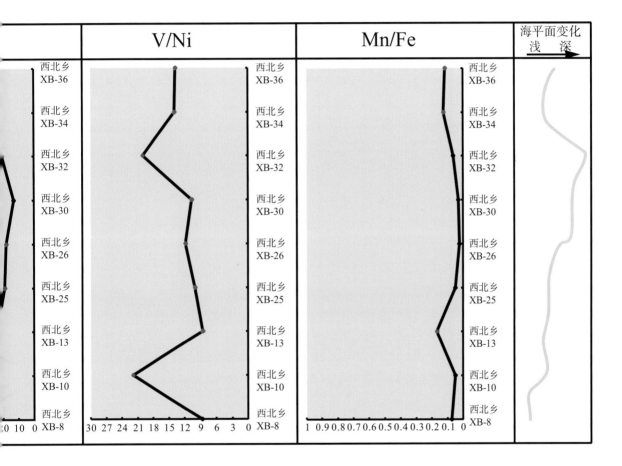

	V/Ni	Mn/Fe	海平面变化 浅　　深
西北乡 XB-36	西北乡 XB-36	西北乡 XB-36	
西北乡 XB-34	西北乡 XB-34	西北乡 XB-34	
西北乡 XB-32	西北乡 XB-32	西北乡 XB-32	
西北乡 XB-30	西北乡 XB-30	西北乡 XB-30	
西北乡 XB-26	西北乡 XB-26	西北乡 XB-26	
西北乡 XB-25	西北乡 XB-25	西北乡 XB-25	
西北乡 XB-13	西北乡 XB-13	西北乡 XB-13	
西北乡 XB-10	西北乡 XB-10	西北乡 XB-10	
西北乡 XB-8	西北乡 XB-8	西北乡 XB-8	

0 10 0　　30 27 24 21 18 15 12 9 6 3 0　　1 0.9 0.8 0.7 0.6 0.5 0.4 0.3 0.2 0.1 0

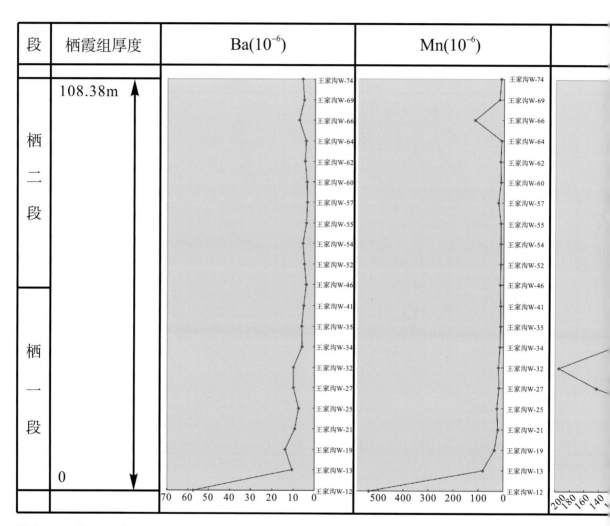

段	栖霞组厚度	Ba(10⁻⁶)	Mn(10⁻⁶)	

附图 26 旺苍王家沟栖霞组微量元素纵向分布与海平面变化

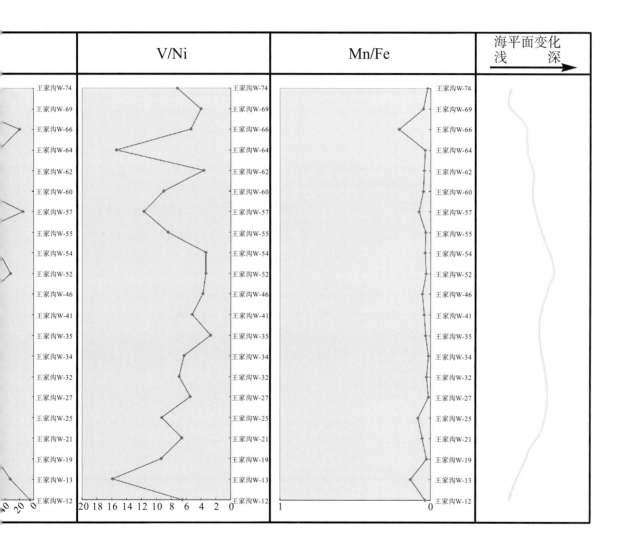

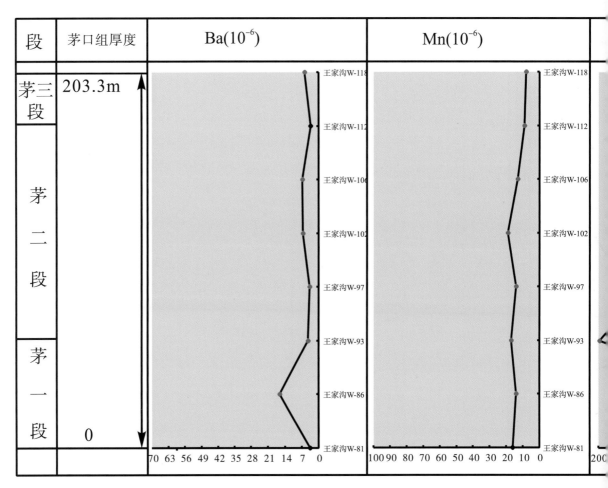

附图 27　旺苍王家沟茅口组微量元素纵向分布

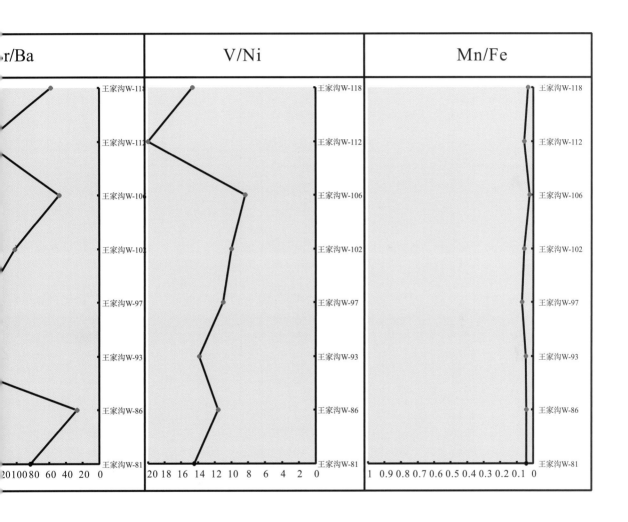

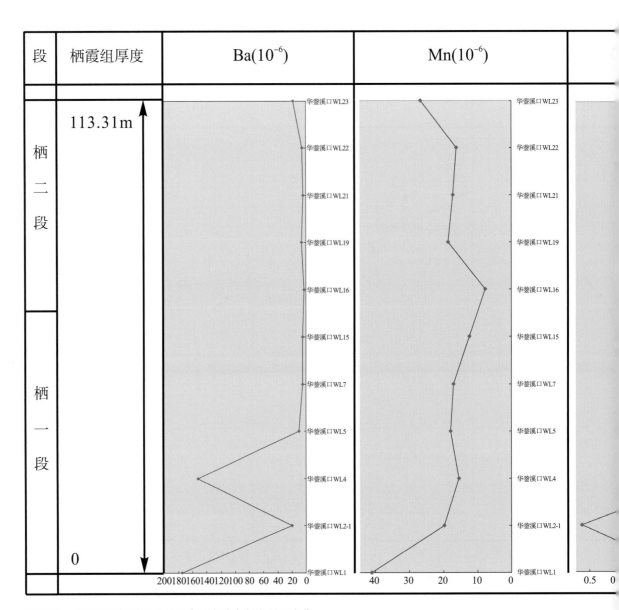

附图 28　华蓥溪口栖霞组微量元素纵向分布与海平面变化

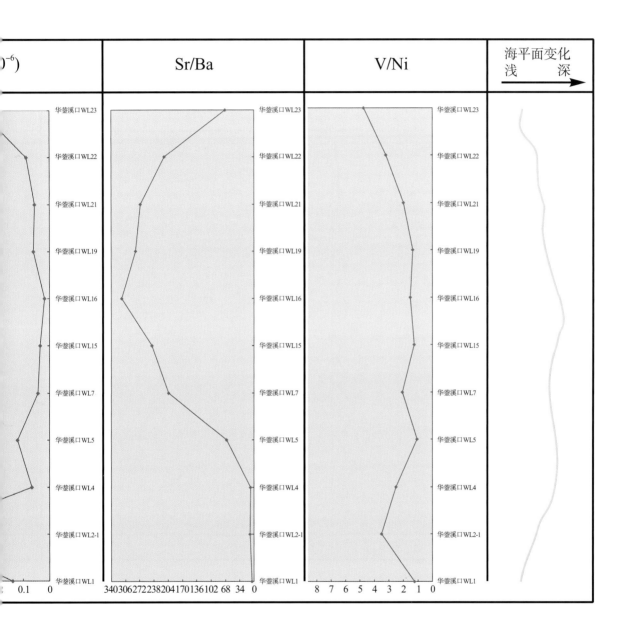

$)^{-6})$	Sr/Ba	V/Ni	海平面变化 浅　　深
华蓥溪口WL23	华蓥溪口WL23	华蓥溪口WL23	
华蓥溪口WL22	华蓥溪口WL22	华蓥溪口WL22	
华蓥溪口WL21	华蓥溪口WL21	华蓥溪口WL21	
华蓥溪口WL19	华蓥溪口WL19	华蓥溪口WL19	
华蓥溪口WL16	华蓥溪口WL16	华蓥溪口WL16	
华蓥溪口WL15	华蓥溪口WL15	华蓥溪口WL15	
华蓥溪口WL7	华蓥溪口WL7	华蓥溪口WL7	
华蓥溪口WL5	华蓥溪口WL5	华蓥溪口WL5	
华蓥溪口WL4	华蓥溪口WL4	华蓥溪口WL4	
华蓥溪口WL2-1	华蓥溪口WL2-1	华蓥溪口WL2-1	
华蓥溪口WL1	华蓥溪口WL1	华蓥溪口WL1	
0.1　0	340 306 272 238 204 170 136 102 68 34 0	8 7 6 5 4 3 2 1 0	

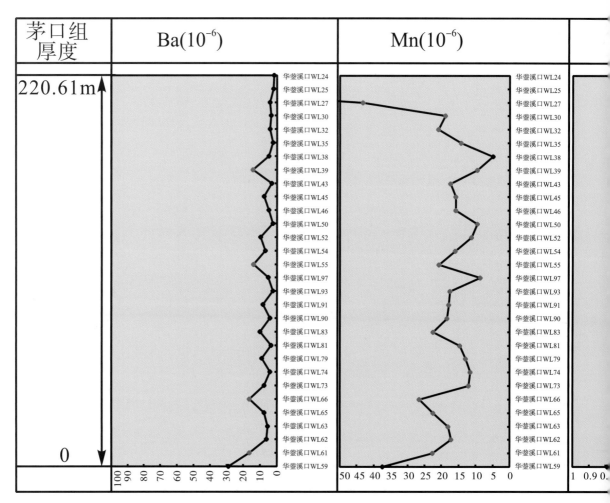

附图 29　华蓥溪口茅口组微量元素纵向分布

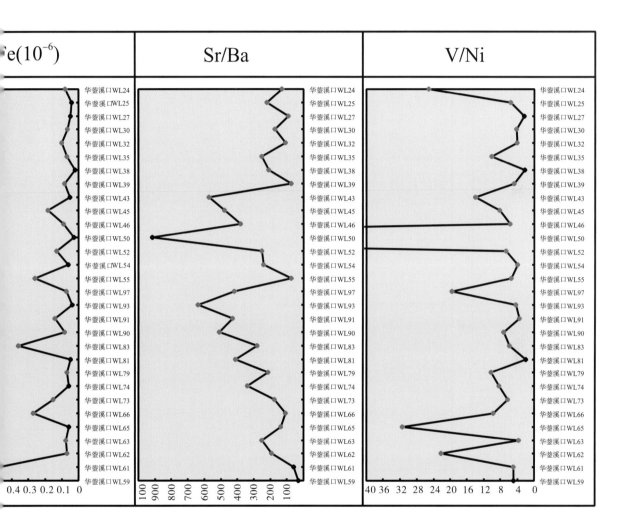

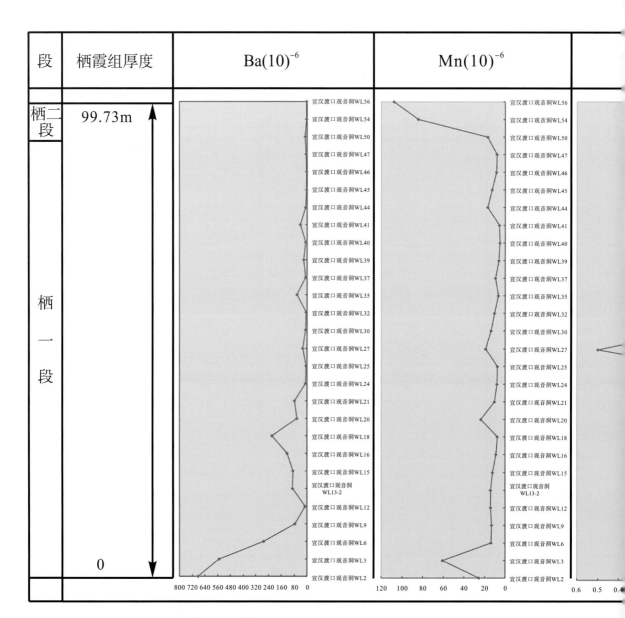

附图 30　宣汉渡口栖霞组微量元素纵向分布与海平面变化

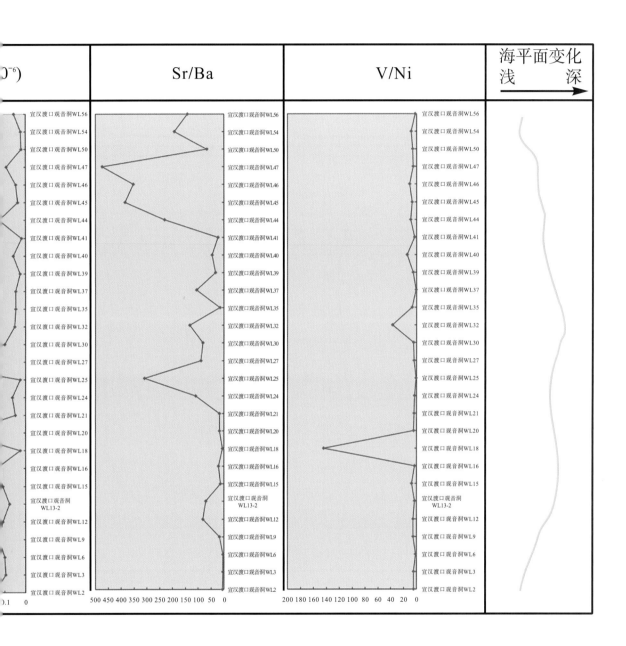

0^{-6})	Sr/Ba	V/Ni	海平面变化 浅　　深
宣汉渡口观音洞WL56	宣汉渡口观音洞WL56	宣汉渡口观音洞WL56	
宣汉渡口观音洞WL54	宣汉渡口观音洞WL54	宣汉渡口观音洞WL54	
宣汉渡口观音洞WL50	宣汉渡口观音洞WL50	宣汉渡口观音洞WL50	
宣汉渡口观音洞WL47	宣汉渡口观音洞WL47	宣汉渡口观音洞WL47	
宣汉渡口观音洞WL46	宣汉渡口观音洞WL46	宣汉渡口观音洞WL46	
宣汉渡口观音洞WL45	宣汉渡口观音洞WL45	宣汉渡口观音洞WL45	
	宣汉渡口观音洞WL44	宣汉渡口观音洞WL44	
宣汉渡口观音洞WL41	宣汉渡口观音洞WL41	宣汉渡口观音洞WL41	
宣汉渡口观音洞WL40	宣汉渡口观音洞WL40	宣汉渡口观音洞WL40	
宣汉渡口观音洞WL39	宣汉渡口观音洞WL39	宣汉渡口观音洞WL39	
宣汉渡口观音洞WL37	宣汉渡口观音洞WL37	宣汉渡口观音洞WL37	
宣汉渡口观音洞WL35	宣汉渡口观音洞WL35	宣汉渡口观音洞WL35	
宣汉渡口观音洞WL32	宣汉渡口观音洞WL32	宣汉渡口观音洞WL32	
宣汉渡口观音洞WL30	宣汉渡口观音洞WL30	宣汉渡口观音洞WL30	
宣汉渡口观音洞WL27	宣汉渡口观音洞WL27	宣汉渡口观音洞WL27	
宣汉渡口观音洞WL25	宣汉渡口观音洞WL25	宣汉渡口观音洞WL25	
宣汉渡口观音洞WL24	宣汉渡口观音洞WL24	宣汉渡口观音洞WL24	
宣汉渡口观音洞WL21	宣汉渡口观音洞WL21	宣汉渡口观音洞WL21	
宣汉渡口观音洞WL20	宣汉渡口观音洞WL20	宣汉渡口观音洞WL20	
宣汉渡口观音洞WL18	宣汉渡口观音洞WL18	宣汉渡口观音洞WL18	
宣汉渡口观音洞WL16	宣汉渡口观音洞WL16	宣汉渡口观音洞WL16	
宣汉渡口观音洞WL15	宣汉渡口观音洞WL15	宣汉渡口观音洞WL15	
宣汉渡口观音洞 WL13-2	宣汉渡口观音洞 WL13-2	宣汉渡口观音洞 WL13-2	
宣汉渡口观音洞WL12	宣汉渡口观音洞WL12	宣汉渡口观音洞WL12	
宣汉渡口观音洞WL9	宣汉渡口观音洞WL9	宣汉渡口观音洞WL9	
宣汉渡口观音洞WL6	宣汉渡口观音洞WL6	宣汉渡口观音洞WL6	
宣汉渡口观音洞WL3	宣汉渡口观音洞WL3	宣汉渡口观音洞WL3	
宣汉渡口观音洞WL2	宣汉渡口观音洞WL2	宣汉渡口观音洞WL2	
0.1　　　0	500 450 400 350 300 250 200 150 100 50　0	200 180 160 140 120 100 80 60 40 20　0	

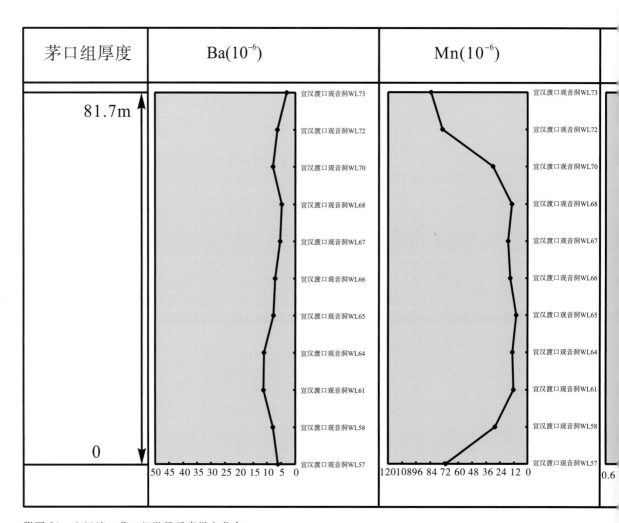

附图 31　宣汉渡口茅口组微量元素纵向分布

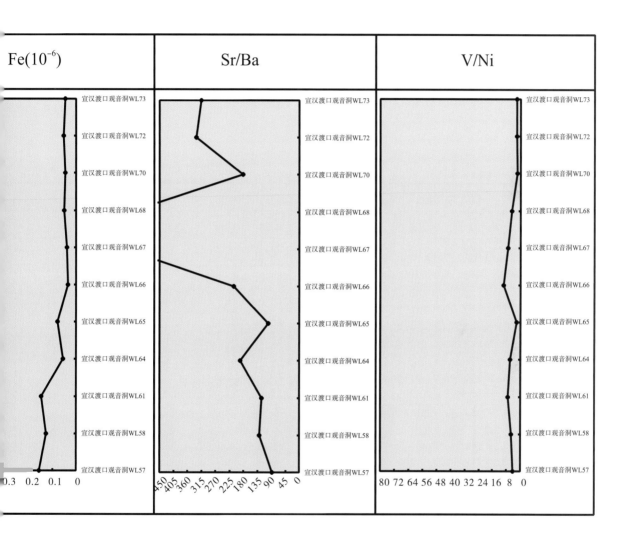

巩县中心场黄泥坪

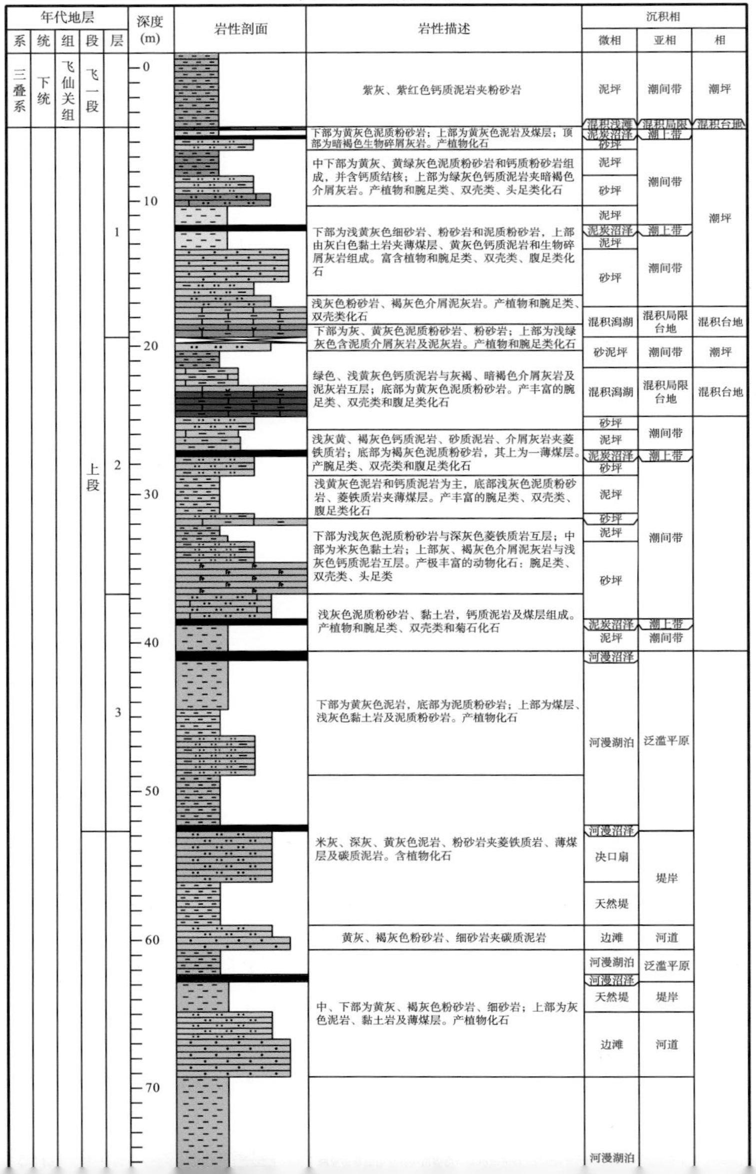

この図は柱状地層断面図（columnar section）であり、縦書きの表形式で以下の列を含む：

相				岩性描述	岩性剖面	深度(m)	年代地层						
	沉积相						层	段	组	统	系		
相	亚相	微相											

主な記載（岩性描述）内容（右から左へ）：

- 紫灰、紫红色泥质粉砂岩；上部为黄灰色泥岩及深层；顶部为褐色生物碎屑灰岩。产植物化石
- 中下部为黄灰色泥岩组成，并含钙质结核；上部为绿灰色钙质泥质岩碎屑灰岩，并含灰岩。产植物和腕足类、双壳类及介屑灰岩
- 下部为浅黄灰色细砂岩、粉砂岩和泥质粉砂岩；上部由灰白色黏土岩夹薄煤层、黄灰色泥质岩和生物碎屑灰岩组成、富含植物和腕足类、双壳类、腹足类化石
- 浅灰色粉砂岩、褐灰色介屑泥灰岩，产植物腕足足类、双壳化石
- 下部为灰、黄灰色泥质粉砂岩、粉砂岩；上部为浅绿灰色泥质含介屑灰岩及泥灰岩。产植物和腕足类化石
- 绿色、浅黄灰色钙质泥岩与灰褐、暗褐色介屑灰岩及泥质岩互层；底部为深灰色泥质粉砂岩。产植物、双壳类和腕足化石
- 浅灰灰、褐灰色钙质粉砂岩、砂质泥岩，产介屑灰岩夹褐灰、底部为褐灰色泥质粉砂岩。产植物、腕足类、双壳化石类化石
- 下部为浅灰色泥质粉砂岩与深灰色褐铁质泥岩互层。中部为米灰色黏土岩；上部、褐灰色介屑泥质岩、腹足类。灰色泥质细砂层，产丰富的动物足印
- 浅灰灰色泥质粉砂岩、黏土岩、钙质泥岩、双壳类腕足类。产植物腕足和腹足类、双壳类、头足类
- 下部为黄灰、深灰色泥岩，底部为泥质粉砂岩、上部为灰岩层；浅灰色碳质泥岩、含植物化石
- 紫灰、深灰、黄灰色泥岩、粉砂岩夹褐灰质层、薄煤层及碳质泥岩。产植物化石
- 黄灰、褐灰色粉砂岩、细砂岩夹碳质泥岩
- 中、下部为黄灰、褐灰色粉砂岩、细砂岩；上部为灰色泥岩、黏土岩及煤层。产植物化石

地层区分：1段、2段、3段；飞仙关组上段；三叠系下统

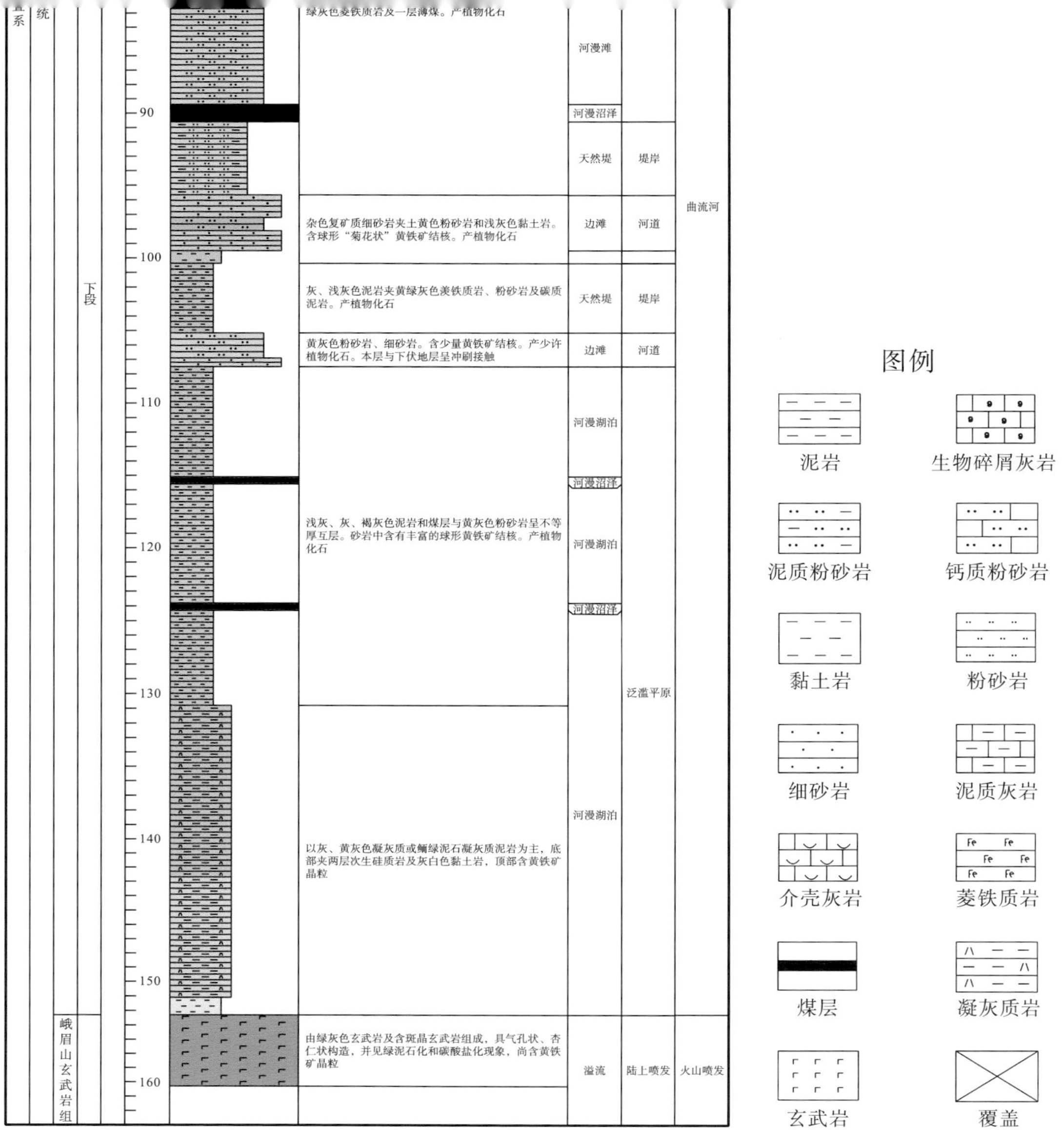

系
统
下段
峨眉山玄武岩组
90
100
110
120
130
140
150
160
绿灰色菱铁质岩及一层薄煤。产植物化石
杂色复矿质细砂岩夹土黄色粉砂岩和浅灰色黏土岩。含球形“菊花状”黄铁矿结核。产植物化石
灰、浅灰色泥岩夹黄绿灰色菱铁质岩、粉砂岩及碳质泥岩。产植物化石
黄灰色粉砂岩、细砂岩。含少量黄铁矿结核。产少许植物化石。本层与下伏地层呈冲刷接触
浅灰、灰、褐灰色泥岩和煤层与黄灰色粉砂岩呈不等厚互层。砂岩中含有丰富的球形黄铁矿结核。产植物化石
以灰、黄灰色凝灰质或鲕绿泥石凝灰质泥岩为主，底部夹两层次生硅质岩及灰白色黏土岩，顶部含黄铁矿晶粒
由绿灰色玄武岩及含斑晶玄武岩组成，具气孔状、杏仁状构造，并见绿泥石化和碳酸盐化现象，尚含黄铁矿晶粒
河漫滩
河漫沼泽
天然堤
边滩
天然堤
边滩
河漫湖泊
河漫沼泽
河漫湖泊
河漫沼泽
河漫湖泊
溢流
堤岸
河道
堤岸
河道
泛滥平原
陆上喷发
曲流河
火山喷发
图例
泥岩
生物碎屑灰岩
泥质粉砂岩
钙质粉砂岩
黏土岩
粉砂岩
细砂岩
泥质灰岩
介壳灰岩
菱铁质岩
煤层
凝灰质岩
玄武岩
覆盖

附图 32　黄泥坪剖面乐平组地层-沉积相综合柱状图

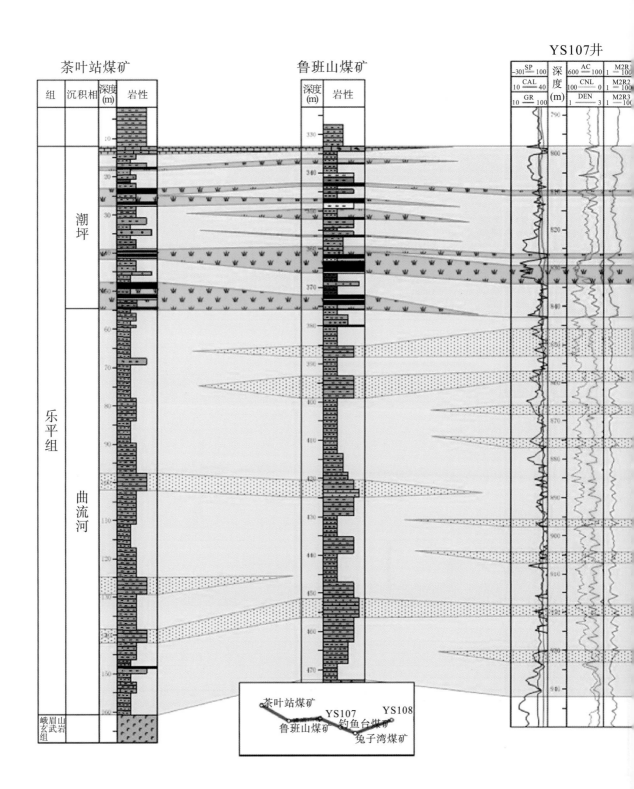

附图 33　茶叶站煤矿—鲁班山煤矿—YS107井—钓鱼台煤矿—兔子湾煤矿—YS108井乐平组沉积相对比图

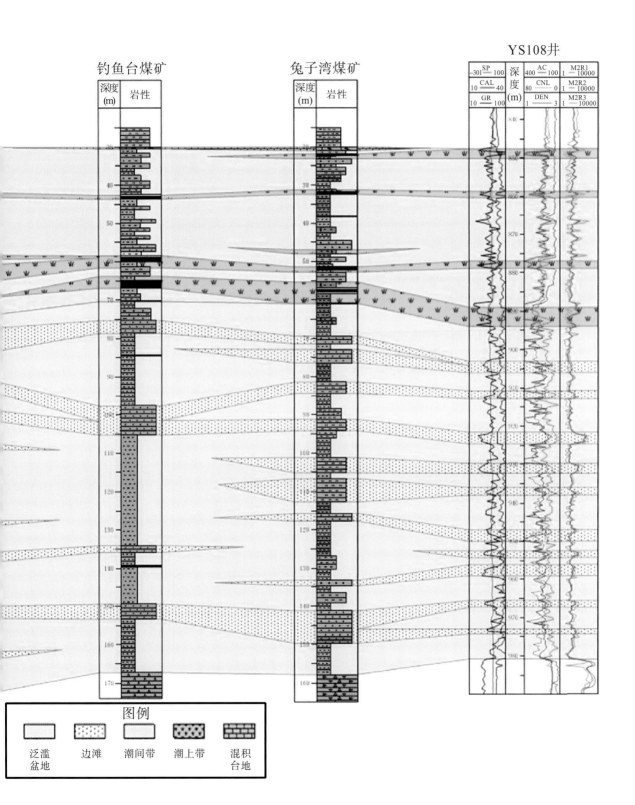

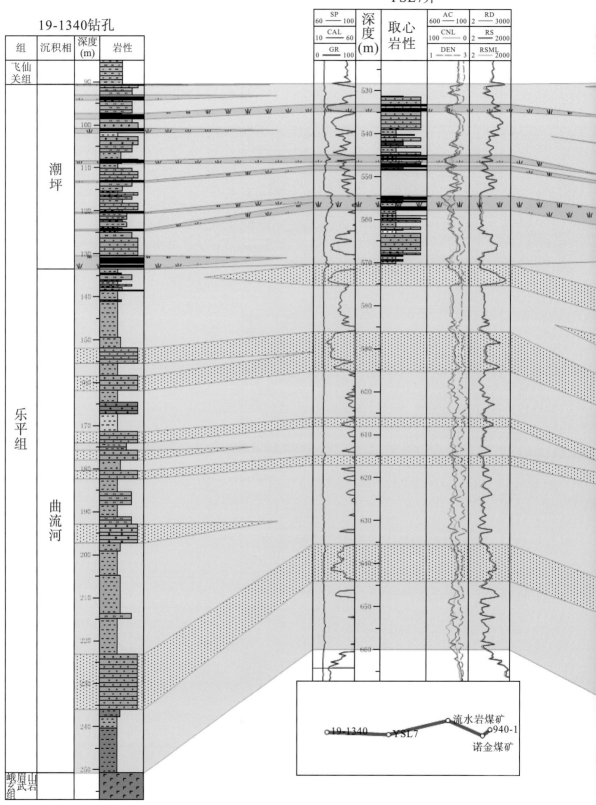

附图 34 19-1340 钻孔—YSL7 井—流水岩煤矿—诺金煤矿—940-1 钻孔乐平组沉积相对比

1:500

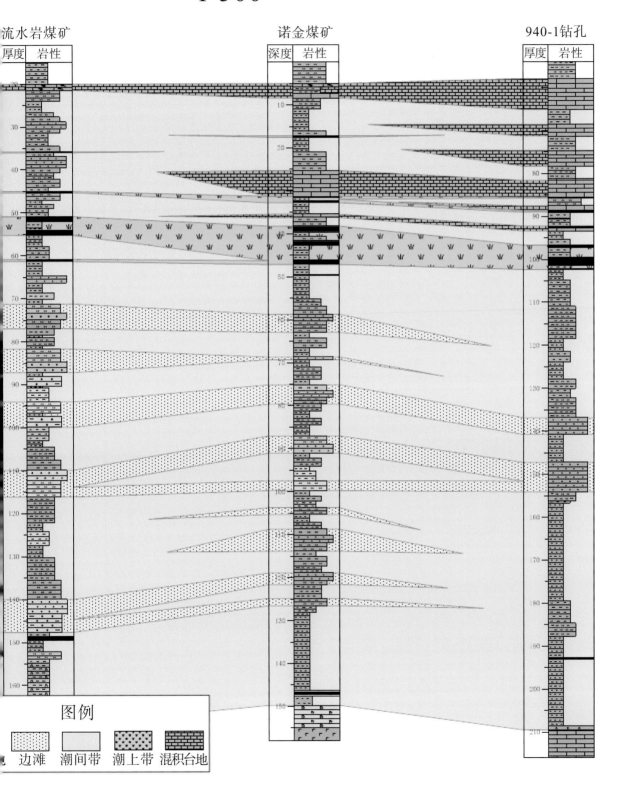

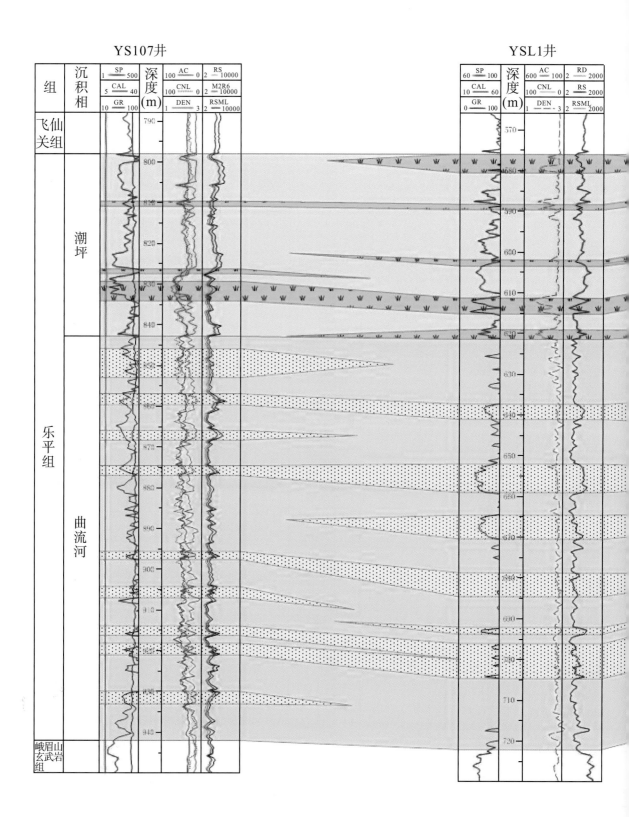

附图 35 YS107 井—YSL1 井—YSL7 井—62-1180 钻孔乐平组沉积相对比图

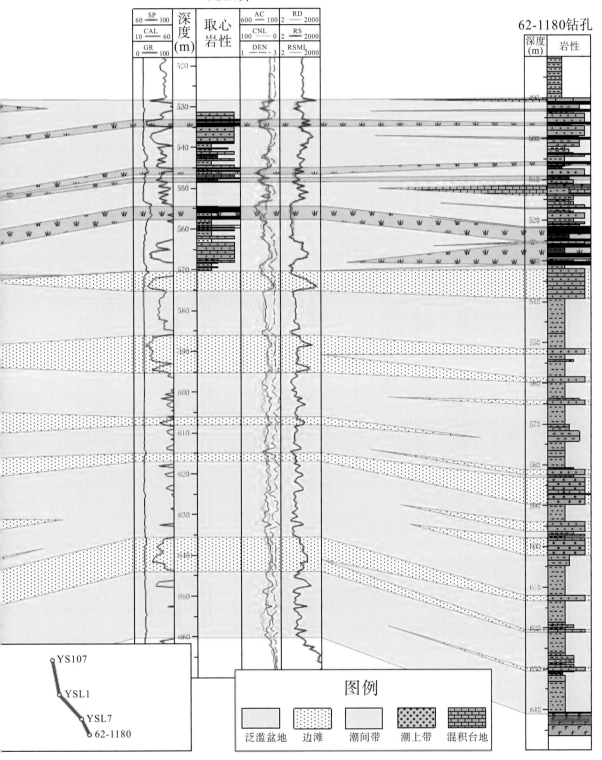

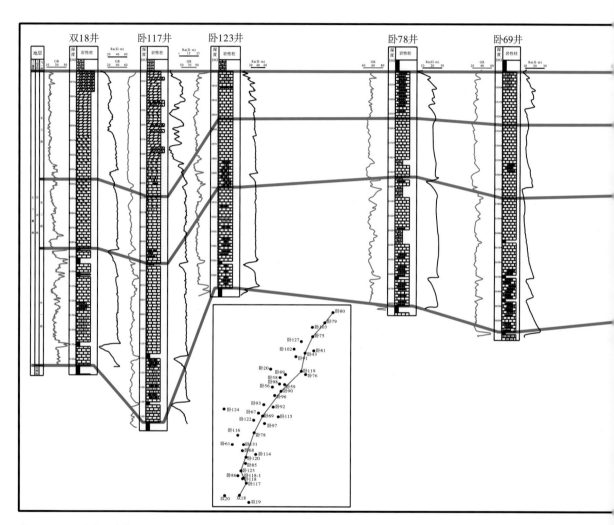

附图 36　四川盆地东部双 18 井—卧 117 井—卧 123 井—卧 78 井—卧 69 井—卧 90 井—
卧 119 井—卧 43 井—卧 75 井—卧 79 井—卧 80 井长兴组地层对比

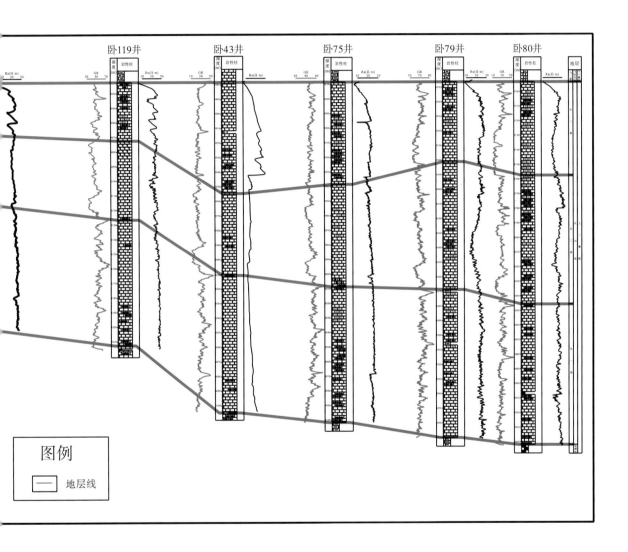

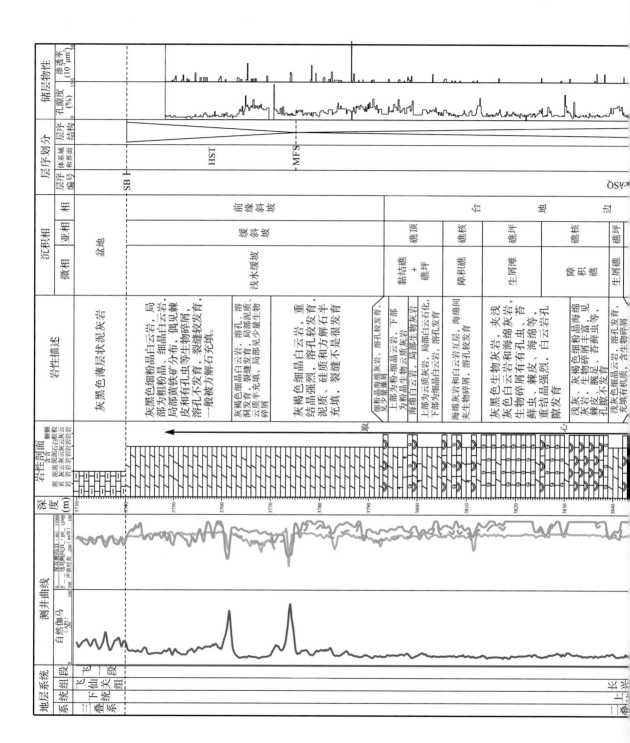

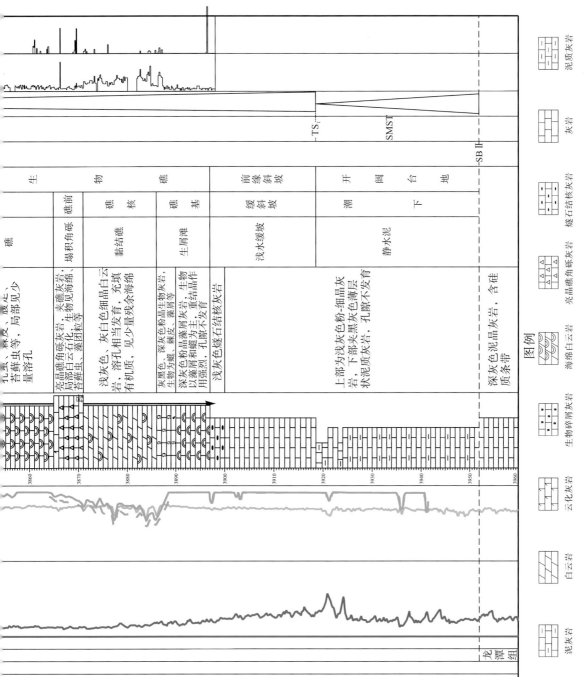

附图 37 天东 10 井测井曲线

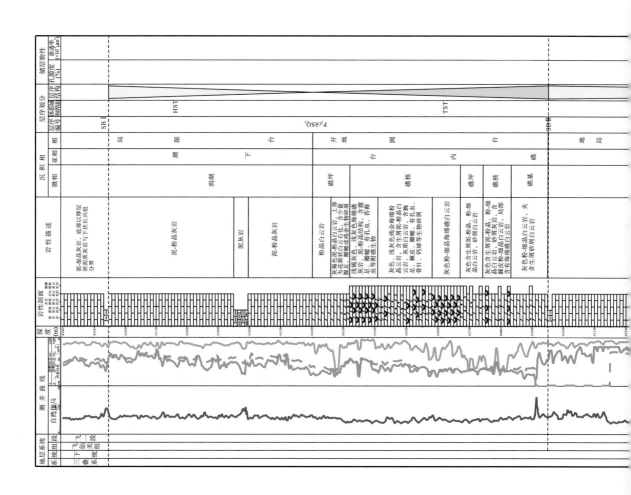

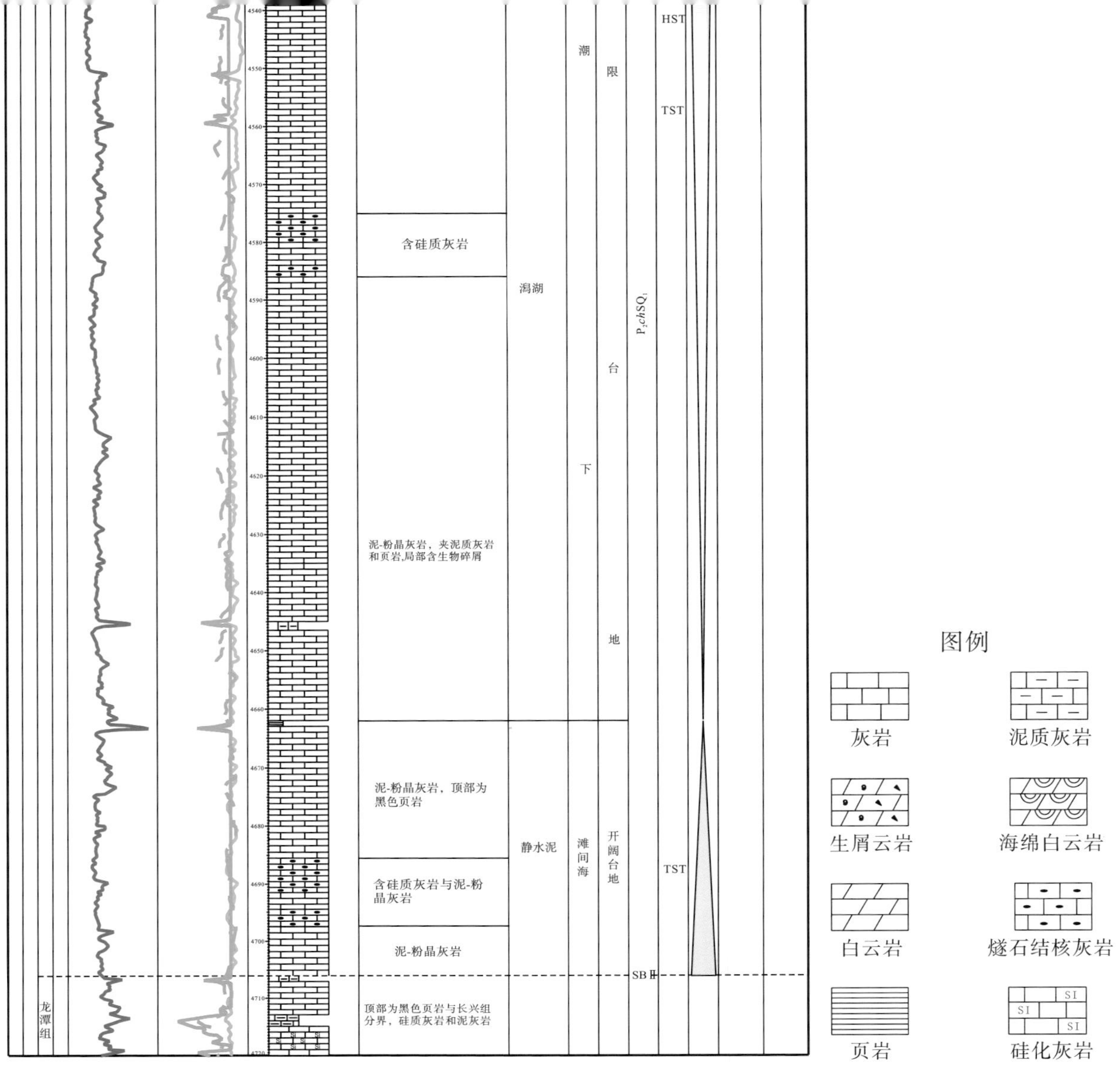

HST
TST
潮
限
台
下
地
P₂chSQ₁
潟湖
含硅质灰岩
泥-粉晶灰岩，夹泥质灰岩和页岩,局部含生物碎屑
泥-粉晶灰岩，顶部为黑色页岩
含硅质灰岩与泥-粉晶灰岩
泥-粉晶灰岩
顶部为黑色页岩与长兴组分界，硅质灰岩和泥灰岩
静水泥
滩间海
开阔台地
TST
SB Ⅱ
龙潭组
4540
4550
4560
4570
4580
4590
4600
4610
4620
4630
4640
4650
4660
4670
4680
4690
4700
4710
4720
图例
灰岩
泥质灰岩
生屑云岩
海绵白云岩
白云岩
燧石结核灰岩
页岩
硅化灰岩
SI

附图 38　峰 18 井测井曲线图

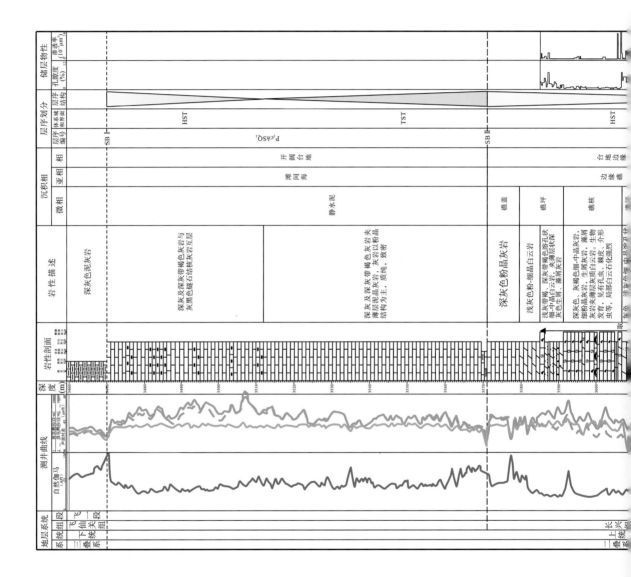

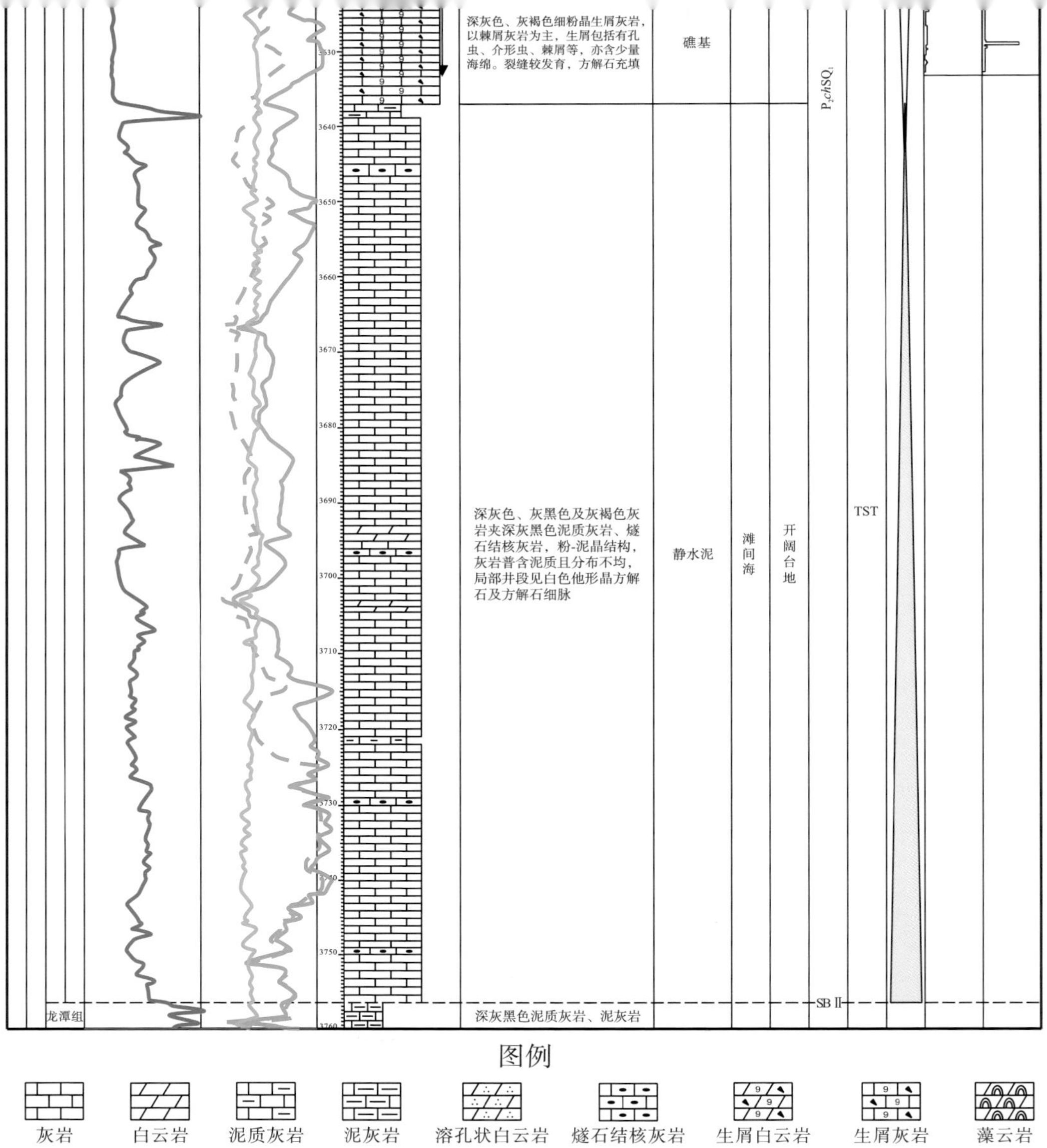

附图 39 黄龙 4 井台地边缘浅滩相剖面结构

图例

灰岩	白云岩	泥质灰岩	泥灰岩	溶孔状白云岩	礁石结核灰岩	生屑白云岩
生屑灰岩	藻云岩					

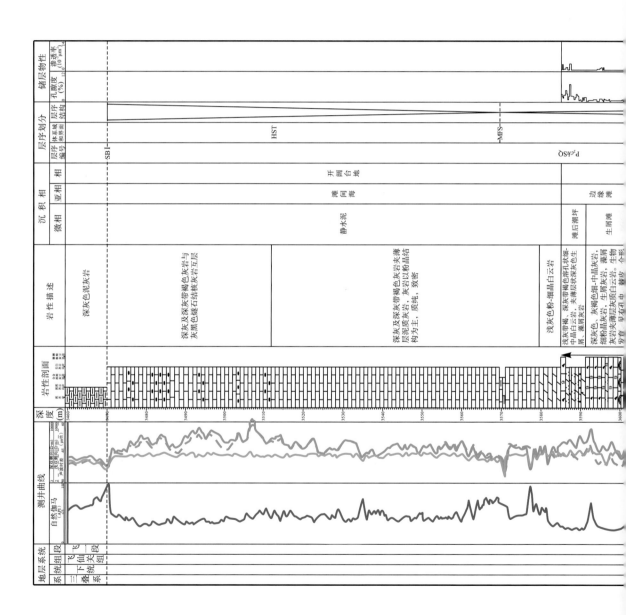

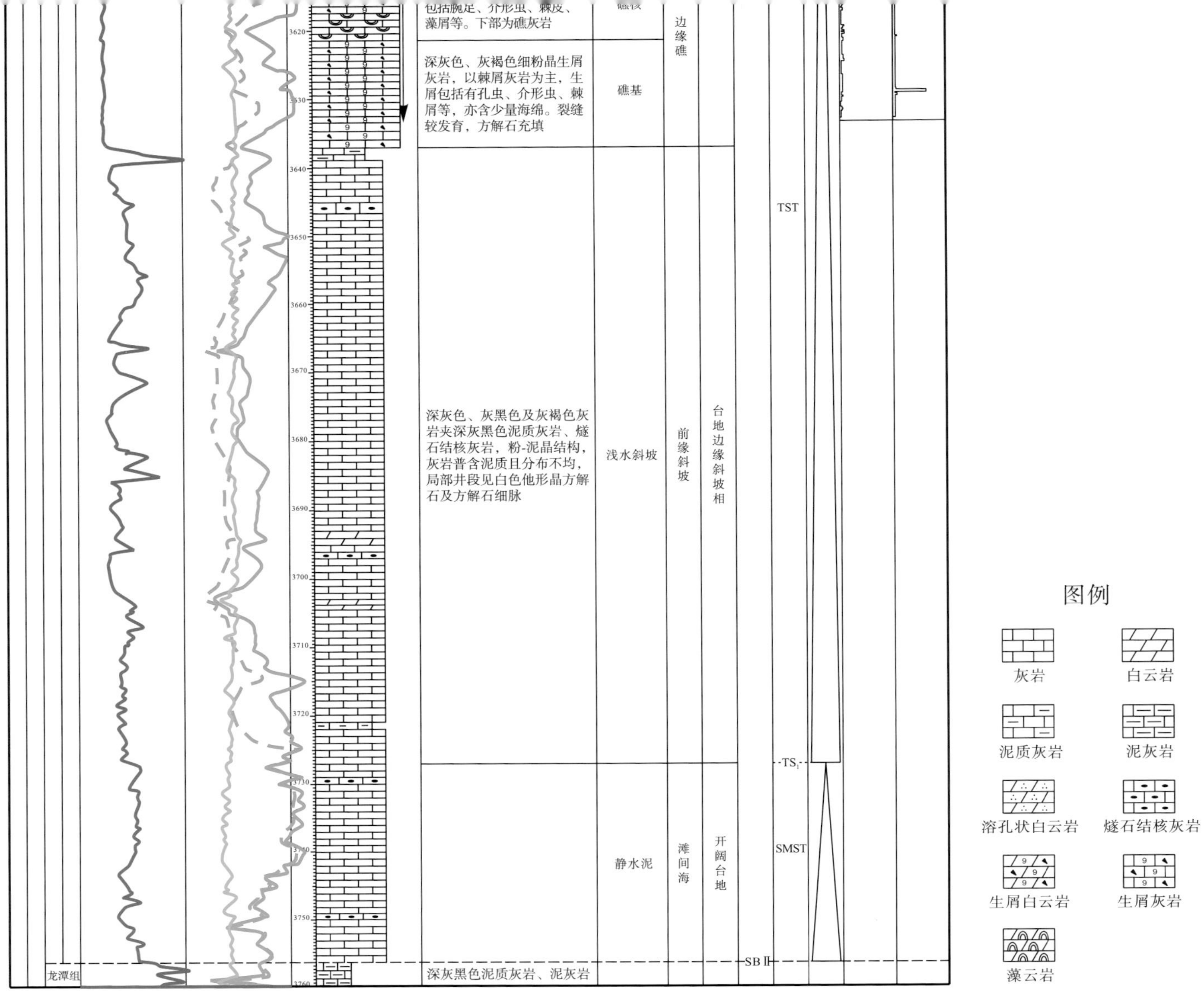

附图 40 天东 021-3 井长兴组边缘礁相剖面结构

图例

白云岩 　泥晶灰岩 　缝石结核灰岩 　生屑灰岩
灰岩 　泥质灰岩 　溶孔状白云岩 　生屑白云岩 　藻云岩

TST　　TS₁　　SMST　　SB II　　龙潭组

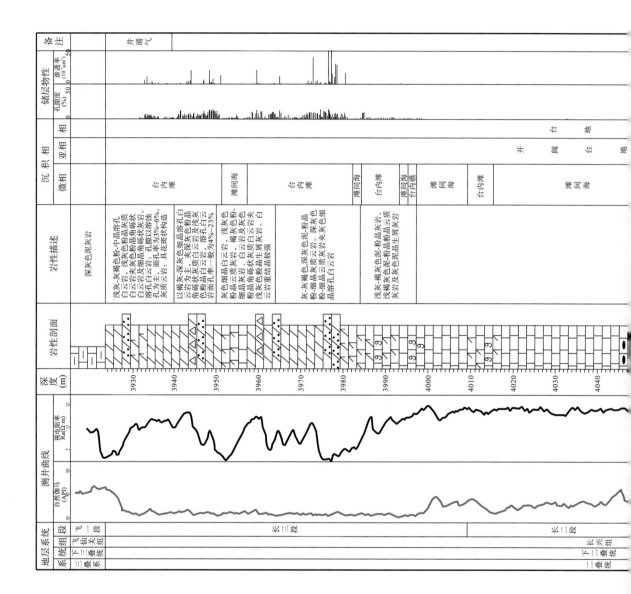

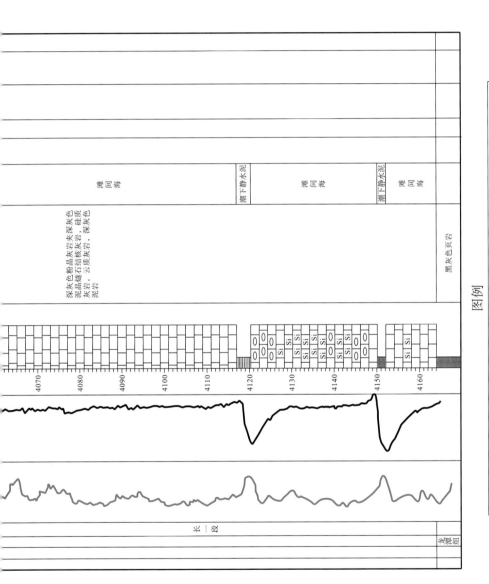

附图 41　卧 117 井长兴组地层-沉积相综合柱状图

图例

灰岩		礁石灰岩		泥灰岩		含泥灰岩		生屑灰岩	含生屑灰岩
白云岩		角砾状白云岩		针孔状白云岩		白云质灰岩		白云质灰岩	泥质白云岩
灰质页岩		页岩		泥岩					

深灰色粉晶灰岩夹深灰色泥晶礁石结核灰岩，硅质灰岩，云质灰岩，深灰色泥岩

黑灰色页岩

滩间海

潮下静水泥

滩间海

潮下静水泥

滩间海

4070
4080
4090
4100
4110
4120
4130
4140
4150
4160

长一段

龙潭组

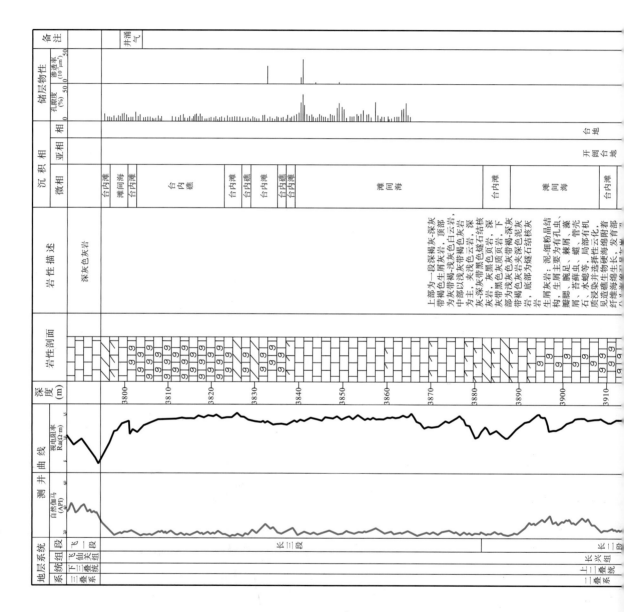

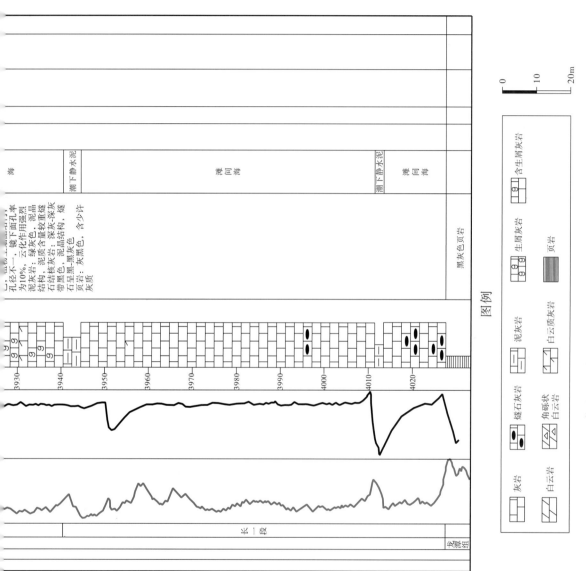

附图 42　卧118井长兴组地层-沉积相综合柱状图

地层系统				测井曲线		深度(m)	岩性剖面		岩性描述	沉积相			储层物性		备注
系	统	组	段	自然伽马(API) 0—90	视电阻率 Ra(Ω·m) 0—90					微相	亚相	相	孔隙度(%) 0—50	渗透率(10⁻³μm²) 0—50	
三叠系 下三叠统		飞仙关组	飞一段			3100		Si Si Si Si Si	黑灰色泥晶灰岩及黑色页岩						
二叠系 上二叠统		长兴组	长三段			3110 3120 3130			深灰色石灰岩,顶部为深灰色硅质岩,燧石结核灰岩						
			长二段			3140 3150 3160 3170 3180 3190 3200			以石灰岩为主,夹薄层白云岩 石灰岩:以深褐灰、黑灰带褐色为主,其次为绿灰褐、褐灰深灰带褐色,细粉-粗粉晶结构,微含泥质 白云岩:灰褐,深灰褐色,细粉-粗粉晶结构,局部含灰质	滩间	开阔台地	台地			气层

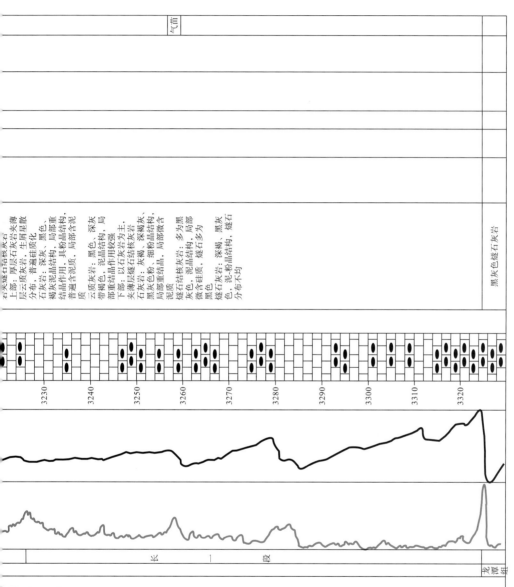

气苗

石灰质结晶灰岩
上部：厚层石灰岩夹薄层云质灰岩，生屑星散分布，普遍硅质化
石灰岩：深灰、黑色，局部褐晶结晶结构，重结晶作用，具粉晶结构，普遍含泥质，局部含泥质
云质灰岩：黑色，深灰带褐色，泥晶结构，局部重结晶作用较强
下部：以石灰岩为主，夹薄层礁石结核灰岩
石灰岩：灰褐、深褐灰，黑灰色粉、细粉晶结构，局部重结晶，局部微含泥质
礁石结核灰岩：多为黑灰色，泥晶结构，局部微含硅质，礁石多为黑色
礁石灰岩：深褐、黑灰色，泥-粉晶结构，礁石分布不均

黑灰色礁石灰岩

图例

| 灰岩 | 礁石灰岩 | Si 硅质灰岩 |

附图 43　卧 49 井长兴组地层-沉积相综合柱状图

3230　3240　3250　3260　3270　3280　3290　3300　3310　3320

长 一 段

龙潭组

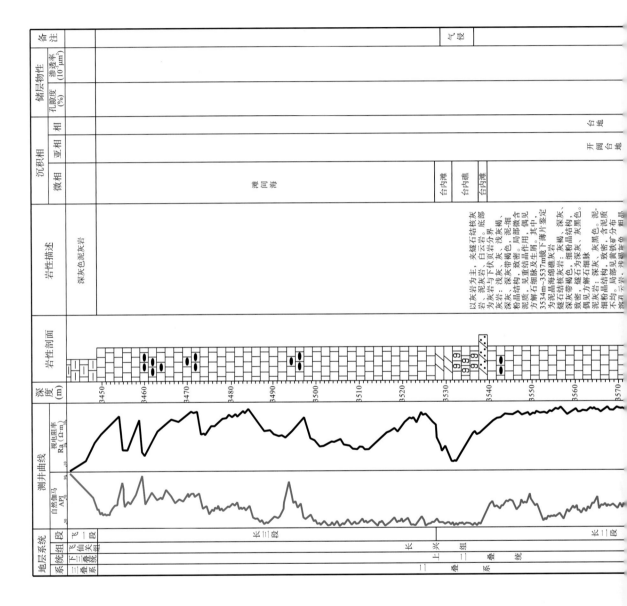

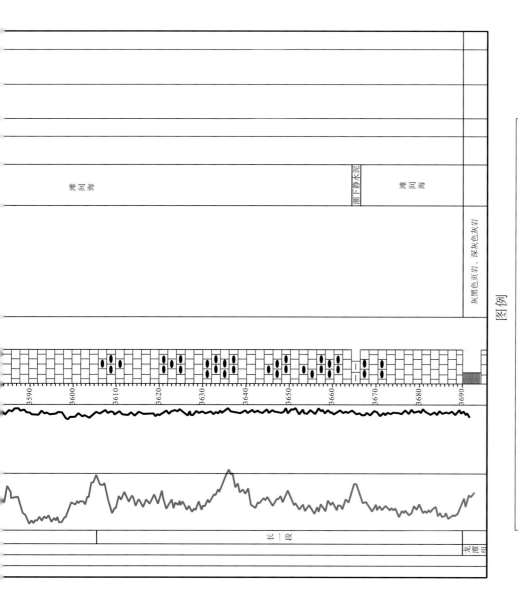

滩同海

潮下静水泥

滩同海

灰黑色页岩、深灰色灰岩

长一段

龙潭组

图例

灰岩　　泥灰岩　　白云质灰岩　　生屑灰岩

白云岩　　灰质白云岩　　页岩　　含生屑灰岩

缝石灰岩　　针孔状白云岩

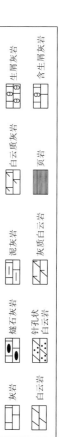

附图 44　卧 102 井长兴组地层-沉积相综合柱状图

综合柱状图（深度 4700–4820 m）

地层系统				测井曲线		深度(m)	岩性柱	岩性描述	沉积相			储层物性		备注
系	统	组	段	自然伽马(API) 10 30 50	视电阻率 Ra(Ω·m) 10 20 30				微相	亚相	相	孔隙度(%)	渗透率(10⁻³μm²)	
三叠系	下三叠统	飞仙关组	飞一段			4700–4710		深灰褐、深灰带褐、深灰带黑色深灰带褐晶硅质灰岩夹深灰带褐色燧石结核和深灰褐色细粉晶灰岩。由上向下变深，硅质具重结晶。岩局部为灰褐、浅灰。顶部为灰褐色细粉晶灰岩	滩间海					井涌气
			长三段			4710–4760	Si	浅灰褐、细-粗褐色细粉晶灰岩夹深灰带褐、灰褐深灰带褐色硅质灰岩与深灰带褐色燧石结核和深灰褐色粉晶灰岩。灰岩颜色向下略变深，岩结构变暗，重结晶加强，可见半透明方解石与方解石晶脉，较疏松						井涌气
二叠系	上二叠统	长兴组	长二段			4760–4820		灰褐色灰岩与深灰带褐、深灰带黑色灰岩夹深灰褐色燧石结核生屑灰岩。灰岩以细-粉粉晶为主，其次重结晶作用，普遍，但不均，局部可见砂屑	台内滩 / 滩间海 / 台内滩 / 滩间海 / 台内滩	开阔台地	台地			

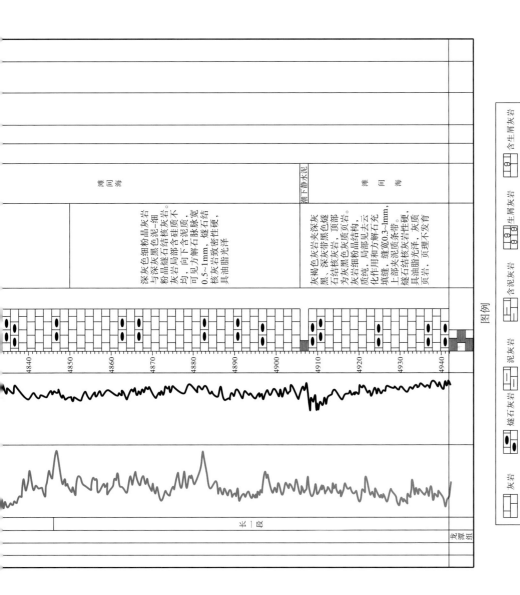

附图 45 卧 80 井长兴组地层-沉积相综合柱状图

图例

灰岩 | 礁灰岩 | 泥灰岩 | 含泥灰岩 | 含生屑灰岩

白云岩 | 针孔状白云岩 | 角砾状白云岩 | 白云质灰岩 | 灰质白云岩

灰质页岩 | 页岩 | 泥岩 | 生屑灰岩 | 泥质白云岩

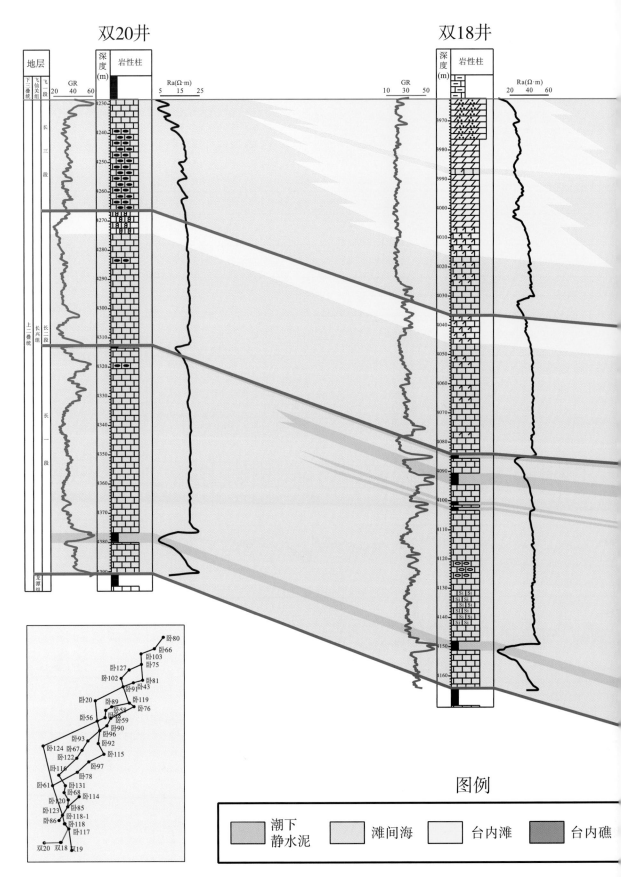

附图46 双20井—双18井—卧117井—卧118-1井地层-沉积相对比

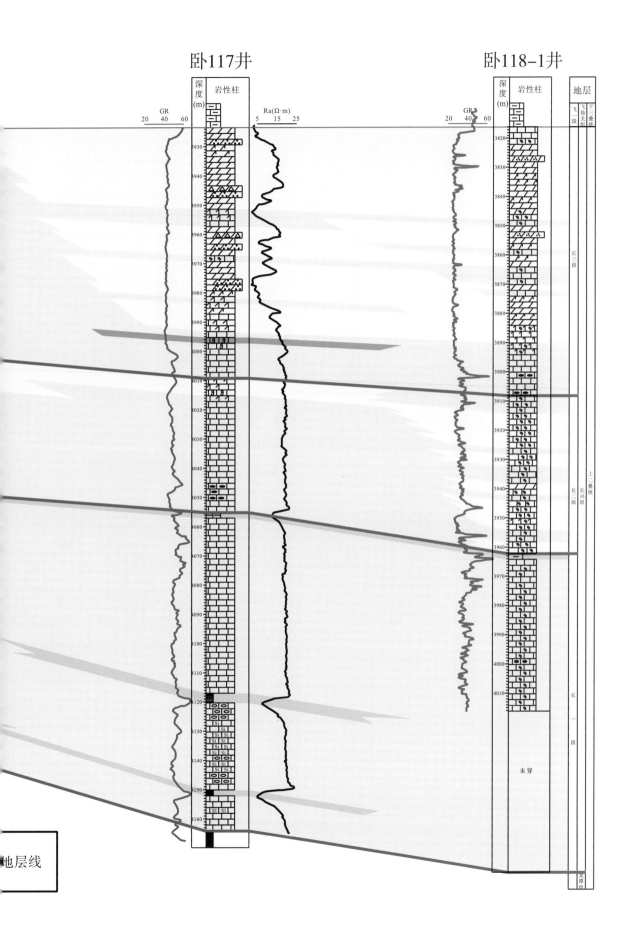

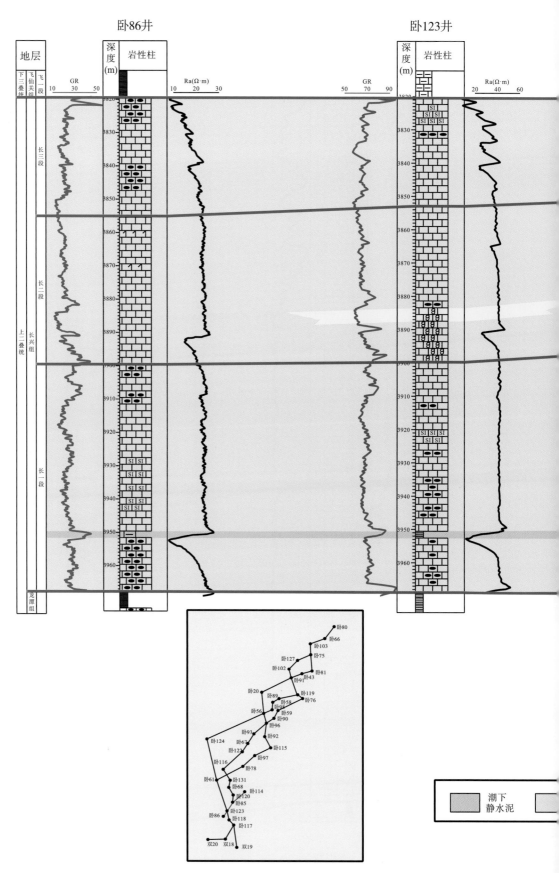

附图 47 卧 86 井—卧 123 井—卧 85 井—卧 114 井地层-沉积相对比

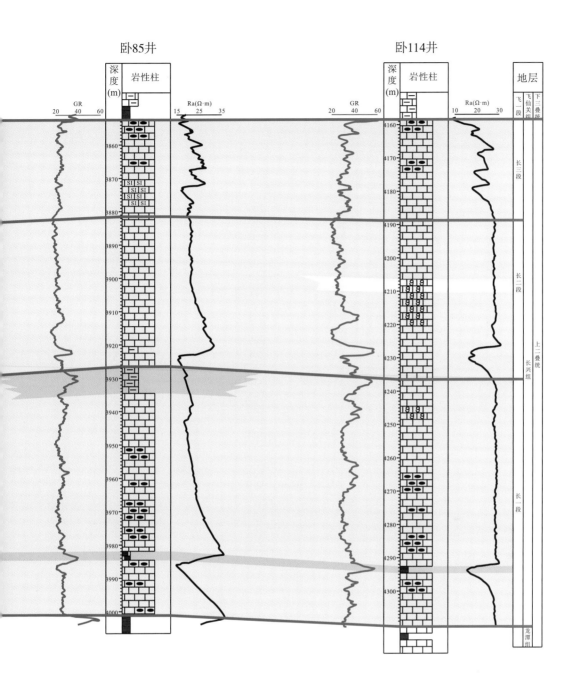

卧85井

卧114井

图例

台内滩　　台内礁　　地层线

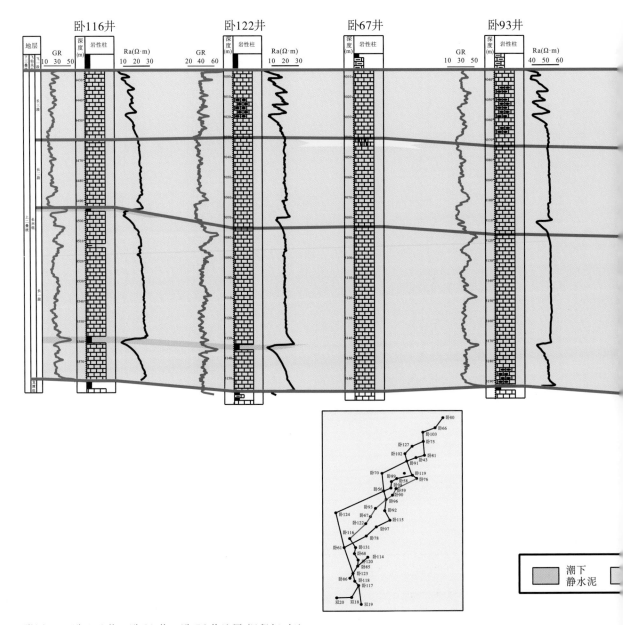

附图 48　卧 116 井—卧 93 井—卧 76 井地层-沉积相对比

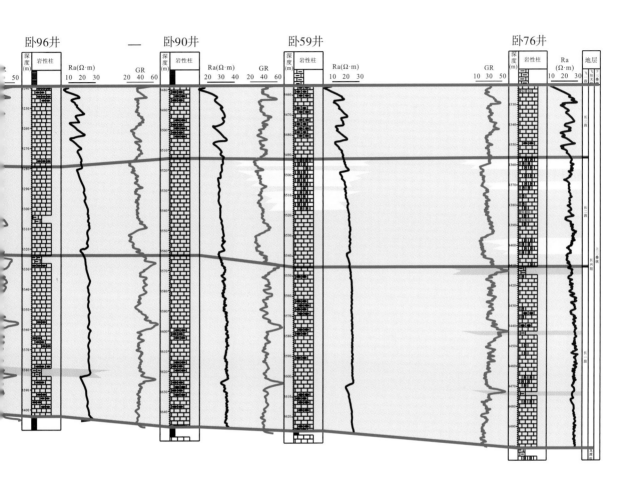

图例

台内滩　　台内礁　　地层线

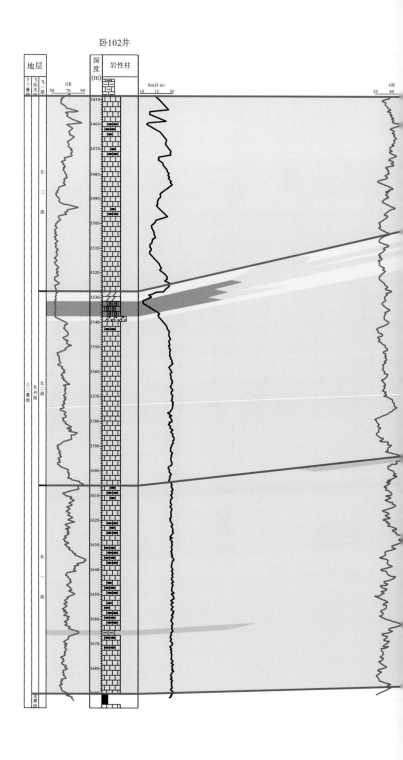

附图 49　卧 102 井—卧 127 井—卧 75 井地层-沉积相对比

卧75井

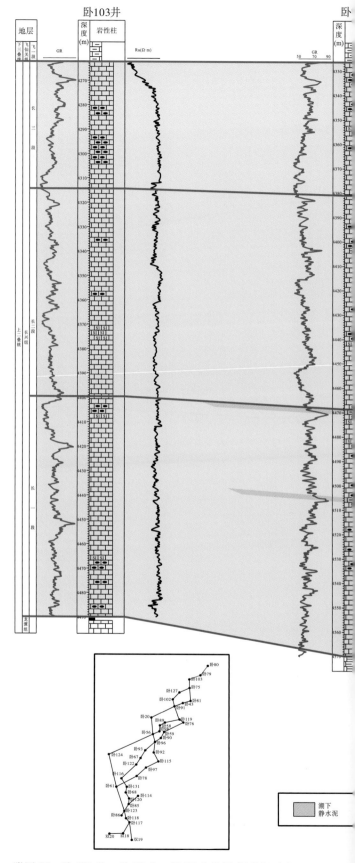

附图 50　卧 103 井—卧 79 井—卧 80 井地层-沉积相对比

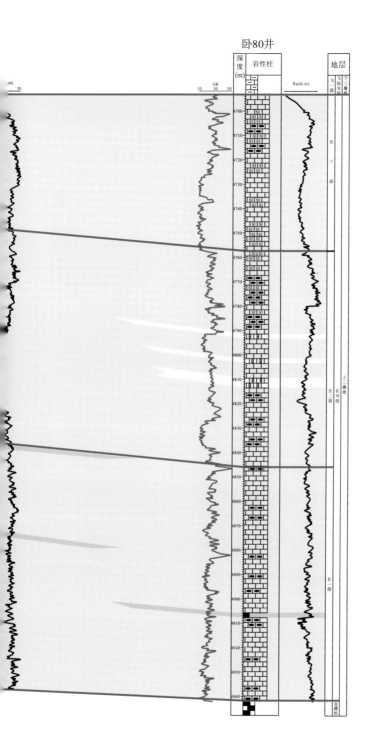

卧80井

图例

| 台内滩 | 台内礁 | —— 地层线 |

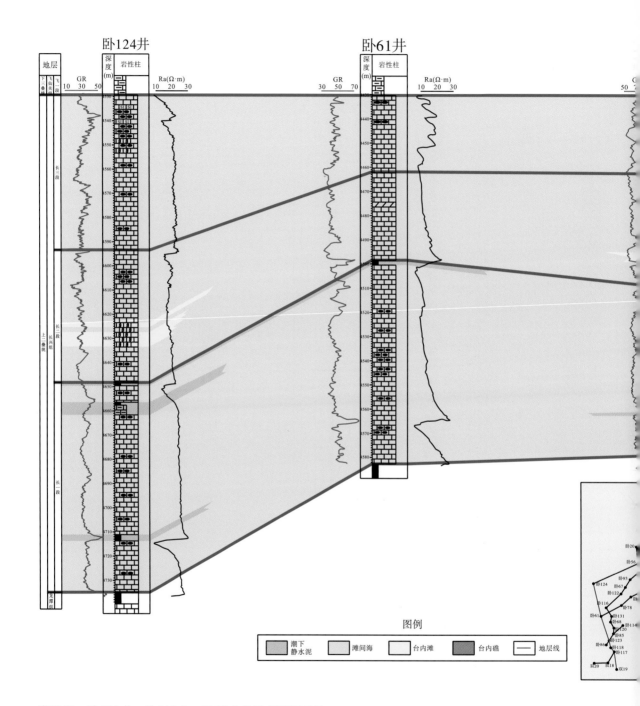

附图 51　卧 124 井—卧 118 井—双 19 井地层-沉积相对比

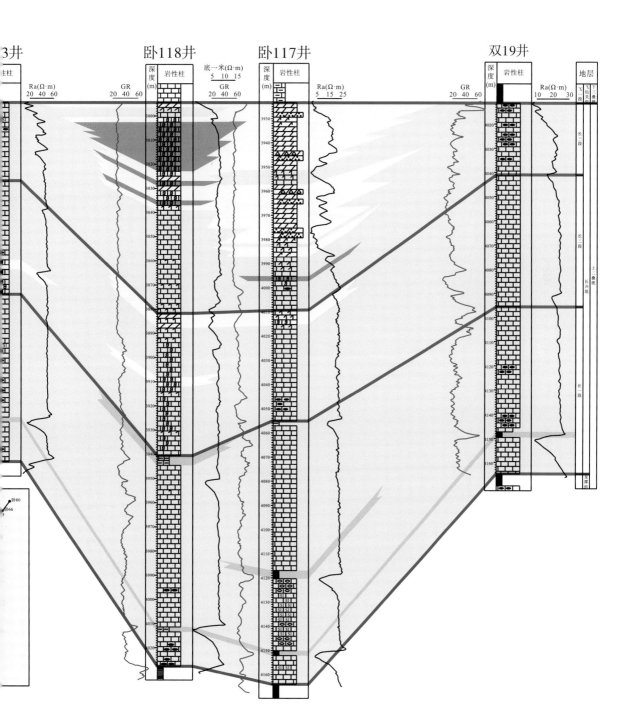

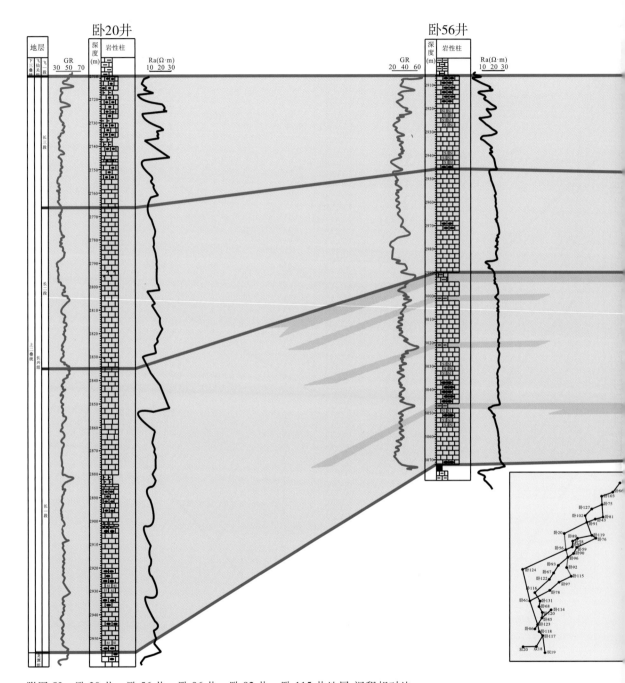

附图 52　卧 20 井—卧 56 井—卧 96 井—卧 92 井—卧 115 井地层-沉积相对比

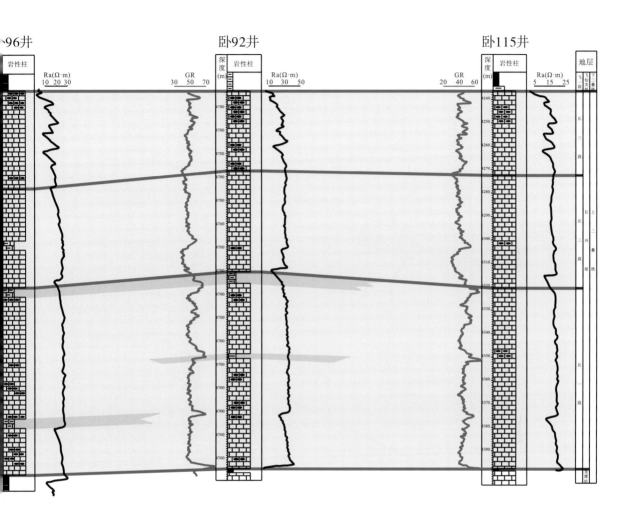

图例

| 潮下静水泥 | 滩间海 | 台内滩 | 台内礁 | —— 地层线 |

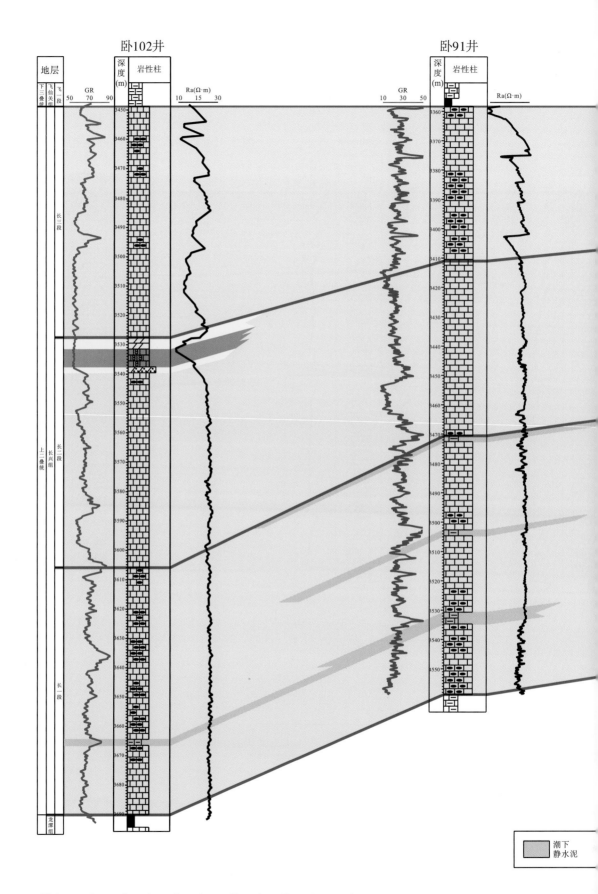

附图 53　卧 102 井—卧 91 井—卧 119 井—卧 76 井地层—沉积相对比

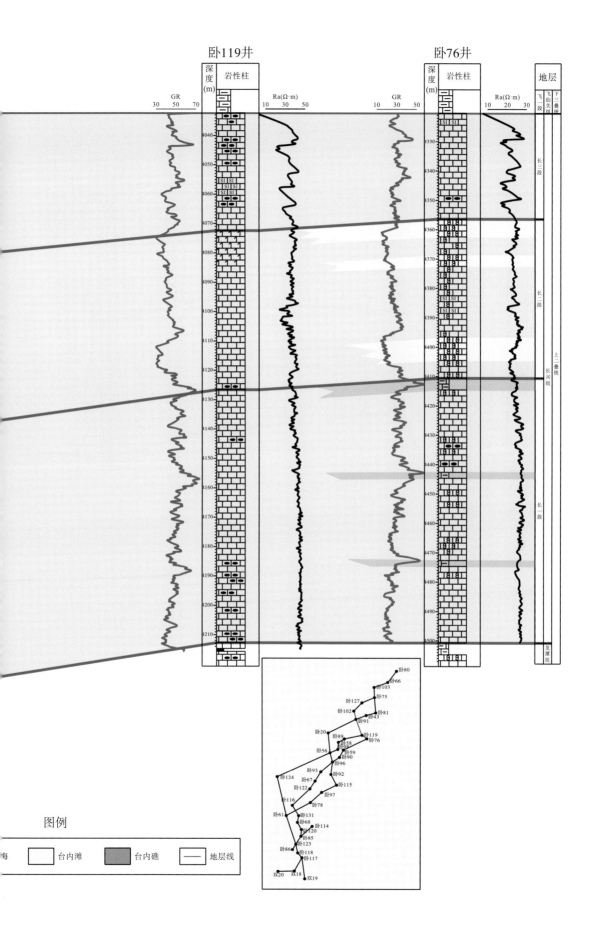

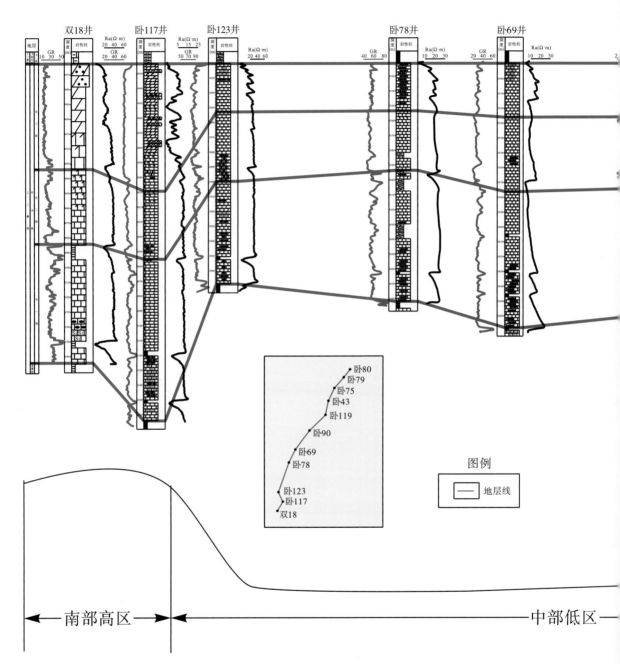

附图 54　卧龙河构造北东向长兴组地层对比及古地貌示意图

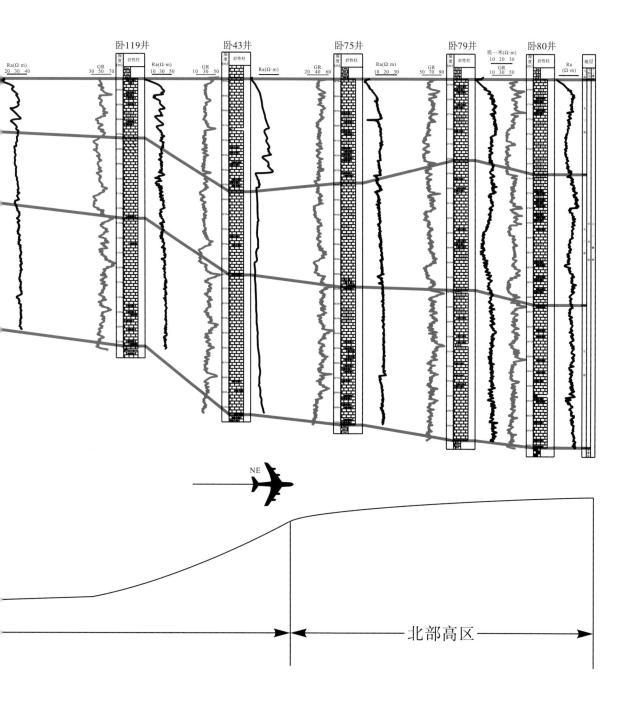

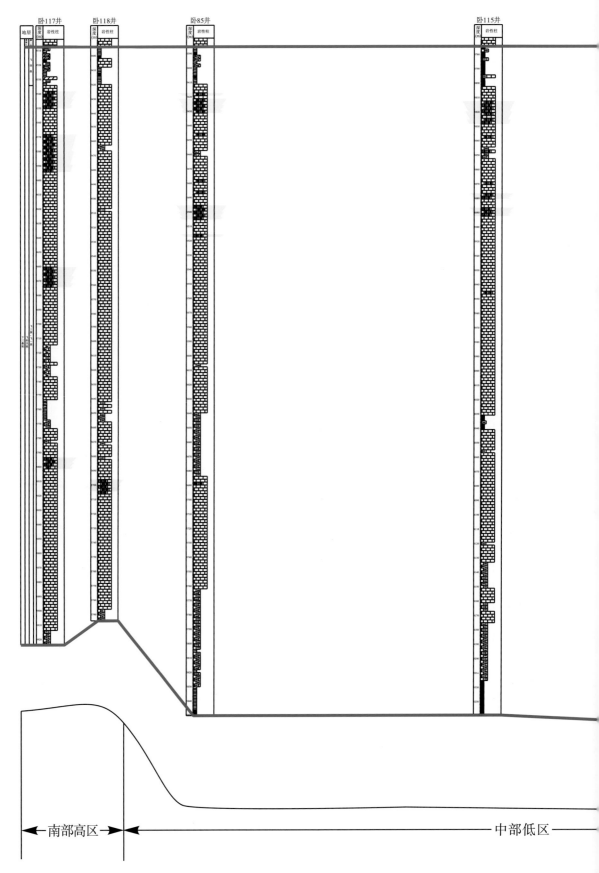

附图 55　卧龙河构造北东向大冶组剖面对比及古地貌示意图

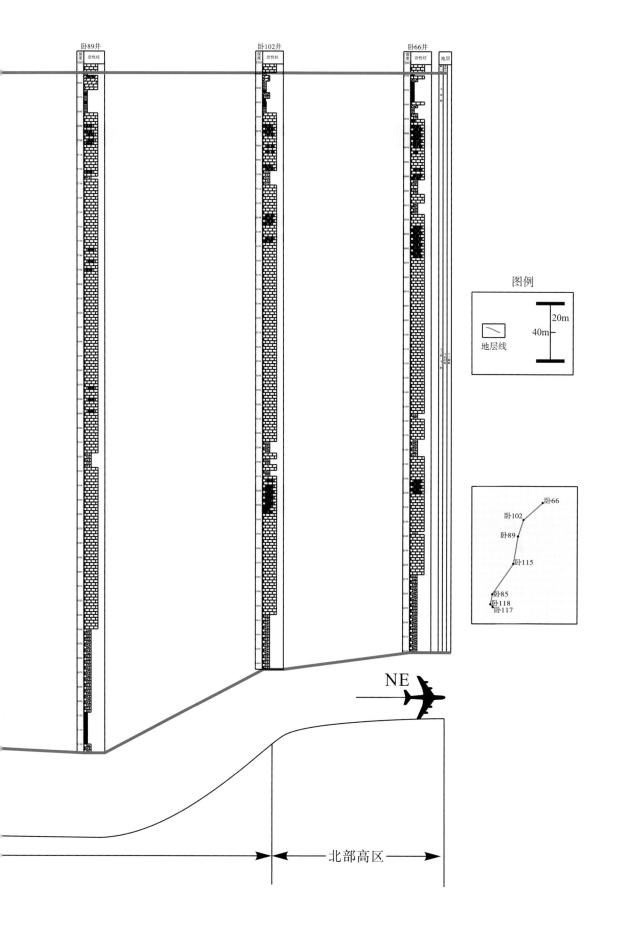

图例

20m
40m

地层线

NE

北部高区

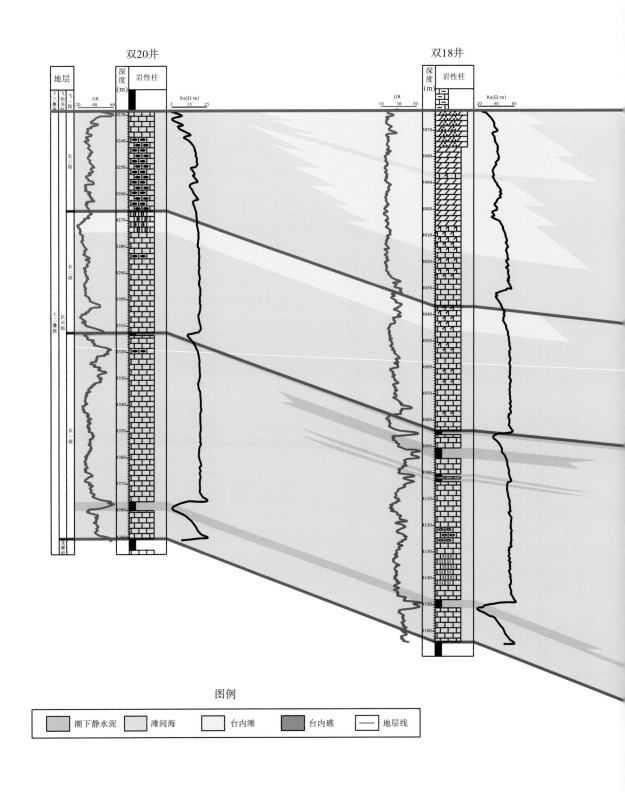

附图 56　双 20 井—卧 117 井—卧 118-1 井—卧 85 井长兴组地层-沉积相对比

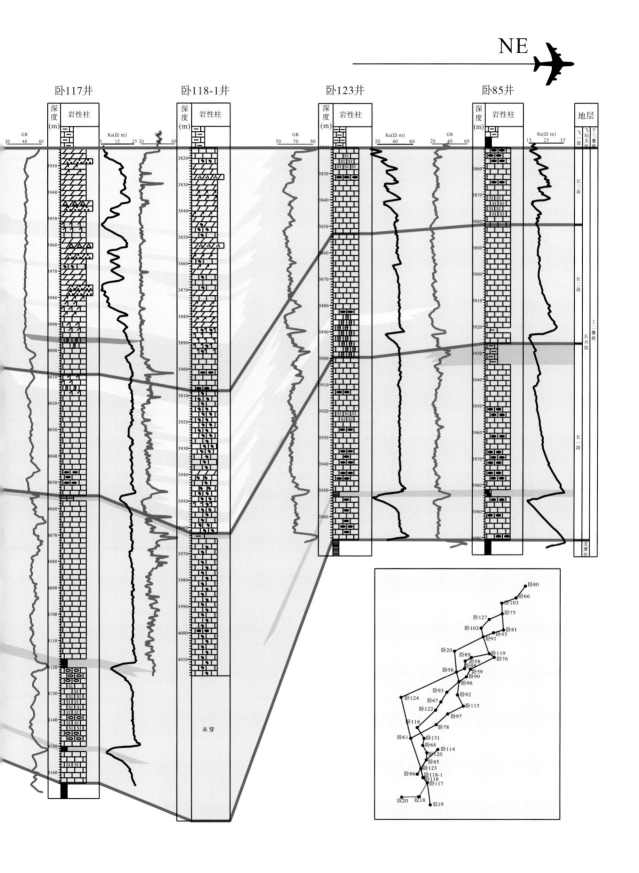

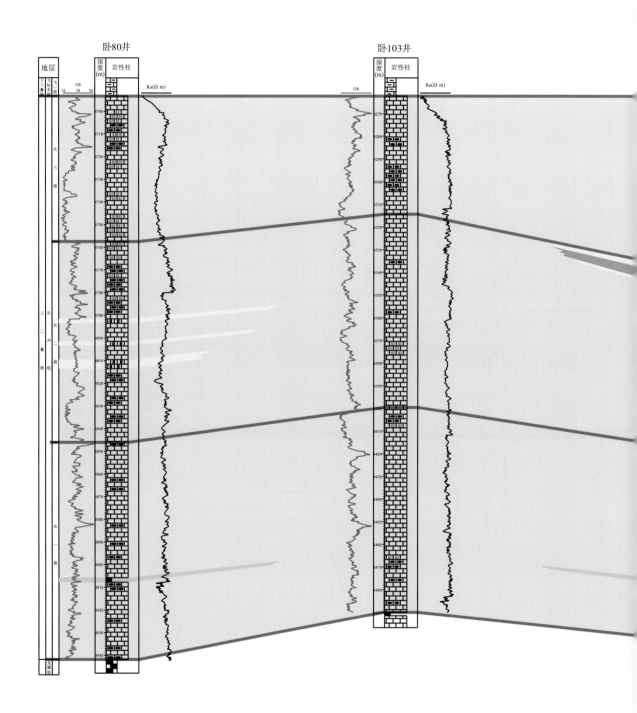

附图 57 卧 80 井—卧 102 井—卧 98 井长兴组地层-沉积相对比

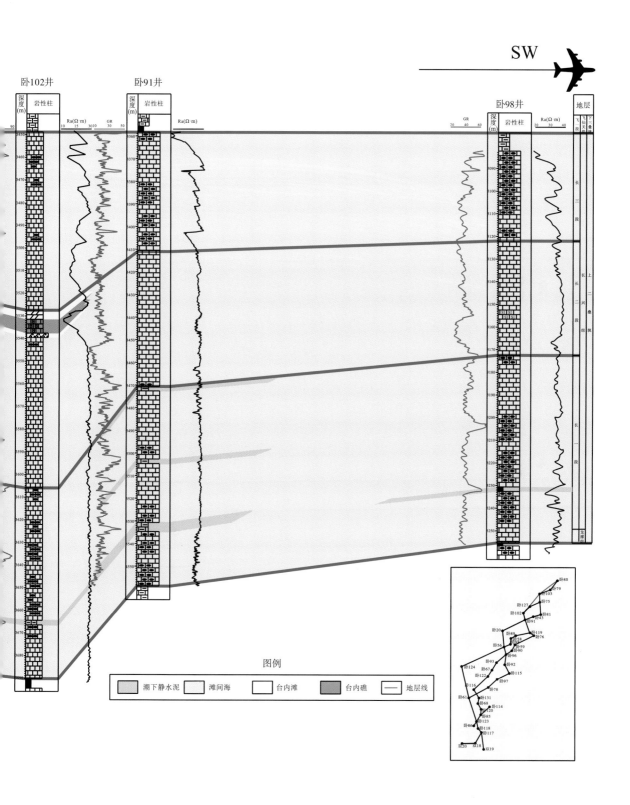

图例

潮下静水泥　　滩间海　　台内滩　　台内礁　　地层线

系	统	组	段	野外层号	分层厚度(m)	累计厚度(m)	岩性柱	岩性描述	沉积相		
									微相	亚相	相
	乐平统	乐平组	茅			10		覆盖，附近露头见玄武岩直覆于茅口组之上			